“十三五”国家重点图书出版规划项目

能源与环境出版工程（第二期）

总主编　翁史烈

上海市文教结合“高校服务国家重大战略出版工程”资助项目

废水生化处理

Biochemical Treatment of Wastewater

谢　冰　编著

内容提要

本书为“十三五”国家重点图书出版规划项目“能源与环境出版工程”之一。全书系统地介绍了废水的性质和危害；废水生物处理的原理；废水处理的活性污泥法、生物膜法、生物脱氮除磷、厌氧生物处理等方法；生物处理系统的运行和管理；生物处理工艺的初步设计；各种生化处理方法的相关基础理论和实践知识以及废水生化处理方面的最新研究成果，并附有部分主要的实验。

本书内容全面，包含了许多废水生化处理方面的最新研究成果，可作为环境科学与工程、环境生态工程及相关专业本科生和研究生教材，也可作为环境保护相关的科研人员、工程技术人员、大专院校师生以及污水处理厂管理操作人员的参考用书。

图书在版编目(CIP)数据

废水生化处理/谢冰编著.—上海：上海交通大学出版社，2020
能源与环境出版工程
ISBN 978-7-313-22838-3

Ⅰ.①废… Ⅱ.①谢… Ⅲ.①废水处理—生物处理
Ⅳ.①X703.1

中国版本图书馆CIP数据核字(2019)第301544号

废水生化处理
FEISHUI SHENG HUA CHULI

编　　著：谢　冰
出版发行：上海交通大学出版社
地　　址：上海市番禺路951号
邮政编码：200030
电　　话：021-64071208
印　　制：上海万卷印刷股份有限公司
经　　销：全国新华书店
开　　本：710 mm×1000 mm　1/16
印　　张：22.75
字　　数：430千字
版　　次：2020年3月第1版
印　　次：2020年3月第1次印刷
书　　号：ISBN 978-7-313-22838-3
定　　价：79.00元

能源与环境出版工程
丛书学术指导委员会

能源与环境出版工程
丛书编委会

总　　序

能源是经济社会发展的基础，同时也是影响经济社会发展的主要因素。为了满足经济社会发展的需要，进入21世纪以来，短短十余年间(2002—2017年)，全世界一次能源总消费从96亿吨油当量增加到135亿吨油当量，能源资源供需矛盾和生态环境恶化问题日益突显，世界能源版图也发生了重大变化。

在此期间，改革开放政策的实施极大地解放了我国的社会生产力，我国国内生产总值从10万亿元人民币猛增到82万亿元人民币，一跃成为仅次于美国的世界第二大经济体，经济社会发展取得了举世瞩目的成绩！

为了支持经济社会的高速发展，我国能源生产和消费也有惊人的进步和变化，此期间全世界一次能源的消费增量38.3亿吨油当量中竟有51.3%发生在中国！经济发展面临着能源供应和环境保护的双重巨大压力。

目前，为了人类社会的可持续发展，世界能源发展已进入新一轮战略调整期，发达国家和新兴国家纷纷制定能源发展战略。战略重点在于：提高化石能源开采和利用率；大力开发可再生能源；最大限度地减少有害物质和温室气体排放，从而实现能源生产和消费的高效、低碳、清洁发展。对高速发展中的我国而言，能源问题的求解直接关系到现代化建设进程，能源已成为中国可持续发展的关键！因此，我们更有必要以加快转变能源发展方式为主线，以增强自主创新能力为着力点，深化能源体制改革、完善能源市场、加强能源科技的研发，努力建设绿色、低碳、高效、安全的能源大系统。

在国家重视和政策激励之下，我国能源领域的新概念、新技术、新成果不断涌现；上海交通大学出版社出版的江泽民学长著作《中国能源问题研究》(2008年)更是从战略的高度为我国指出了能源可持续的健康发展之路。为了“对接国家能源可持续发展战略，构建适应世界能源科学技术发展趋势的能源科研交流平台”，我们策划、组织编写了这套“能源与环境出版工程”丛书，其目的在于：

一是系统总结几十年来机械动力中能源利用和环境保护的新技术新成果；

二是引进、翻译一些关于“能源与环境”研究领域前沿的书籍，为我国能源与环境领域的技术攻关提供智力参考；

三是优化能源与环境专业教材，为高水平技术人员的培养提供一套系统、全面的教科书或教学参考书，满足人才培养对教材的迫切需求；

四是构建一个适应世界能源科学技术发展趋势的能源科研交流平台。

该学术丛书以能源和环境的关系为主线，重点围绕机械过程中的能源转换和利用过程以及这些过程中产生的环境污染治理问题，主要涵盖能源与动力、生物质能、燃料电池、太阳能、风能、智能电网、能源材料、能源经济、大气污染与气候变化等专业方向，汇集能源与环境领域的关键性技术和成果，注重理论与实践的结合，注重经典性与前瞻性的结合。图书分为译著、专著、教材和工具书等几个模块，其内容包括能源与环境领域内专家们最先进的理论方法和技术成果，也包括能源与环境工程一线的理论和实践。如钟芳源等撰写的《燃气轮机设计》是经典性与前瞻性相统一的工程力作；黄震等撰写的《机动车可吸入颗粒物排放与城市大气污染》和王如竹等撰写的《绿色建筑能源系统》是依托国家重大科研项目的新成果新技术。

为确保这套“能源与环境”丛书具有高品质和重大的社会价值，出版社邀请了杜祥琬院士、黄震教授、王如竹教授等专家，组建了学术指导委员会和编委会，并召开了多次编撰研讨会，商谈丛书框架，精选书目，落实作者。

该学术丛书在策划之初，就受到了国际科技出版集团 Springer 和国际学术出版集团 John Wiley & Sons 的关注，与我们签订了合作出版框架协议。经过严格的同行评审，截至 2018 年初，丛书中已有 9 本输出至 Springer，1 本输出至 John Wiley & Sons。这些著作的成功输出体现了图书较高的学术水平和良好的品质。

“能源与环境出版工程”从 2013 年底开始陆续出版，并受到业界广泛关注，取得了良好的社会效益。从 2014 年起，丛书已连续 5 年入选了上海市文教结合“高校服务国家重大战略出版工程”项目。还有些图书获得国家级项目支持，如《现代燃气轮机装置》《除湿剂超声波再生技术》(英文版)、《痕量金属的环境行为》(英文版)等。另外，在图书获奖方面，也取得了一定成绩，如《机动车可吸入颗粒物排放与城市大气污染》获“第四届中国大学出版社优秀学术专著二等奖”;《除湿剂超声波再生技术》(英文版)获中国出版协会颁发的“2014年度输出版优秀图书奖”。2016年初，“能源与环境出版工程”(第二期)入选了“十三五”国家重点图书出版规划项目。

希望这套书的出版能够有益于能源与环境领域里人才的培养，有益于能源与环境领域的技术创新，为我国能源与环境的科研成果提供一个展示的平台，引领国内外前沿学术交流和创新并推动平台的国际化发展!

翁史烈

2018年9月

前　　言

水是一切生命赖以生存的宝贵物质和自然资源。由于人口的增长和工农业生产的发展，水污染日益加重，已经威胁到我国的生态环境和人民身体健康。水污染已成为我国面临的主要环境问题之一。为减少水污染，对废水进行治理和对水环境进行修复是实现可持续发展的必由之路。

废水生化处理是利用自然环境中的生物，特别是微生物，分解污染物的特点能力，通过人工强化的工程技术手段和方法，使得废水的污染物质降解转化，并最终实现无害化，达到资源再生利用的技术。废水生物处理是水污染控制的重要方法，对于减少水中污染物以及改善水环境起着重要的作用。

本书在作者多年废水生化处理理论研究和工程实践的基础上，吸收了国内外废水生化处理相关领域的新近研究成果和应用案例，在从理论到实践应用等不同方面，全面介绍了废水生化处理的原理和方法。全书共分9章，分别介绍了全球和我国的水资源和水污染现状、水质指标以及水污染控制的途径和方法等；论述了废水生化处理的原理，废水生化处理的主要方法，废水生化处理中的主要微生物类群。同时对污泥处理及综合利用以及废水生化处理系统运行管理中的异常问题及对策也进行了介绍。本书以较大的篇幅，重点、全面、系统地阐述了废水生化处理的各种工艺方法，包括最新的研究成果，并通过工程实例，详细介绍了废水生化处理的工艺特征及设计计算。考虑到实践应用的重要性，本书在第7章介绍了废水生化处理的初步设计。此外还专门介绍了废水生化处理中微生物的研究方法以及废水生化处理中的相关实验，为教学和科研、工程技术管理人员和大专院校师生提供借鉴和参考。

本书由谢冰编著，在编写过程中参阅了部分国内外的相关文献，特向这些作者表示感谢。苏应龙、吕宝一、崔玉雪、武冬、魏华炜、时俭红参与了部分章节文字、图表和格式的补充和修订，在此一并致谢。

由于我们的水平和能力有限，书中存在的缺点和错误，恳请有关专家和广大读者不吝指正，以使这本书在今后不断得到改进。

谢　冰

2019 年冬于上海

目　　录

第1章　水资源与水污染

水是地球上人类最宝贵的一种自然资源，地球上一切生命都在水中诞生，一切生物皆离不开水。水既是人体组成的基础物质，又是新陈代谢的主要介质。水同时孕育了人类文明，我们把黄河、长江认作中华民族的摇篮，埃及人把尼罗河尊称为母亲河，印度人则说恒河是从天上落下来的圣河。水是与源自黄河、长江、尼罗河、恒河、底格里斯河和幼发拉底河的中国、古埃及、古印度和古巴比伦四大文明古国密不可分的。水滋润着高山和大地，才有草木的茂盛、五谷的丰收、人类的生存，正如老子所说："上善若水，水善利万物而不争。"

1.1　水资源与水循环

水是地球上分布最广的物质。大气圈、水圈、岩石圈和生物圈处处都有水的踪迹，水在自然界是循环的，是地球上最重要的资源之一。

1.1.1　水资源

1）地球上的淡水资源

水资源主要是指与人类社会和生态环境保护密切相关而又能不断更新的淡水、地表水和地下水，其补给来源主要为大气降水。地球上水的总量很大，地球表面70%的面积被水覆盖，约为1.36×10^9 km^3，但其中的97.5%为咸水，淡水仅占2.5%，总量为3.5×10^7 km^3。在这些淡水中，南、北极的冰帽和冰川又占去了约$\frac{3}{4}$，极少被利用，人类易于利用的淡水总计约为8.4×10^6 km^3。而直接能取用的江、湖淡水仅占全部淡水的不到0.7%，约占全球总水量的0.01%，这些淡水主要分布在湖泊、河流、水库和浅层地下水源（见表1-1）。打一个比方，如果用一个2 L的瓶子能装下地球上的所有水的话，那么能利用的淡水只有半勺，在这半勺的淡水中，河水只相当于一滴水，其余都是地下水。由此可见，能供人类直接利用而且易于取得的淡水资源是十分有限的。而且这些淡水资源在陆地上的分布很不均匀，世界上

表 1-1　地球上水量的分布

分布类型	体积/km^3	占地球总水量/%
地表水		
淡水湖	125 000	0.009
咸水湖	104 000	0.008
河　流	1 250	0.000 1
地表以下的水		
土壤及渗透水	67 000	0.005
地下水(地面至 800 m)	4 170 000	0.31
地下水(深层)	4 170 000	0.31
其他水		
冰帽及冰川	29 200 000	2.15
大气	13 000	0.001
海洋	1 320 000 000	97.2
生物体内	6 000	0.000 5
总计	1 357 856 250	100

约$\frac{1}{3}$的人口生活在面临中度和严重缺水的地区。

2）我国的水资源及特点

我国年均降水总量约为 6 万亿立方米，全国河川年均径流量约为 2.6 万亿立方米，加上冰川融雪和地下水补给，初步估算全国水资源总量约为 2.8 万亿立方米。与世界各国相比，我国河川年径流总量虽占第四位，但如按人口平均占有径流量计算，我国却是一个严重缺水的国家，人均水量为 2 231 m^3，仅为世界人均水平的$\frac{1}{3}$。随着人口的自然增长，当全国人口到达 16 亿时，人均淡水径流量每年仅为 1 600 m^3，耕地每公顷平均水量为 2 767 m^3，约为世界水平的$\frac{3}{4}$。按国际通用标准，人均拥有水资源量小于 2 000 m^3 为轻度缺水地区，人均拥有水资源量小于 1 000 m^3 为重度缺水地区。从长期趋势看，我国总体上属于严重缺水的国家。目前，我国水资源供需矛盾日益突出，我国 600 多个大中城市中有 300 多个缺水或严重缺水，每年因缺水造成的直接经济损失达 2 000 亿元，全国每年因缺水而少产粮食 700 亿～800 亿公斤，水资源供需面临非常严峻的形势，水资源的短缺将极大地制约我国经济的发展。

由于我国地域辽阔，地形复杂，南北、东西气候差异大，水资源还存在时空分布不均衡性。在空间上，水资源分布与降水分布基本一致，呈东南多、西北少，由东南沿海地区向西北内陆递减，分布不均匀，造成西北地区极端缺水。我国北方人口占全国总人口的$\frac{2}{5}$，但水资源占有量不到全国水资源总量的$\frac{1}{5}$。在全国人均水量不足1 000 m^3的10个省区中，北方即占了8个，而且主要集中在华北。在时间分布上，我国大部分地区的降雨量受季风气候影响，降水量在年内分配不匀。冬春少雨，多春旱；夏秋多雨，多洪涝。全年降水年际变化很大，丰水年、枯水年降水量可相差5～6倍之多。汛期4个月(5—8月)的降水量占全年的60%～80%。降水量和径流量在时间上的剧烈变化使一些地区(特别是华北平原和长江中下游平原)水旱灾害频繁，这些地区又是我国工农业生产最发达的地区，因此防洪任务非常繁重。

另外，我国水土资源组合不相适应，北方耕地面积占全国耕地面积的$\frac{3}{5}$，而水资源量仅占全国的$\frac{1}{5}$。东北、西北、黄淮河流域径流量只占全国总量的17%，但土地面积占全国的65%；长江以南江河径流量占全国的81%，而土地面积仅占36%。淮河以北地区耕地面积占全国的64%，水资源仅占全国的19%。特别是西南地区，由雅鲁藏布江、怒江、澜沧江等组成的诸河流域，土地面积占全国的10%，人口和耕地分别只占全国的1.5%和1.7%，水资源却占全国的21%。而黄河、淮河、海河、辽河流域，其耕地占全国的42%，水资源只占9%，形成了北方耕地多而水资源短缺的局面。

此外，由于自然条件的限制和长期以来人类活动的影响，我国的森林覆盖率很低，水土流失严重。水土流失造成许多河流含沙量增大、淤积严重。这不仅给水资源开发利用带来许多困难，而且导致生态平衡破坏、土壤贫瘠、山洪暴发、气候变化等一系列严重的环境问题。水的利用率低给有限的水资源保护雪上加霜，以农业为例，我国生产1 t粮食耗水约1 330 m^3，比发达国家多300～400 m^3，其他产品的单位耗水量甚至更高。各大城市工业用水的重复使用率只有25%，但日本和德国则高达60%以上。

1.1.2　水循环

地球上的水循环通过三条主要途径完成，即降水、蒸发和水蒸气输送。地球表面的水在太阳照射下不断蒸发，汽化为水蒸气，植物亦可借助蒸腾作用进行这一过程。水蒸气上升到空中形成云，又在大气环流的作用下移动到各处，遇适当的条件时即成为雨或雪等而降落到海洋和陆地。由于陆地地形的关系，迎风坡等地面降水量大于其他地面，陆地地表降水量大于海洋洋面。这些降落下来的水分一部分渗入地下成为土壤水或地下水，一部分可顺着地表径流汇入江河、湖泊，并最终汇入海洋。因此在陆地表面存在着水向海洋的流动，而在大气高空水蒸气从海洋上空向陆地运动。地表水经植物吸收后再经枝叶蒸腾进入大气层，地面、洋面的水又可经蒸发进入大气层。这种过程循环往复，永无止境，构成自然界中的水循环(见图1－1)。据推算，整个地球降水量大致为每年40万立方千米，每年的自然循环水量仅占地球上总水量的$\frac{3}{10\,000}$，这些循环水量有$\frac{1}{4}$降落于陆地。降水到达地面后，在多年平衡的情况下，约有56％的水量为植物蒸腾、土壤和地面蒸发消耗，34％形成地面径流，10％通过下渗补给地下水，形成地下水径流。

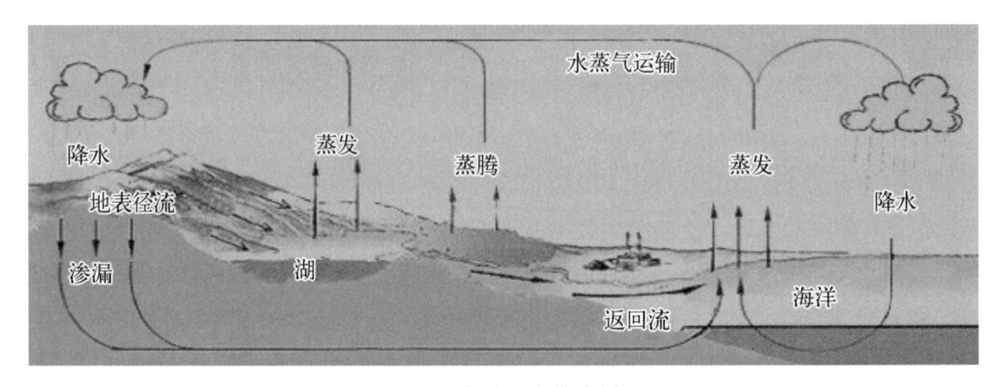

图1－1　自然界中的水循环

人类对水的利用使得水有了功能，使水成为可以被人类利用的资源。人是生态系统中的组成部分，人类又有别于其他生物，能够利用工具开发利用水资源，影响和改变自然生态系统。人类对水的利用途径就是在水循环的过程中截取了部分水，使这些原水不再参与最初的自然循环过程。人类截取水的过程就是对自然循环的改变。在生产力不发达时期，人类行为影响自然生态系统的作用远远小于自然影响因素，而在生产力发展的今天，人对自然生态系统的影响就越来越明显。随着世界人口的增长和工农业的发展，用水量日益增加，用水量的增加必然使得废水量增加，未经妥善处理的废水如果任意排入水体就会造成严重的污染，使本来并不充裕的水资源更加紧张。

1.2　水污染及其分类

人类对水的使用主要是生活用水、工业用水及农业灌溉用水。其中除极少一部分被饮用，进入产品，锅炉蒸发，植物吸收、蒸腾以外，大部分仅是用于地面冲刷、洗涤或简单地用于冷却，在这过程中又混入了各类污染物等，然后重新排入天然水体，造成污染。工农业生产的增长、人口的增长造成了环境危机。水资源的不足，加上地表水、浅层地下水的污染又减少了可供利用水资源的数量，形成了所谓的污染性缺水或水质型缺水，造成了“水荒”。水污染对人体健康、工农业生产和人类社会的持续发展带来了极大的危害。

1.2.1 水污染现状

1）水环境污染

水资源是量与质的高度统一。人类活动会使大量的工业、农业和生活废水及废弃物排入水中，使水受到污染。目前，全世界每年有4 200多亿立方米的污水排入江河湖海，污染了5.5万亿立方米的淡水，这相当于全球径流总量的14%以上。我国的水污染是极为复杂的，当前我国在面临着水量危机的同时，还面临着因污染导致的水质危机。随着经济建设的发展，人口的增加，特别是城市化进程加快，不仅用水量大幅度增加，污水排放量也相应增加。

近年来，我国水体污染日益严重，全国每年排放污水高达400亿吨，除70%的工业废水和不到10%的生活污水经处理排放外，其余污水未经处理直接排入江河湖海，致使水质严重恶化。污水中化学需氧量、重金属、砷、氰化物、挥发酚等都呈上升趋势，全国9.5万千米河川有20%受到污染，0.5万千米受到严重污染，清江变浊，浊水变臭，鱼虾绝迹。据对全国七大江河和内陆河的110个重点河段的统计，水质量符合《地面水环境质量标准》Ⅰ、Ⅱ类的河段仅占32%，符合Ⅲ类的占29%，符合Ⅳ、Ⅴ类的占39%。86%的城市河流受到了不同程度的污染。近年来的结果表明，地表水受到严重污染的劣Ⅴ类水体约占10%，海河流域劣Ⅴ类的比例高达39.1%。流经城镇的河段，城乡接合部的一些沟渠塘坝污染普遍比较严重，受到有机物污染，黑臭水体较多，受影响群众多，公众关注度高，不满意度高。涉及饮水安全的水环境突发事件的数量不少。松花江、淮河、海河和辽河水系污染严重，南方的黄浦江、滇池等水体也都严重污染。同时，突发性污染事故数量增加，水体污染造成的经济损失增大，如2005年11月松花江上游某石化公司双苯厂爆炸，硝基苯和苯等化学污染物进入松花江，水源、水质被污染，导致重大环境污染事故，省城哈尔滨市停止供水数天。

从全国情况看，水体污染正从支流向干流延伸，从城市向农村蔓延，从地表向地下渗透，从区域向流域扩展。我国地表水资源污染严重，地下水资源污染也不容乐观。在全国118个城市中，64%的城市地下水受到严重污染，33%的城市地下水受到轻度污染；从地区分布来看，北方地区比南方地区更为严重。海河流域地下水资源量为271.6亿立方米，受到污染的为171.5亿立方米，占总量的63.1%。据统计，我国2004年因水环境污染造成的经济损失高达2 800亿元。水质污染严重和水环境质量恶化加剧了水资源危机，并将影响我国的经济发展速度。因此，限制污水排放并使污水资源化，使水资源的利用走上良性循环已成为当务之急。

经过四十多年的治理，我国基本控制住了水环境污染恶化的趋势。目前已建立了流域污染控制的技术体系，实现了流域水环境和水生态污染态势的逐步好转；建立了饮用水安全保障体系，保障了居民用水水质安全；建立了城市和乡村污水处理的保障体系，从源头控制实现了水环境保护。此外，工业水污染问题也得到了缓解，并不断提高工业废水资源化和能源化水平。2018 年，全国地表水国考断面中，水质优良比例为 71%，劣Ⅴ类比例为 6.7%，主要江河、湖泊、近岸海域水质稳中向好，水环境质量持续得到改善。

2）水环境破坏

由于自然条件的限制和长期以来人类活动的结果，我国森林覆盖率很低，水土流失严重。水土流失造成许多河流含沙量增大，泥沙淤积严重，北方河流此种情况更为突出。全国平均每年进入河流的悬移质泥沙约 35 亿吨，其中有 20 亿吨淤积在外流区的水库、湖泊、中下游河道和灌区内。水库上游植被的破坏或开荒种地导致泥沙淤积严重，水库库容也日趋减少。以山东为例，20 世纪 80 年代平均每年因泥沙淤积损失约为 2 亿立方米库容。水主要通过水环境提供。水环境不仅可以提供水资源、生物资源、旅游资源等，还有调洪、航运、排水等许多功能。另外，水环境不仅是流域污水、废水的直接接受者，也是人类活动一切废物的最终归宿，而现在许多水环境被严重污染，以致影响它的正常用途，因此保护好水环境对水资源充分利用具有重要作用。

根据国家水污染防治规划，到 2020 年，全国水环境质量要得到阶段性改善，污染严重水体较大幅度减少，饮用水安全保障水平持续提升，地下水超采得到严格控制，地下水污染加剧趋势得到初步遏制，近岸海域环境质量稳中趋好，京津冀、长三角、珠三角等区域水生态环境状况有所好转。到 2030 年，力争全国水环境质量总体改善，水生态系统功能初步恢复。到 21 世纪中叶，生态环境质量全面改善，生态系统实现良性循环。其中长江、黄河、珠江、松花江、淮河、海河、辽河等七大重点流域水质优良（达到或优于Ⅲ类）比例总体达到 70%以上，地级及以上城市建成区黑臭水体均控制在 10%以内，地级及以上城市集中式饮用水水源水质达到或优于Ⅲ类比例总体高于 93%，全国地下水质量极差的比例控制在 15%左右，近岸海域水质优良（Ⅰ、Ⅱ类）比例达到 70%左右。京津冀区域丧失使用功能（劣于Ⅴ类）的水体断面比例下降 15 个百分点左右，长三角、珠三角区域力争消除丧失使用功能的水体。到 2030 年，全国七大重点流域水质优良比例总体达到 75%以上，城市建成区黑臭水体总体得到消除，城市集中式饮用水水源水质达到或优于Ⅲ类的比例总体为 95%左右。

3）水资源过度开发

为了满足我国水资源需求，必将加大水资源开采力度，水资源过度开发无疑会导致生态环境的进一步恶化。通常认为，当径流量利用率超过 20%时就会对水环境产生很大影响，超过 50%时则会产生严重影响。目前，我国水资源开发利用率已达 19%，接近世界平均水平的 3 倍，个别地区更高。地下水的开发利用也达到相当程度。过度开采地下水会引起地面沉降、海水入侵、海水倒灌等一系列环境问题。在目前地下水资源开发条件下，全国已经出现区域性地下水漏斗 56 个，总面积大于 $8.2\times10^4\ km^2$，地层沉陷的城市达 50 余个，其中北京的沉降面积达 800 km^2，环渤海平原区海水倒灌的影响面积已达 1 240 km^2。

所以，我国水资源在地区分布上的不均匀性、水体污染加剧、生态环境恶化以及严重的水浪费现象等因素导致水资源的供需失衡问题更加严重，对水资源的可持续利用造成了极大的威胁，不得不引起人们的高度重视。

1.2.2　水污染的危害性

水体受污染后，对环境的生态系统会造成很大危害，严重时会使水体生态平衡破坏，物质循环中止，水生生物因急性或慢性中毒而死亡，并使经济严重受损。据报道，在 1985—2000 年间，我国水污染造成的损失达 1 万亿元以上。相关专家对黄河水污染的状况及危害进行量化分析的结果表明，黄河流域污废水排放量比 20 世纪 80 年代增加了 1 倍，达到 $4.4\times10^9\ m^3$，黄河干流近 40%河段的水质为Ⅴ类，基本丧失水体功能。日趋严重的黄河水污染破坏了黄河生态系统，使黄河河道中近 $\frac{1}{3}$ 的水生物绝迹。黄河流域每年因污染造成的经济损失高达 115 亿～156 亿元。由于食用被污染的食品，黄河流域内每年人体健康损失达 22 亿～27 亿元。

1.2.3　水污染的分类

水体污染可根据污染物的不同而主要分为化学性污染、物理性污染和生物性污染三大类。

1）化学性污染

（1）耗氧污染物　生活污水和某些工业废水中所含的糖、淀粉、纤维素、蛋白质、脂肪和木质素等有机化合物可在微生物作用下最终分解为简单的无机物质，这些有机物在分解过程中要消耗大量的氧气，故称为耗氧污染物。以淀粉、纤维素为例，其被微生物彻底氧化分解（矿化）时的反应式如下：

$$C_6H_{10}O_5 + 6O_2 \longrightarrow 6CO_2 + 5H_2O$$

所以这类化合物的耗氧量比值为(32×6)∶(12×6+10×1+16×5),即大致为1.2∶1。蛋白质、脂肪氧化分解时耗氧量还要高些。

此外,某些还原性无机物在水体中也会耗氧,如NH_3、H_2S、亚硫酸盐等。其中NH_3-N在自养性硝化细菌作用下氧化成NO_3^--N,同时耗去4个氧,按质量比为NH_3-N质量的4.57倍。

这些污染物进入水体后会耗去水中大量的溶解氧,甚至使水生动物大批死亡;污染严重时还会使溶解氧降至零,造成水体内厌氧细菌活跃,有机物分解产生NH_3-N、H_2S等,导致水体发黑发臭,迫使物质循环中止,水体自净功能几近丧失。

(2) 植物营养物　所谓植物营养物主要是指氮、磷等元素,其他尚有钾、硫等。从农作物生长的角度看,植物营养物是宝贵的物质,但过多的营养物质进入天然水体会使水质恶化,影响渔业的发展和危害人体健康。

水中营养物质的来源主要是化肥。施入农田的化肥只有一部分为农作物所吸收,其余绝大部分被农田排水和地表径流携带至地下水和河、湖中。还有一部分营养物来自人和畜、禽的粪便及含磷洗涤剂。此外,食品厂、印染厂、化肥厂、染料厂、洗毛厂、制革厂、炸药厂等废水中均含有大量氮、磷等营养元素。

水体中植物营养物质的存在会导致水生藻类大量繁殖。藻类过度旺盛的生长繁殖会造成水中溶解氧急剧变化,藻类的夜间呼吸及死亡藻体的微生物分解作用又会使水体严重缺氧,因而造成鱼类大量死亡。某些藻类的蛋白类毒素可富集在水生生物体内,并通过食物链使人中毒。藻类密度很高的水体pH值可以上升到9以上。大量藻类遗体可使湖、河变浅,最终成为沼泽地。自来水原水的富营养化会使加氯量成倍增加,并生成卤代烃之类的有害物质;为了脱色、除嗅、除味而使化学药剂投加量增加,滤池的反冲洗次数亦增加,从而增加了水处理的成本。化合态的氮对人及生物有毒害作用,如亚硝胺等有致癌、致畸作用,饮用水中NO_3^--N含量高可引起高铁血红蛋白症等。

(3) 有毒物质　污染的水体中含有多种对人及其他生物有毒的物质,轻则引起种种慢性和急性疾病,重则危及生命。例如汞、镉、铅、铬、砷(俗称为“五毒”)等毒性较大,还有锌、铜、钴、锡等金属也有一定的毒性,这些金属污染物主要的特征是在水体中不能被微生物所降解,可因沉淀作用、吸附作用沉积于水体底泥中造成长期的危害,一定条件下重新释放进入上覆水体。有些重金属还可经微生物作用发生甲基化而使毒性更大。此外,有毒物质还可通过食物链的生物放大作用迁移和富集,并最终通过食物进入人体,危及人体健康。如闻名于世的“水俣病”就是因为水体中的污染物汞在藻类、浮游生物、贝类、鱼类食物链中发生生物放大并最终进入人体,引起中毒;“骨痛病”也是因镉积累过多,骨中钙被镉取代所致;氟可引起软骨病；长期饮用含铬水会发生口角糜烂、腹泻和消化道机能紊乱等。

炼焦、煤气、冶金、石化、塑料等工业所排放的废水中含有酚，它是分布最广、影响最大的一类有机污染物。水体遭受酚污染后会影响水产品的产量和质量，可使贝类减产、海带腐烂，可影响鱼类的洄游，用氯消毒含酚的水会产生具恶臭的氯酚。人体摄入少量酚时可引起呕吐、腹泻、头疼头晕、精神不安等慢性中毒症状，量多时会因急性中毒而死亡。

电镀、化工、煤气、炼焦等工业排放的废水中含有氰。氰化物是剧毒物质，一般人只要误服 0.1 g 氰化物便会立即死亡，当水中 CN^- 含量达 0.3～0.5 mg/L 时鱼可死亡。氰进入生物体内可抑制细胞内呼吸酶系。

此外，在工业废水中还含有联苯胺、吡啶、硝基苯、多环芳烃等各种致癌、致畸、有毒的物质，还有持久性有机污染物（POPs）和环境激素等。

(4) 油类　目前，因人类活动而进入水体的石油每年多达 1 000 万吨，约占全世界石油总产量的 0.3%～0.5%。其主要来自石油化工，炼油废水，油船的压舱水、洗舱水，石油在运输过程中的海损，触礁事故泄漏，海底油田开采时井喷等。石油进入水体后会沿水面扩散，使鱼、鱼卵、海鸟等死亡。这些油覆盖于水面不仅将严重影响水体复氧，而且在水中被微生物氧化分解会耗去大量溶解氧。海洋油污染还会破坏风景优美的海滨环境。

(5) 酸碱及无机盐类　矿山排水中含硫化合物经氧化可产生酸性废水，冶金和金属加工工业也有大量酸洗废水排放，雨水淋洗含 SO_2 烟气后形成酸雨。在碱法造纸、人造纤维、制碱、制革、纺织、煮炼等工业的废水中含碱。酸、碱废水彼此中和可产生各种盐类，此外，合成洗涤剂、染料生产、环氧丙烷生产、肠衣加工等废水中也含有各种盐类，它们可腐蚀管道、增加水的硬度，若用以灌溉会引起土壤的盐碱化。

(6) 恶臭　受污染的水体往往会散发出臭气或异味，与人体接触后，轻则使人感到不快、恶心、头疼、食欲缺乏、妨碍睡眠、嗅觉失调、情绪不振、爱发脾气及诱发哮喘；重则引起慢性病，如使视力下降，引起中枢神经障碍和病变并缩短寿命，甚至引发急性病造成死亡。

臭气的主要成分可分为三大类：含硫化合物（硫化氢、甲硫醇、甲硫醚等）；含氮化合物（氨、二元胺、三甲胺、甲基吲哚）；碳、氢、氧组成的化合物（低级醇、醛、脂肪酸等）。

2）物理性污染

(1) 悬浮物质污染　悬浮物质指水中含有的不溶性物质，包括固体和泡沫等。生活污水、工业污水或农田水土流失都会产生悬浮物质污染。悬浮物质影响水体外观，妨碍水中植物的光合作用，减少氧气的溶入，对水生生物不利，如果悬浮物上吸附有毒有害物质，则会造成更严重的影响。

(2) 热污染　水在工业或人类生活使用过程中温度往往升高，其中工业生产中的冷却水，尤其是核电厂、火力发电厂排放的大量高温废水，进入水体后使水温升高、饱和溶解氧值下降、水中需氧污染物耗氧速率加快，导致水体溶氧量急剧下降，并危及水生生物生存，造成一系列危害。

(3) 放射性污染　放射性矿产的开采、核试验和核电站的建立以及医学和科研上同位素的使用会造成放射性污染。

3) 生物性污染

生物性污染主要是指病原性微生物造成的污染。如医院、生活、制革、屠宰、禽畜养殖等污水中含有的病原微生物，以及引起疾病的各种致病菌、病毒和寄生虫等，它们可引起疾病的传播、流行病的暴发，甚至人畜的死亡。

1.3　控制水体污染的途径

1.3.1　采用清洁生产工艺，减少或消除污水的排放

控制污染物排放量是控制水体污染的最关键问题。根据国内外经验，可有以下措施：

(1) 采用清洁生产工艺，尽量不用水或少用易产生污染的原料及生产工艺。如采用无氰电镀工艺代替有氰电镀工艺，可使废水中不含氰化物；采用无水印染工艺(转移染色)代替有水印染工艺，可从根本上消除印染废水的排放。

(2) 重复用水及循环用水，使废水排放量减至最少。重复用水，根据不同生产工艺对水质的不同要求，将甲工段排出的废水送往乙工段，将乙工段的废水排入丙工段，实现一水多用。如碱法造纸中，造纸机废水及炼焦厂的熄焦废水可循环使用。

(3) 有用物质回收和资源化综合利用。尽量使流失在废水中的原料或成品与水分离，既可减少生产成本或增加经济收益，又可降低废水中污染物质的浓度，或减轻污水处理的负担。例如制革废水回收油脂、造纸黑液回收碱、纺织退浆废水回收聚乙烯醇(PVA)、电镀废水回收重金属等。我们可用豆制品加工中排出的高浓度黄泔水来培养酵母，以获得饲料酵母作为畜禽的饲料添加剂。其他如味精废水、淀粉废水等都已有资源化应用的实例。

(4) 生产中的原料或成品，如加以充分利用则是有用资源，如泄漏进入环境则造成极大的污染。应健全污染控制的有关法规，采用总量排污控制，加强生产中的管理，防止原材料及成品的跑冒滴漏，这不仅可减少废水处理费用，而且可降低原材料的单耗，可以产生巨大的环境效益和经济效益。

1.3.2 增加治理投入,妥善处理废水

经上述清洁生产工艺及通过管理减少排污后仍会有一部分废水排放,这就需要我们根据废水的性质采用合理的工艺,妥善加以处理。随着生产的发展,人民生活水平的提高,对环境的要求也愈益提高,我们可以从国民经济收益中拿出更多的比例投入到环境保护和废水处理之中。此外,还要依靠科技进步,开发出更好、更省的污染治理工艺,以造福子孙后代。对彼此比较靠近的城镇、工业区可实施集中处理。

1.3.3 合理利用水体的自净能力

所谓水环境容量是指纳污水体通过自身的物理学、化学和生物学作用过程使得水体恢复原有状态的能力,亦即水体的自净能力。从水处理角度看,水体的环境容量是水体所能够承受的污染物负荷。水体的环境容量或自净能力及其自净速度与原水体的状态和性质有关,如原有水体的污染程度、接纳的污染物数量和类型、原有水体中生态状况和生物活性以及底泥的作用等。

各种水体都具有一定的环境容量或自净能力,因此无须按照纳污水体的环境本底值来制定污水排放标准。利用水体的自净能力需遵照合理、谨慎的原则。不同大小、流速、使用功能水体的自净能力也是不同的。同时,通过人工调控可以改变原有水体的自净能力,如上海市苏州河综合调水工程的实施可以提高水体对污染物的净化功能。

1.4 水污染防治法和水污染物排放标准

水污染防治法和水污染物排放标准是我国水污染控制管理的有效手段,是水环境质量的重要保障。

1.4.1 水污染防治法

1) 水污染法律法规概述

1979年,我国颁布第一部环境保护的基本法,即《中华人民共和国环境保护法(试行)》,该法对水污染防治做出了原则性的规定。1984年,《中华人民共和国水污染防治法》(以下简称《水污染防治法》)颁布实施,这是我国第一部关于水污染防治的专门性法律,它对防治陆地水污染做出了系统的规定。同时,国务院及有关行政管理部门先后制定、颁布了一系列有关水污染防治的行政法规、规章和标准,基本形成了水污染防治的法律体系。

1996年,根据水污染防治的要求和国家经济技术条件的变化,全国人大常委

会通过了《水污染防治法》的修改，并重新公布实施。2000 年，为配合新的《水污染防治法》，国务院颁布了《中华人民共和国水污染防治法实施细则》，废止了原有的一些规定，进一步充实、完善水污染防治的法律制度。

现行的《水污染防治法》共六章六十二条，包括总则、水环境质量标准和污染物排放标准的制定、水污染防治的监督管理、防止地表水污染、防止地下水污染、法律责任等部分；增加了一些非常重要的内容，如重点污染物排放的总量制度、城市污水集中处理制度等。《水污染防治法》适用于我国国内的江河、湖泊、运河、渠道、水库等地表水体和地下水体的污染防治，不适用于海洋污染防治。

2015 年，国务院发布关于《水污染防治行动计划》(简称“水十条”)的通知。“水十条”是为切实加大水污染防治力度，保障国家水安全而制定的法规，自 2015 年 4 月 16 日发布起实施。主要包括全面控制污染物排放、推动经济结构转型升级、着力节约保护水资源、强化科技支撑、充分发挥市场机制作用、严格环境执法监管、切实加强水环境管理、全力保障水生态环境安全、明确和落实各方责任、强化公众参与和社会监督十条内容。“水十条”强化源头控制，水陆统筹、河海兼顾，对江河湖海实施分流域、分区域、分阶段科学治理，系统推进水污染防治、水生态保护和水资源管理。“水十条”强调运用系统思维解决水污染问题，切实保障生态流量，促进水质改善，发挥市场决定性作用，以跨界水环境补偿机制推进水质改善。

2）水污染防治的主要法律制度

在《水污染防治法》及其实施细则中，对水污染防治的监督、水污染源的管理等做了较为全面的规定，并形成了较为完备的水污染防治的法律制度，主要包括水污染物总量控制制度、排污申报登记制度、排污许可证制度、征收排污费和超标排污费制度等。

(1) 水污染物总量控制制度　污染源管理的一般方式是控制排污单位污染物排放的数量和浓度，通过治理促进其达标排放。但即使所有的排污单位全都达标排放了，也不一定能满足水环境质量标准的要求。这是因为在水域的一定范围内，所有排污单位排放的污染物累计起来，其排污总量常常会超过特定水域可以容纳、承受的污染物数量，从而导致水环境污染。为了解决这一问题，《水污染防治法》规定，对实现水污染物达标排放后仍达不到国家规定的水环境质量标准的水体，可以实施重点污染物排放的总量控制制度，即根据水环境质量标准的要求，规定污染物的总排放量，以限制总排放量为目标，确定各排污单位允许排放的污染物数量，凡超过规定总量指标的，必须削减。

(2) 排污许可制度　凡向环境排放各种污染物的排污者，需要事先提出申请，经主管部门审查批准，获得许可证后才能排污。

我国从 20 世纪 80 年代后期起就开展了对水污染物排放实行排污许可管理的

试点工作。《水污染防治法》及其实施细则对排污许可证制度做出了明确的规定，即在总量控制的基础上，环保部门审核各排污单位的重点污染物排放量，对不超过总量控制指标的发给排污许可证；对超过排放总量控制指标的实行限期治理，在限期治理期间发给临时排污许可证。不按照排污许可证或者临时排污许可证的规定排放污染的由环保部门予以查处。

(3) 征收排污费制度　征收排污费制度是指对于向环境排放各种污染物的排污者，按照污染物的种类、数量，根据规定征收一定的费用。这项制度是运用经济手段促进排污者采取管理和技术措施，有效防治污水排放对环境的污染。这是一项通过使污染者承担一定污染防治费用，体现“谁污染，谁治理”责任的法律制度。我国从1982年开始，对排放废水、废气、噪声、固体废物的企事业单位实行征收排污费的制度，污水排污费按排污者排放污染物的种类、数量计征排污费。与征收其他排污费不同的是，目前，征收废水排污费实行“两重收费”机制，即征收对象排放废水，就要缴纳排污费；其中，对于超过排放标准的污染物，还要加倍征收超标准排污费。

3) 违反水污染防治法应承担的责任

(1) 拒绝现场检查或在检查时弄虚作假的行为　现场检查是指环保部门对排污单位守法情况或履行环保行政决定情况，赴现场进行监督检查的行为。被检查单位和人员有配合检查的义务。如拒绝现场检查或在检查时弄虚作假，则根据《水污染防治法》及其实施细则，给予警告或处以1万元以下的罚款。如果情节严重构成犯罪的，则依法追究刑事责任。

(2) 故意不正常使用、擅自拆除或闲置废水处理设施的行为　所谓不正常使用水污染物处理设施是指：违反操作规程使用处理设施，将部分或全部废水不经过处理设施而直接排入环境；不按照操作规程进行检查和维修，致使处理设施不能正常运行；未经批准，擅自拆除或停止废水处理设施运行等情形。

故意不正常使用废水处理设施或擅自拆除或者闲置废水处理设施的，环保部门应责令恢复正常使用或限期重新安装使用，并可处以10万元以下的罚款。

(3) 任意排放未达到标准的污水的行为　任意排放是指不按照环保要求，排放未经处理废水的行为。任意排放未达标废水的，应依法给予警告或罚款。

(4) 造成水污染事故或其他突发性事件未及时报告的行为　根据有关法规，造成水污染事故或其他突发性事件未及时报告的，应给予警告并可处以1万元以下的罚款。

1.4.2　污水排放标准

1) 水环境标准概述

(1) 水环境标准的概念与性质　水环境标准是国家为了维护水环境质量，控制水污染，保护人群健康、社会财富和生态平衡，按照法定程序制定的、与保护水环境相关的各种技术规范的总称。水环境标准是具有法律性质的技术规范。

水环境标准是环境标准的一种，是水污染防治法规的重要组成部分。

(2) 水环境标准的组成　我国现行水环境标准体系可概括地分为"五类三级"，即水环境质量标准、水污染物排放标准、水环境基础标准、水监测分析方法标准和水环境质量标准样品标准五类，以及国家级标准、行业标准和地方标准三级。

2) 污水排放标准

水污染物排放标准通常称为污水排放标准，它是根据受纳水体的水质要求，结合环境特点和社会、经济、技术条件，对排入环境的废水中的水污染物和产生的有害因子所规定的控制标准，或者说是水污染物或有害因子的允许排放量(浓度)或限值。它是判定排污活动是否违法的依据。

污水排放标准可以分为国家排放标准、地方排放标准和行业标准。

(1) 国家排放标准　是国家环境保护行政主管部门制定并在全国范围内或特定区域内适用的标准，如《中华人民共和国污水综合排放标准》(GB 8978—1996)、《城镇污水处理厂污染物排放标准》(GB 18918—2002)适用于全国范围。

(2) 地方排放标准　是由省、自治区、直辖市人民政府批准颁布的，在特定行政区适用。如《上海市污水综合排放标准》(DB31/ 199－2018)适用于上海市范围。

(3) 行业标准　目前我国允许造纸、船舶工业、海洋石油开发工业、纺织染整工业、肉类加工工业、钢铁工业、合成氨工业、航天推进剂、兵器工业、磷肥工业、烧碱、聚氯乙烯工业等 12 个工业门类不执行国家污水综合排放标准，可执行相应的国家行业标准。

(4) 国家标准与地方标准的关系　《中华人民共和国环境保护法》第 10 条规定"省、自治区、直辖市人民政府对国家污染物排放标准中没做规定的项目可以制定地方污染物排放标准，对国家污染物排放标准已做规定的项目，可以制定严于国家污染物排放标准的地方污染物排放标准"。两种标准并存的情况下，执行地方标准。

(5) 污水综合排放标准与水污染物排放的行业标准的关系　污水排放标准按适用范围不同，可以分为污水综合排放标准和水污染物行业排放标准。《中华人民共和国污水综合排放标准》(GB 8978—1996)、《上海市污水综合排放标准》(DB31/ 199－2018)是综合排放标准。《制浆造纸工业水污染物排放标准》(GB 3544—2008)是国家行业排放标准。国家污水综合排放标准与国家行业排放标准不交叉执行。

此外，为了保证合流管道、泵站、预处理设施的安全和正常运行，发挥设施的社会效益、经济效益、环境效益，有关部门制定了纳管标准，即排水户向城市下水道或合流管道排放污水的水质控制标准。如上海市建设委员会 1999 年批准实施了《污水排入合流管道的水质标准》(DBJ08－904－98)。该标准所称合流污水是指生活污水、产业废水及大气降水的总和。该标准规定了污水排入合流管道的30种有害物质的最高允许浓度。其他项目应遵守国家行业和地方标准中的规定。特殊行业的排水户除了执行该标准的规定外,还应执行其行业的有关水质标准。国家建设部制定的《污水排入城镇下水道水质标准》(GB/T 31962—2015)规定了排入城市下水道污水中35种有害物质的最高允许浓度。

1.5 废水处理的方法与系统

废水处理的目的就是利用各种方法将污水中所含的污染物质分离出来,或将其转化为无害的物质,从而使污水得到净化。

依据作用原理,废水处理方法又可分为分离法和转化法两种,其中分离法为物理法,转化法包括化学转化法和生物转化法(见表1-2)。在工程应用中,通常将这些处理方法进行组合构成废水处理工艺系统。

表1-2 废水处理方法一览表

<table>
<tr><td rowspan="4">分离法</td><td>澄清法</td><td>沉淀法
澄清法
浮选法</td><td rowspan="4">转化法</td><td rowspan="2">化学法</td><td rowspan="2">化学中和法
化学沉淀法
化学氧化法
化学还原法</td></tr>
<tr><td colspan="2">离心法
阻留法
吸附法
离子交换法</td></tr>
<tr><td>膜 法</td><td>反渗透法
超滤法</td><td rowspan="2">生物法</td><td rowspan="2">稳定塘法
土地处理法
活性污泥法
生物膜法
厌氧生物法</td></tr>
<tr><td colspan="2">蒸馏法
萃取法
结晶法
吹脱法</td></tr>
</table>

1.5.1 废水处理方法

1) 物理法

主要是利用物理作用分离废水中呈悬浮状态的污染物质,在处理过程中不改变污染物的化学性质。常用的有采用格栅、筛网、砂滤等方法截留各类漂浮物、悬浮物等;利用沉淀、气浮和离心等方法分离密度与水不同的各类污染物。

2) 化学法

利用化学反应的作用,通过改变污染物的性质降低其危害性或有利于污染物的分离去除。包括向废水中投加各类絮凝剂，使之与水中的污染物起化学反应，生成不溶于水或难溶于水的化合物而析出沉淀，使废水得到净化的化学沉淀法；利用中和作用处理酸性或碱性废水的中和法；利用液氯、臭氧等强氧化剂氧化分解废水中污染物的化学氧化法；利用电解的原理，在阴、阳两极分别发生氧化和还原反应，使水质达到净化的电解法等。

3）生物法

生物法也称为生物化学法，简称为生化法。生化处理法是处理废水中应用最长久、最广泛和比较有效的一种方法，它是利用自然界中存在的各种微生物，将废水中的污染物进行分解和转化，达到净化的目的。污染物经生化法处理后可彻底消除其对环境的污染和危害。

1.5.2 废水处理工艺系统

由于废水中的污染物种类繁多，不同的污染物需要应用不同的方法进行处理，而多种废水处理方法组合就构成废水处理工艺系统或工艺流程。

废水处理系统中各种处理方法的选择、相应的处理设备选型和在工艺系统中位置的确定是废水处理系统工艺设计中的重要内容，其决定因素主要是废水性质和处理目标。工艺流程的长短可以间接地反映废水处理的难易程度。

按照处理任务深度的不同，城市污水处理系统分为一级、二级、三级处理三个不同的层次，典型的城市污水处理工艺系统如图 1－2 所示。

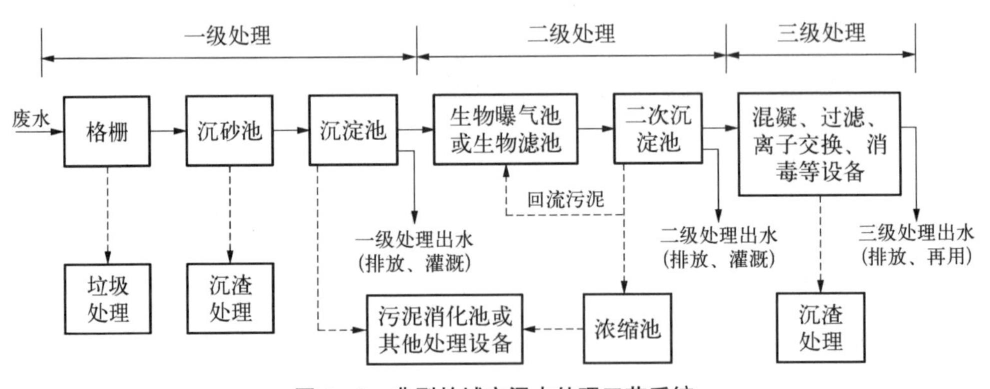

图 1－2 典型的城市污水处理工艺系统

城市污水的一级处理主要任务是采用物理方法分离去除原污水中的漂浮物和悬浮物，使用的主要设备或构筑物有格栅、沉砂池和初沉池，处理过程中从污水中分离出大量栅渣、浮渣、沉砂和以无机成分为主的初沉污泥。

经过一级处理后，城市污水中还含有大量呈胶体态和溶解态的污染物，必须进行二级处理。二级处理以生物法为主体，其核心是曝气池（或生物滤池）和二沉池。

在有特定要求时(如最终出水需要回用生活或生产)则需要进行三级处理。三级处理的主要任务是深度去除水中残留微生物、细小悬浮物、残留有机物(大多难以生物降解)、发色物质和溶解性盐类等。

1.6　废水的性质组成和水质指标

为了使所建的废水处理设施在规模和所选择的处理方法和工艺上能符合服务区域的实际情况,我们应对废水的性质有所了解。各种废水的成分和性质差别很大,这主要是因为废水的来源不同,生活污水、工业废水和农业废水各有其组成特点,即使是同一来源的废水,其性质和成分并不是一成不变的,往往逐月、逐日甚至逐时都有所变动。

1.6.1　废水的分类和性质

1.6.1.1　废水的分类

废水按其来源可分成生活污水、工业废水、农业排水和降水。

1) 生活污水

生活污水指厨房淘米、洗菜水,卫生间粪尿水,洗澡水,衣物洗涤水等。这类水的水量及水质均会随季节而有所变化,一般夏季用水量多,废水浓度低,冬季量少质浓。春末夏初天晴时洗涤水增多,洗涤剂含量倍增,水质波动大。

2) 工业废水

工业废水指工业生产过程中排放的废水。工业生产用水中除一小部分真正消耗外(如食品工业等),绝大多数工业用水仅仅是作为洗涤、冷却、地面冲洗等用处,因此工业废水中主要夹带了生产过程中耗用的原料、生产反应的中间体、产物和副产物等。此外,水在使用后往往水温比原水高。工业废水除食品工业季节耗水量及水质变化幅度较大外,废水成分往往较为恒定。在测定中我们除了要了解其浓度外,还应特别注意有毒有害物和重金属浓度及酸碱度、盐度等,因为这些指标对处理方法的选用影响极大,处理系统中出现的问题往往也与它们有关,有时工业生产中浓液和残液的瞬时排放会危及处理系统的正常运行。

3) 农业排水

随着农药(杀虫剂和除草剂等)和化肥的大量使用,农田径流排水已成为天然水体的主要污染来源之一。施用于农田的农药和化肥除了一部分被农作物吸收外,其余都残留在土壤和漂浮于大气中,经过降水的淋洗和冲刷,尤其是农田灌溉的排水,这些残留的农药和化肥会随降水和灌溉排水的径流进入地表水和地下水中。农田径流还会将农业废弃物如农作物的秸秆和禽畜粪便带入水体,造成污染。

农田废水中含有大量的致病菌、病毒和寄生虫卵。

4) 降水

降水指降雨和降雪时冲刷地面后进入下水道的水。降水的数量完全受气候的影响。雨水的水质除初期雨水中带有较多地面污染物外，其水质较好。新建城市可将雨水单独收集、单独排放；但在老城市雨水往往与其他城市废水相混，因而对城市污水厂的水力负荷冲击较大。

1.6.1.2 废水的性质

1) 废水的物理性质

(1) 温度 水温对废水的生物及物理、化学处理均有影响。废水的温度一般较原水高，因为在生活、工业、商业等用水过程中往往有热量加入水中。我国大部分地区城市污水厂水温年变化为 10～25℃。北方地区冬季水温较低，可影响处理效果，须注意在输送和处理中对废水的保温。而某些工业废水温度过高(腈纶生产中排出来的是高温酸性水)，对悬浮物的沉降以及生物处理影响很大，必须降温。

(2) 气味 废水的气味有助于我们判别废水所处的条件和处理工艺的运行状况。新鲜的生活污水含令人不愉快的霉味(陈腐味)，若有其他气味说明存在工业废水或其他特殊的生活污水。如芳香族化合物常常有特殊香味，臭皮蛋味说明有 H_2S 存在，由有机物厌氧腐败分解后释放出来。在好氧处理中发现有臭皮蛋味说明运行控制失败，应及时予以调整。

(3) 色 废水的发色通常由溶解性和胶体物质产生。新鲜的生活污水呈灰褐色，存放时间稍长后转为黑色。废水的其他颜色皆由工业废水成分所定，特别是纺织、染化、皮革、造纸、肉类加工等工业部门的废水。

(4) 悬浮物 水中的污染物质根据其物理状况可分为漂浮物、可沉物、胶体物和溶解物等几类。在水质分析中，常用的过滤方法只能将杂质分成悬浮物和溶解物，这时废水中漂浮物、可沉物和胶体物中的一部分就包括在悬浮物内，另一部分胶体物包括在溶解物内。悬浮物一般可用较简单的方法，如筛滤、沉淀等，使它们与废水分离。悬浮物的去除率是衡量废水处理效果和沉淀效果的重要指标。

沉淀设备中沉淀下来的物质如果主要是有机物质则常称为污泥；如果主要是无机物质则称为沉渣。漂浮的杂质称为浮渣。

(5) 流量的变化 由于人们生活和工矿企业生产活动的昼夜以及季节性变化，废水流量也呈现随昼夜、节假日及季节的波动。单班生产的工厂，工业废水处理系统应考虑设置调蓄池，以缓冲水质、水量的剧变。一般城市污水厂的服务区域较大，其水质波动较小，水量的变化率为平均流量的 50%～200%。

2) 废水的化学性质及组成

(1) 有机化合物 废水中天然来源的有机物质常常是自然界中广泛分布的，

它是处理系统中大量存在的微生物的极好营养，如蛋白质、脂类、糖类、有机酸、醇类等，它们很易为微生物所分解，只有纤维素、木质素等天然有机物较难降解。

随着经济的发展，许多人工合成的、为微生物所陌生的有机化合物在不断地增加。据统计，此类有机化合物目前已达二百多万种，且以每年数千种的速率递增。其中的一些很难为微生物所降解，有的对生物具有很强的毒性。在废水处理中，我们应加强对这些组分的监测，以及时了解系统的处理效果及存在的问题。

（2）无机物　废水中的无机物主要有砂、砾石、悬浮或溶解在水中的盐类、重金属等。砂、砾石主要来源于地面冲刷。盐类及重金属主要来源于工业废水。废水中过量的铜、钴、锌、硅、钼、氟、银、铁、镁、钙、汞等对生物处理中的微生物有毒或有抑制作用。此外，氮、磷的含量对生物处理中微生物的营养极为重要。

（3）气体　废水中常含有 N_2、O_2、CO_2、H_2S、NH_3、CH_4 等气体。废水在生物作用下可耗去水中的溶解氧，使废水腐败，影响环境卫生和随后的处理工艺。含硫废水在厌氧条件下腐败会产生 H_2S，上海地区城市污水厂的污水管道及泵站已发生过数起因 H_2S 的积累而导致的中毒事故，造成人员伤亡，应引起我们足够的重视。

（4）废水中的微生物　废水中微生物量随废水性质不同而变化较大，对于生活污水，细菌数为 10^5～10^6个/毫升，呈游离或团块状；病毒为 200～7 000 个/升；此外还有一些寄生虫卵。

处理前后微生物数量的变化是评价水质净化度的指标之一，有条件的生活污水处理厂以及所有医院污水处理系统排放的出水还应予以消毒，以杀灭处理后残存的病原微生物。

1.6.2　废水的水质指标

废水的水质是指废水和其中所含的杂质共同表现出来的物理学、化学和生物学的综合特性。各项水质指标则表示水中杂质的种类、成分和数量，它们是判断水质的具体衡量标准。

水质指标项目繁多，总共可有上百种。它们可以分为物理的、化学的和生物学的三大类。物理性水质指标主要有温度、色度、嗅和味、浑浊度、透明度等感官物理性状指标，以及其他的物理性水质指标，如总固体、悬浮固体、溶解固体、可沉固体、电导率（电阻率）等；化学性水质指标有一般的化学性水质指标，如 pH 值、碱度、硬度、各种阳离子、各种阴离子、总含盐量、一般有机物质等，有毒的化学性水质指标，如各种重金属、氰化物、多环芳烃、各种农药等，以及溶解氧（DO）、化学需氧量（COD）、生化需氧量（BOD）、总需氧量（TOD）等氧平衡指标；生物学水质指标包括细菌总数、总大肠菌群数、各种病原细菌、病毒等。

常用的废水水质指标介绍如下。

1）浑浊度（turbidity）

浑浊度是天然水和用水的一项非常重要的水质指标，也是水可能受到污染的重要标志。水中由于含有各种颗粒大小不等的不溶解物质，如泥沙、纤维、有机物和微生物等而会产生浑浊现象。水的浑浊程度可用浑浊度的大小来表示。所谓浑浊度是指水中的不溶解物质对光线透过时所产生的阻碍程度。浑浊现象是水的一种光学性质。

一般来说，水中的不溶解物质越多，浑浊度也越高，但两者之间并没有固定的定量关系。例如一杯清水中的一颗小石头并不会产生浑浊度，但如果把它粉碎成无数细微颗粒，会使水浑浊，就可测出浑浊度来了。

最早用来测定浑浊度的仪器是杰克逊烛光浊度计（Jackson candle turbidimeter）。由于引起浑浊的物质种类非常广泛，因此有必要采用一个标准的浑浊度单位，即在蒸馏水中含有 1 mg/L 的 SiO_2 称为 1 个浑浊度单位或 1 度。标准浊度玻璃管上的刻度就是根据一定粒径纯二氧化硅的浑浊液来标刻的。由此测得的浑浊度称为杰克逊浊度单位（Jackson turbidity unit，JTU）。近年来，光电浊度计得到了广泛的应用，它是依光线的散射原理而制成的。根据丁道尔效应，散射光强度与悬浮颗粒的大小和总数成比例，即与浑浊度成比例，散射光的强度愈大，表示浑浊度愈高。这种在散射浊度计上测得的浑浊度称为散射浊度单位（Nephelo-metric turbidity unit，NTU）。

2）比电导（specific conductance）

水中溶解的盐类都是以离子状态存在的，它们都具有一定的导电能力。水的导电能力大小可用比电导来量度。水中所含溶解盐类越多，离子数目也越多，水的比电导就越高。

比电导亦称电导率。它是指 25℃时长为 1 m、横截面积为 1 m^2 水的电导值，通常用根据惠斯登（Wheatstone）电桥原理制成的电导仪来量测，单位是 mS/m 或 μS/cm，1 mS/m=10 μS/cm。

3）总含盐量和离子平衡

水中所含各种溶解性矿物盐类的总量称为水的总含盐量，也称总矿化度。

$$总含盐量(mg/L) = \sum 阳离子(mg/L) + \sum 阴离子(mg/L) \quad (1-1)$$

式中，$\sum$ 阳离子和 $\sum$ 阴离子分别表示水中阳、阴离子含量（mg/L）的总和。

天然水中主要的阳、阴离子分别是 Ca^{2+}、Mg^{2+}、Na^{+}、K^{+} 和 HCO_3^-、CO_3^{2-}、SO_4^{2-}、Cl^- 等。它们的含量约占总含盐量的 95%～99%，其次为铁、锶、硝酸盐、硼、氟和硅等，一般情况下，其他的成分都是微量或痕量的。

4）碱度(alkalinity)

碱度是指水中所含能与强酸发生中和作用的全部物质，亦即能接受质子 H^+ 的物质总量。组成水中碱度的物质有强碱、弱碱及强碱弱酸盐等三类。按照它们的离子状态来分，碱度主要有三类：氢氧化物碱度，即 OH^- 离子含量；碳酸盐碱度，即 CO_3^{2-} 离子含量；重碳酸盐碱度，即 HCO_3^- 离子含量。

水中上述这些物质对强酸的全部中和能力就称为总碱度，通常简称为碱度。可以下式表示：

$$[碱度]=[OH^-]+[CO_3^{2-}]+[HCO_3^-]-[H^+] \tag{1-2}$$

式中，[ ]代表浓度，碱度单位为 mmol/L 或 mg/L(以 $CaCO_3$ 计)或"度"。

碱度 1 度=17.9 mg/L(以 $CaCO_3$ 计)；碱度 1 mmol/L=e2.8 度(e 为离子价数)。

天然水中的 CO_3^{2-}、HCO_3^-、$HSiO_3^-$、$H_2BO_3^-$、HPO_4^{2-}、HS^- 和 NH_3 等都会引起碱度，但其中重碳酸盐(HCO_3^-)、碳酸盐(CO_3^{2-})和氢氧化物(OH^-)是最主要的致碱阴离子，其他的含量往往是极少的。水中的碱度常用中和滴定法来测定，即用标准浓度的盐酸溶液滴定水样，而以酚酞和甲基橙做指示剂。根据滴定时用去的酸液量即可测得水样的碱度。酚酞的变色范围在 pH=8.3 左右，而甲基橙的变色范围在 pH=4.4 附近。如果测某水样的碱度时以酚酞做指示剂，则至滴定终点时所得的碱度称为酚酞碱度；如果用甲基橙做指示剂，则所得的碱度称为甲基橙碱度。甲基橙碱度就是总碱度，此时水中的全部致碱物质都已被强酸中和。

天然水中的碱度主要是由 HCO_3^-、CO_3^{2-} 和 OH^- 产生的。因此，按照水中致碱阴离子的不同，碱度又可分为重碳酸盐碱度、碳酸盐碱度和氢氧化物碱度三种。在水处理工程中，有时不仅需要知道水的总碱度，还要求分别知道这三种碱度的数值。最常用的办法是根据总碱度和酚酞碱度的测定值来计算求得。

5）生物化学需氧量(*BOD*)

由于废水中有机物种类繁多，除了污染成分较单一的工业废水外，我们不可能通过测定废水中某一种成分的含量来了解废水的浓度。但废水中大多数有机污染物在相应的微生物及有氧存在的条件下氧化分解时皆需耗氧，且有机物的数量(浓度)与耗氧量大小成正比。故目前城市污水和大多数有机废水最广泛使用的污染指标和净化度指标是 *BOD*(biochemical oxygen demand)。*BOD* 是指一升废水中的有机污染物在好氧微生物作用下进行氧化分解时所消耗的溶氧量。可见生化需氧量是用以表示污水中可被生物降解的有机物在异养型微生物群作用下进行氧化分解所需要的氧量。因此，*BOD* 即是生化需氧量的直接指标，又是可生物降解有机物的间接指标。

实际测定时常采用 BOD_5，即水样在 20℃条件下培养 5 天的生化需氧量。有机物在好氧条件下被微生物氧化分解时所耗用的氧主要用于两个过程，首先是使

有机碳氧化成 CO_2，其称为碳化需氧量(*CBOD*)，其后是用于使还原态氮氧化成亚硝态氮或硝态氮，称为硝化需氧量(*NBOD*)，有的水样中这两步骤分隔相当明显。根据对 *BOD* 曲线的研究表明，BOD_5 大致近似于 *CBOD*，即代表废水中可为微生物氧化的含碳有机物耗氧量。反应时间终了的生化需氧量(含碳有机物的生化需氧总量)称为 BOD_u。BOD_5 约为 BOD_u 的 $\frac{2}{3}$，即 $BOD_5 \approx 0.67\ BOD_u$。反应时间为 20 天的生化需氧量称为 BOD_{20}，BOD_{20} 值接近 BOD_u 值。

6) 化学耗氧量(COD)

COD(chemical oxygen demand)是指用强氧化剂使被测废水中有机物进行化学氧化时所消耗的氧量。因它能在短时间内测得，指导生产较为方便。

常用的氧化剂有高锰酸钾($KMnO_4$)和重铬酸钾($K_2Cr_2O_7$)，测得的结果分别表示为 COD_{Mn} 和 COD_{Cr}(以下如无说明，*COD* 均指 COD_{Cr})。$KMnO_4$ 氧化力较弱，往往只有一部分有机污染物被氧化，因此测定结果与实际情况往往差别较大。$K_2Cr_2O_7$ 氧化能力很强，能使废水中绝大部分有机物氧化(除了部分芳香族苯系化合物、吡啶和一部分长链脂肪族化合物外)。因此，实际使用中常常将重铬酸钾的化学耗氧量 COD_{Cr} 的测定值近似地代表废水中的全部有机物含量。化学需氧量几乎是污水中全部有机物被氧化的需氧量，它即包括可生物降解的部分(COD_B)，又包括不可生物降解的部分(COD_{NB})，所以 *COD* 为 COD_{NB} 与 COD_B 之和。

同一种废水，*COD* 值与 *BOD* 值之间常常有一定的比例关系，故可经过一段时期对 *COD* 值和 *BOD* 值的平行测试后，算得它们之间的比值，然后即可从水样的 *COD* 值来推算 *BOD* 的近似值。当废水含有毒物质而不能测定 *BOD* 值时，也可通过测定 *COD* 值来弥补不能测定 *BOD* 值的缺陷。

Ademoroti(1986)认为，*COD* 与 *BOD* 之间的关系式为

$$COD = a \times BOD_5 + b \tag{1-3}$$

式中，a、b 皆为常数。

对同一种废水，存在着一定的 a、b 值，我们可通过对这一废水 *COD* 和 *BOD* 的大量平行测试数据进行推算：

$$\begin{cases} a = \dfrac{\sum xy - \sum \dfrac{x \sum y}{n}}{\sum x^2 - \sum \dfrac{(\sum x)^2}{n}} \\ b = \dfrac{\sum y - a \sum x}{n} \end{cases} \tag{1-4}$$

式中，x 为 COD 值；y 为 BOD 值；n 为平行测试的组数。

据测定，部分废水的 a、b 值如表 1-3 所示。

表 1-3　部分废水 *COD* 与 *BOD* 关系式中的常数值

废水种类	a	b
生活污水	1.64	11.36
家禽废水	1.45	55.7
啤酒废水	2.32	46.2

污泥微生物近似的分子式为 $C_5H_7NO_2$，其被氧化时发生如下反应：

$$C_5H_7NO_2 + 5O_2 \longrightarrow 5CO_2 + 2H_2O + NH_3$$

1 g 生物质氧化时耗去$\frac{160}{113}$ g，即 1.42 g 氧，所以活性污泥折算成 COD 值的系数为 1.42。

7）总有机碳（TOC）

为了快速测定废水浓度，产生了测定水样 TOC（total organic carbon）值的方法。TOC 指废水中所有有机物的含碳量。在 TOC 测定仪中，当样品在 950℃ 中燃烧时，样品中所有的有机碳和无机碳生成 CO_2，此即为总碳（total carbon，TC）。当样品在 150℃ 中燃烧时只有无机碳转化成 CO_2，此即为总无机碳（total inorganic carbon，TIC）。总碳与总无机碳之差即为 TOC：

$$TOC = TC - TIC \tag{1-5}$$

废水中有机碳氧化时产生如下反应：

$$\begin{array}{l} C + O_2 \longrightarrow CO_2 \\ 12 \quad 32 \end{array}$$

1 g 有机碳氧化时须耗用$\frac{32}{12}$ g，即 2.67 g 氧。如前所述，COD_{Cr} 值近似地代表水样中全部有机物氧化时耗去的氧量，故 COD_{Cr} 值换算成 TOC 值的系数为 2.67。从活性污泥微生物近似的分子式可知，生物物质含碳量约为$\frac{60}{113}=0.53$，因此 1 g 挥发性悬浮固体（volatile suspended solid，VSS）相当于 0.53 g 的 TOC。

在实际测定时，不同的水样，COD 与 TOC 的比值是有高低的。比值小于 2.67 时，说明样品中有部分有机物不能被 $K_2Cr_7O_7$ 所氧化；比值大于 2.67 时，表明废水中含较多的无机还原性物质。

8）固体物质

测知废水中各类固体物质的含量及其比例，在废水处理中考虑采用何种方法时极为重要。

（1）总固体（total solid，TS）　*TS* 指单位体积的水样，在 103～105℃蒸发干后，残留物质的重量。

（2）悬浮固体（suspended solid，SS）与溶解性固体（dissolved solid，DS）　废水经过滤器过滤后即可将 *TS* 分成两部分，被过滤器截留的固体称为悬浮固体 *SS*；通过过滤器进入滤液中的固体称为溶解性固体 *DS*。

（3）挥发性固体（volatile solid，VS）和非挥发性固体（fixed solid，FS）　将水样中的固体物置于马弗炉中，于 550℃灼烧 1 小时，固体中的有机物即气化挥发，此即为挥发性固体；残剩的固体即为非挥发性固体，后者大体上是砂、石、无机盐等类无机组分。废水中的 *TS*、*DS*、*SS* 皆可用这一方法进一步分为 *VS* 和 *FS* 两部分。

9）氮

废水中氮有以下几种存在形式：有机氮，如蛋白质、氨基酸、尿素、尿酸、偶氮染料等物质中所含的氮；氨氮（NH_3-N 及 NH_4^+-N）；亚硝酸氮（NO_2^--N）；硝酸氮（NO_3^--N）。

硝态氮（NO_x-N）指废水中亚硝酸氮和硝酸氮的总和，故有

$$[NO_x^--N]=[NO_2^--N]+[NO_3^--N] \quad (1-6)$$

在化学分析将－3 价的氨定义为总凯氏氮 *TKN*：

$$TKN=[N_{有机}]-[NH_3-N] \quad (1-7)$$

$$TN=[N_{有机}]+[NH_3-N]+[NO_2^--N]+[NO_3-N]=TKN+[NO_x^--N] \quad (1-8)$$

生活污水中，有机氮可占总氮量的 60%，其余 40%为氨态氮。硝酸氮可以存在于新鲜废水中，但含量极低，处理后浓度可提高。亚硝酸氮不稳定，它可还原成 NH_3或氧化成 NO_3-N。新鲜的、水温较低的废水中有机氮含量较高、氨态氮含量较低；陈旧的、水温较高的废水有机氮含量较低、氨态氮含量较高。

氮在废水生物处理中的意义在于以下几个方面。

（1）氮是废水污染度的重要指标之一。有机氮和还原态的氨氮在废水中很不稳定，有机氮可通过氨化作用转化成氨态氮，氨态氮在氧存在的条件下可进一步氧化成硝酸氮，同时须消耗质量为氮 4.57 倍的氧，因此水中氨氮浓度是水体黑臭最重要的指标之一。水中氮含量过高可引起水体富营养化。氨氮等类氮化合物对生物有毒害作用。

(2) 氮是微生物的营养物质，废水中氮的含量可影响废水生化处理的效果。

(3) 氮是污水净化度的重要指标之一。废水的净化主要是通过氧化达到无机化、稳定化，所以总氮含量中有机氮和氨氮量的减少、硝态氮所占比例的增加以及总氮的去除率是重要的净化度指标。

10) 磷

磷是生物体中的重要元素之一，在生化处理中，磷与氮一样是微生物的营养，故在废水中对碳氮比、碳磷比有一定的要求。磷在生物处理中化合价不产生变化。在自然界中，磷可在无机磷和有机磷之间、可溶性磷和不溶性磷之间相互转化。水中磷含量过多可引起水体富营养化。磷是废水污染程度和净化度的指标之一。

磷在水中可有多种形式存在，如正磷酸盐、偏磷酸盐、有机磷。

以前的城市生活污水中，总磷达 6～20 mg/L，其中有机磷为 2～5 mg/L，无机磷为 4～15 mg/L。随着无磷洗衣粉(液)的推广使用，城市污水中的磷含量逐渐降低。

1.6.3　废水中的新兴污染物

新兴污染物是指环境中新出现的或是新近引起人们关注的一类污染物。新兴污染物以其不同于常规污染物的理化性质、环境行为及效应而引起了广泛关注。近年来研究较为广泛的新兴污染物包括药品与个人护理用品(PPCPs)、内分泌干扰物(EDCs)、人工纳米材料、抗性基因和微塑料等。

1) PPCPs

PPCPs，即药品与个人护理用品(pharmaceuticals and personal care products)，包括所有人用与兽用的医药品、诊断剂、保健品、化妆品、消毒剂和其他在 PPCPs 生产制造中添加的组分如防腐剂等。多数 PPCPs 具有极性强、难挥发的特点，导致水环境成为 PPCPs 类物质的一个主要的储存“库”。水环境中 PPCPs 来源广泛，其中人类或动物服用的药物直接或间接排入是主要污染来源。医药品经人体或动物摄入后，只有少部分代谢，大部分最终随尿液或粪便进入污水中，个人护理品随着沐浴、游泳等活动进入排污管后汇入生活污水。

国内外针对污水和污水处理厂中的 PPCPs 浓度展开了广泛的调查，污水中 PPCPs 的浓度范围为 10^{-3}～10^{2} μg/L，其中检出率和存在浓度较高的 PPCPs 包括布洛芬、双氯芬酸、双酚 A 等。其中布洛芬作为一种常见的止痛药，在许多水体中均能检出。尽管与传统的持久性有机污染物相比，PPCPs 半衰期较短，然而人类、畜禽和水产养殖业中的大量应用导致其持续进入环境中，造成“假持久性”的现象。在 PPCPs 的去除控制方面，污水处理厂常规生物处理工艺如活性污泥法无法有效去除废水中的 PPCPs 类微量污染物，导致大量 PPCPs 随尾水进入收纳水体。研究者发现高级氧化法如 O_3、O_3/UV、O_3/H_2O_2 等技术对大部分抗生素、酮洛芬、萘普生等去除效率较高，而膜分离技术和粉末活性炭则通过分离和吸附实现微量 PPCPs 的高效去除。然而，目前缺乏针对微量复杂的 PPCPs 类物质的检测和控制手段，对 PPCPs 在环境中的归趋转化、生物毒性及去除研究较少。

2）EDCs

EDCs，即内分泌干扰物(endocrine disrupting chemicals)，是指对保持体内平衡并调节生长过程的自然荷尔蒙的生成、释放、输送、代谢结合作用或消除过程具有干扰作用的外来物质。EDCs 可通过干扰内分泌系统从而影响生物体的生殖发育、免疫、新陈代谢等，是近年来广泛关注的对生物体具有潜在危害的一类外源性物质。EDCs 的种类很多，如类固醇雌激素类、烷基酚类、双酚化合物类、邻苯二甲酸酯类和多氯联苯类等。

有调查显示污水中的 EDCs 类物质以多氯联苯类、多环芳烃类、邻苯二甲酸酯类、酚类和有机氯农药五大类为主，其中除多氯联苯浓度在 μg/L 水平外，其他内分泌干扰物的浓度均在 ng/L 水平。常规污水处理系统对内分泌干扰物的平均去除率为 16.6%～77.9%，A2O - MBR 工艺具有更高的 EDCs 去除效率。即便如此，仍有相当浓度的 EDCs 随污水厂出水排入环境中。

3）纳米材料

纳米材料是指在三维空间中至少有一维处于纳米尺寸(0.1～100 nm)或由它们作为基本单元构成的材料。与宏观材料相比，纳米材料因其独特的物理化学、光学、热力学和机械特性而广泛应用于电子器件、化妆品、医疗和能源等工业生产和日常生活的各个领域。据统计，全球纳米材料市场预计将从 2015 年的 147 亿美元增至 2022 年的 550 亿美元。随着日常生活和工业生产活动中纳米材料使用量迅速增加，大量纳米材料进入到自然环境中，从而形成一种具有独特性质和环境行为的新兴污染物。另外，纳米材料还可以作为其他污染物的载体，促进后者的长距离迁移及生物富集，加大了其他污染物的风险。

目前已经在地表水、土壤、污水和污泥等环境中检测到纳米材料的存在，调查显示污水中纳米材料的浓度范围为 10^{-3}～10^{3} μg/L，其中以纳米 TiO_2、纳米 Ag、纳米 ZnO 为主。纳米材料具有较小的尺寸和高比表面积，从而可以对污水生物处理系统中微生物的代谢和功能产生不利影响，而金属和金属氧化物纳米材料还会通过溶出金属离子抑制微生物活性。已有研究证实高浓度纳米材料的存在可降低污水 COD 和氨氮的去除效率，抑制硝化细菌的生长和活性，影响污水处理体系微生物群落结构。

4）抗生素抗性基因

抗生素抗性基因是由微生物应对抗生素存在的环境压力而产生并携带的基因

片段。医疗及畜牧养殖业抗生素的大量使用及其难降解性导致环境体系中残留抗生素浓度逐渐增加，从而通过选择压力诱导抗性基因的传播扩散。由于其持久性和易传播性，抗性基因的广泛存在对人类健康和环境安全构成了巨大的潜在危害。根据世界卫生组织 2014 年发布的报告，未来十年内抗生素治疗将因抗性基因的盛行和传播逐步失效。据估计，截至 2050 年，由于抗性基因传播扩散导致的抗生素治疗失效将会导致 1 000 万人死亡，同时造成高达 66 万亿英镑的经济损失。针对国内外污水中抗性基因的调查研究结果表明，污水中可检出多种抗性基因的存在，包括四环素、氨基糖苷、磺胺类、氯霉素和多重抗性基因。与沉积物和自然水体等其他环境体系相比，抗性基因在污水中具有更高的检出率。

关于抗性基因的去除和控制研究，尽管采用紫外、臭氧、高级氧化及生物处理方法可实现部分抗性基因去除，然而也有研究发现化学或生物处理反而会诱导抗性基因水平转移、强化传播，且抗性基因的处理效果取决于多种环境条件和抗性基因类别。

5）微塑料

微塑料是通过各种途径进入生态环境中的粒径小于 5 mm 的塑料颗粒。随着塑料制品在纺织、包装、建材等领域的广泛使用，塑料生产量从 1951 年的 150 万吨增加到 2016 年的 3.35 亿吨。塑料制品的使用产生了大量的塑料废弃物，除了造成普遍程度的塑料碎片污染外，这些碎片在太阳辐射、风化等作用下形成粒径较小的颗粒，当粒径小于 5 mm 即为微塑料。作为一种化学性质稳定的新兴污染物，可通过生物摄食作用沿食物链富集，同时可吸附其他污染物并改变其环境行为和生物效应。

调查研究表明微塑料广泛存在于海洋、河流、湖泊、土壤、沉积物等环境中，已发现污水也是微塑料的重要污染源，其微塑料的主要来源有个人护理用品、化纤衣物洗涤、轮胎磨损等。截至目前已在污水中检测到 30 多种微塑料类型，浓度为 15～400 个/升。污水处理工艺对微塑料的去除效率可达到 90%以上，可有效减少排入自然水体中的微塑料。但同时大量微塑料进入到污泥中，为污泥的资源化处理处置带来潜在风险。

除了以上几种，近年来引起广泛关注的新兴污染物还包括有机磷阻燃剂（OPEs）、全氟化合物（PFCs）和溴代阻燃剂（BFRs）等。尽管对各类型新兴污染物的研究已成为当前热点，但完善的分析方法体系和环境标准尚未形成，对新兴污染物的环境行为及毒理学尚缺乏系统认识，也缺乏有效的控制措施。污水是新兴污染物的重要汇集点，而多数新兴污染物在污水处理厂的去除效率并不高，部分新兴污染物如壬基酚、全氟烷基酸类化合物在出水中的浓度甚至高于进水；即使能够实现去除的污染物多数转移到污泥中，但却增加了污泥资源化利用的风险。

新兴污染物的迁移转化规律较为复杂，而多种新兴污染物共存更是增加了其在废水中环境行为的复杂性，关于多种新兴污染物的复合环境行为及去除技术有待进一步研究。

思考题

(1) 我国目前水污染的现状如何？

(2) 水污染控制的主要途径和方法有哪些？

(3) 废水中主要污染物的指标及概念是什么？

第 2 章　废水生物处理的原理

在自然环境中存在着种类和数量庞大的微生物，它们繁殖速度快，代谢类型多样且强度大，容易变异，具有分解有机物并矿化的巨大能力。水的生物处理法就是利用自然环境中生物的净化原理，在人工创造的有利于微生物生命活动的环境中，使微生物大量繁殖，从而提高微生物氧化分解有机物效率的一种水处理方法。它主要是用于去除污水中溶解性和胶体状有机物，降低水中氮磷等营养物的含量。

2.1　污染水体的自净作用

污水进入到河流除得到稀释外，其中的有机污染物质还会在水中微生物的作用下进行氧化分解，逐渐变成无机物质。这一过程称为水体的自净。

2.1.1　污染水体的自净现象

如果一条河流有个污染物的排放点，当大量污染物由此流入河流并顺流而下时，可看到如图 2-1 所示的变化情况。

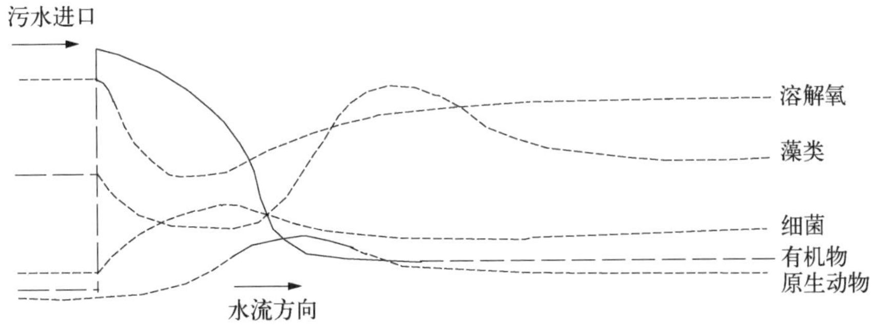

图 2-1　河流自净过程中水体的变化

(1) 污染物的浓度由高变低。

(2) 生物相的变化。首先，异养细菌迅速氧化分解有机污染物而大量增殖，出现数量高峰；然后，以细菌为食料的原生动物出现数量高峰；最后由于有机物的矿化利于藻类的生长而出现藻类的高峰。

(3) 溶解氧随着有机物被微生物氧化分解而大量消耗,浓度很快降到最低点;随后,由于有机污染物的无机化和藻类的光合作用,以及其他好氧微生物数量的下降,溶解氧又渐渐恢复到原来的水平。

这时,在离开污染源相当距离之后,水中的各种微生物的数量和有机物、无机物的含量也都下降到最低点,水体恢复到了原来的状态。

根据水体的自净过程,我们可以把从河流的污染源入口处开始,顺流而下直到最后达到自净为止的整个河道,大体上划分成上、中、下三段。

上段: 有机物浓度骤增;异养细菌大量繁殖并使溶解氧浓度急剧下降。

中段: 有机物浓度由于异养细菌的作用而显著下降;由于捕食细菌的原生动物大量出现,异养细菌的数量明显衰减;由于蛋白质的降解,水中的游离氨氮增加。

下段: 有机物浓度下降到最低点;异养细菌由于被原生动物吞噬或沉入水底而数量大大减少;原生动物由于失去食料数量也明显减少;溶解氧恢复到原来水平;氨经硝化细菌的作用而形成硝酸盐与亚硝酸盐。此外在有机物的矿化过程中还有磷酸盐和硫酸盐生成。这些盐类为藻类生长提供了合适的营养,如果这些盐类的含量低,水就逐渐达到净化;如含量高,就可能造成水体的富营养化。

这三段河道中,有物理的作用(如河流自身的稀释作用和有机颗粒的下沉),也有化学作用(如氧化还原反应、吸附沉淀、酸碱中和反应等),但更重要的是生物作用,即生物有机体对无机物和有机物的同化和异化作用。其中,最活跃的生物是细菌。大量的有机物质正是通过微生物,特别是细菌的新陈代谢而被除去,其降解有机物的速度比其他生物要快得多。

2.1.2 水体自净过程中氧的平衡

有机物质被微生物氧化分解的过程中需要消耗一定数量的氧。这部分氧用于碳化作用和硝化作用之中。除此以外,废水中的还原性物质(如 S^{2-} 等)氧化、沉积在水底的有机淤泥分解以及一些水生植物在夜间呼吸时,都要从水中吸收氧气,从而降低水中的溶解氧含量。

上述过程所消耗的氧一般有三个来源: ① 水体和废水中原来含有的氧;② 大气中的氧向含氧不足的水体扩散溶解,直到水体中的溶解氧达到饱和;③ 水生植物白天通过光合作用放出氧气,风吹浪打的复氧作用,都可使氧溶于水中,有时还可使水体中的氧达到过饱和状态。因此,水体中的氧气在消耗的同时,又逐渐得到补充和恢复。这就是水体中的耗氧和复氧过程。所以当河流接纳废水以后,排入口(受污点)下游各点处溶解氧的变化是十分复杂的。在一般情况下,紧接着排入口的各点溶解氧逐渐减少(见图 2-1),这是因为废水排入后,河水中有机物较多,它的耗氧速度超过了河流的复氧速度。随着河水中有机物逐渐氧化分解，耗氧速度逐渐降低。在排入口下游某点处出现耗氧速度与复氧速度相等的情况。这时，溶解氧的含量最低，过了这一点以后，溶解氧又逐渐回升，这一点称为最缺氧点。再往下游，复氧速度大于耗氧速度。如果不另受到新的污水，河水中的溶解氧会逐渐恢复到废水排入之前的含量。

废水排入水体后，耗氧与复氧是同时进行的。将耗氧与复氧两条曲线叠合起来就可以得到氧垂曲线(见图2-2)。氧垂曲线的形状因各种条件(如废水中有机物浓度、废水和河水的流量、河道弯曲状况、水流湍急情况等)的不同而有一定的出入，但总的趋势是相似的。

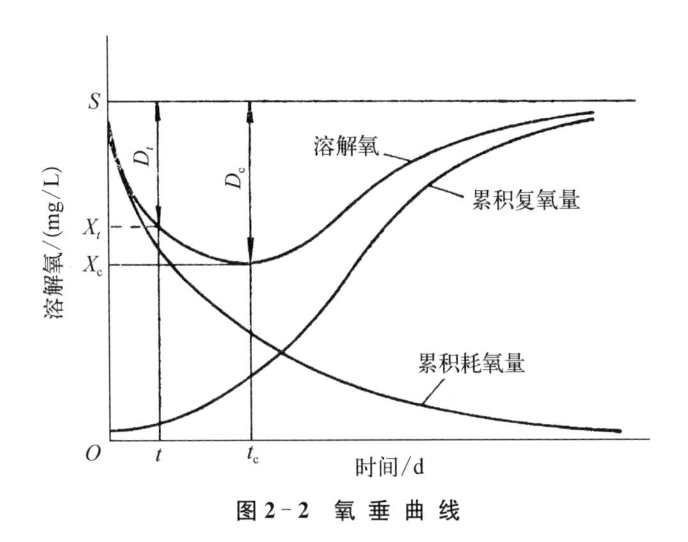

图2-2　氧垂曲线

如果河流受到有机物质污染的量低于它的自净能力，这条曲线的最缺氧点(氧垂点)的溶解氧将大于零，河水始终呈现有氧状态。反之，靠近最缺氧点的一段河流将出现无氧状态。

设河流经过时间 t 后，消耗的氧量为 X_1，溶入的氧量为 X_2，河水中实际的溶解氧量为 X。则 $X=X_2-X_1$。于是，在此时间内，水中溶解氧的实际增加量为

$$\frac{\mathrm{d}X}{\mathrm{d}t}=\frac{\mathrm{d}X_2}{\mathrm{d}t}-\frac{\mathrm{d}X_1}{\mathrm{d}t} \tag{2-1}$$

式中的 $\frac{\mathrm{d}X_1}{\mathrm{d}t}$ 就是耗氧速率。河流的耗氧是由于排入了有机物质而引起的，因此耗氧速率应与有机物质的衰减相一致，即与 BOD 的衰减相一致。所以

$$\frac{\mathrm{d}X_1}{\mathrm{d}t}=k'_1L \tag{2-2}$$

式中，L 为河水中的 BOD 值；k'_1 为耗氧速度常数。

式(2－1)中的 $\frac{dX_2}{dt}$ 是复氧速率，其大小与该时刻水中的溶解亏氧量成正比。亏氧量是指在某一温度时水中溶解氧的平衡浓度（该温度下的饱和溶解氧量）与实际浓度（即实际溶解氧量）之差：

$$D = S - X \tag{2-3}$$

于是有

$$\frac{dX_2}{dt} = k'_2 D \tag{2-4}$$

式中，D 为亏氧量；S 为饱和溶解氧量；k'_2 为复氧速度常数。

将式(2－3)微分，可得亏氧量的变化速率，这是因为某一温度下的饱和溶解氧量 S 是定值。故

$$\frac{dD}{dt} = \frac{d(S-X)}{dt} = -\frac{dX}{dt} \tag{2-5}$$

式(2－5)的解析解就是氧垂曲线公式(Streeter－Phelps 方程)：

$$D_t = \frac{k'_1 L_a}{k'_2 - k'_1}(e^{-k'_1 t} - e^{-k'_2 t}) + D_0 e^{-k'_2 t} \tag{2-6}$$

或

$$D_t = \frac{k_1 L_a}{k_2 - k_1}(e^{-k_1 t} - e^{-k_2 t}) + D_0 e^{-k_2 t} \tag{2-7}$$

式中，D_t 为废水排入河流 t 日后，河水与废水混合水中的亏氧量；D_0 为废水排入点（受污点）处河水与废水混合水中的亏氧量；L_a 为废水排入点处河水与废水混合水的第一阶段 BOD。k_1 和 k_2 分别为耗氧速度常数和复氧速度常数，$k_1 = 0.434k'_1$；$k_2 = 0.434k'_2$。

利用这一方程，可以求出氧垂曲线上任一点处的亏氧量。在很多情况下，人们希望找到废水排入河流后溶解氧最低的点，即临界点。只需在式(2－7)中，令 $\frac{dD_t}{dt} = 0$，就可得到

$$D_c = \frac{k_1}{k_2} L_o \times 10^{-k_1 t_c} \tag{2-8}$$

式中，D_c 为临界点的亏氧值；t_c 为从受污点至临界点所需的时间：

$$t_c = \frac{1}{k_2 - k_1} \lg \frac{k_2}{k_1}\left[1 - \frac{D_0(k_2 - k_1)}{k_1 L_0}\right] \tag{2-9}$$

复氧速度常数 k_2 与许多因素有关，其中包括河流的湍急情况、水流速度、河床特征、水深、河水表面积以及水温等。一般来说，在水温20℃的条件下，水流速度小于0.5 m/s时，可取 $k_2=0.2$/d；如果是急流，k_2 值可达0.5/d，有时甚至可高达1.0/d。表2-1列出了不同水体的 k_2 范围。

表2-1 复氧速度常数(20℃)

水 体	k_2/(1/d)
小池塘和滞水区	0.05～0.10
缓慢流动的河流和湖泊	0.10～0.15
低流速的大河	0.15～0.20
中等流速的大河	0.20～0.30
高流速的河流	0.30～0.50
急流和瀑布	>0.50

k_2 值与水温的关系可用下式表示：

$$k_{2(T)}=K_{2(20)}\theta^{T-20} \tag{2-10}$$

式中，$k_{2(T)}$ 和 $k_{2(20)}$ 分别表示温度 T℃和20℃时的 k_2 值；θ 是温度系数，在多数情况下，可取 $\theta=1.016$。于是

$$k_{2(T)}=K_{2(20)}(1.016)^{T-20} \tag{2-11}$$

如果令 $f=\frac{k_2}{k_1}$，f 称为水体的自净比率或水体自净系数。将它代入式(2-7)和(2-9)，得

$$D_t=\frac{L_0}{f-1}10^{-k_2t}\left\{1-10^{-(f-1)k_2t}\left[1-(f-1)\frac{D_0}{L_0}\right]\right\} \tag{2-12}$$

$$t_c=\frac{1}{k_1(f-1)}\lg f\left[1-(f-1)\frac{D_0}{L_0}\right] \tag{2-13}$$

水体自净系数也是一个温度的函数，随温度的升高而降低，其变化约为2%/℃。所以到夏季，受有机物污染的水体更容易发生黑臭现象。从表2-2可知，当压力不变时，水中饱和溶解氧量随气温升高而降低。

表2-2 在1个大气压下，水中饱和溶解氧量与温度的关系

温 度/℃	0	5	10	15	20	25	30	35	40
饱和溶解氧含量/(mg/L)	14.62	12.80	11.33	10.15	9.17	8.38	7.63	7.10	6.60

水体的自净能力是有一定限度的，从式(2－12)可知，它受到水中溶解氧和温度的制约。当水中有机物浓度很高而使水中的溶解氧为好氧微生物的呼吸过程所大量消耗时，便会造成水体缺氧，从而使好氧微生物的活动受到抑制，厌氧微生物却活跃起来。由于厌氧微生物对有机物的厌氧发酵，水中会产生许多具恶臭气的发酵中间物，如腐胺、尸胺以及 H_2S、CH_4、CO_2、NH_3 等。H_2S 遇铁又能产生黑色的硫化铁沉淀，于是水质变黑、发臭。

2.2 废水生物处理的反应动力学

2.2.1 废水生化处理特征

污水的生化处理是以存在于污水中的各种有机污染物为营养物，在溶解氧存在的条件下，对混合微生物群体进行连续培养，并通过扩散、吸附，凝聚、氧化分解、沉淀等作用去除有机污染物的一种污水处理法。污水中大部分有机物的同化作用是由细菌完成的。原生动物和轮虫的主要作用是去除(捕食)分散的细菌，否则这些分散的细菌会从出水中流走。

为了产生高质量的出水，在去除了污水中的有机物之后，必须将微生物从液相中分离出来。分离过程是在二次沉淀池中完成的。只有当微生物易于凝聚时分离过程才能有效地进行。污水处理厂出水中的溶解性 BOD_5 浓度一般低于 10 mg/L，但是从二次沉淀池出水中流出的微生物固体可以使出水中的 BOD_5 值升高。

生物絮凝作用是由微生物生理状态控制的，并且只有在基质枯竭或处于内源生长期时发生。生物絮凝是由细胞外聚合物的相互作用引起的，在内源呼吸阶段这种聚合物积累于细胞表面，正是由于这些聚合物对细胞表面产生的物理和静电的结合作用，细胞之间连为具有三维空间形式的细胞间质。

固液分离过程完成后，在基质利用期间因细胞合成而增长的微生物群体被排走，这部分称为剩余污泥。其余部分则回流到微生物进行反应的曝气池中去，因而在整个系统中，微生物量保持相对恒定。

2.2.2 反应速度和反应级数

废水生化处理过程中发生的是生物化学反应。生物化学反应是一种以生物酶为催化剂的化学反应。它与其他化学反应一样，都是在反应器内进行的。反应器内反应速度的快慢是人们所关心的问题，因此，在反应动力学研究中，首要的任务就是确定各种因素(底物浓度、微生物浓度、温度、催化剂等)对反应速度的影响，从而提供合适的反应条件，使反应按人们所希望的速度进行。同样，深入研究底物降解和微生物生长之间的关系可以更合理地进行生物处理构筑物的设计和运行。

1）反应速度

在生化反应中，反应速度是指单位时间内底物浓度的减少量或细胞浓度的增加量或最终产物浓度的增加量。一般在废水生物处理中，都是以测定底物浓度或细胞浓度的变化来确定反应速度的。故以单位时间内底物浓度的减少或细胞的增加来表示废水处理的生化反应速度。

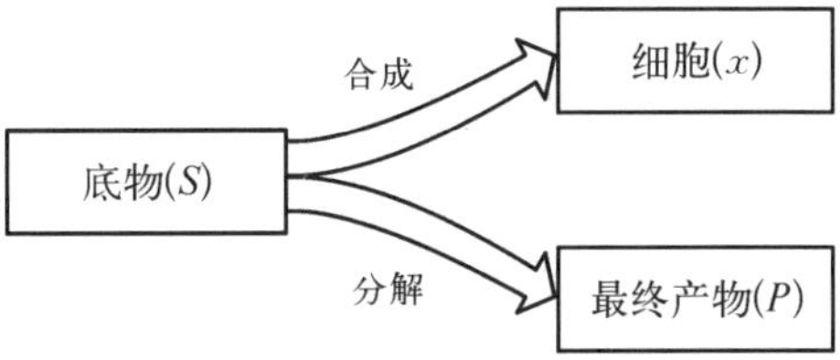

图 2－3　生化反应示意图

图 2－3 中的生化反应可以下式表示：

$$S \rightarrow yX + zP$$

以及

$$V = \frac{\mathrm{d}S}{\mathrm{d}t} = \frac{1}{y}\left(\frac{\mathrm{d}X}{\mathrm{d}t}\right) = \frac{1}{z}\left(\frac{\mathrm{d}P}{\mathrm{d}t}\right) \tag{2-14}$$

现用

$$\frac{\mathrm{d}S}{\mathrm{d}t} = \frac{1}{y}\left(\frac{\mathrm{d}X}{\mathrm{d}t}\right) \tag{2-15}$$

式中，反应系数 $y = \frac{\mathrm{d}X}{\mathrm{d}t}$，又称产率系数。

该式反映了底物减少速率和细胞增长速率之间的关系，它是废水生物处理中研究生化反应过程的一个重要规律。人们了解这个规律，就可以更合理地设计和管理废水生物处理过程。

2）反应级数

大量的实验结果表明，在一定温度条件下，化学反应速度与参加反应的各反应物浓度的乘积成正比。

$$\alpha A + \beta B \rightarrow gG + hH$$

反应速度可表示为

$$V = -\frac{\mathrm{d}C_A}{\mathrm{d}t} \propto C_A^{\alpha} \cdot C_B^{\beta} \tag{2-16}$$

或

$$V = -\frac{\mathrm{d}C_A}{\mathrm{d}t} = kC_A^{\alpha}C_B^{\beta} \tag{2-17}$$

式中，比例常数 k 称为反应速度常数，它等于各反应物浓度为 1 时的反应速度，因而

k 值和反应物浓度无关。对给定的反应，在一定温度下，k 是个常数。式(2－17)反映了反应速度与反应底物浓度之间为正比关系，这就是质量作用定律。

在化学反应动力学中，式(2－17)中各个反应物浓度项上指数的总和称为反应级数，即

$$\alpha+\beta=n(\text{反应级数}) \tag{2-18}$$

若 $n=1$，称为一级反应；$n=2$，称为二级反应。反应级数的大小反映了化学反应进行的剧烈程度。反应级数大，反应速度随浓度变化的程度高；反之，则低。

在生化反应过程中，底物的降解速度和反应器中的底物浓度有关。设生化反应方程式为

$$S \rightarrow yX+zP$$

现底物浓度以[S]表示，则生化反应速度为

$$V=\frac{\mathrm{d}[S]}{\mathrm{d}t} \propto [S]^n \tag{2-19}$$

或

$$V=\frac{\mathrm{d}[S]}{\mathrm{d}t}=k[S]^n \tag{2-20}$$

式中，k 为反应常数，随温度而异；n 为反应级数。

式(2－20)亦可改写为

$$\lg V=n\lg[S]+\lg k \tag{2-21}$$

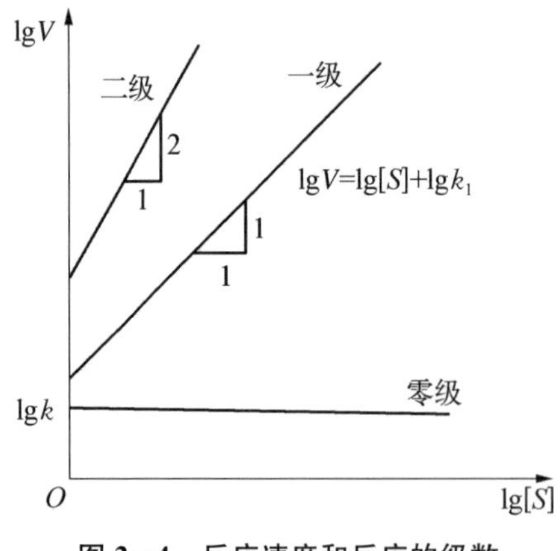

图 2－4　反应速度和反应的级数

式(2－21)亦可以图 2－4 来表示，图中直线的斜率即为反应级数 n 的值。

零级反应($n=0$)，当发生零级反应时，反应速度不受反应物浓度限制，是个常数。

一级反应($n=1$)，当发生一级反应时，反应速度和反应物浓度的一次方成正比。

二级反应($n=2$)，当发生二级反应时，反应速度和反应物浓度的二次方成正比关系。

因此在废水生物处理中，当微生物的代谢活动不受底物浓度限制时，底物降解速度与底物浓度无关，是个常数，呈零级反应。而当微生物的代谢活动受到底物浓度限制时，底物降解速度与底物浓度有关。反应级数视底物和微生物之间的相对情况而定。在废水生物处理中，一般呈一级反应。

3）温度对反应速度常数的影响

实践表明，温度是影响化学反应速度的一个重要因素。一般，当反应温度升高时，反应速度加快，反之，则减慢。根据大量实验结果，总结出近似的规则，即温度升高 10℃，化学反应速度增加 2～4 倍。在生化反应中，温度升高 10℃，反应速度约增加 1 倍。这种规律有时亦称范特霍夫规则。

2.2.3 米歇里斯-门坦方程和莫诺方程

1）米歇里斯-门坦（Michaelis - Menten，米氏）方程

一切生化反应都是在酶催化下进行的，又称酶促反应或酶反应。酶促反应速度受酶浓度、底物浓度、pH 值、反应产物、活化剂和抑制剂等因素的影响。

在有足够底物又不受其他因素的影响时，酶促反应速度与酶浓度成正比。但是当底物浓度在较低范围内，而其他因素恒定时，这个反应速度与底物浓度成正比（见图 2 - 5），是一级反应。当底物浓度增加到一定限度时，所有的酶全部和底物结合后，酶反应速度达到最大值，此时，再增加底物浓度对速度就无影响，呈零级反应，并说明酶已被底物所饱和。所有的酶都有此饱和现象，但各自达到饱和时所需的底物浓度并不相同，有时甚至差异很大。

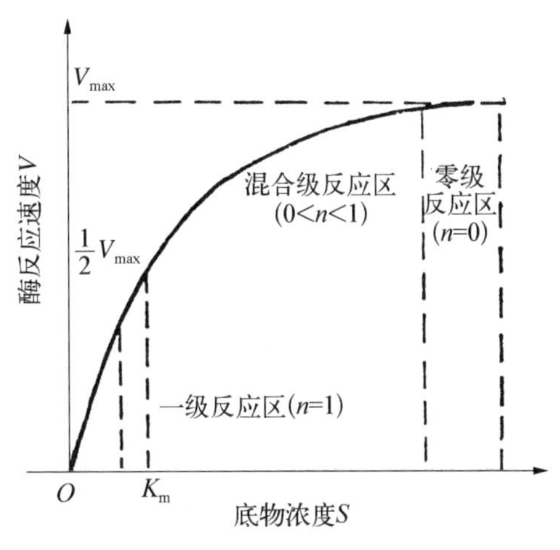

图 2 - 5 底物浓度对反应速度的影响

对于图 2 - 5 中的现象，可用中间产物学说解释。根据这个学说，酶促反应分两步进行，即酶与底物先络合成一个络合物（中间产物），该络合物再进一步分解成产物和游离态酶，现以下式表示之：

$$S + E \underset{k_2}{\overset{k_1}{\rightleftharpoons}} ES \xrightarrow{k_3} P + E$$

当有更多的中间产物形成时，反应速度随之增加，而当底物浓度很大时，反应体系中的酶分子已基本全部和底物结合成 ES 络合物。此时，底物浓度虽再增加，但无剩余的酶与之结合，故无更多的 ES 络合物生成，因而反应速度维持不变。

1913 年前后，米歇里斯和门坦在前人工作的基础上，采用纯酶做了大量的动力学实验研究，并根据中间产物学说，提出了表示整个反应过程中底物浓度与酶促反应速度之间的关系式，称米歇里斯-门坦方程式，简称米氏方程式，即

$$V=\frac{V_{max}S}{K_m+S} \tag{2-22}$$

式中,V 为酶反应速度;V_{max} 为最大酶速度;S 为底物浓度;K_m 为米氏常数。

式(2-22)表明,当 K_m 和 V_{max} 已知时,可以确定酶反应速度与底物浓度之间的定量关系。

由式(2-22)得

$$K_m=S\left(\frac{V_{max}}{V}-1\right) \tag{2-23}$$

式中,当$\frac{V_{max}}{V}=2$或$V=\frac{V_{max}}{2}$时,$K_m=S$ 即K_m是$V=\frac{V_{max}}{2}$时的底物浓度,故又称半速度常数。

(1) 当底物浓度 S 很大时,$S\gg K_m$,$K_m+S\approx S$。酶反应速度达最大值,即 $V=V_{max}$,呈零级反应,此时,再增加底物浓度,对酶反应速度无任何影响,因为酶已被底物所饱和,增加底物无甚效用,在这种情况下,只有增加酶浓度才有可能提高反应速度。

(2) 当底物浓度 S 较小时,$S\ll K_m$,$K_m+S\approx K_m$。酶反应速度与底物浓度成正比,即 $V=\frac{V_{max}S}{K_m}$,呈一级反应。此时,由于酶未被底物所饱和,故增加底物浓度可提高酶反应速度。但随着底物浓度的增加,酶反应速度不再按正比关系上升,呈混合级反应,即反应级数介于 0~1,是一级反应向零级反应的过渡段。

在废水生物处理中,米氏方程式是我们常用的反应动力学方程式。不过,在具体应用中,我们采用了微生物浓度[X]代替酶浓度[E]。通过实验,得出底物降解速度和底物浓度之间的关系式类同米氏方程式:

$$V=\frac{V_{max}S}{K_s+S} \tag{2-24}$$

式中,K_s 为饱和常数,即当 $V=V_{max}/2$ 时的底物浓度,故又称半速度常数。

K_s 和 V_{max} 又称动力学系数,当 K_s 和 V_{max} 通过动力学实验定出后,式(2-24)即可具体确定,并应用于废水生物处理工程实践中。

米氏常数 K_m 是酶反应动力学研究中的一个重要系数,也称动力学系数。它是酶反应处于动态平衡即稳态时的平衡常数。它与酶的特性紧密联系在一起,也是酶学研究中的一个十分重要的数据。

米氏常数的重要物理意义可以扼要分析如下:

(1) K_m 值是酶的特征常数之一,只与酶的性质有关,而与酶浓度无关。不同酶的 K_m 值不同,如表 2-3 所示。

表 2－3　几种酶的米氏常数值

酶	底物	K_m /(mol/L)	酶	底物	K_m /(mol/L)
过氧化氢酶	H_2O_2	2.5×10^{-2}	胰凝乳蛋白酶	N－苯甲酰酪氨酰胺	2.5×10^{-3}
				N－甲酰酪氨酰胺	1.2×10^{-2}
				N－乙酰酪氨酰胺	3.2×10^{-2}
				甘氨酰酪氨酰胺	12.2×10^{-2}
己糖激酶	葡萄糖	1.5×10^{-4}	蔗糖酶	蔗糖	2.8×10^{-2}
	果糖	1.5×10^{-3}		棉子糖	3.5×10^{-1}
谷氨酸脱氢酶	谷氨酸	1.2×10^{-4}	麦芽糖酶	麦芽糖	2.1×10^{-1}
	α－酮戊二酸	2.0×10^{-3}			
α－淀粉酶	淀粉	6.0×10^{-4}	乳酸脱氢酶	丙酮酸	3.5×10^{-5}
葡萄糖－6－磷酸脱氢酶磷酸己糖异构酶	葡萄糖－6－磷酸	5.8×10^{-5} 7.0×10^{-4}	尿素酶	尿素	2.5×10^{-2}

(2) 如果一个酶有几种底物,则对每一种底物各有一个特定的 K_m 值(见表 2－3)。并且,K_m 值不受 pH 值及温度的影响。因此,K_m 值作为常数只是对一定的底物、pH 值及温度而言。测定酶的 K_m 值可以作为鉴别酶的一种手段,但必须是在指定的实验条件下进行的。

(3) 表 2－3 中数据指出,同一种酶有几种底物就有几个 K_m 值。其 K_m 值最小的底物一般称为该酶的最适底物或天然底物。如蔗糖是蔗糖酶的天然底物,N－苯甲酰酪氨酰胺是胰凝乳蛋白酶的最适底物。

$1/K_m$ 可近似地反映对底物亲和力的大小,$1/K_m$ 愈大,K_m 就愈小,达到 $V_{max}/2$ 所需的底物浓度愈小。显然,最适底物与酶的亲和力最大,不需很高的底物浓度就可较易地达到 V_{max}。

2) 莫诺(Monod,莫氏)方程

法国学者莫诺在大量实验数据的基础上提出了微生物生长过程中微生物生长速度和底物浓度之间的关系式,它包括了微生物的典型生长模式曲线的对数期和静止期。这个关系式的图形呈双曲线式(见图 2－6),如同米氏方程式。后来此关系式亦被引入废水生物处理领域,并用含有异养型微生物群体的活性污泥增长实验研究,发现也基本符合这种关系。

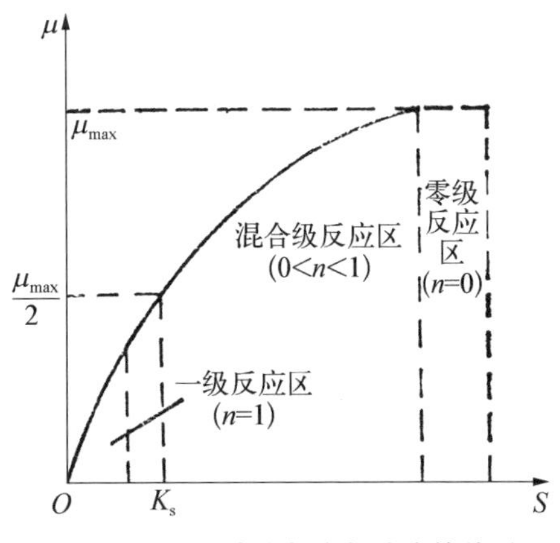

图 2－6　底物浓度与生长速度的关系

莫诺方程式为

$$\mu = \frac{\mu_{max} S}{K_s + S} \tag{2-25}$$

式中，μ 为微生物比增长速度(时间$^{-1}$)，即单位生物量的增长速度 $\frac{\frac{d[X]}{dt}}{X}$；$X$ 为微生物浓度；μ_{max} 为微生物最大比增长速度(时间$^{-1}$)；K_s 为饱和常数，即当 $\mu = \frac{\mu_{max}}{2}$ 时的底物浓度，故又称半速度常数(质量/容积)；S 为底物浓度(质量/容积)。

由上可见，式(2-25)与式(2-22)(即莫诺式与米-门式)相比较，十分类似。我们知道，在一切生化反应中，微生物增长是底物降解的结果，彼此之间存在着一个定量关系。现如以 dS(微反应时段 dt 内的底物消耗量)和 dX(dt 内的微生物增长量)之间的比例关系值，通过下式表示：

$$Y = \frac{dX}{dS} \text{ 或 } Y = \frac{\frac{dX}{dt}}{\frac{dS}{dt}} = \frac{V}{v} \qquad Y = \frac{\frac{V}{X}}{\frac{v}{X}} = \frac{\mu}{q} \tag{2-26}$$

式中，Y 为产率系数；$V = dX/dt$ 为微生物增长速度；$v = dS/dt$ 为底物降解速度；$\mu = V/X$ 为微生物比增长速度；$q = V/X$ 为底物比降解速度；X 为微生物浓度。

由式(2-26)，把 $\mu = Yq$ 以及 $\mu_{max} = Yq_{max}$ 代入式(2-25)，得

$$Yq = Yq_{max} \frac{S}{K_s + S}, \quad q = q_{max} \frac{S}{K_s + S} \tag{2-27}$$

式中，q 及 q_{max} 为底物比降解速度及其最大值；S 为底物浓度；K_s 为饱和常数，即 $q = q_{max}/2$ 时的底物浓度，故又称半速度常数。

式(2-27)和式(2-25)是废水生物处理工程中目前常用的两个基本的反应动力学方程式。在实践中，我们可以结合物料衡算，将其应用到废水生物处理工程的科研、设计和运行管理的领域中去。

2.2.4 劳伦斯-麦卡蒂模型

在废水生物处理的工程实践中，人们把从单一酶和微生物发展而来的米氏方程和莫氏方程引用进来，定量或半定量解释活性污泥系统内有机物降解、污泥增长等作用与设计参数、运行参数及环境因子之间的关系，对工程设计和优化管理有一定的指导意义。但是活性污泥是多种基质和混合微生物群体参与的一系列类型不同、产物不同的生化反应的综合，因此反应速率与过程均受到系统中多种环境因素的影

响。在应用动力学方程时，应根据具体的条件，包括所处理的废水成分、温度等进行修正或根据实验确定动力学参数。目前在环境工程、废水生物处理技术界被普遍接受的活性污泥反应动力学是劳伦斯-麦卡蒂(Lawrence & McCarty)模型。

1) 劳伦斯-麦卡蒂模型基础

(1) 劳伦斯-麦卡蒂建议的排泥方式　在废水生物处理过程中，通常有两种剩余污泥排放方式：第Ⅰ种是传统的排泥方式；第Ⅱ种是劳伦斯-麦卡蒂推荐的排泥方式，也称完全混合式活性污泥排放方式，如图 2－7 所示。该排泥方式的主要优点在于减轻二次沉淀池的负荷，有利于污泥浓缩，所得回流污泥的浓度较高。

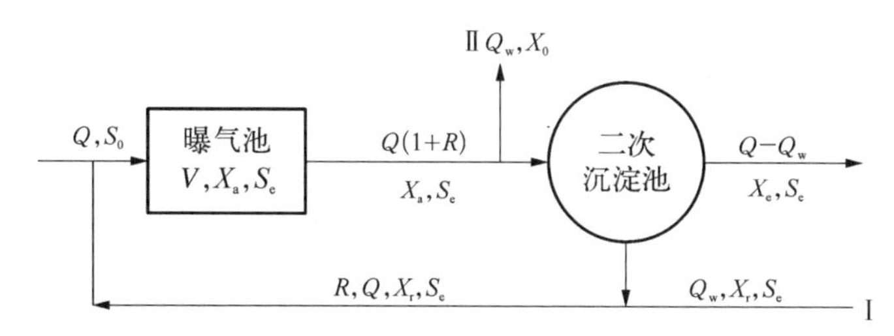

图 2－7　完全混合式活性污泥排放方式

(2) 微生物比增殖率和比基质降解率　微生物(活性污泥)的比增殖率用 μ 表示：

$$\mu = \frac{\frac{dX}{dt}}{X} \tag{2-28}$$

式中，$\frac{dX}{dt}$ 为微生物增殖率，g/(L·h)；X 为曝气池中微生物浓度，g/L。

微生物(活性污泥)的比基质降解率用 q 表示：

$$q = \frac{\left(\frac{dS}{dt}\right)_u}{X} \tag{2-29}$$

式中，$\left(\frac{dS}{dt}\right)_u$ 为基质降解速率，g/(L·h)。

(3) 污泥平均停留时间　在工程上习惯称污泥龄，指在反应系统内微生物从其生成开始到排出系统的平均停留时间，相当于反应系统内的微生物全部更新一次所需要的时间。在工程上，就是反应系统内污泥总量与每日排放的剩余污泥量的比值，以 θ_c 或 t_s 表示，单位为天(d)。

$$\theta_c = \frac{VX}{\Delta X} \tag{2-30}$$

式中，ΔX 为每日增殖的污泥(微生物)量，kg；V 为反应池容积，m^3。

根据图 2－7，θ_c 值可用下式计算：

$$\theta_c = \frac{VX_a}{Q_w X_r + (Q - Q_w) X_e} \tag{2-31}$$

如果按劳伦斯-麦卡蒂建议的排泥方式，则式(2－31)可写为

$$\theta_c = \frac{VX_a}{Q_w X_a + (Q - Q_w) X_e} \tag{2-32}$$

一般 X_e 很低，可忽略不计，于是式(2－31)与式(2－32)可分别写为

$$\theta_c = \frac{VX_a}{Q_w X_r} \tag{2-33}$$

$$\theta_c = \frac{V}{Q_w} \tag{2-34}$$

因此，污泥比增殖速率(μ)与污泥平均停留时间 (θ_c) 互为倒数关系，即

$$\mu = \frac{1}{\theta_c} \quad 或 \quad \theta_c = \frac{1}{\mu} \tag{2-35}$$

2) 劳伦斯-麦卡蒂模式的基本方程式

(1) 第一基本方程式　在反应器内，微生物量因增殖而增加，同时又因内源代谢而减少，其综合变化可用下式表示：

$$\frac{dX}{dt} = Y\frac{dS}{dt} - K_d X_a \tag{2-36}$$

式中，Y 为微生物产率(活性污泥产率)，以污泥量/降解的有机基质表示，mg/mg；K_d 为微生物内源代谢作用的自身氧化率，又称衰减系数，1/d；dX/dt 为微生物净增殖速率，mg/(L・d)；X_a 为反应器内微生物浓度，mg/L；dS/dt 为基质利用速率(降解速率)，mg/(L・d)。经整理可得

$$\frac{1}{\theta_c} = Yq - K_d \tag{2-37}$$

式(2－37)为劳伦斯-麦卡蒂第一基本方程式，表示的是污泥平均停留时间(θ_c) 与产率(Y)、基质比利用速率(q)及衰减系数之间的关系。

(2) 第二基本方程式　第二基本方程式表示的是基质降解速率与曝气池(反应器)内微生物浓度和基质浓度之间的关系。由于有机基质的降解速率(v)等于其被微生物利用的速率(q)，即

$$v = q \tag{2-38}$$

于是,可得

$$\left(\frac{\mathrm{d}S}{\mathrm{d}t}\right)_{u}=q_{max}\frac{X_{a}S}{K_{s}+S} \tag{2-39}$$

式中, S 为反应器内基质浓度,g/L; q_{max} 为单位污泥的最大基质利用速率(在高底物浓度条件),g/(L·h); K_{s} 为半速率系数,其值等于 $q=\frac{q_{max}}{2}$ 时的基质浓度, g/L。

3) 劳伦斯-麦卡蒂基本方程式的应用

(1) 确立处理水基质浓度 (S_{e}) 与污泥平均停留时间 (θ_{c}) 之间的关系　对整个系统就生物量(X)做物料衡算,并对结果加以整理,则可得

对完全混合式

$$S_{e}=\frac{K_{s}\left(\frac{1}{\theta_{c}}+K_{d}\right)}{Yv_{max}-\left(\frac{1}{\theta_{c}}+K_{d}\right)} \tag{2-40}$$

对推流式

$$\frac{1}{\theta_{c}}=Y\frac{v_{max}(S_{0}-S_{e})}{(S_{0}-S_{e})+K_{s}\ln\frac{S_{0}}{S_{e}}}-K_{d} \tag{2-41}$$

从式(2-40)可见, K_{s}、K_{d}、Y、v_{max} 都是系数,其值可通过实验确定,并对某一条件来说,其值为一常数;而 S_{e} 值仅为 θ_{c} 的函数,即 $S_{e}=f(\theta_{c})$。如欲提高处理效果,降低 S_{e} 值,就必须适当提高 θ_{c} 值,即延长污泥在曝气池中的停留时间。

(2) 确立微生物浓度(X)与活性污泥平均停留时间 (θ_{c}) 之间的关系　对整个系统中的基质量做物料衡算,并对衡算结果加以整理,则可得

对完全混合式

$$X=\frac{\theta_{c}Y(S_{0}-S_{e})}{t(1+K_{d}\theta_{c})} \tag{2-42}$$

对推流式

$$X_{p}=\frac{\theta_{c}Y(S_{0}-S_{e})}{t(1+K_{d}\theta_{c})} \tag{2-43}$$

从式(2-42)和式(2-43)可知,反应器内微生物的浓度 (X) 是污泥平均停留时间 θ_{c} 的函数,即 $X=f(\theta_{c})$。

(3) 确定活性污泥回流比(R)与活性污泥平均停留时间 (θ_{c}) 之间的关系　对系统的生物量做物料衡算,对衡算结果加以整理,可得

$$\frac{1}{\theta_c}=\frac{Q}{X}\left(1+R-R\frac{X_r}{X_a}\right) \tag{2-44}$$

式中，X_r 为回流污泥的浓度，其最高浓度 $(X_r)_{max}$ 可由下式估算：

$$(X_r)_{max}=\frac{10^6}{SVI} \tag{2-45}$$

用式(2-45)计算所得的 X_r 值为近似值。此外，以 SVI 为基础计算所得的 X_r 值为混合液悬浮固体浓度(mixed liquid suspended solids, MLSS，单位是 mg/L)，应换算为混合液挥发性悬浮固体浓度(mixed liquid volatile suspended solid, MLVSS)。

(4) 总产率系数(Y)与表观产率系数 (Y_{obs}) 之间的关系　产率系数是单位时间内微生物的增长量与基质降解量的比值，其表达式为

$$Y=\frac{\mathrm{d}X}{\mathrm{d}S} \tag{2-46}$$

由于微生物的内源呼吸、自身氧化作用，实际上测定的产率系数要低于 Y 值，即所谓表观产率系数 (Y_{obs})。

为了区别，前者称为总产率系数(Y)。总产率系数与表观产率系数之间的关系用下式表示：

$$Y_{obs}=\frac{Y}{1+K_d\theta_c} \tag{2-47}$$

Y_{obs} 是一项重要的参数，对设计与维护运行都有重要的意义。可以通过调整 θ_c 值，选定 Y_{obs} 值。

(5) θ_c 值与 S_e 的关系及 θ_{min} 的概念　根据 $S_e=S_0$ 的关系式，θ_{min} 可用下式计算：

$$\frac{1}{(\theta_c)_{min}}=Y\frac{v_{max}S_0}{K_s+S_0}-K_d \tag{2-48}$$

在一般情况下，$K_s \ll S_0$，K_s 可忽略不计，因此，式(2-48)可改写为

$$\frac{1}{(\theta_c)_{min}}=Yv_{max}-K_d \tag{2-49}$$

式(2-49)中 Y、v_{max} 及 K_d 等动力学系数可通过实验确定。

实际活性污泥处理系统工程所采用的 θ_c 值应大于$(\theta_c)_{min}$ 值，实际取值为

$$\theta_c=(2\sim 20)(\theta_c)_{min} \tag{2-50}$$

(6) 曝气池容积(V)的确定方法　已知式

$$q=v_{max}\frac{S}{K_s+S} \tag{2-51}$$

活性污泥处理系统一般进水有机物浓度较低(为低基质浓度),在低基质浓度下,$K_s \gg S$,式(2-51)分母中的 S 可忽略不计,故可得

$$q = v_{max}\frac{S}{K_s} = KS \tag{2-52}$$

式中,v_{max} 及 K_s 均为常数,以 K 值代之。

此外,已知:

$$q = \frac{\left(\frac{dS}{dt}\right)_u}{X_a} \tag{2-53}$$

$$\left(\frac{dS}{dt}\right)_u = \frac{S_0 - S_e}{t} = \frac{Q(S_0 - S_e)}{V} \tag{2-54}$$

$$\frac{Q(S_0 - S_e)}{V} = KSX_a \tag{2-55}$$

因此,可得

$$q = \frac{Q(S_0 - S_e)}{V} \quad 或 \quad V = \frac{Q(S_0 - S_e)}{q} \tag{2-56}$$

由式(2-56)可确定曝气池的容积(V)。

(7) 动力学系数的测定　动力学系数 K_s、$v_{max}(q_{max})$、Y、K_d 是动力学模式的重要组成部分,一般对具体废水,可通过模拟实际处理过程进行实验确定。

K_s、$v_{max}(q_{max})$ 值的测定:根据上述方程进行整理,可得

$$\frac{1}{v} = \frac{K_s}{v_{max}}\frac{1}{S_e} + \frac{1}{v_{max}} \tag{2-57}$$

而 $\frac{1}{v} = \frac{tX}{S_0 - S_e}$,取不同的 t 值,即可计算出 $\frac{1}{v}$ 值,绘制 $\frac{1}{v}$ 与 $\frac{1}{S_e}$ 的关系图,图中直线的斜率为 $\frac{K_s}{v_{max}}$ 值,y 轴上的截距即为 $\frac{1}{v_{max}}$ 值,并由此能够解出 K_s 及 $v_{max}(q_{max})$ 值。

Y、K_d 值的测定:根据上述系列方程,可以得到

$$\frac{1}{\theta_c} = Yq - K_d \tag{2-58}$$

而 $q = \frac{S_0 - S_e}{tX}$,取不同的 θ_c 值,并由此可以得出不同的 S_e 值,代入此式,可得出一系列的 q 值,绘制 q 与 $\frac{1}{\theta_c}$ 的关系图,关系图中直线的斜率为 Y 值,y 轴上的截距即为 K_d 值。活性污泥法的典型动力学系数如表 2-4 所示。

表 2-4 活性污泥法的典型动力学系数

系 数	单 位	数 值	
		范 围	平 均
v_{max}	1/d	2～10	5.0
K_s	mg/L(BOD_5)	25～100	60
	mg/L(COD)	15～70	40
Y	mg/VSS/mg(BOD_5)	0.4～0.8	0.6
	mg/VSS/mg(COD)	0.25～0.4	0.4
K_d	1/d	0.04～0.075	0.06

2.3 有机污染物的生物降解与转化

污水中的各种物质被微生物降解和转化主要是通过异养微生物分泌各类酶系的作用，因为水中多种有机物是异养细菌的碳源和能源，它们可被不同类型的异养微生物分解利用。但大分子化合物不能透过细胞质膜，必须经过微生物分泌的胞外水解酶水解，形成小分子后才能被吸收利用。所以复杂的有机化合物必须在微生物酶的催化下，经过反复降解转化，形成简单、无害的物质。

2.3.1 有机污染物生物降解的基本反应

生物降解(biodegradation)是指由生物对污染物进行的分解或降解，而生物中由微生物所起的降解作用最大，所以又可称为微生物降解。有机物的主要生物化学降解转化作用如下。

1) 氧化作用

(1) 醇的氧化：$—CH_2OH \rightarrow —COOH$

如乙醇→乙酸，可由醋化醋杆菌(*Acetobacter aceti*)等进行此反应；

丙二醇→乳酸，可由氧化节杆菌(*Arthrobacter oxydans*)等进行此反应。

(2) 醛的氧化：

如乙醛→乙酸，可由铜绿假单胞菌(*Pseudomonas aeruginosa*)等进行。

(3) 甲基的氧化：

如甲苯→苯甲酸，可由假单胞菌属(*Pseudomonas*)等进行。

(4) 氨的氧化：$NH_3 \rightarrow NO_2^-$

可由亚硝化单胞菌属(*Nitrosomonas*)等进行。

(5) 亚硝酸的氧化：$NO_2^- \rightarrow NO_3^-$

可由硝化杆菌属(*Nitrobacter*)等进行。

(6) 硫的氧化：$S \rightarrow SO_4^{2-}$

可由氧化硫硫杆菌(*Thiobacillus thiooxidans*)进行。

(7) 铁的氧化：$Fe^{2+} \rightarrow Fe^{3+}$

可由氧化亚铁硫杆菌(*Thiobacillus ferrooxidans*)等进行。

2) 还原作用

(1) 乙烯基的还原：$-CH=CH- \rightarrow -CH_2-CH_2-$

如延胡索酸→琥珀酸,可由大肠杆菌(*Escherichia coli*)等进行。

(2) 醇的还原：$>CH-OH \rightarrow >CH_2$

如乳酸→丙酸,由丙酸梭菌(*Clostridium propionicum*)进行。

(3) 硝酸的还原：$NO_3^- \rightarrow N_2$

由反硝化细菌进行该反应。

(4) 硫酸的还原：$H_2SO_4 \rightarrow H_2S$

可由脱硫弧菌(*Desulfovibrio desulfuricans*)进行。

3) 脱羧作用：$-CH_2-COOH \rightarrow -CH_3$

如琥珀酸→丙酸等羧酸的脱羧。戊糖丙酸杆菌(*Propionibacterium pentosaceum*)可进行琥珀酸的脱羧反应。

4) 脱氨基作用：$-CH-NH_2 \rightarrow -CH_2+NH_3$

如丙氨酸可在腐败芽孢杆菌(*Bacillus putrificus*)作用下脱氨基而成丙酸。

5) 水解作用

如酯类的水解：$R-COOR'+H_2O \rightarrow R'-OH+R-COOH$

多种微生物可发生此反应。

6) 酯化作用

羧酸与醇发生酯化反应：$R-COOH+R'-OH \rightarrow R-COOR'+H_2O$

异常汉逊氏酵母菌(*Hansenula anomola*)可将乳酸转变为乳酸酯。

7) 脱水反应：$-CH_2-CHOH \rightarrow -CH=CH-+H_2O$

如甘油→丙烯醛,芽孢杆菌属(*Bacillus*)可进行此反应。

8) 缩合反应：$-CHO+CH_3CHO \rightarrow -CHOH-CO-CH_3$

如乙醛可在某些酵母的作用下缩合而成3-羟基丁酮。

9) 胺化反应：$>C=O \rightarrow >CH-NH_2$

如丙酮酸可在一些酵母菌的作用下发生胺化反应,生成丙氨酸。

10) 乙酰化作用：$-NH_2 \rightarrow -NH-\underset{\underset{\displaystyle O}{\|}}{C}-CH_3$

克氏梭菌(*Clostridium kluyveri*)等可发生乙酰化作用。

以上各种微生物的化学作用都是在微生物代谢过程中表现出来的，它们的实质都是酶反应。酶反应的速度取决于有机物的化学结构和环境条件。一般来说，低分子化合物比高分子及有毒化合物容易降解，如糖比纤维素和农药容易降解。人工合成的高分子聚合物，由于酶不能扩散到化合物内部，因而难以被生物降解。另外，若环境中 pH 值和水温适合微生物生长则物质降解速度快。如硝化作用在 9～26℃的反应速度变化很小，但低于 9℃时反应速度下降，在 0℃时硝化作用完全停止。

在污水有机物的降解转化中，糖和蛋白质优先降解，然后是淀粉、脂肪、几丁质、纤维素、木质素和其他高分子化合物。因为糖和蛋白质是细胞生命活动的必须物质，最容易降解并转化为细胞组成物。

2.3.2　有机污染物生物降解途径

2.3.2.1　生物组分大分子有机物的降解

城市生活污水和以生物为原材料进行生产的各种工业废水往往含有大量的生物组分的大分子有机物及其中间代谢物如碳水化合物、蛋白质、脂肪、氨基酸、脂肪酸等。这些物质虽然并没有毒，一般都较容易为微生物降解，但也因此耗去水体的溶解氧，给环境带来危害。

1）多糖类的生物降解

多糖类是由 10 个以上单糖残基，以配糖体方式连接起来的高分子缩聚物，如纤维素、淀粉、原果胶、半纤维素等。它们被微生物分解时，首先都由相应的细胞外酶系统水解成单体，然后由细胞内酶再进一步降解。

（1）纤维素　纤维素是植物细胞壁的主要成分，约占植物残体干重的 35%～60%，是天然有机物中数量最大的一类环境污染物。

纤维素是由 300～2 500 个葡萄糖分子组成的高分子缩聚物，它们以 β-1,4 糖苷键结成长链，性状稳定，纤维素必须在产纤维素酶的微生物作用下才能分解成二糖或单糖。

纤维素酶是一种诱导酶，它包括三类不同的酶：C_1 酶、C_x 酶和 β-葡萄糖苷酶。C_1 酶主要水解未经降解的天然纤维素。C_x 酶又称 β-1,4-葡聚糖酶，它的功能是切割部分降解的多糖，以及如纤维四糖、纤维三糖等寡糖和少量的葡萄糖。β-葡萄糖苷酶的功能是水解纤维二糖、纤维三糖及低分子量的寡糖成为葡萄糖。在好氧的纤维素降解菌作用下，葡萄糖可彻底氧化成 CO_2 和水；在厌氧的纤维素降解菌作用下，葡萄糖进行丁酸型发酵，变成丁酸、丁醇、乙酸、乙醇、CO_2、H_2 等产物（见图 2-8）。

（2）淀粉　淀粉有直链淀粉和支链淀粉之分，直链淀粉中的葡萄糖单位以 α-1,4-糖苷键结合成长链；支链淀粉除以 α-1,4-糖苷键结合外，在其直链与支链交接处，葡萄糖单位以 α-1,6-糖苷键结合。天然淀粉中，直链淀粉约占 10%～

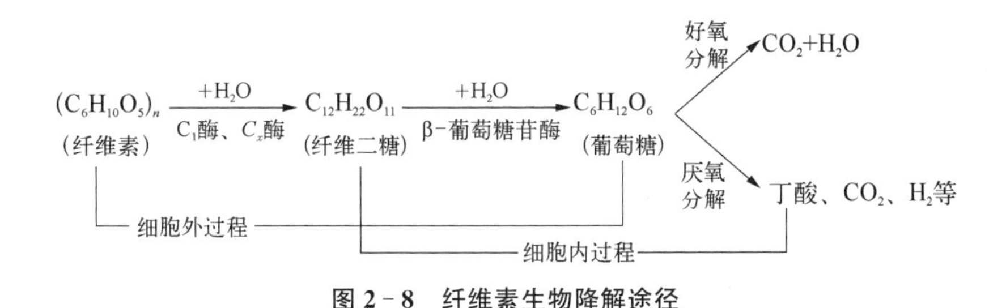

图2-8　纤维素生物降解途径

20%,支链淀粉约占80%～90%。

淀粉是许多异养微生物的重要碳源和能源,这些微生物产生淀粉酶使淀粉水解成麦芽糖,再进入细胞内被微生物分解、利用。

(3) 原果胶　原果胶是指天然的水不溶性果胶质,它是高等植物细胞间质的主要成分。原果胶主要由D-半乳糖醛酸通过α-1,4-糖苷键连接而成,分子中的羧基大多形成了甲基酯。

原果胶在原果胶酶的作用下,水解成可溶性果胶和多缩戊糖:

$$原果胶+H_2O\longrightarrow可溶性果胶+多缩戊糖$$

可溶性果胶在果胶甲基酯酶作用下水解成果胶酸:

$$可溶性果胶+H_2O\xrightarrow{果胶甲基酯酶}果胶酸+甲醇$$

果胶酸进一步被果胶酸酶水解,切断α-1,4-糖苷键,生成半乳糖醛酸:

$$果胶酸+H_2O\xrightarrow{果胶酸酶}半乳糖醛酸$$

半乳糖醛酸进入细胞内,通过糖代谢途径被分解、利用并释放出能量。

(4) 半纤维素　植物组织中半纤维素的含量很高,仅次于纤维素,约占一年生草本植物残体重量的25%～40%,占木材的25%～35%。半纤维素是由多种戊糖或己糖组成的大分子缩聚物,有的半纤维素仅由一种单糖组成,如木聚糖、半乳聚糖或甘露聚糖;有的半纤维素由一种以上的单糖或糖醛酸组成。前者为同聚糖,后者为异聚糖。

与纤维素相比,半纤维素比较容易由微生物降解。因组成类型不同,分解的酶也各不相同。例如,木聚糖由木聚糖酶催化其水解,阿拉伯聚糖酶催化阿拉伯聚糖的水解等。

2) 木质素的生物降解

木质素是一种高分子的芳香族聚合物,大量存在于植物木质化组织的细胞壁中,填充在纤维素的间隙内,有增强机械强度的功能。

木质素的结构十分复杂，它是由以苯环为核心、带有丙烷支链的一种或多种芳香族化合物（如苯丙烷、松柏醇等）缩合而成，并常与多糖类结合在一起。

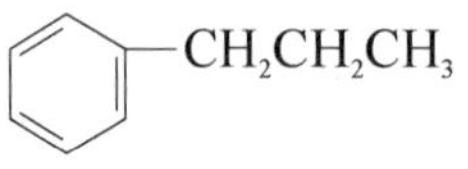

苯丙烷（$C_6H_5-CH_2CH_2CH_3$）　　松柏醇（苯环上带 $CH=CHCH_2OH$、$-OCH_3$、OH）

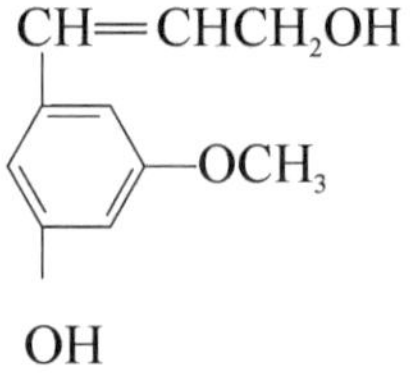

木质素是植物残体中最难分解的组分，一般先由木质素降解菌把它降解成芳香族化合物，然后再由多种微生物继续进行分解。但木质素的分解速度极其缓慢，并有一部分组分难以降解。研究表明，腐殖质中含有类似木质素的结构成分，被认为是由木质素降解产生的芳香族化合物再聚合而成。

3）脂类的生物降解

动、植物体内的脂类物质主要有脂肪、类脂质和蜡质等。它们的生物降解途径可分别用以下简式表示：

$$\text{脂肪}\xrightarrow[\text{脂肪酶}]{+H_2O}\text{甘油}+\text{高级脂肪酸}$$

$$\text{类脂质}\xrightarrow[\text{磷脂酶类}]{+H_2O}\text{甘油（或其他醇类）}+\text{高级脂肪酸}+\text{磷酸}+\text{有机碱类}$$

$$\text{蜡质}\xrightarrow[\text{酯酶类}]{+H_2O}\text{高级醇}+\text{高级脂肪酸}$$

脂类物质水解产物中的甘油能作为绝大多数微生物的碳源和能源被利用。脂肪酸则通过β-氧化分解成多个乙酸，并最终彻底氧化成 CO_2，但在通气不良条件下脂肪酸不易分解而常有积累。

2.3.2.2　烃类化合物的生物降解

烃类包括一大批相对分子质量（简称分子质量）由16（甲烷）到高达1 000的碳氢化合物。其中有的是气体（甲烷、乙烷、丙烷、丁烷、乙炔、乙烯、丙烯），有的是挥发性液体（汽油、苯、甲苯），也有固体（蜡），它们分别属于烷烃类、烯烃类、炔烃类、芳烃类、脂环烃类。石油就是由许多种烃类化合物及少量其他有机物组成的复杂混合物。一个典型的石油样品含有的烃类化合物种类多达200～300种。

1）烷烃类的生物降解

（1）甲烷的氧化　甲烷氧化的途径如下：$CH_4 \rightarrow CH_3OH \rightarrow HCHO \rightarrow HCOOH \rightarrow CO_2$。

（2）乙烷、丙烷、丁烷的氧化　乙烷、丙烷、丁烷可通过某些靠甲烷生长的细菌进行共代谢,即利用甲烷作为碳源和能源,同时把乙烷、丙烷、丁烷转变成相应的酸类或酮类,它们可进一步被多种微生物降解。

(3) 高级烷烃类的氧化　它们的起始氧化有三种可能途径:

$$CH_3(CH_2)_nCH_3 \xrightarrow{a} CH_3(CH_2)_nCOOH$$

$$CH_3(CH_2)_nCH_3 \xrightarrow{c} CH_3(CH_2)_{n-1}\overset{\overset{\large O}{\|}}{C}CH_3$$

$$CH_3(CH_2)_nCOOH \xrightarrow{b} HOOC(CH_2)_nCOOH$$

a—生成羧酸;b—生成二羧酸;c—生成酮类。

其中以途径 a 为最常见。该途径首先由末端甲基在单氧酶作用下转变为醇,再经两步脱氢作用依次生成醛和脂肪酸,进而通过 β-氧化彻底降解为 CO_2 和 H_2O。

2) 烯烃类的生物降解

烯烃类被微生物降解时,起始氧化途径有多种可能。若双键在中间部位,可能按烷烃类方式代谢;若双键在 1～2 碳位时,则有 3 种可能(见图 2-9)。

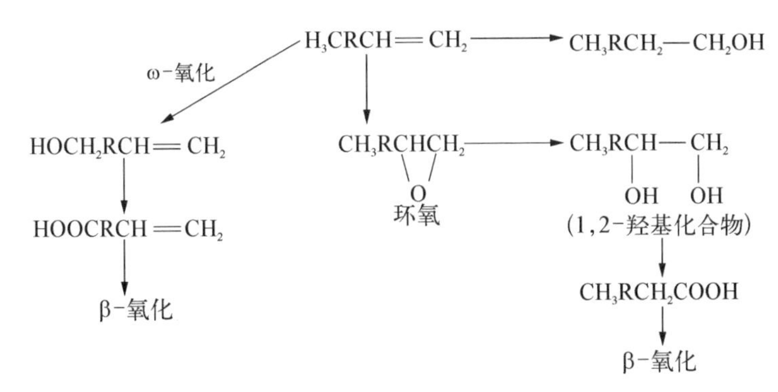

图 2-9　烯烃类的微生物降解

(1) 将水加到双键上,形成醇类。

(2) 受单氧酶作用生成一种环氧化物,再氧化成一个二醇。

(3) 在分子饱和末端先发生反应。

3) 芳烃类的生物降解

芳香烃化合物都是苯及苯的衍生物,如苯、酚、甲苯、间甲苯、萘、菲、蒽等,常存在于石油化工厂废水中,其中酚大量存在于炼焦、煤气排污系统中。

能降解芳香烃的微生物种类很多,如假单胞菌属中的荧光假单胞菌、无色杆菌、芽孢杆菌、分枝杆菌及诺卡氏菌。霉菌中有青霉、镰刀霉。芳烃类被生物降解时,若有侧链则一般先从侧链开始分解,然后发生芳香环的氧化:引入羟基、环开裂,随后的氧化过程便与脂肪族化合物的降解类同,最终分解为 CO_2 和 H_2O。

(1) 苯的降解途径　芳香烃开裂的最初反应是苯环先氧化成邻苯二酚,然后通过邻位和间位两种裂解途径之一进行降解。

邻位裂解生成β-酮己二酸，再分裂生成乙酰辅酶A和琥珀酸，进入三羧酸(TCA)循环被彻底氧化。另一条途径为间位裂解，生成2-羟基黏糠酸半缩醛，最终生成乙醛和丙酮酸。

(2) 酚的降解途径　酚对生物有毒，但有些细菌能耐这些毒物，通过富集和培养驯化进行分离，可以获得分解能力较高的菌株，应用于水处理中。活性污泥易分解一元酚和二元酚，难以分解三元酚。硝基苯酚中除邻硝基苯酚、间硝基苯酚及2,4-二硝苯酚以外，其他均难分解。当导入甲基时其分解性能变好，甲基为对位者比邻、间位者分解得迅速。

(3) 萘的降解途径　萘是炼焦、炼油废水中的主要成分。与单环芳香烃比较，萘比较容易被微生物降解。萘的代谢途径一般认为须经两次环裂解，首先经1,2-二羟基萘发生第一次环开裂，经水杨酸、邻苯二酚到酮己二酸再进入TCA循环。

菲和蒽都是由三个苯环构成的芳香烃，也比较易于被微生物同化，其氧化方式类似于萘，与萘的降解途径相同。

4) 脂环烃类的微生物降解

在烃类中，脂环烃类的抗生物降解性最强。然而，在多种微生物的共代谢作用下，环己烷可以彻底降解为CO_2和H_2O。除牝牛分枝杆菌与假单胞菌共代谢降解环己烷外，还有多种假单胞菌能通过共代谢作用降解环己烷，即它们并不能利用环己烷作为生长的碳源和能源，而是以庚烷作为碳源与能源，把环己烷共氧化为环己醇。

环己醇又能被另一种微生物——球形诺卡氏菌(*Nocardia globerula*)降解，其降解途径如图2-10所示。还有好多其他微生物也能降解环己醇。

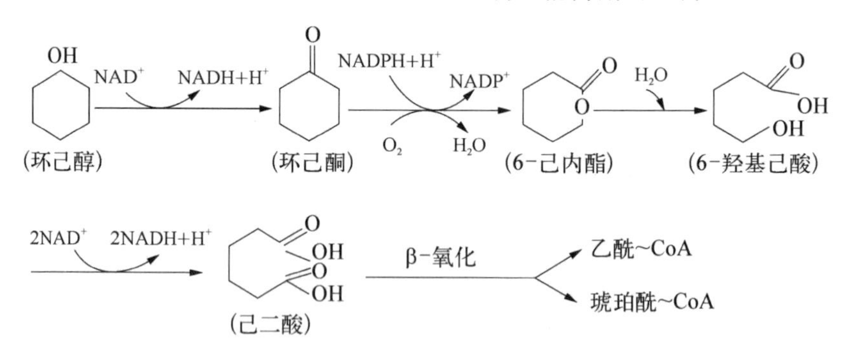

图2-10　球形诺卡氏菌降解环己醇的途径

2.3.2.3　合成有机物的生物降解与转化

1) 氰(腈)化合物的降解

氰(腈)化合物多存在于石油化工及人造纤维工业废水中。氰(腈)化物属于剧毒物，在人体内可抑制细胞色素氧化酶，造成组织内窒息。但有机腈化物较无机氰化物易于被微生物降解，活性污泥经驯化后，对有机腈化物的耐受度较高。

无机氰在混合菌种作用下，分解机制为

$$HCN \xrightarrow{O_2} HCNO \begin{cases} \rightarrow NH_3 \longrightarrow NO_2 \longrightarrow NO_3 \\ \rightarrow (HCOOH) \longrightarrow CO_2 + H_2O \end{cases}$$

有机氰的分解机制为

$$R{-}C{\equiv}N \rightleftharpoons R{-}\underset{OH}{C}{=}\underset{H}{N} \rightarrow R{-}\underset{\|O}{C}{-}NH_2 \rightarrow R{-}COOH + NH_3,\quad R{-}COOH \rightarrow CO_2 + H_2O$$

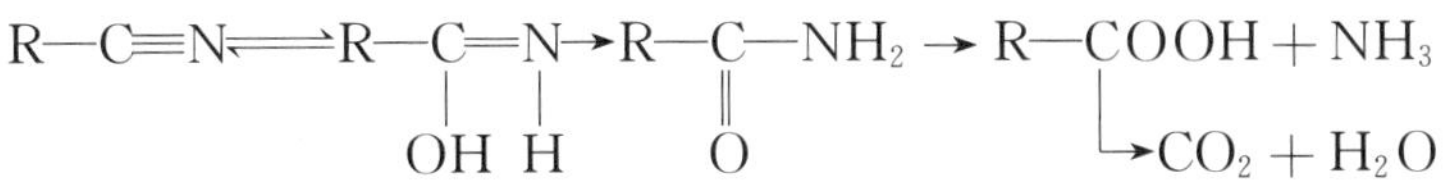

2）合成洗涤剂的降解

目前常用的合成洗涤剂有烷基硫酸酯和烷基苯磺酸钠。烷基苯磺酸盐（ABS）为四个丙烯聚合体：

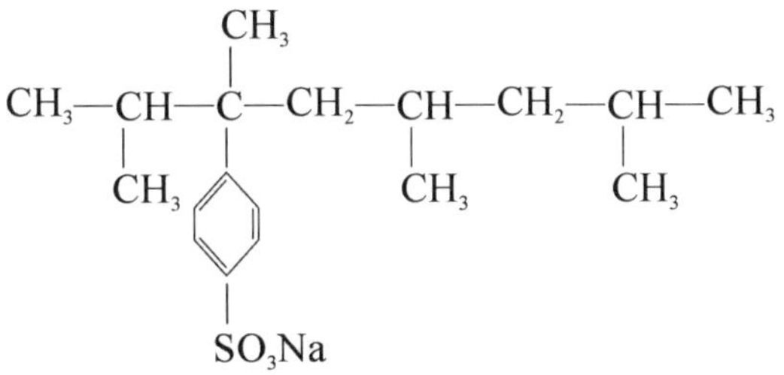

$$CH_3{-}\underset{CH_3}{CH}{-}\underset{C_6H_4SO_3Na}{\overset{CH_3}{C}}{-}CH_2{-}\underset{CH_3}{CH}{-}CH_2{-}\underset{CH_3}{CH}{-}CH_3$$

其结构中具有4级碳原子（即直接和四个碳原子相连的碳原子），因具有4级碳原子的链十分稳定，分解率很低，在水中很难被微生物分解，即使是经过驯化的菌种，其降解能力也不超过40%。另外ABS废水中常残存表面活性剂，在生物处理时易产生大量泡沫。

为了使合成洗涤剂易为生物降解，现改变合成洗涤剂的结构，制成直链烷基苯磺酸盐（LAS）：

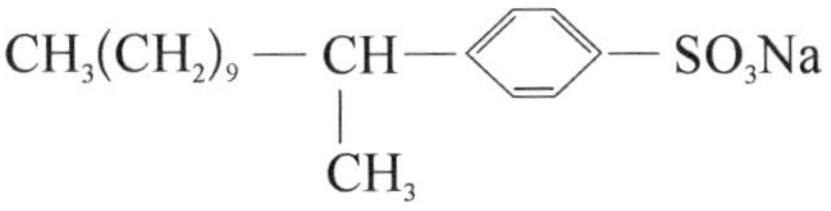

$$CH_3(CH_2)_9{-}\underset{CH_3}{CH}{-}C_6H_4{-}SO_3Na$$

LAS的结构中没有4级碳原子，又利用了有侧链的碳氢化合物的直链部分易于分解的特点，使LAS易被微生物降解。经实验证明，LAS、十二烷基硫酸酯及高级醇类洗涤剂的分解率均达90%以上。

3）有机农药的降解

微生物对农药的转化与解毒起着重要作用，到目前为止从天然水和污水中分离得到各种不同细菌、放线菌、真菌和藻类。它们能使多种农药分解，主要属于假单胞菌属、节杆菌属(*Arthrobacter*)、黄杆菌属(*Flarobacterium*)、短杆菌属(*Brevibacterum*)和分枝杆菌属(*Mycobacterium*)。放线菌中有诺卡氏菌属。真菌中有曲霉属和镰刀菌属。微生物引起农药降解和转化的化学反应有以下几种类型。

(1) 脱卤作用　有机氯农药降解主要通过此种方式。例如 DDT 是有机氯农药的主要品种之一。DDT 的化学性质稳定,不易分解,并且在自然环境中通过食物链可发生生物富集作用,逐级富集使毒性放大,但在微生物作用下,DDT 的分解可经过三条途径:① 通过脱氧生成 DDD;② DDT 脱氯脱氧生成 DDE;③ DDE 和 DDD 都可进一步氧化生成 DDA。

(2) 脱烷基作用　烷基与氮、氧或硫原子相连的农药易发生脱烷基作用。例如 N,N-二烷基胺三氮苯经脱烷基形成毒性较强的中间产物(见图 2-11 中②、③)。当脱酰胺和环破裂时可转变成为无毒物质。

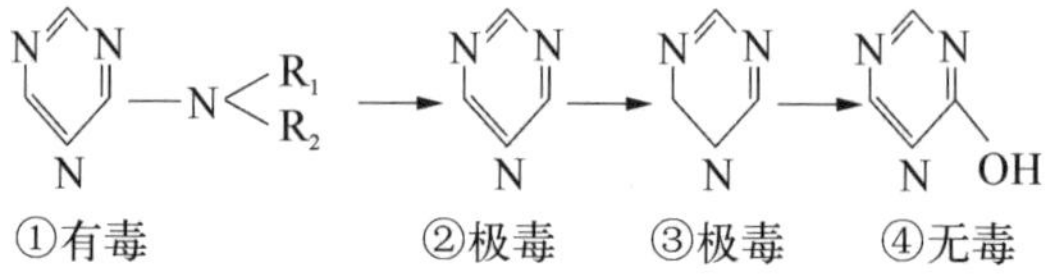

①有毒　②极毒　③极毒　④无毒

图 2-11　脱烷基作用

(3) 酰胺和酯水解　苯酰胺类除草剂及磷酸酯农药、对硫磷等经微生物水解作用毒性可降低。例如,对硫磷有四条转化途径(见图 2-12):① 酯键发生水解作用时使对硫磷降低毒性,完全失去杀虫效果;② 硫磷基经过氧化生成对氧磷,其毒性增加;③ NO_2基还原生成 NH_2,其杀虫效力降低;④ 对硫磷分子在不断脱烷基过程中丧失毒性。

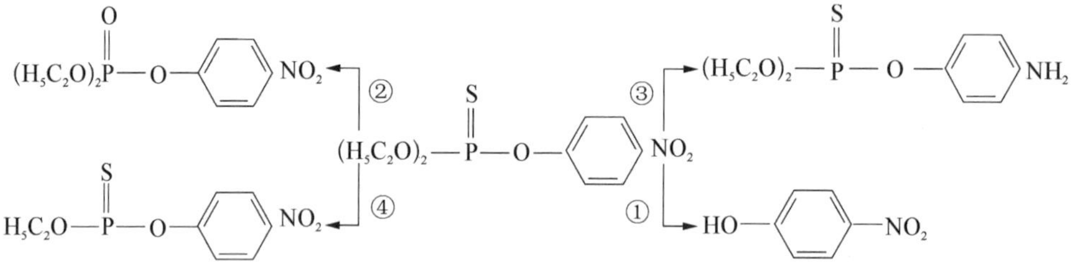

图 2-12　对硫磷转化的最初阶段

(4) 环破裂作用　细菌和真菌可引起苯环破裂,首先在加氧酶作用下发生羟基化形成邻苯二酚,再经双氧酶作用使环裂解形成黏康酸,再进一步降解为丁二酸直至彻底氧化为 CO_2 及 H_2O。

(5) 缩合作用　农药或其中一部分与环境中其他有机物发生缩合反应,使农药降低或失去毒性。

(6) 氧化还原作用 此作用也是农药被微生物降解常见的方式。有的微生物可合成加氧酶，使分子氧进入有机分子中。例如扑草净转化通过氧化和还原作用，生成性质不同的各种产物(见图2-13)。

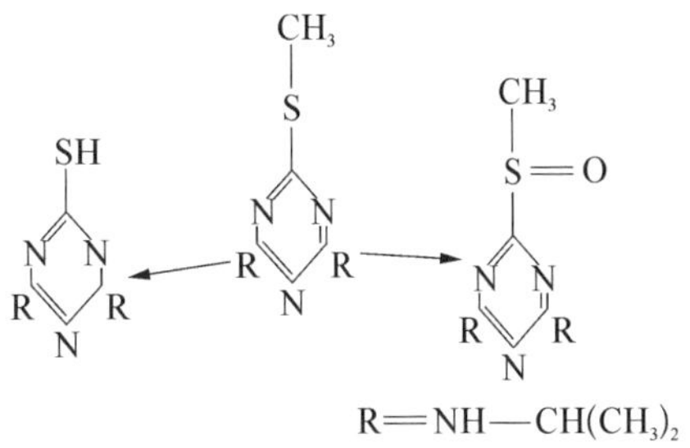

$R{=}NH{-}CH(CH_3)_2$

图2-13 扑草净转化的氧化还原途径

2.3.2.4 含硫、含磷化合物的转化

1) 硫的转化

污水中的硫化物主要来源于化学工业、石油炼制、造纸、化肥、农药等工业废水。生活污水中硫主要来自人及动物的排泄物、含硫胺基等废弃物。

(1) 含硫有机物的转化 含硫的有机物主要是生物体中组成蛋白质的含硫氨基酸，如胱氨酸、半胱氨酸、蛋氨酸(甲硫氨酸)等。有机硫化物分解，一般是含氮有机物经氨化细菌分解产生氨的同时也分解有机硫化物，产生 H_2S 或硫醇等。如半胱氨酸在厌氧条件下的分解反应如下：

$$\underset{\displaystyle SH}{\underset{|}{CH_2}}{-}\underset{\displaystyle NH_2}{\underset{|}{CH}}{-}COOH \longrightarrow NH_3+H_2S+CH_3COCOOH$$

(2) 无机硫化物的转化。

硫化作用：硫化氢在有氧条件下被氧化成元素硫和硫酸的过程称为硫化作用。参与硫化作用的微生物主要有硫磺细菌和硫化细菌。

硫磺细菌可分为两群：丝状硫磺细菌及有色氧化硫细菌。

丝状硫磺细菌能氧化 H_2S 生成元素硫并形成硫粒沉积于细胞内。当环境中缺乏 H_2S 时，细胞内的硫粒可继续氧化生成硫酸，微生物在氧化 H_2S 过程中获得能量。主要有贝日阿托氏菌属(贝氏硫菌属，*Beggiatoa*)和发硫菌属(*Thiothrix*)。除此之外还有透明颤菌属(*Vitreoscilla*)和亮发菌属(*Leucothriz*)，不能将硫粒积累于细胞内。

$$2H_2S+O_2 \longrightarrow 2S+2H_2O+\text{能量}$$

$$2S+3O_2+2H_2O \longrightarrow 2H_2SO_4+\text{能量}$$

有色氧化硫细菌：多数为光能自养菌，它们依靠体内光合色素吸收光量子作为能源，以硫化氢作为供氢体，进行光合作用，同化 CO_2，同时积累硫粒，如绿菌属(绿硫细菌属，*Chlorobium*)及着色菌属(红硫菌属，*Chromatium*)。

$$CO_2+2H_2S \longrightarrow CH_2O+2S+H_2O$$

反硫化作用：在缺氧和有机物存在的情况下，硫酸盐还原为 H_2S 的过程称为反硫化作用。在还原过程中微生物利用 SO_4^{2-} 中的氧作为最终氢受体，氧化有机物而获得能量。进行反硫化作用的细菌主要为脱硫弧菌属（*Desulfovibrio*）。其反应过程如下：

$$C_6H_{12}O_6 + 3H_2SO_4 \longrightarrow 6CO_2 + 6H_2O + 3H_2S + \text{能量}$$

$$2CH_3CHCOOH—OH + H_2SO_4 \longrightarrow 2CH_3COOH + H_2S + 2CO_2 + 2H_2O$$

在排水管中，由于脱硫弧菌分解有机硫产生 H_2S，而在排水管中污水的表面有溶解氧，则 H_2S 又可被硫化细菌或硫磺细菌氧化为硫酸，因而混凝土和铸铁的管道会被硫酸腐蚀。

2）磷的转化

城市污水中所含的磷化物主要来源于农药、化肥、含磷洗涤剂等工业污水。磷在自然界存在三种状态：有机磷化合物如核酸、磷脂等；无机磷酸盐又可分为不溶性磷酸盐及可溶性磷酸盐。三种磷化物仅有可溶性的磷酸盐能被植物吸收利用。磷的转化比较简单，通过生物的作用，三种状态的磷可互相转化。

在动、植物体内所含的有机态磷主要是核酸、磷脂和植素（肌醇六磷酸盐），经过微生物分解作用，转变为植物可吸收的磷酸盐，其中核酸容易分解。核酸和磷脂的分解过程如下：

$$\text{核酸} \xrightarrow[+H_2O]{\text{核酸酶}} \text{核苷酸} \begin{cases} \text{核苷} \\ \text{磷酸} \end{cases}$$

$$\text{磷脂} \xrightarrow[+H_2O]{\text{磷脂酶}} \text{醇} + \text{磷酸}$$

植素是比较难分解的。假单胞菌及芽孢杆菌属中一些种及青霉、根霉等均能合成植酸酶。在植酸酶作用下，植素分解为磷酸和肌醇。

分解有机磷的微生物并非专一性微生物，实际是有机碳化物降解过程的副产物，因此能降解有机物的异养细菌都能进行这一切反应。其中分解能力较强的有解磷巨大芽孢杆菌（*Bacillus megatarium*）、变形杆菌及假单胞属的某些种。

2.4 有机污染物的生物降解性和测试方法

废水中有机污染物的生物降解性是指所含的污染物通过微生物的生命活动，其化学结构和性能能够被改变的程度。研究污染物可生化性的目的在于了解物质的分子结构是否能在生物作用下分解到环境所允许的结构形态，以及是否有足够快的分解速度。

2.4.1　有机污染物的生物降解性

1）生物降解的巨大潜力

迄今为止已知的环境污染物达数十万种之多，其中大量的是有机物。所有的有机污染物可根据微生物对它们的降解性，分成可生物降解、难生物降解和不可生物降解三大类。

作为一个整体，微生物分解有机物的能力是惊人的。可以说，凡自然界存在的有机物，几乎都能被微生物所分解。有些种，如葱头假单胞菌（*Pseudomonas cepacia*）甚至能降解 90 种以上的有机物，它能利用其中任何一种作为唯一的碳源和能源进行代谢。再如，对生物毒性很大的甲基汞，能被抗汞微生物如 *Pseudomonas K62* 菌株分解、转化为元素汞。有毒的氰（腈）化物、酚类化合物等也能被不少微生物作为营养物质利用和分解。

半个多世纪以来，人工合成的有机物大量问世，如杀虫剂、除草剂、洗涤剂、增塑剂等等，它们都是地球化学物质家族中的新成员。不少合成有机物研制开发时的目的之一就是要求它们具有化学稳定性。因此，微生物一接触这些陌生的物质，开始时难以降解也是不足为怪的。但由于微生物具有极其多样的代谢类型和很强的变异性，近年来的研究已发现许多微生物能降解人工合成的有机物，甚至原以为不可生物降解的合成有机物也找到了能降解它们的微生物。因此，通过研究有可能使不可降解的或难降解的污染物转变为可降解的，甚至能使它们迅速、高效地去除。

2）化学结构与生物降解的相关性

化学结构与生物降解的相关性归纳起来主要有以下几点：

（1）对于烃类化合物，一般是链烃比环烃易分解，直链烃比支链烃易分解，不饱和烃比饱和烃易分解。

（2）主要分子链上 C 被其他元素取代时，对生物氧化的阻抗就会增强。也就是说，主链上的其他原子常比碳原子的生物利用度低，其中氧的影响最显著（如醚类化合物较难生物降解），其次是 S 和 N。

（3）每个 C 原子上至少保持一个氢碳键的有机化合物对生物氧化的阻抗较小；而当 C 原子上的 H 都被烷基或芳基所取代时，就会形成生物氧化的阻抗物质。

（4）官能团的性质及数量对有机物的可生物降解性影响很大。例如，苯环上的氢被羟基或氨基取代形成苯酚或苯胺时，它们的生物降解性将比原来的苯高。卤代作用则使生物降解性降低，尤其是间位取代的苯环，抗生物降解更明显。一级醇（$R—CH_2OH$）、二级醇 $\left(\begin{matrix}R\diagdown \\ \quad CHOH \\ R\diagup\end{matrix}\right)$ 易被生物降解，三级醇 $\left(\begin{matrix} & R & \\ & | & \\ R— & C & —OH \\ & | & \\ & R & \end{matrix}\right)$ 却能

抵抗生物降解。染料芳环上取代基为甲基、甲氧基、磺酸基、羧酸基或硝基时，不易降解；而芳环上取代基为羧基、氨基和胺基时易于降解。含羧基的偶氮染料生物降解性由易到难的顺序为邻位>间位>对位；含羟基和磺酸基的偶氮染料生物降解性由易到难的顺序为邻位>间位>对位。

总之，当苯环上含有氨基、羧基、羟基等给电子基团时会使苯环活化，有利于氧化作用的发生，可改善苯环化合物的生物降解性。当苯环上氢被氯原子、甲氧基、磺酸基或硝基取代时，具吸电子效应，可使苯环钝化，不利于微生物作用，且卤代程度越高，对微生物抑制作用越强。

(5) 分子质量大小对生物降解性的影响很大。对于高分子化合物，由于微生物及其酶难以扩散到化合物内部袭击其中最敏感的反应键，因此生物可降解性降低。例如聚乙烯在分子质量大于 600 时难降解，而分子质量小于 250 时则易于生物降解。

(6) 溶解度　有机污染物须溶于水才能为酶所作用而降解，因此有机物的溶解度也会影响生物的降解性，例如 C_{10}～C_{18} 的烃类其溶解度较 C_8 以下大，故较易生物降解；脂肪酸钠盐的溶解度大于钙盐，亦较易降解。

3) 共代谢作用与生物降解性

共代谢(co-metabolism)又称协同代谢。一些难降解的有机物通过微生物的作用能改变化学结构，但并不能被用作碳源和能源，微生物必须从其他底物获取大部分或全部的碳源和能源，这样的代谢过程称为共代谢。也就是说，有些不能作为唯一碳源与能源被微生物降解的有机物，当提供其他有机物作为碳源或能源时，这一有机物就有可能因共代谢作用而被降解。微生物的共代谢作用可能存在以下几种情况：① 靠降解其他有机物提供能源或碳源；② 与其他微生物协同作用；③ 由其他物质的诱导产生相应的酶系。

共代谢作用的存在大大增加了一些难降解物质在环境中被生物降解的可能性。例如，有些不易降解的农药，它们并不能支持微生物的生长，但它们有可能通过几种微生物的共代谢作用而得到部分的或全部的降解。

2.4.2　有机污染物生物降解性的测试方法

对废水中有机污染物生物降解性的分析及判断是能否采用生物处理设计废水生物处理工程的前提。由于废水中污染物的种类繁多，相互间的影响错综复杂，所以一般通过实验来评价废水的可生物降解性，判断采用生化处理的可能性和合理性。

1) 测废水的 B/C(BOD_5 与 COD_{Cr} 比值)

BOD_5 和 COD_{Cr} 都是代表废水受有机物污染的水质指标，其中 COD_{Cr} 值可近似地代表废水中的全部有机物的耗氧量，而 BOD_5 值只是代表了废水在好氧条件下能被微生物氧化分解的这一小部分有机物的耗氧量，由此可见同一废水的 BOD_5 总小于 COD_{Cr} 值，且 BOD_5/COD_{Cr} 值越小，废水中能被微生物所氧化分解的有机物占废水中全部有机物的份额越少，该废水的可生物降解性越差。

一般认为废水的 $B/C>0.45$ 表示可生物降解性好；B/C 为 0.3～0.45 时，废水的可生物降解性较好，可以采用生物法处理；当废水的 B/C 为 0.2～0.3 时，废水的可生物降解性较差；$B/C<0.2$ 时，一般情况下不宜采用生物法处理，可采用其他方法处理该废水。水样的理论 B/C 最大值为 0.58。

2）测生物氧化率

用活性污泥作为测定用微生物，单一的被测有机物作为底物，在瓦氏呼吸仪上检测其耗氧量，然后与该底物完全氧化的理论需氧量比较，即可求得被测化合物的生物氧化率。

例如，经测试得到下列有机物的生物氧化率（%），如表 2-5 所示。

表 2-5　部分有机物的生物氧化率（%）

有机物	生物氧化率	有机物	生物氧化率
甲苯	53	二甘醇	5
醋酸乙烯酯	34	二癸基苯二甲酸	1
苯	24	乙基-己基丙烯盐	0
乙二胺	24		

如果除底物不同外其余测定条件完全相同，则测得的生物氧化率的大小在一定程度上可反映这些化合物的生物降解性的差异（注：本法测得底物的生物氧化率不可能为 100%，因为用于生物合成的基质不耗氧）。

3）测呼吸线

即测定基质的耗氧曲线，并把活性污泥微生物对基质的生化呼吸线与其内源呼吸线相比较而作为基质可生物降解性的评价。

当活性污泥微生物处于内源呼吸时，利用的基质是微生物自身的细胞物质，其呼吸速度是恒定的，耗氧量与时间的变化成直线关系，称为呼吸线。当供给活性污泥微生物外源基质时，耗氧量随时间的变化是一条特征曲线，称为生化呼吸线。把各种有机物的生化呼吸线与内呼吸线相比较时，可能出现如图 2-14 所示的三种情况。

（1）生化呼吸线位于内呼吸线之上，说明该有机物或废水可被微生物氧化分解。两条呼吸线之间的距离越大，该有机物或废水的生物降解性越好。

（2）生化呼吸线与内呼吸线基本重合，说明该有机物不能被活性污泥微生物氧化分解，但对微生物的生命活动无抑制作用。

（3）生化呼吸线位于内呼吸线之下，说明该有机物对微生物产生了抑制作用，

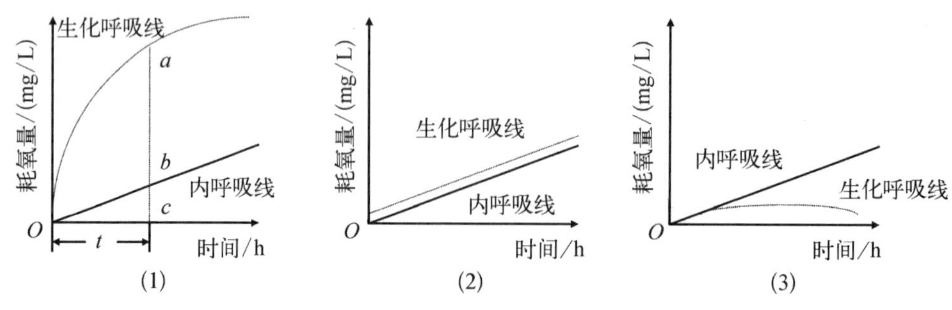

图 2-14　生物呼吸线与内呼吸线的比较

生化呼吸线越接近横坐标，抑制作用越大。

4）测相对耗氧速率曲线

耗氧速率就是单位生物量在单位时间内的耗氧量。生物量可用活性污泥的重量、浓度或含氮量来表示。如果测定时生物量不变，改变底物浓度便可测得某种有机物在不同浓度下的耗氧速率，将它们与内呼吸耗氧速率相比，就可得出相应浓度下的相对耗氧速率，据此可作出相对耗氧速率曲线。

以有机物或废水浓度为横坐标，以相对耗氧速率为纵坐标，所作的不同物质（或废水）的相对耗氧速率曲线可能有图 2-15 所示的 4 种情况：a. 表明基质无毒，但不能被活性污泥微生物所利用。b. 基质无毒无害，可被活性污泥微生物降解，在一定范围内相对耗氧速率随基质浓度的增加而增加。c. 表明基质有毒，但在低浓度时可生物降解，并随基质浓度的增加，相对耗氧速率可逐渐增加，超过一定浓度后相对耗氧速率逐渐降低，说明生物降解逐渐受到抑制。当相对耗氧速率降到 100 时，便到了活性污泥微生物忍受的限界浓度，这时，对外源底物的生物降解已完全被抑制。d. 表明基质有毒，不能被微生物利用。

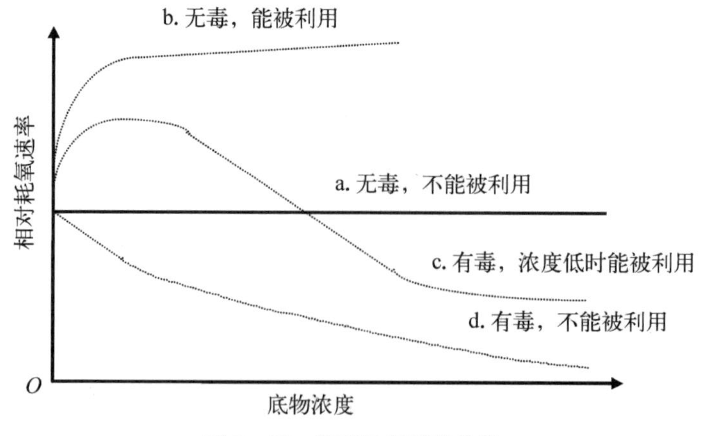

图 2-15　相对耗氧速率曲线

5）模型实验

通常采用生物处理的小模型，接种适量的活性污泥，对待测废水进行批式处理试验。测定进水、出水的 COD_{Cr}、BOD_5 等水质指标，观察活性污泥的增长，镜检活性污泥生物相。根据测试结果可作出废水可生物降解性的判断。

除上述方法外，还可通过测定活性污泥与废水（或污染物）接触前后活性污泥中挥发性物质的变化、脱氢酶活性的变化、ATP 量的变化等，来评价生物降解性。

在上述诸多测定方法中，作为生物降解菌种源的活性污泥性状、是否经过驯化或驯化的程度如何等，对生物降解性的测试结果有很大影响。表 2－6 所示为部分化合物的 5 天生物氧化率，可见活性污泥驯化与否的测试结果有较大的差别。这说明，通过驯化有可能大大提高活性污泥降解污染物的能力。

表 2－6　活性污泥驯化与否对生物氧化率测试结果的影响

化合物	5 天生物氧化率/%	
	未驯化	驯　化
苯	24	58
甲苯	53	73
二癸基苯二甲酸盐	1	7
二乙基己基苯二甲酸盐	0	13
乙基己基丙烯盐	0	9

2.5　废水好氧和厌氧处理原理

2.5.1　废水好氧生物处理的原理

废水的好氧生物处理是一种在提供游离氧的前提下，以好氧微生物为主，使有机物降解、稳定的无害化处理方法。废水中存在的各种有机物，主要以胶体状、溶解性的有机物为主，作为微生物的营养源。这些高能位的有机物质经过一系列的生化反应，逐级释放能量，最终以低能位的无机物质稳定下来，达到无害化的要求，以便进一步回到自然环境或被妥善处置。

由图 2－16 可见，有机物被微生物摄取之后，通过代谢活动，有机物一方面分解、稳定，并提供微生物生命活动所需的能量；另一方面转化，合成为新的原生质（或称细胞质）的组成部分，即微生物自身生长繁殖，是废水生物处理中活性污泥或生物膜的增长部分，通常称剩余活性污泥或生物膜，在废水处理过程中，应予以排出及进一步处置。

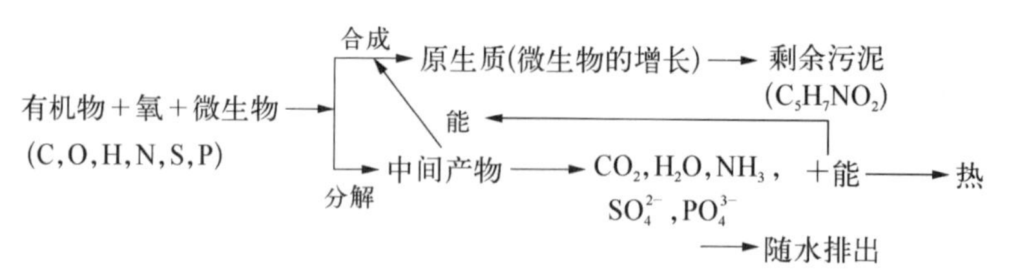

图 2-16　废水好氧生物处理过程示意图

在水处理过程中,微生物是以活性污泥和生物膜的形式存在并起作用的。所谓活性污泥,就是由细菌、原生动物等微生物与悬浮物质、胶体物质混杂在一起形成的具有很强吸附分解有机物能力的絮状体颗粒。生物膜其实就是附着在填料上呈薄膜状的活性污泥。

活性污泥应具有以下主要特征而使它具有净化废水的作用:

(1) 很强的吸附能力　据研究,生活污水在 10～30 min 内可因活性污泥的吸附作用而去除多达 85%～90%的 BOD。另外,废水中铁、铜、铅、镍、锌等金属离子,有 30%～90%能被活性污泥通过吸附去除。

(2) 很强的分解、氧化有机物的能力　被活性污泥吸附的大分子有机物质,在微生物细胞分泌的胞外酶的作用下,变成小分子的可溶性的有机物质,然后透过细胞膜进入微生物细胞,这些被吸收的营养物质,再由胞内酶的作用,经过一系列生化反应,氧化为无机物并放出能量,这就是微生物的分解作用。与此同时,微生物利用氧化过程中产生的一些中间产物和呼吸作用释放的能量来合成细胞物质,这就是微生物的同化作用。在此过程中,微生物不断生长繁殖,有机物也就不断地氧化分解。在废水处理中生长的微生物细胞就表现为活性污泥或生物膜的增长。

(3) 良好的沉降性能　这是因为活性污泥具有絮状结构,正是由于这一性能,以活性污泥法为主的废水好氧生物处理因其对污染物降解效率高、处理效果好,而且可处理的水量大,运行成本低,工艺技术十分成熟,已成为城市生活污水和多种工业废水的主要处理手段。

2.5.2　废水厌氧生物处理的原理

废水的厌氧生物处理是指在没有游离氧的情况下,以厌氧微生物为主对有机物进行降解、稳定的一种无害化处理方法。在厌氧生物处理过程中,复杂的有机化合物被降解,转化为简单、稳定的化合物,同时释放能量。其中,大部分能量以甲烷(CH_4)的形式出现,这是一种可燃气体,可回收利用。同时,仅少量有机物转化而合成为新的细胞组成部分,故厌氧法相对好氧法,其污泥增长率小得多。

有机物的厌氧分解是涉及多种微生物生理类群的生物化学反应。依据微生物生理类群的代谢差异，可把有机物厌氧分解（或称厌氧消化）的全过程分为三个阶段（见图2-17）。第一阶段为水解发酵阶段（也称酸化），此阶段通过兼性水解发酵细菌（即产酸菌）的代谢活动，将复杂有机物——碳水化合物、蛋白质和脂类等发酵成为有机酸、醇类、CO_2、H_2、NH_3和H_2S等。第二阶段为产氢产乙酸阶段，通过专性厌氧的产氢产乙酸细菌的生理活动，将第一阶段细菌的代谢产物——丙酸及其他脂肪酸、醇类和某些芳香族酸转化为乙酸、CO_2和H_2。第三阶段为产甲烷阶段，由产甲烷菌利用第一和第二阶段产生的乙酸、CO_2和H_2为主要基质（还有甲酸、甲醇及甲胺）最终转化为CH_4和CO_2。产甲烷菌包括两种特异性很强的细菌：一群产甲烷菌主要利用H_2把CO_2还原为CH_4（也可利用甲酸）；另一群产甲烷菌主要以乙酸为基质（也可利用甲醇和甲胺），把它分解为CH_4和CO_2。在这一阶段中，据研究还有一种同型产乙酸菌可把CO_2和H_2合成为乙酸。

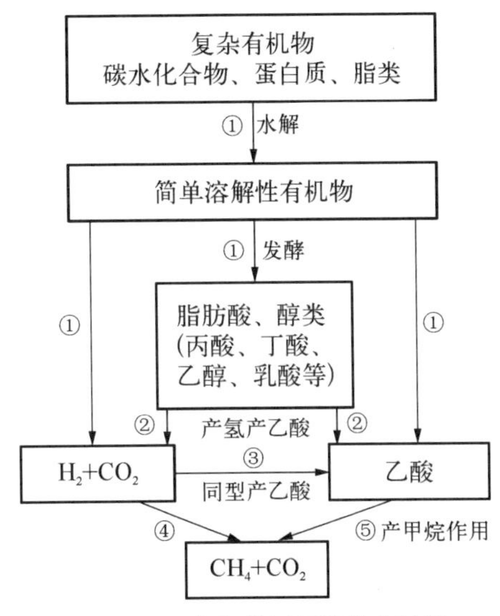

图2-17　有机物厌氧消化全过程

①—发酵性细菌；②—产氢产乙酸细菌；③—同型产乙酸菌；④—利用H_2和CO_2的产甲烷菌；⑤—分解乙酸的产甲烷菌

废水的厌氧生物处理工艺，由于不需另加氧源，故运转费用低，而且可回收利用生物能（甲烷），并且剩余污泥量少得多，这些都是厌氧生物处理工艺的优点。其主要缺点是由于厌氧生化反应速度较慢，故反应时间长，反应器容积较大；而且，要保持较快的反应速度，就要保持较高的温度，并消耗能源。总的来说，对有机污泥的消化以及高浓度（一般$BOD_5 \geqslant 2\,000$ mg/L）的有机废水均可采用厌氧生物处理法，予以无害化及沼气回收。

现按图2-18所示的三个阶段简述某些有机物厌氧消化的主要代谢过程。

1）碳水化合物

碳水化合物包括纤维素、半纤维素和淀粉等，属多糖类，通式以$(C_6H_{10}O_5)_x$表示。这是生活污水和某些工业废水中很常见的一类有机物，其消化过程如下：

第一阶段　$(C_6H_{10}O_5)_x + (x-1)H_2O \xrightarrow{\text{酶}} xC_6H_{12}O_6$

$xC_6H_{12}O_6 \xrightarrow{\text{发酵}}$ 有机酸＋醇类

第二阶段　有机酸、醇　类 $\longrightarrow CH_3COOH + H_2$

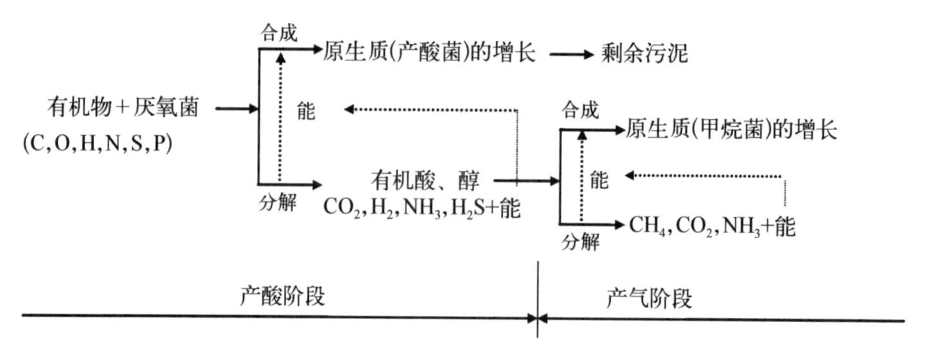

图 2-18　废水厌氧生物处理过程示意图

以上两阶段综合反应为

$$C_6H_{12}O_6 + 2H_2O \longrightarrow 2CH_3COOH + 4H_2 + 2CO_2$$

第三阶段　$2CH_3COOH \longrightarrow 2CH_4 + 2CO_2$

　　　　　$4H_2 + CO_2 \longrightarrow CH_4 + 2H_2O$

净反应　　$C_6H_{12}O_6 \longrightarrow 3CH_4 + 3CO_2$

由以上反应可见,由乙酸分解产生的甲烷约占甲烷总产量的$\frac{2}{3}$。

2）脂类

脂类包括脂肪和油类,这也是生活污水和某些工业废水中很常见的一种有机物,其消化过程如下:

第一阶段　$\begin{matrix}\text{脂肪}\\\text{油类}\end{matrix} + H_2O \xrightarrow{\text{酶}} \overset{\text{脂肪酸}}{R-CH_2COOH} + \overset{\text{甘油}}{CH_2OHCHOHCH_2OH}$

第二阶段　脂肪酸($R-CH_2COOH$)通过β-氧化途径转化为乙酸和 H_2。例如:

$$CH_3(CH_2)_{16}COOH + 16H_2O \xrightarrow{8\text{次}\beta\text{-氧化}} 9CH_3COOH + 16H_2$$

第三阶段　$9CH_3COOH \longrightarrow 9CH_4 + 9CO_2$

　　　　　$16H_2 + 4CO_2 \longrightarrow 4CH_4 + 8H_2O$

净反应　　$CH_3(CH_2)_{16}COOH + 8H_2O \longrightarrow 13CH_4 + 5CO_2$

可见,以硬脂酸为基质时,最终消化气体中甲烷含量为 72%,其中 69%是由乙酸分解产生的。

3）蛋白质

蛋白质是由若干个氨基酸分子组成的高分子化合物,其消化过程如下:

第一阶段　蛋白质$+H_2O \xrightarrow{\text{酶}}$氨基酸(R)

　　　　　其中氨基酸(R)通式为:

$$R'-\underset{NH_2}{\overset{H}{\underset{|}{\overset{|}{C}}}}-COOH$$

$$R'-\underset{NH_2}{\overset{H}{\underset{|}{\overset{|}{C}}}}-COOH \xrightarrow{\text{发酵}} \text{有机酸} + NH_4HCO_3$$

第二阶段　有机酸$\longrightarrow CH_3COOH + H_2$

第三阶段　$CH_3COOH \longrightarrow CH_4 + CO_2$

$CO_2 + 4H_2 \longrightarrow CH_4 + 2H_2O$

蛋白质水解发酵所释放的 NH_3 与水及 CO_2 反应而生成 NH_4CO_3，可增加厌氧池中消化液的碱度并提高 pH 值。据蛋白质一般化学组成计算，消化气体中 CH_4 含量约为 73%，其中 72%是通过乙酸分解产生的。有些含硫氨基酸，如胱氨酸、蛋氨酸等，在消化过程中还会产生 H_2S，故厌氧消化气体具有臭味和一定的腐蚀性。

2.6　废水生化处理的主要影响因素

2.6.1　污泥负荷

在活性污泥法中，一般将有机底物与活性污泥的重量比值(F/M)，也即单位重量活性污泥(kgMLSS)或单位体积曝气池(m^3)在单位时间(d)内所承受的有机物量(kgBOD)称为污泥负荷或容积负荷，常用 N 表示，单位为 $kgBOD_5/(kgMLSS \cdot d)$ 或 $kgBOD_5/(m^3 \cdot d)$。

$$N = \frac{QS_0}{Vx} \tag{2-59}$$

式中，Q、S_0、V 和 x 分别代表废水流量、BOD 浓度、曝气池容积和污泥浓度。

负荷与废水处理效率有很大的关系。

实践表明，在一定的污泥负荷范围内，随着污泥负荷的升高，处理效率将下降，处理水的底物浓度将升高。图 2-19 为几种有机工业废水处理过程中污泥负荷与 BOD 去除率间的关系实例。

由图 2-19 可见，废水 BOD 负荷增大，BOD 去除率下降。一般来说，BOD 负荷在 0.4 kg BOD/(kgMLSS・d)以下时，BOD 的去除率可达 90%以上。对不同的底物，负荷和去除率关系有很大差别。粪便污水、浆粕废水、食品工业废水等所含

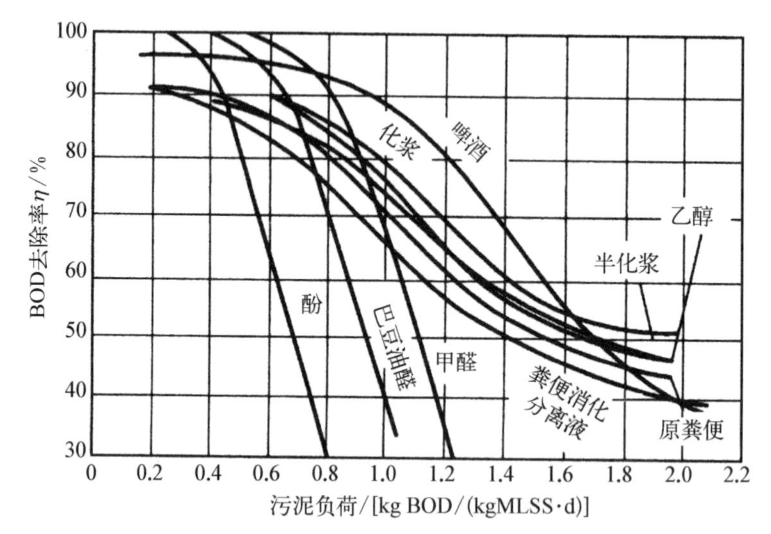

图 2-19　污泥负荷与废水 BOD 去除率的关系(各种有机废水)

底物是糖类、有机酸、蛋白质等一般性有机物,容易降解,即使污泥负荷升高,BOD 去除率下降的趋势也较缓慢;相反,醛类、酚类的分解需要特种微生物,当污泥负荷超过某一值后,BOD 去除率显著下降。对同一种废水,在不同的污泥负荷范围内,其 BOD 去除率变化速度也不同。

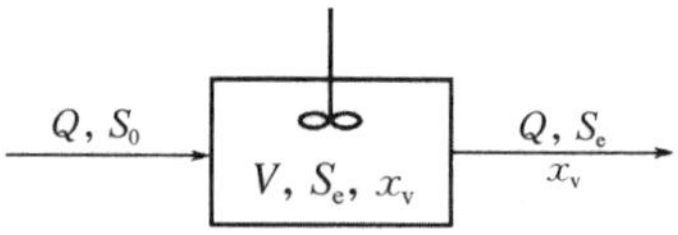

Q, S_0　$V, S_{\mathrm{e}}, x_{\mathrm{v}}$　Q, S_{e}　x_{v}

图 2-20　完全混合曝气池示意

污泥负荷与底物去除率的关系也可用数学模型来描述。对图 2-20 所示的完全混合系统,在底物浓度较低时,比底物降解速率为

$$\frac{-\mathrm{d}s}{x_{\mathrm{v}}\mathrm{d}t}=\frac{Q(S_0-S_{\mathrm{e}})}{Vx_{\mathrm{v}}}=KS_{\mathrm{e}} \tag{2-60}$$

式中,x_{v} 为曝气池混合液挥发性悬浮固体(MLVSS)浓度,mg/L; K 为底物(BOD)的降解速度常数。

Eckenfelder 等人推荐城市生活污水和性质与其类似的工业废水的 K 值为 0.000 7～0.001 17 L/(mg·h),我国某城市污水厂的实测 K 值为 0.000 835 L/(mg·h)。

结合污泥负荷的定义式与式(2-60),有

$$N=\frac{QS_0}{x_{\mathrm{v}}V}=\frac{QS_0(S_0-S_{\mathrm{e}})}{X_{\mathrm{v}}V(S_0-S_{\mathrm{e}})}=\frac{KS_{\mathrm{e}}}{\eta} \tag{2-61}$$

式(2-61)说明,污泥负荷与去除率和出水水质具有对应关系。这个关系也可用如下的经验公式表达:

$$L = K_1 S_e^n \tag{2-62}$$

式中，K_1 和 n 为经验常数。统计美国 46 个城市污水厂的运行数据，得到上式中的 $K_1=0.012\,95$，$n=1.191\,8$（相关系数 $f=0.821$）；国内某石油化工厂废水活性污泥法处理系统的 $K_1=0.003\,26$，$n=1.33$（相关系数 $f=0.92$）；某煤气厂废水，按酚的去除负荷计，$K_1=0.380\,2$，$n=0.458\,6$，按 COD 的去除负荷计，$K_1=6.624$，$n=0.552\,1$。

污泥负荷率也是影响活性污泥增长、有机底物降解速率的重要因素。提高负荷率将加快活性污泥增长速率和有机底物的降解速率，使曝气池容积缩小，在经济上是适宜的，但未必达到排放标准对水质的要求。BOD 负率过低，则有机底物的降解速率降低，即系统处理能力降低，需要加大曝气池的容积，这将提高建设费用，是不适宜的。

2.6.2　温度

活性污泥微生物的生理活动与周围的温度密切有关，微生物酶系统酶促反应的最佳温度范围为 20～30℃。在这个温度范围内，微生物的生理活动旺盛，高于或低于这个温度范围就会使活性污泥反应进程受到某些影响；高于 35℃ 或低于 10℃，对有机底物的代谢功能的影响就会更大一些；高于 45℃，微型动物死亡，活性污泥解絮并开始死亡，从而影响处理效果；低于 5℃，反应速率可能降至极低，甚至可能完全停止（见图 2-21）。所以，一般将活性污泥反应温度的最高和最低的极限值分别控制为 35℃ 和 10℃。

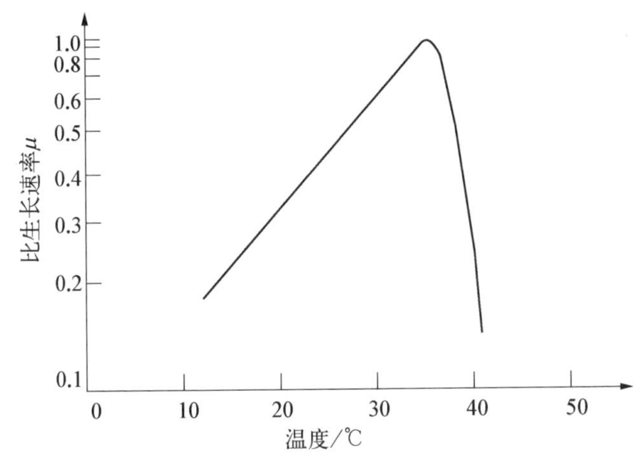

图 2-21　活性污泥微生物生长速率和温度之间关系的模式图

废水好氧生物处理中当水温在 15～35℃ 范围内运行时，对污水处理厂的去除效果影响并不很大。据计算，在上述适宜的温度范围内，温度对生物处理反应速率的影响可用下述公式表示：

$$\frac{r_T}{r_{20}}=\theta^{T-20} \tag{2-63}$$

式中，r_T为温度 T℃时的反应速度；r_{20}为 20℃时的反应速度；θ 为温度系数。

生物处理系统的 θ 值如表 2－7 所示。

表 2－7　好氧生物处理系统中的温度系数

方　法	θ	
	范　围	一　般
活性污泥法	1.00～1.04	1.02
曝气塘	1.06～1.12	1.08
生物滤池	1.02～1.14	1.03

当水温低于 13℃时，生物处理效果开始加速降低。当水温低于 4℃时，几乎无处理效果。因此在北方地区，冬季应注意保温，有条件的可将构筑物建于室内或采用余热加温。

在一定的范围内提高水温，可以提高 BOD 的去除速率和能力，还可以降低废水的黏性，从而有利于活性污泥絮体的形成和沉淀。温度的变化也会给活性污泥系统带来不利影响。一方面，水温过高，微生物受到抑制；另一方面，水温的变化速率对污泥分离效果也有很大影响。实践说明，温度变化速率为 0.3℃/h 即显示有影响；如达 0.7℃/h 并持续 3～4 h，活性污泥结构变得松散，原生动物改变原有形态。在二沉池里，如果进水与池内水温相差 0.5℃时，沉淀池的工作将受到干扰，相差 0.7℃时，污泥将会成块流失。

水温变化时，污泥负荷的选定也有一定的变化。水温由 21℃变为 38.2℃，SVI 曲线的波形变得平缓，污泥膨胀负荷有所升高。如水温为 21℃时，膨胀负荷在 0.6～1.5 kgBOD/(kgMLSS · d)范围内，而当水温为 38.2℃时，膨胀负荷变为 1.3～3.0 kgBOD/(kgMLSS · d)。因此，从 SVI 角度看，水温较高时，可以选用较高的污泥负荷，不致使污泥膨胀。

大多数废水厌氧处理系统在中温范围运行。人们发现，在此范围内温度每升高 10℃，厌氧反应速度约增加一倍，目前中温工艺以 30～40℃最为常见，其最佳处理温度为 35～40℃。高温工艺多在 50～60℃运行。低温厌氧工艺由于污泥活力明显低于中温和高温，其反应负荷亦相应较低(见表 2－8)。但对于某些温度较低的废水，由于使废水升温会消耗太多的能量，因此低温工艺也是可供选择的方案。在上述范围里，温度的微小波动(例如 1～3℃)对厌氧工艺不会有明显影响，但如果温度下降幅度过大，则由于污泥活力的降低，反应器的负荷也应当降低以防止由于过负荷引起反应器酸积累等问题。

表 2-8　55℃和 30℃运行的厌氧反应器内污泥活性的比较

温度/℃	底物种类	污泥负荷/(kgCOD/kgVSS·d)	工艺类型
55	乙酸	4.6～7.3	UASB
30	乙酸	2.2～2.4	UASB
55	蔗糖	0.3～1.2	膨胀床
30	蔗糖	0.2	膨胀床
55	VFA	3.5	UASB
30	VFA	3.0	UASB

说明：UASB 指升流式厌氧污泥床(upflow anaerobic sludge bed)。

2.6.3　酸碱度

pH 值是表示溶液酸、碱性的水质指标。它的具体数值就是溶液中氢离子浓度的负对数，即

$$pH = \lg \frac{1}{[H^+]} = -\lg[H^+] \tag{2-64}$$

式中，$[H^+]$为氢离子浓度，以 mol/L 计。

当 pH=7 时，溶液呈中性。pH<7 时，溶液呈酸性，数值越小，酸性越强；而 pH>7 时，溶液呈碱性，数值越大，碱性越强。

氢离子浓度每变化 10 倍，pH 值就相应变化 1 个单位。此外，由于溶液酸碱性的变化幅度往往表现在数量级上，而氢离子浓度的负对数恰能表示出其数量级的大小，应用起来十分方便。

一般来说，城市污水大多具有一定的缓冲能力，但是这个缓冲能力毕竟是有限的。因此，当具有强酸性或强碱性的工业废水排入城市污水管道时，应予以仔细核算，这股废水排入后有否超过缓冲能力并引起 pH 值的较大变化，应防止其对城市污水处理厂的正常运转产生不良影响。现在，我国规定排放入城市污水管网的工艺废水，pH 值一般应为 6～9；废水排入水体后，不得使混合水 pH 值低于 6.5 或高于 8.5。

除含有强碱的工业废水外，一般废水的 pH 值为 6.5～8.5，普遍存在各种形态的碳酸化合物(这些物质也是确定水质 pH 值的重要因素)，主要含碳酸盐、重碳酸盐，其碱度一般为 200～300 mg/L(以 $CaCO_3$ 计)。

碱度具有缓冲能力，主要在于水中存在的各种碳酸化合物，即分子状态的碳酸（包括溶解的气体CO_2和未解离的H_2CO_3分子）、重碳酸根离子HCO_3^-和碳酸根离子CO_3^{2-}。它们之间存在着如下的碳酸平衡：

$$CO_2 + H_2O \longleftrightarrow H_2CO_3 \longleftrightarrow H^+ + HCO_3^- \longleftrightarrow 2H^+ + CO_3^{2-}$$

在废水生物处理中，希望废水具有一定的碱度，使得废水对外加的酸碱有一定的缓冲能力，在生化反应过程中的 pH 值能得到控制。如在好氧生物处理过程中，据估计，每去除 1 g BOD_5可中和 0.5 g 碱度（以$CaCO_3$计）。在厌氧生物处理的产气罐中，碱度应不少于 2 g/L（以$CaCO_3$计）。此外，对天然水体来讲，碱度亦是十分重要的，因为它能缓冲绿叶植物在光合作用下引起的 pH 值变化，为了保护鱼类及其他水生生物，碱度不宜低于 20 mg/L（以$CaCO_3$计）。

废水生化处理实践经验表明，废水酸碱度以 pH 保持在 6.0～9.0 较为适宜。活性污泥中的细菌经驯化后对酸碱度的适应范围可进一步提高。在生化处理中，若工业废水的 pH 值过高或过低时，须预先用酸、碱加以调整。在调节 pH 值时可选用邻厂生产中排放的废酸、废碱液，但应注意防止带入生物难以降解物或重金属类污染物质。

pH 值是废水厌氧处理中最重要的影响因素之一。厌氧处理中，水解菌与产酸菌对 pH 有较大范围的适应性，大多数这类细菌可以在 pH 为 5.0～8.5 的范围生长良好，一些产酸菌在 pH 小于 5.0 时仍可生长。但通常对于对 pH 敏感的甲烷菌，pH 应控制在 6.5～7.8，这也是通常情况下厌氧处理所应控制的 pH 值范围。

厌氧处理的这一 pH 范围是指反应器内的 pH 值，而不是进液的 pH 值，因为废水进入反应器内，生物化学过程和稀释作用可以改变进液的 pH 值。对 pH 值改变最大的因素是酸的形成，特别是乙酸的形成。因此，含大量溶解性碳水化合物（如糖、淀粉）等的废水进入反应器后 pH 值将迅速降低，而已酸化的废水进入反应器后 pH 将升高。对于含大量蛋白质或氨基酸的废水，由于氨的形成，pH 值会略有上升。因此对于不同特性的废水，可选择不同的进液 pH 值，这一进液 pH 值可能高于或低于反应器内要求的 pH 值。

2.6.4 溶解氧

理论上，去除 1 kg BOD 应消耗 1 kg 氧。但是，由于废水中有机物的存在形式及运转条件不同，需氧量有所不同。废水中胶体和悬浮状态的有机物首先被污泥表面吸附、水解，再吸收和氧化，其降解途径和速度与溶解性底物有关。因此，当污泥负荷大时，底物在系统中的停留时间短，一些只被吸附而未经氧化的有机物可能随污泥排出处理系统，使去除单位 BOD 的需氧量减少。相反，在低负荷情况下，有机物能彻底氧化，甚至过量自身氧化，因此需氧量的单位能耗大。从需氧量看，高负荷系统比低负荷系统经济。

过程总需氧量包括有机物去除（用于分解和合成）的需氧量以及有机体自身氧化需氧量之和，在工程上，常表示为

$$O_2 = a'L_rVx + b'Vx = a'Q(S_0 - S_e) + b'Vx \tag{2-65}$$

式中，O_2 为每日系统的需氧量，kg/d；a' 为有机物代谢的需氧系数，kg/kgBOD；b' 为污泥自身氧化需氧系数，kg/(kgMLSS · d)。

在活性污泥法中，一般 $a' = 0.25 \sim 0.76$，平均为 0.47；$b' = 0.10 \sim 0.37$，平均为 0.17。

由式(2-65)有

$$\frac{O_2}{Q(S_0 - S_e)} = a' + \frac{b'}{L_r} \tag{2-66}$$

即去除每单位重量底物的需氧量随污泥负荷升高而减小。但是，系统供氧量无需随负荷按比例变化，因为曝气池和污泥有一定的调节能力。

不同细菌对氧有不同的反应。根据细菌与氧的关系，我们可以把细菌分为好氧性细菌、厌氧性细菌和兼性厌氧性细菌。好氧性细菌进行有氧呼吸，以分子氧作为生物氧化过程的电子受体，因此只有在有氧情况下才能生长和繁殖。好氧性细菌根据其被氧化底物的不同，又可分为好氧性异养菌和好氧性自养菌。前者以有机物为底物，在好氧生化处理系统中正是利用这类细菌来氧化分解废水中的有机污染物。后者在呼吸过程中以还原态的无机物，如氨氮、硫化氢等为底物，同时放出能量，供自身生长繁殖所需。在好氧呼吸过程中，底物被氧化得比较彻底，获得能量亦较多。它的优点是氧化速率高，反应器容积小，缺点为需外加氧源，能耗大。在环境溶解氧水平大于 0.3 mg/L 时，不致因缺氧而影响好氧性细菌的呼吸速率。但由于活性污泥的絮粒有一定的大小，絮体中心的细菌所处微环境的溶解氧与其周围悬浮液中的溶解氧水平有较大的差异。例如，絮粒直径为 500 μm 的活性污泥，当周围环境的溶解氧为 2.0 mg/L 时，絮粒中心的溶解氧已降至 0.1 mg/L。因此，在生产中实际控制的溶解氧水平远远高于 0.3 mg/L。

厌氧性细菌的生长不需要分子氧，在有氧的情况下会产生电子结构特殊的单一态氧、超氧化物游离基和过氧化物等有害化合物，由于厌氧菌缺少过氧化氢酶、过氧化物酶和超氧化物歧化酶，无法消除这些毒物的作用，所以它们暴露在空气中，生长反而受到抑制，甚至会死亡。厌氧处理系统中的产甲烷细菌是这类细菌的典型代表。它们在厌氧的条件下，可将废水中的有机物分解，转化成为分子量较小的有机物——甲烷。

兼性厌氧性细菌是在有氧、无氧条件下都能生长的细菌。它们在有氧时以氧为电子受体进行呼吸作用，在无氧时则以代谢中间产物为受体进行发酵作用。生物脱氮的 A/O 系统中大量存在的反硝化细菌即是这类细菌的典型代表。它们在好氧条件下，能与其他好氧性细菌一样，利用分子氧进行有氧呼吸，同时将有机物氧化分解成无机物。当在缺氧的条件下(溶解氧小于 0.2 mg/L，NO_3^- - N 大于 0.2 mg/L)，它们就利用有机物及 NO_3^- 进行无氧呼吸，结果有机物被 NO_3^- 中的氧氧化，NO_3^- 本身还原成分子氮，达到同时去碳与脱氮的目的。

2.6.5 营养平衡

1) 营养在污染控制工程中的重要性

污水处理工程的活性污泥中微生物的生长、繁殖及其代谢活动(如异化作用——氧化分解有机物质，使污水得到净化)都离不开营养，污水处理中所谓的营养是指能为污泥中微生物所氧化、分解、利用的那些物质，也就是废水中的各类有机污染物质。由于微生物种类多、食性广、代谢类型多样，因此可通过筛选、驯化等手段来寻找适合于利用我们所排放的废水中的种种有机污染物质为营养的微生物，达到净化废水的目的。当然有些工业废水中含有的营养成分也不一定完全适合或完全满足微生物的需要，在这种情况下，就要靠外加营养来合理调配。

污染环境中的有机物质依其浓度的不同，对活性污泥中细菌的影响可能出现如下关系：① 充当营养物质；② 成为抑菌剂；③ 成为杀菌剂。例如含酚废水中的酚，在低浓度时可以作为活性污泥中某些细菌的营养物质。但当酚浓度上升到 0.3%时，细菌就会受到抑制，但没有死亡。当酚浓度达到 1%时，在短时间内这些细菌都会死亡。因此，0.3%的酚对细菌来说是抑菌剂，而 1%的酚则是杀菌剂。一般来说，500 mg/L 以下浓度的酚可作为一些解酚细菌的营养物质，但也有人分离出能承受酚浓度超过 1 200 mg/L 并进行高效降解的解酚细菌。

2) 细菌所需的主要营养物质

(1) 碳源　碳是构成污泥微生物体的重要元素，细菌体内各种元素所占比例的通式为 $C_5H_7NO_2$。碳可占污泥干重的 50%。含碳有机物还是细菌重要的能源。

从废水的 BOD 曲线中可知 BOD_5 代表废水中可被污泥微生物氧化分解的含碳有机物的需氧量，故我们常以 BOD_5 来表示废水中可被微生物所利用的碳源数量。

二级生化处理主要目的是去除含碳有机污染物，废水 BOD_5 一般均高于 100 mg/L，故不会缺碳。但在采用缺氧-好氧系统(A/O 系统)反硝化脱氮时，有些 C/N 低的废水会缺乏反硝化细菌在脱氮时所需的碳源，这时应投加甲醇或其他含碳量高的有机废水，以提高氮的去除率。

(2) 氮源　氮也是构成微生物体的重要元素，菌体蛋白质、核酸等分子中都有氮元素，氮可占菌体干重的10%。细菌一般较易利用氨态氮。在废水生化处理或生物修复中，若污染组分较为单一，如在处理酚或石油的污染时，必须添加一定的氮，否则会因微生物生长不良，从而极大地影响污染物处理效果，并大大地延长净化所需的时间。

(3) 无机盐类　细菌体内的蛋白质和酶中还含有少量S和P。P是核酸的重要组分，P可占菌体干重的1%～2%。S是污泥中自养性硫细菌的能源。此外，细菌还需要K、Mn、Mg、Ca、Fe、Co、Zn、Cu等元素作为营养。但其需要量甚微，一般环境中的含量皆能满足需要。

生活污水中营养成分全面而且均衡，已能充分满足微生物的需要。某些工业废水成分单一，能为微生物所利用的营养成分比例不当，会影响到污泥的活性和处理效果。如在含酚废水处理中，如适当地投加合适的磷源营养，可有利于酚降解酶系的磷酸激酶的合成，并因此大大提高酚的去除效果。

2.6.6　有毒物质

凡在废水生化处理工程中存在的对微生物具有抑制或杀害作用的物质都称为毒物。大多数外源性化学物质都可能对微生物的生理功能产生影响甚至毒害作用，而对微生物有害的物质都会影响废水的生物处理。有毒物质对微生物的毒害作用主要表现在使细菌细胞的正常结构遭到破坏以及使菌体内的酶变性并失去活性。污水生物处理中常见的有毒物质有：① 重金属离子，如铅、镉、铬、铜、铁、锌等；② 有机物类，如酚、甲醛、甲醇、苯、氯苯等；③ 无机物类，如硫化物、氰化钾、氯化钠、硫酸根、硝酸根等。

有毒物质对微生物产生毒害作用有一个量的概念，即达到一定浓度时才显示出毒害作用，而在允许浓度范围内微生物可以承受。对某一种废水来说，需要根据所选择的处理工艺路线，通过实验来确定毒物的允许浓度。如果废水中所含有毒物质超过允许浓度，必须在生化处理前进行处理以去除有毒物质。某些物质对微生物的毒性往往很难界定，这主要取决于其在污水中的浓度，在低浓度时对微生物的生长无抑制作用，甚至有促进作用，只有达到一定浓度阈值时，才会对微生物产生毒害作用。

有毒物质的毒害作用常与水温、pH值和溶解氧等因素有关，也与微生物的数量，是否经过驯化过程及是否存在其他有毒物质等因素有关。一些有毒物质可以被微生物降解，因而使其毒性降低甚至完全消除；长期的驯化可以使微生物承受较高浓度的有毒物质。稀释是降低有毒物质毒害作用的常用办法，有时在生物处理前通过预处理除去有毒物质或是转变为无毒物质。总之,有毒物质对微生物生理功能产生毒害作用的原因、效果都比较复杂,取决于较多因素,应慎重对待。

表 2-9 是一些对废水生化处理产生抑制的化学物质的浓度范围。

表 2-9 对废水生化处理产生抑制作用的一些化学物质的浓度范围

有毒物质	符 号	有毒浓度范围/(mg/L)	
		生物滤池	活性污泥法
对苯二酚	$C_6H_4(OH)_2$	—	600
甲酚	$CH_3C_6H_4OH$	>5	—
铜化合物	Cu^{2+}	1	1
氯化镁	$MgCl_2$	—	>16 000
硫酸镁	$MgSO_4$	—	>10 000
马达油	—	100	—
食盐	$NaCl$	>10 000	8 000~9 000
硫酸钠	Na_2SO_4	—	>3 000
硫氰酸钠、硫氰酸钾	NaSCN, KSCN	—	36
镍化合物	Ni^{2+}	—	2
酚	C_6H_5OH	>50	>250
邻苯三酚	$C_6H_3(OH)_3$	—	500
间苯二酚	$C_6H_4(OH)_2$	—	100
硫化氢、硫化物	H_2S	100	25
苦味酸	$(NO_2)_3C_6H_2(NO_2)_3$	20~30	—
TNT	$CH_3C_6H_2(NO_2)_3$	>40	—
碳酸钾	K_2CO_3	600	—
锌化合物	Z_n^{2+}	—	5
磺烷酸	—	9.5	7~9.5
烷基硫酸	—	74	50~100
苯胺	$C_6H_5NH_2$	—	100
砷酸盐、亚砷酸盐	As^{2+}, As^{3+}	0.7	0.7
乙醇	C_2H_5OH	—	200
氯化钡	$BaCl_2$	—	1 000
氢氰酸	HCN	1~2	1~1.6
铅化合物	Pb^{2+}	1	—
邻苯二酚	$C_6H_4(OH)_2$	—	100
镉化合物	Cd^{2+}	—	1~5
氯	Cl_2	0.1~1	0.1~1
六价铬	Cr^{6+}	10	2~5
二硝基苯酚	$(NO_2)_2C_6H_3OH$	20	4
甲醛	HCHO	—	160
铁化合物	Fe^{3+}	>35	100

厌氧生物处理中产甲烷菌对毒物往往比发酵细菌更为敏感，因此毒物存在的形式及其浓度是影响厌氧处理的重要因素。例如，氨氮的毒性由游离氨引起。而 pH 值对氨氮中游离氨所占的比例有很大的影响。当 pH 为 7 时，游离氨仅占总氨氮的 1%，而 pH 上升到 8 时，游离氨的比例上升 10 倍。游离氨氮对未驯化的颗粒污泥产甲烷菌活性的 50%*IC* 值(使污泥产甲烷菌活性降低 50%的毒物浓度)为 50 mg/L。氨氮的毒性是可逆的，即当毒物去除或稀释至一定程度后，产甲烷菌活性仍可恢复。硫化氢的毒性由其非离子形式引起，即游离 H_2S。pH 值同样对 H_2S 在总硫化物(HS^-+H_2S)中的比例有很大影响，当 pH 为 7 以下，游离 H_2S 浓度较大，当 pH 为 7～8 范围内，随 pH 值升高游离 H_2S 迅速降低，游离 H_2S 对厌氧颗粒污泥的50%*IC*大约是 50 mg/L。硫酸盐本身是相对无毒的，但它在厌氧反应器中还原成 H_2S 后增加了毒性。

高浓度的盐可引起毒性，一价离子的盐比二价离子的盐(例如 Ca^{2+})的毒性小(见表 2-10)。

表 2-10　盐对厌氧污泥产甲烷菌活性的 50%*IC* 值(pH 为 7.0，*T*=35℃)

盐	50%*IC*/(mg/L)
Mg^{2+}	1 930
Ca^{2+}	4 700
K^+	6 100
Na^+	7 600

重金属离子在超过一定浓度后也会对厌氧污泥产生毒性，其 50%*IC* 范围在 30～300 mg/L(见表 2-11)。

表 2-11　部分重金属离子的毒性阈值

重金属	50%*IC*/(mg/L)	底　物	接种物	驯　化
Cr^{3+}	350	乙酸	消化污泥	未
	>224	乙酸	絮状污泥	未
Cr^{6+}	≈30	乙酸	絮状污泥	未
Cu^{2+}	15	乙酸	消化污泥	未
	>50	乙酸	厌氧滤器污泥	已
	≈250	氢气	*M. formicicum*	未
	75	乙、丙、丁酸	消化污泥	未
Ni^{2+}	200	乙酸	絮状污泥	未

（续表）

重金属	50%IC/(mg/L)	底　物	接种物	驯　化
Zn^{2+}	≈300	—	絮状污泥	未
	≈90	乙酸	—	—
Pb^{2+}	≈300	乙酸	絮状污泥	未
Cd^{2+}	80	乙酸	消化污泥	未

说明：*M. formicicum* 指产甲烷菌。

2.6.7　氧化还原电位

氧化还原电位（E_h 或 ORP）的单位为 mV，有正电位和负电位之分。自然界中的氧化还原电位的上限是＋820 mV，属于富氧环境，下限是－400 mV，属于充满氢（H_2）的环境。污水氧化还原电位高低可以间接反映其中氧化性物质和还原性物质的相对比例。

各种微生物要求的氧化还原电位不同。一般好氧微生物要求的 E_h 为＋300～＋400 mV；兼性厌氧微生物在 E_h 为＋100 mV 以上时进行好氧呼吸，在 E_h 为＋100 mV 以下时进行无氧呼吸；专性厌氧细菌要求 E_h 为－200～－250 mV，其中专性厌氧的产甲烷细菌要求的 E_h 甚至更低，为－300～－400 mV，最适合的 E_h 为－330 mV。

好氧活性污泥法系统中 E_h 为＋200～＋600 mV 时属正常的氧化还原环境。某一高负荷生物滤池出水的 E_h 随着滤池处理效果的降低而下降，从＋311 mV 降低到－39 mV，而二次沉淀池出水的 E_h 更低，为－89 mV，原因是二次沉淀池出水中含有大量的 H_2S。环境中的 pH 值对氧化还原电位也有影响。pH 值低时，氧化还原电位低；pH 值高时，氧化还原电位高。

思　考　题

(1) 简述水体自净现象的原理。

(2) 简述米氏方程和莫氏方程的表达形式及实际意义。

(3) 简述废水生化处理的基本原理及影响因素。

第 3 章 废水生化处理的主要微生物类群

在废水生化处理中，不管采用何种处理构筑物的形式及何种工艺流程，都是通过处理系统中活性污泥或生物膜微生物的代谢活动，将废水中的有机物氧化分解为无机物而使之得到净化的。处理后出水水质的好坏都与组成活性污泥或生物膜微生物的种类、数量及其代谢活力有关。废水处理构筑物的设计及日常运行管理主要也是为活性污泥或生物膜中的微生物提供一个较好的生活环境，以发挥其更大的代谢活力。活性污泥是由以细菌、微型动物为主的微生物与悬浮物质、胶体物质混杂在一起所形成的具有很强吸附分解有机物能力和良好沉淀性能的絮体颗粒。微生物中属于原核生物的有细菌、放线菌和蓝细菌；属于真核生物的有原生动物、多细胞后生动物、酵母和丝状真菌以及单细胞藻类。在多数情况下，活性污泥中的主要微生物是细菌，特别是异养细菌占优势，然后是以细菌为食的原生动物，正常情况下，真菌和藻类都很少。在活性污泥生物处理系统中，微生物是一个群体，各种微生物之间必然相互影响，并共栖于一个生态平衡的环境之中。

3.1 活性污泥中的细菌和菌胶团

3.1.1 细菌

1）活性污泥的主要组成菌

自从有了活性污泥法，许多人就对活性污泥中的细菌种类和絮凝体的形成过程进行了大量的研究。在细菌种类方面，人们的认识有一个逐步发展的过程。20 世纪 20 年代，拉塞尔（Russel）、哈里斯（Harris）等人曾证明属于肠杆菌科（*Enterobacteriaceae*）的大肠杆菌（*Escherichla coli*）、产气气杆菌（*Aerobacter aerotlenes*）、变形杆菌（*Proteus*），以及一些革兰氏阳性好氧芽孢杆菌是活性污泥的主要组成菌。30 年代中后期，不少人提出了活性污泥中占优势的细菌是革兰氏阴性的动胶杆菌(*Zooglaea*)。40年代初,艾伦(Allen)于1940的研究成果表明,活性污泥中的优势属主要由革兰氏阴性杆菌所组成,其中有无色杆菌属(*Achromobacter*)、黄杆菌属(*Flavobacterium*)和假单孢菌属(*Pseudomonas*)等。50年代以后,麦金尼(Mckiney)、迪亚斯(Dias)等许多学者于1953年、1964年以及我国的一些研究人员于1976年陆续分离出了一大批活性污泥中的重要组成菌。由于每人的研究方法不同,结果自然也有很大的差异。不过有几个菌群均能见到,据此判断它们可能是活性污泥中的基本菌群。从表3-1中可以看出,尽管对这十四属细菌研究的人员不同,报道年代不同,但多数属出现的频率都很高,其中尤以动胶菌属和假单孢菌属占优势。这个结果也可以在近年来其他人的研究成果中得到确证。这些占优势的细菌主要是生枝动胶菌(*Zoogloea ramigera*)、蜡状芽孢杆菌(*Bacillus cereus*)、中间埃希氏菌(*E. intermedia*)、粪产气副大肠杆菌(*Paracolobactrum aerogenoides*)、放线形诺卡氏菌(*Nocardia actinomorphya*)、假单胞菌属(*Pseudomonas*)、产碱杆菌属(*Alcaligenes*)、黄杆菌属(*Flavobacterium*)、大肠杆菌(*E. coli*)、产气气杆菌(*Aerobacter aerogenes*)、变形菌类(*Proteus*)等。

在活性污泥的组成菌中,除上述类群外尚有很多其他类群,不过出现概率都不大,如活性污泥中分离出的固氮菌及属于化能自养型的硝化细菌。例如,迪亚斯等人于1961年曾从21种污水、9种活性污泥中分离出24个固氮菌科(*Azotob acteraceac*)的培养物。还有人曾先后从活性污泥中分离出亚硝化单孢菌属(*Nitrosomonas* sp.)和大量的亚硝化囊杆菌属(*Nitrosocystis*)的细菌。当进行脱氮时,这些细菌起着重要作用。

此外,活性污泥中尚有许多采用传统分离手段不能培养生长的微生物,我们可借助现代分子生物学手段对其进行分析研究,该部分内容详见第8章。

2) 活性污泥菌胶团

(1) 菌胶团的概念　在污水中有的细菌可凝聚成肉眼可见的棉絮状物(floc),这种絮凝体称为菌胶团(zoogloeas)。在正常的活性污泥中,细菌主要以菌胶团的形式存在(见图3-1)。在活性污泥培养的早期,我们可看到大量新形成的典型菌胶团,它们可呈现大型指状、垂丝状、球状等不规则形状。进入正常运转阶段的活性污泥,除少数负荷较高、废水碳氮比较高的活性污泥外,典型的新生菌胶团仅可在絮粒边缘偶尔见到。因为在处理废水的过程中,具有很强吸附能力的菌胶团把废水中的杂质和游离细菌等吸附其上,形成了活性污泥的凝絮体。因此,菌胶团构成了活性污泥絮体的骨架。在活性污泥中菌胶团的形态变化不一定是菌株的特征,而是与培养过程中条件的变化,如充氧情况、搅拌形式和水质等有密切的关系。

表 3-1　活性污泥中的细菌

细菌名称＼研究人员和发现年份	Mickinney 和 Weichlein (1953)	Jasewicz 和 Porges (1956)	Rogoyskaya 和 Lazarera (1959)	Dias 和 Baht (1964)	Gils (1964)	Pike (1975)	Beuedict 和 Caslson (1971)	中科院水生所 (1976)
无色杆菌(*Achromobacter*)	+	+		+	+	+		+
气杆菌属(*Aerobacter*)	+							
产碱杆菌属(*Alcaligenes*)	+	3+		+	+			+
节杆菌属(*Arthrobacter*)					+	+		
亚硝化单胞菌属(*Nitrosomonas*)						+		
芽孢杆菌属(*Bacillus*)	+	3+	+	+		+		
杆菌属(*Bacterium*)	+	3+	+					
棒状杆菌属(*Corynebacterium*)		+		+				
丛毛单胞菌属(*Comamonas*)				3+				
黄杆菌属(*Flavobacterium*)	+	3+		+		+		+
微杆菌属(*Microbacterium*)					+			
微球菌属(*Micrococcus*)					+			+
诺卡氏菌属(*Nocardia*)	+							
假单胞菌属(*Pseudomonas*)	3+	+	3+	+	+	+		
八叠球菌属(*Sarcina*)			+					
螺菌属(*Spirillum*)				+				
动胶菌属(*Zoogloea*)				3+		+		3+
球衣菌属(*Sphaerotilus*)					+	+	+	
蛭弧菌属(*Bdellovibrio*)						+		
类大肠菌属(*Coliform*)						+		
贝氏硫菌属(*Beggiatoa*)						+		
不动细菌属(*Acinetobacter*)							+	
短杆菌属(*Brevibacterium*)							+	
柄细菌属(*Caulobacter*)							+	
噬纤维菌属(*Cytophaga*)							+	

说明：3+表示该细菌检出时数量较多，+表示可检出该细菌。

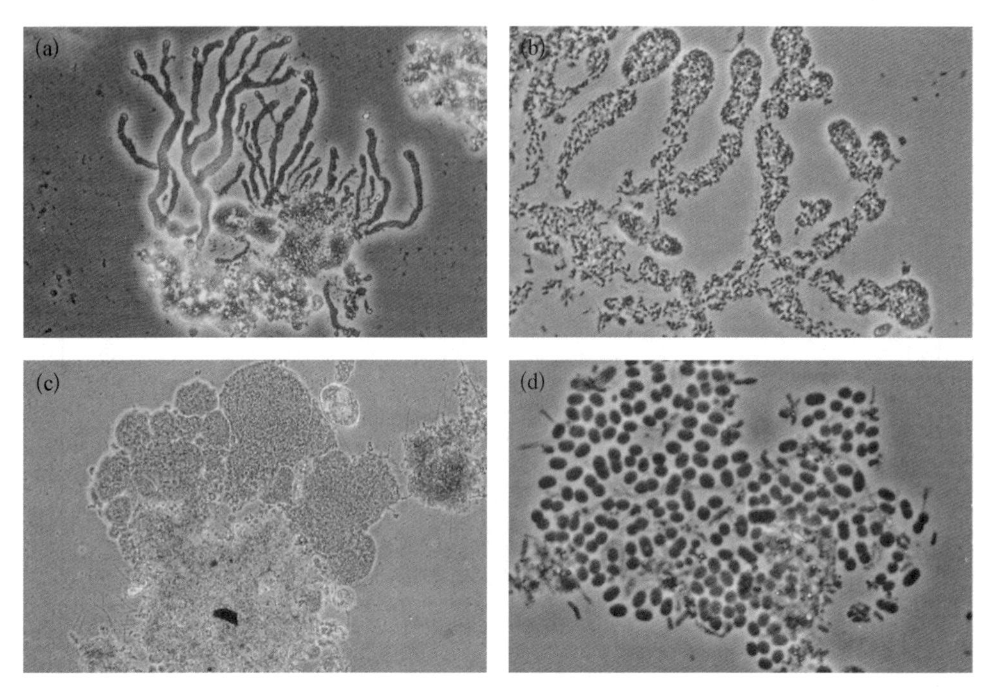

图 3-1　相差显微镜下菌胶团的形态

(a)(b) 大型指状菌胶团(a×200;b×1 000);(c)(d) 不规则球形菌胶团(c×100;d×1 000)

(2) 菌胶团形成菌　20 世纪 20 年代初期,Buswell 等人于 1923 年提出了一些能分泌黏液形成絮凝体的细菌。12 年后,Bttertield 于 1935 年从活性污泥中分离出了具有凝聚性的、可以使细菌胶合成指状絮体的细菌。通过鉴定,他认为该菌属于动胶菌属,并正式命名为生枝动胶菌。这以后,又有许多人从活性污泥中分离出生枝动胶菌。50 年代初期,麦金尼(Mckinney)等人于 1952 年把从 4 种活性污泥中分离出的 72 种细菌进行纯培养,确认其中 16 种具有形成絮凝体的能力。这 16 种细菌分属于埃希氏菌、产碱杆菌属、芽孢杆菌属、黄杆菌属、假单孢菌属、动胶菌属和诺卡氏菌属。他们的研究资料证明:生枝动胶菌是活性污泥中的优势菌种,是活性污泥絮凝体的主要凝聚因素。但动胶菌不是形成活性污泥絮体的唯一细菌。在合适的营养条件下,另外一些细菌也具有类似的能力。在人工培养基中能形成絮状体的细菌主要有下列几种:大肠杆菌(*Escherichia coli*)、费氏埃希氏菌(*Escherichia freundii*)、中间埃希氏菌(*Escherichia intermidium*)、淡黄假单孢菌(*Pseudomonas perlurida*)、卵状假单孢菌(*Pseudomonas ovalis*)、缓慢假单孢菌(*Pseudomonas segnis*)、软茄假单孢菌(*Pseudomonas solanioleus*)、莓实假单孢菌(*Pseudomouas fragi*)、粪产碱菌(*Alcalioenes faecalis*)、似产碱菌(*Alcaligenes metalcalioenes*)、粪产气副大肠杆菌(*Paracolobactrum aerogenoides*,形成絮凝体较晚)、放线形诺卡氏菌(*Nocardia actinomorphya*,形成絮凝体较晚)、蜡状芽孢杆菌(*Bacillus cereus*)、迟缓芽孢杆菌(*Bacillus lentus*)、生枝动胶菌(*Zoooloea ramigera*)、无色杆菌属种(*Achromobacter* sp.,形成絮凝体较晚)、节杆菌属一种(*Achromobacter* sp.,超过24 h形成絮凝体)、黄杆菌属一种(*Flavobaterium* sp.,形成絮凝体较晚)。

在所有能够形成活性污泥絮凝体的细菌中,动胶菌是最引人注目的。1868年,这种菌首次从活性污泥的絮状物中分离出来。动胶菌不仅是活性污泥的主要组成菌,而且也是活性污泥絮凝体的主要形成菌。这种细菌在很多净化废水的活性污泥中都可找到,并且时常在数量上占优势。这属细菌是专性好氧的革兰氏阴性无芽孢杆菌。生枝动胶菌和悬丝动胶菌(*Zoogloea filipendula*)是动胶菌属的两个种。

(3) 菌胶团的作用　由于菌胶团具有巨大的表面积和本身的黏性,它可以在短时间内吸附大量悬浮有机物质和30%～90%的重金属离子。这种吸附作用对让细菌充分发挥氧化分解有机物的能力大有好处。菌胶团的另一个重要作用是在二次沉淀池中使活性污泥具有良好的沉降性能。所以菌胶团的形成是活性污泥法处理废水不可缺少的基本条件。另外,菌胶团细菌由于包埋在胶质中就不至于被微型动物吞噬;需要固定生活的微型动物、丝状藻类又可以把菌胶团作为栖息和附着生长的场所,这就为重要的水处理微生物的生存和发展提供了方便。

3) 活性污泥絮凝体的形成机制

关于活性污泥絮凝体形成机制的研究已经取得了很大的进展,相关学者提出了各种各样的学说。下面,对倾向性较大的荚膜学说(黏液学说)、聚β-羟基丁酸(PHB)学说(嗜苏丹颗粒学说)和胞外聚合物学说(纤维素学说)作一简要介绍。

(1) 荚膜学说　这个学说形成较早。其要点是,能够产生荚膜或黏液的细菌,当它们互相粘连在一起时就形成了菌胶团。在凝聚状态下通过荚膜染色,即可观察到菌体外面的荚膜类物质,又可看到隐藏在荚膜中的细菌。麦金尼认为形成菌胶团的荚膜或黏液的化学组成与表面电荷有关。带有的负电荷能够吸引污水中带有正电荷的离子。降低表面电荷会使相互间斥力减少,彼此碰撞而结合。这个学说较好地解释了絮凝体形成的一些现象,因此得到了许多人的赞同。

但是,荚膜学说仍存在着很大的不足。许多研究结果表明,能够产生絮凝体的细菌并不都是产生荚膜的细菌。一些研究成果还证明,即使是能够产生荚膜的细菌,也不见得都能产生絮凝体。

(2) PHB学说　20世纪60年代中期,Crabtree(1965)等采用生枝动胶菌1-16-M菌株(*ZoogIoearamigera* 1-16-M)作为实验菌株,向含有这种分散状细菌的菌液中投加葡萄糖,使C∶N为20∶1以上,就看到了絮凝体的形成。当用苏丹黑对细菌进行染色后，发现了菌体内存在着大量的苏丹黑颗粒。随着时间的推移，苏丹黑颗粒还渐增大、增多。3 h 后颗粒体积可达细胞总体积的 50%，10 h 后细胞可膨胀为刚分裂时的 2～5 倍。实验证明，这些苏丹黑颗粒就是聚 β-羟基丁酸(PHB)颗粒。当用^{14}C示踪原子标记了投加的葡萄糖以后，结果发现大部分葡萄糖^{14}C传递到了细胞内的 PHB 颗粒和细胞外形成的絮凝体中。如果使用 PHB 形成的阻塞剂(如乙醛、2,4-二硝基酚等)后，絮凝体的形成将受到破坏。这说明 PHB 的含量与絮凝体的形成具有高度相关性。Crabtree 认为，由于 PHB 是一种聚酯类物质，当它积累时，细菌细胞的分裂就不彻底。它们彼此粘连结合，使得细胞由小凝块逐步合成了大的絮凝体。

(3) 胞外聚合物学说　胞外聚合物(extracellular polymeric substances, EPS)学说是经过许多研究者在活性污泥絮凝体的形成方面做了大量的探讨后逐步建立的，目前受到了各国学者的普遍重视。20 世纪 60 年代中后期，有研究人员指出，生物絮凝是由生物本身分泌出的胞外聚合物所致。通过电子显微镜观察，发现胞外聚合物显细纤维状，是组成活性污泥的各类细菌细胞的胞间物质。这些细纤维都很长，但直径都很小。帕特里克(Patrik)在研究动胶菌属的两个菌株时，测定出胞外聚合物的直径分别为 120～140 Å 和 60～80 Å($1\ Å=10^{-10}\ m$)。通过化学分析，发现这些细纤维的化学组成以多糖和蛋白质为主，并含有少量的腐殖酸和核酸。胞外聚合物的浓度和化学组成，尤其是其中蛋白质和多糖的比例，与活性污泥絮体的絮凝沉降能力有关。用蛋白酶和纤维素酶处理活性污泥絮体，发现蛋白酶可使污泥絮体溶化并进一步导致絮凝体解体，而纤维素酶的作用较小，说明胞外蛋白在絮凝中充当重要的作用。

除上面讨论的三种学说外，还有以下用以解释生物絮凝机制的学说：

① 动电势学说　麦金尼认为，黏性物质不是絮凝体形成的主要原因。两个形态清晰的细菌在低能水平下非常靠近，或者当表面电荷为 20～30 mV 时，分子间作用力就超过它们之间电的斥力而互相结合成绒粒。

② 离子结合学说　当 Ca^{2+}、Mg^{2+} 离子共同存在于活性污泥中会对絮凝体的形成起重要作用。

③ 原生动物学说　Curds 在 1963 年认为，纤毛虫在活性污泥中能分泌单糖、多糖以及黏性物质，并能集结这些物质形成絮体。

关于活性污泥絮凝体形成的各种学说都能在一定程度上解释生物絮凝现象。但由于絮凝体的形成过程非常复杂，目前大家较广泛接受的菌胶团形成学说有胶体基质说和胞外聚合物说。在生产实践中我们也观察到，这些能形成凝絮体的细菌还与运行条件有关。当细菌处于碳氮比高的营养条件下，凝絮体的结构就较好；当污泥处于碳氮比低或高温、营养不足的环境时，这类菌体外多糖类胶体基质或多糖类基质都可作为营养被细菌所利用，从而使污泥解絮。这在运行管理中应予以密切注意。

3.1.2　丝状细菌

丝状细菌不是分类学上的名词，而是一大类菌体细胞相连而成丝状的细菌统称。丝状细菌与菌胶团细菌一样，是活性污泥中重要的组成成分。它们与活性污泥絮凝体的形成和废水净化效果的好坏有着非常密切的关系。丝状细菌在活性污泥中可交叉穿织在菌胶团之间，或附着生长于凝絮体表面，少数种类可游离于污泥絮粒之间。丝状细菌具有很强的氧化分解有机物的能力，起着一定的净化作用。在有些情况下，它在数量上可超过菌胶团细菌，使污泥凝絮体沉降性能变差，严重时即引起活性污泥膨胀，造成出水质量下降。

在活性污泥中，丝状细菌的种类和数量都很多，活性污泥中常见的丝状细菌主要有球衣菌属(*Sphaerotilus*)、贝日阿托氏菌属(*Beggiatoa*)、发硫菌属(*Thiothrx*)、纤发菌属(*Leprothrix*)、屈挠杆菌属(*Flexibacter*)、曲发菌属(*Toxothrix*)、微颤菌属(*Microscilla*)、透明颤菌属(*Vitreoscilla*)、亮发菌属(*Leucothrix*)、泥线菌属(*Pelonema*)、无色线菌属(*Achroonema*)、微丝菌(*Microthrix parvicella*)、诺卡氏菌属(*Nocardia*)和链霉菌属(*Streptomyces*)的一些种。

Eikelboom根据：① 是否存在衣鞘和黏液；② 是否有滑行运动；③ 真分支或假分支；④ 革兰氏染色和奈氏染色反应的特征；⑤ 丝状体的长短、性质和形状；⑥ 细胞直径、长短和形状；⑦ 有无胞含体(PHB、多聚磷酸盐和硫粒)等对数百个废水处理厂的数千个污泥样品进行了观察研究，将所观察到的丝状细菌区分成30类，国内外城市污水厂常见的种类如图3-2所示。

(1) 诺卡氏菌(*Nocardioforms*)　不规则形状，有真分支，可分布在菌胶团的内部也可以游离在溶液中。菌丝体长3～5 μm，直径为1.0 μm左右，有形状不规则的独立细胞。看不到横膈和缩缢，无鞘，无附着生长物，不能运动。明显的革兰氏阳性、奈氏阴性反应。*Nocardioforms*是由很多个属组成的(如*Nocardia*，*Gordona*和*Skermania*)，很多*Nocardioforms*能够以片段或单个细胞的形式存在和生长[见图3-2(a)]。

(2) 贝氏硫细菌(*Beggiatoa*)　丝体短，小于200 μm，弯曲，能自主运动；丝体内看不到横膈，含大量硫粒；革兰氏染色阴性；奈氏染色阴性；常见于含硫废水的处理系统中[见图3-2(b)]。

(3) 021型菌　丝体长500～1 000 μm，略弯，不运动，横膈清晰；细胞形态多变，从盘状(长为0.4～0.7 μm，直径为1.8～2.2 μm)到长柱状(长为2.0～3.0 μm，直径为0.6～0.8 μm)，从原则上可形成所有中间形态，但多数为方形细胞；横膈附近

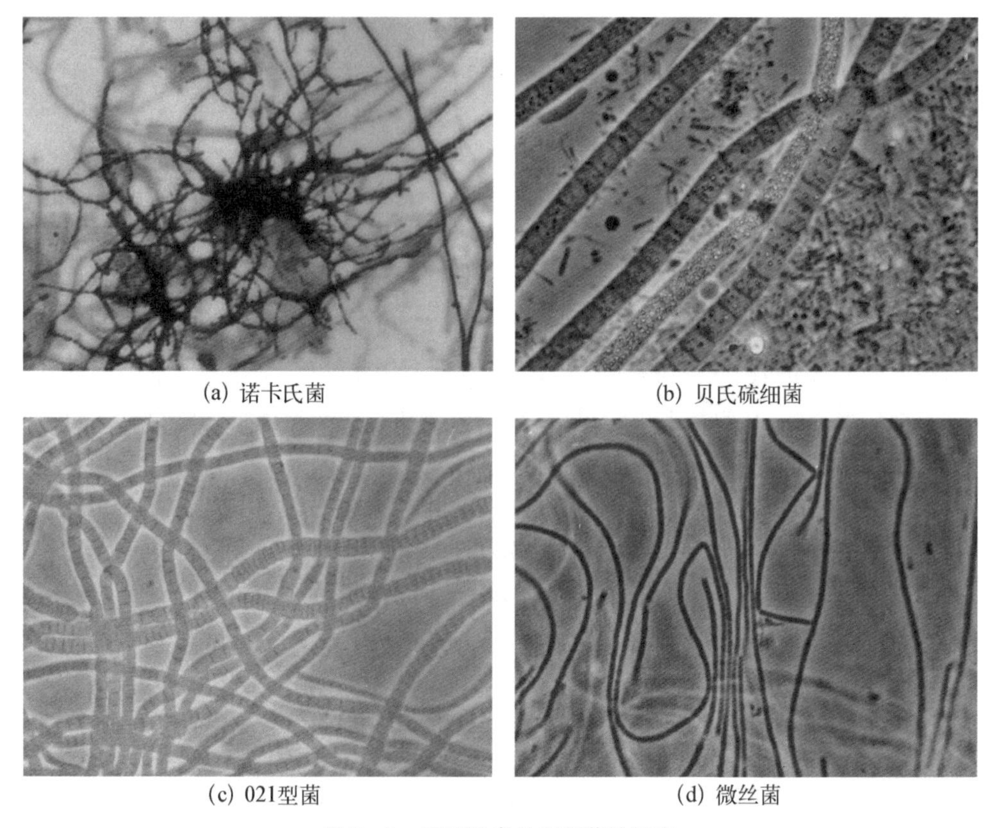

图 3-2　不同种类丝状细菌的形态

常有明显缩缢;无鞘;无分支;偶见放射状生长;不常见附着生长物;细胞中有时有小硫粒;革兰氏染色阴性(但有时部分丝体呈阳性反应)[见图 3-2(c)]。

(4) 微丝菌(*Microthrix parvicella*)　不规则弯曲的菌丝体可以穿织于菌胶团内,可以附着生长于絮状体表面,还可以游离于污泥絮粒之间。菌丝体长为 50～200 μm,直径约为 0.8 μm,观察不到单个细胞。光学显微镜下不易看到横膈和缩缢;无鞘,无附着生长物,无分支,不能运动。可见多聚磷酸盐颗粒,革兰氏染色阳性;奈氏染色阳性;硫粒试验阴性[见图 3-2(d)]。

3.2　活性污泥中的微型动物

活性污泥中常见的微型动物主要是单细胞的原生动物,大约有 228 个种,纤毛虫(*Ciliata*)占绝对优势。有时在活性污泥中也能见到轮虫(*Rotifers*)及其他多细胞后生动物。这些微型动物虽然不是废水生物净化中的主要力量,但却是活性污泥中生物种群的主要构成部分。它们独有的一些形态和生理性状上的特征使得它们在废水净化过程中实际上发挥着非常重要的作用。

3.2.1　微型动物对废水净化的影响

1）直接净化作用

废水的净化主要靠细菌，但某些微型动物也可以直接利用废水中的有机物质。如一些鞭毛虫能直接通过细胞膜吸收水中溶解性有机营养；变形虫能吞噬水中有机颗粒；典型的以细菌为食的梨形四膜虫（*Tetrahymena pyriformis*）在无菌有机培养基上也能生长等。这些例子说明微型动物对废水净化存在一种直接净化作用。

2）絮凝作用

絮凝是活性污泥中的重要现象。它关系到细菌氧化有机物的能力和污泥在沉淀池中的沉降能力，因而直接影响处理效果和出水质量。菌胶团细菌在絮凝中起着重要作用，但如果出现纤毛虫和轮虫，则可加速絮凝过程。研究人员应用示踪原子法研究纤毛虫促成絮凝作用的机制时指出，纤毛虫能分泌两种物质，一种为多糖类碳水化合物，另一种是单糖结构的葡萄糖和阿拉伯糖。污水中的悬浮颗粒能够吸收集结这些物质形成絮状物。此外，纤毛虫还能分泌一种黏朊，能把絮状物再联结起来成为大的絮凝体。

3）澄清作用

在活性污泥法处理系统中细菌氧化分解有机物质后要在沉淀池中进行泥水分离。但游离细菌由于个体小、比重轻，很难沉淀，这就会造成出水浑浊。纤毛虫等原生动物具有吞食细菌的巨大能力。如奇观独缩虫（*Carchesium spectabile*）在自然水体中1小时能吃三万个细菌。Curds等人在实验室条件下进行实验，发现曝气池在没有纤毛虫条件下运转70天，出水游离细菌为100～160百万个/毫升，出水浑浊。当接种纤毛虫后，游离细菌立即降为（1～8）百万个/毫升，出水清澈。这说明纤毛虫对水的澄清起了明显作用。

3.2.2　以微型动物为指示生物

1）指示生物及特点

微型动物之所以可以作为活性污泥的指示生物，是因为它们具有以下几个特点。

（1）数量多　在生活污水的活性污泥中，微型动物总数最多时可超过10万个/毫升。

（2）个体大　显微镜低倍镜下就能看见，便于观察。

（3）耐毒力比细菌小。

（4）环境条件改变可引起它们种群、数量与代谢活力的变化。

2）指示生物的作用

（1）指示处理效果　废水处理效果的好坏主要取决于出水有机物浓度的高低。而有机物浓度的高低又决定了细菌数量的多少。从长期的观察看，鞭毛虫、变形虫和游泳型纤毛虫主要以游离细菌为食，本身自由运动又会增加出水浊度。当它们大量出现时往往表示废水处理效果不好。属于缘毛目的纤毛虫需能低，常在细菌数量开始下降时占优势，本身有柄又可以固定在其他物体上，不会造成出水浑浊。当它们大量出现时，往往是废水净化效果较好的标志。

（2）指示污泥性质　累枝虫属（*Epistylis*）是活性污泥中常见的一类原生动物。它们抵抗环境变化的能力比单个钟虫强。在石油化工、印染等某些工业废水处理中，由于钟虫很少，它们可作为水净化程度好的标志。但在生活污水处理时，由于环境条件对累枝虫的生长特别有利，它们就可大量繁殖，并与丝状菌交织在一起，引起活性污泥沉降困难。在这里，它们又成了污泥膨胀、变坏的征兆。轮虫在活性污泥中主要以游离原生动物、解体的老化污泥为食。它们少量出现说明水的净化程度高，但突发性数量增多则说明污泥结构松散、老化现象严重。

（3）指示细菌活力　由于活性污泥中大多数原生动物以细菌为食，故细菌的活力势必对微型动物的种群与数量产生较大影响。如果把这种情况倒转过来，我们就可以从某些微型动物的种群数量变化上来判断细菌的代谢活力。如小口钟虫（*Vorticella microstoma*）是吃细菌的，常在细菌生长活跃，活力旺盛的对数期出现。沟钟虫（*Vorticella convallaria*）需要细菌的代谢副产物，故常出现在细菌生长的衰老期。前者可作为细菌活力旺盛的指示生物；后者可以作为细菌活力衰退的指示生物。

（4）指示曝气池技术参数的改变情况　任何一种废水处理装置都有相应的技术参数，在正常情况下这些参数变化不大。但由于生产工艺方法的改变，前处理构筑物、机械装置等发生故障，运营管理上的失误以及气候的骤变等都可能引起某些参数发生变化。微型动物由于对环境条件改变较敏感，也会很快在种群、个体形态、代谢活力上发生相应变化。通过生物相观察，可尽早找出参数改变原因，制订适应对策，以保护细菌的正常生长繁殖，保持废水的正常净化水平。例如，当废水中含有高浓度不易分解的有机物（如染料）时，即可发现钟虫体内有未消化颗粒，长期下去会引起它们死亡。再如曝气池内供氧不充分或供氧过度时，可看见钟虫顶端突出一个气泡。当曝气池内环境条件极其恶劣时，微型动物还会改变生殖方式，由无性裂殖变为接合生殖，甚至形成孢囊以渡过难关。因此，如果遇到微型动物出现活动力差，虫体变形，缘毛目纤毛虫口盘缩进，伸缩泡很大，细胞质空质化，行动迟缓，有接合生殖，形成大量孢囊等现象，即可认为曝气池技术参数发生改变，反映出生物处理的正常过程受到干扰和破坏。

现根据与运行管理关系较密切的微型动物的运动方式及营养方式的不同，将污泥中的微型动物划分成下列几大类。

(1) 植鞭毛虫类(*Phytomastingina*) 植鞭毛虫借助鞭毛运动，体内有色素，可像植物一样进行光合作用，在生活污水处理厂的活性污泥中有时可见的眼虫(*Euglena*)即属此类，它往往由污水带入。在海洋中引起赤潮的夜光虫(*Notiluca*)、裸甲腰鞭虫(*Gymnodinium* spp.)和沟腰鞭虫(*gonyaulax* spp.)亦属此类。本类中的有些种长期生活在活性污泥中光照条件差的区域，体内色素可丧失，如杆囊虫等(见图3-3)。

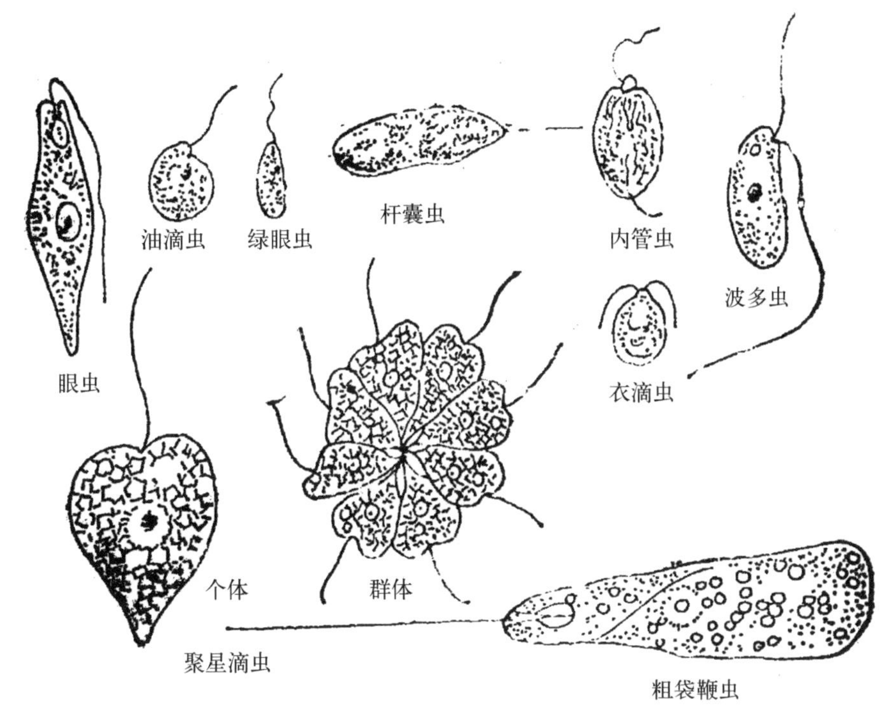

图3-3 活性污泥中可见的鞭毛虫类原生动物

(2) 动鞭毛虫类(*zoomastigna*) 虫体不含色素，借助鞭毛运动。由于鞭毛数量少、每个个体仅1～2根，运动时不协调往往呈抖动或滑动，在显微镜下很易将它与其他种类原生动物区别开来。它生长在有机质丰富的水域中，异养生活；培菌初期和处理效果差时可大量出现。活性污泥中常见的有波多虫属(*bodo*)和滴虫属等(见图3-3)。

(3) 变形虫类(*Sareodina*) 变形虫依靠形成伪足运动和捕食，细胞原生质分成外质和内质。外质可流动，形成伪足向前运动，并可包围有机物颗粒而摄食。活性污泥中常见的有表壳虫(*Arcella vulgaris*)、蛞蝓变形虫(*Amoeba limax*)、大变形虫(*A. Proteus*)、辐射变形虫(*A. radiosa*)等(见图3-4)。与鞭毛虫一样,它们都在处理效果差或培菌初期大量出现。

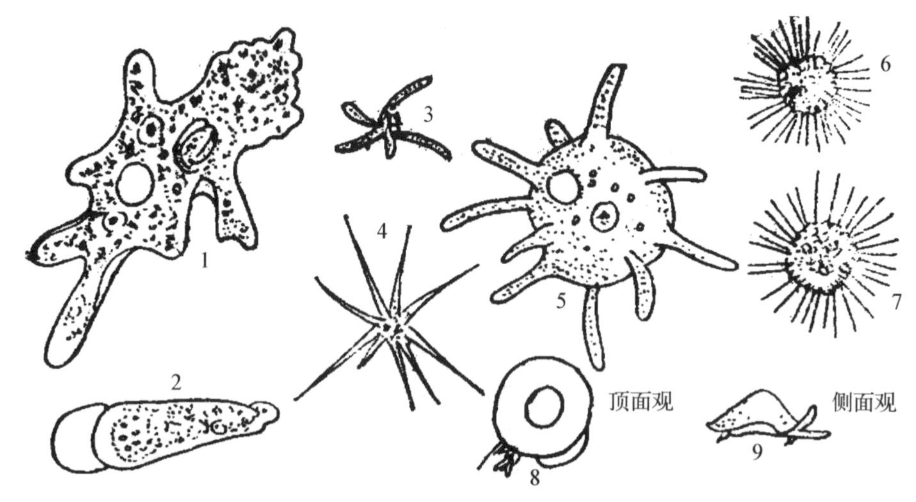

图3-4 活性污泥中可见的肉足虫类原生动物

1—变形虫;2—蜗足变形虫;3,4—辐射变形虫;5—珊瑚变形虫;
6—单核太阳虫;7—多核太阳虫;8,9—表壳虫

(4) 游动型纤毛虫类 此类纤毛虫借助排列于虫体周围的纤毛而在污泥中自由游动。由于纤毛数量极多,运动时节律性强,纤毛摆动极其协调,使它运动时前后、左右进退自如,我们可根据这一运动特性而将其与鞭毛虫相区别。在培菌初期,我们常可看到它在游离细菌及鞭毛虫之后大量出现,随着培菌的进行,BOD浓度不断降低,游离细菌及鞭毛虫数量不断减少,游动纤毛虫的食物也不断减少,其数量亦相应减少。在正常运行时期,可少量见之。在污泥因缺乏营养而老化、解絮,处理效果转差时,往往可见其数量增多。污泥中常见的有草履虫(*Paramecium*)、肾形虫(*Colpoda*)、豆形虫(*Colpidium*)、漫游虫(*Lionotus*)和裂口虫(*Amphileptus*)等(见图3-5)。

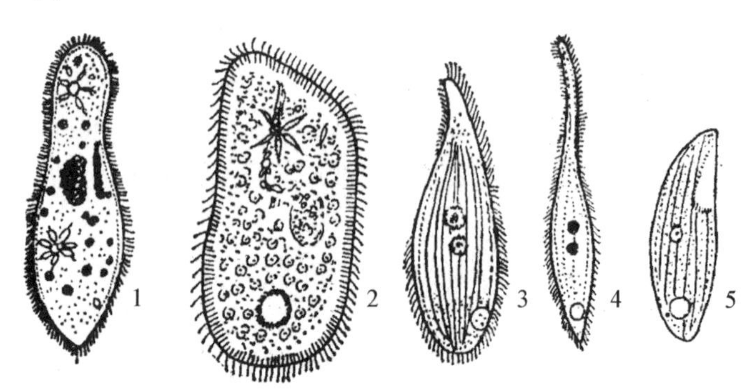

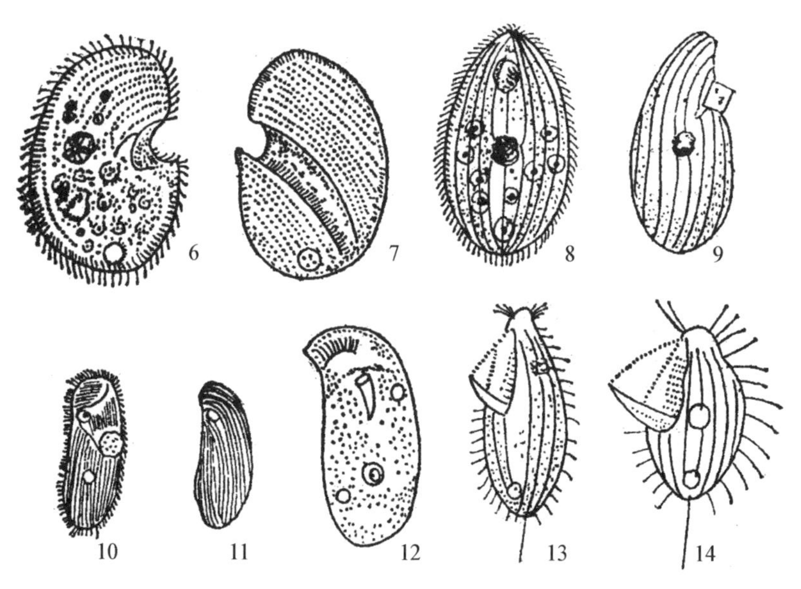

图3-5　活性污泥中常见的游动型纤毛虫

1—尾草履虫；2—绿草履虫；3—敏捷半眉虫；4—漫游虫；5—裂口虫；6，7—僧帽肾形虫；
8，9—梨形四膜虫；10—豆形虫；11—弯豆形虫；12—斜管虫

(5) 匍匐型纤毛虫类　纤毛成束粘合成棘毛，排列于虫体"腹面"支撑虫体，用以在污泥絮体表面爬行或游动。其以游离细菌或污泥散屑为食，在正常运行时期可少量出现。活性污泥中常见的有楯纤虫(*Aspidisca*)、尖毛虫(*Opisthotricha*)、棘尾虫(*Stylonychia*)和游仆虫(*Euplotes*)等(见图3-6)。

(6) 固着型纤毛虫类　固着型纤毛虫类主要是指钟虫类原生动物。在活性污泥中是数量最多、最为常见的一类微型动物。虫体似倒挂的钟，前端有一个多数纤毛构成的纤毛带，由外向内呈螺旋状，纤毛带向一个方向波动使水形成旋涡，污水中的有机物小颗粒被水流集中沉积至"口"处进入体内，并形成食物胞，这种取食方式称为沉渣取食，其可起到"清道夫"的作用，使出水更为澄清。体内还有较大的空泡称为伸缩泡，钟虫靠伸缩泡的收缩把吞入体内的多余水分不断排出体外，以维持体内水分的平衡。在正常情况下，伸缩泡定期收缩和舒张。但当废水中溶解氧含量降低到小于1 mg/L时，伸缩泡就处于舒张状态，不活动；故可通过观察伸缩泡的状况来间接推测水中溶解氧的含量。

根据钟虫类中尾柄的有无、营群体或个体生活、尾柄中肌丝的有无及是否相连可将污泥中固着型纤毛虫分成数种。常见的有沟钟虫(*Vorticella convallaria*)、大口钟虫(*V. campanula*)、小口钟虫(*V. microstoma*)、累枝虫(*Epistylis*)、盖纤虫(*Opercularia*)、独缩虫(*Carchesium*)、聚缩虫(*Zoothamnium*)和无柄钟虫(*Astylozoon*

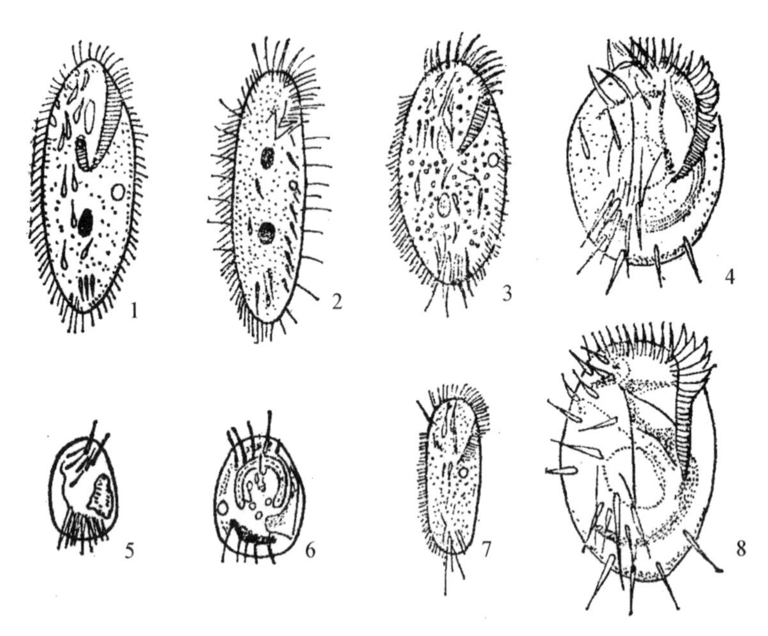

图 3-6　活性污泥中常见的匍匐型纤毛虫

1—两面尖毛虫；2—鬣尖毛虫；3—鬣棘尾虫；4—盘状游仆虫；
5—楯纤虫；6—鬣状楯纤虫；7—腐生棘毛虫；8—阔口游仆虫

pediculus)等(见图 3-7 和图 3-8)。

(7) 吸管虫类(*Suctoria*)　吸管虫具吸管，以柄固着于污泥絮粒上生活。游动型纤毛虫与吸管相接触时就会被粘住，并进而被通过吸管注入的消化液所消化，消化后汁液亦通过吸管被吸管虫作为营养吮吸。它在污泥培养成熟期后期可见到。常见的种类有足吸管虫(*Podophrya*)、壳吸管虫(*Acineta*)和锤吸管虫(*Tokophrya*)等(见图 3-9)。

(8) 后生动物　活性污泥中除了上述整个虫体仅由一个细胞构成的原生动物以外，尚有由多个细胞构成的后生动物。其中较常见的有轮虫、线虫和颗体虫(见图 3-10)。

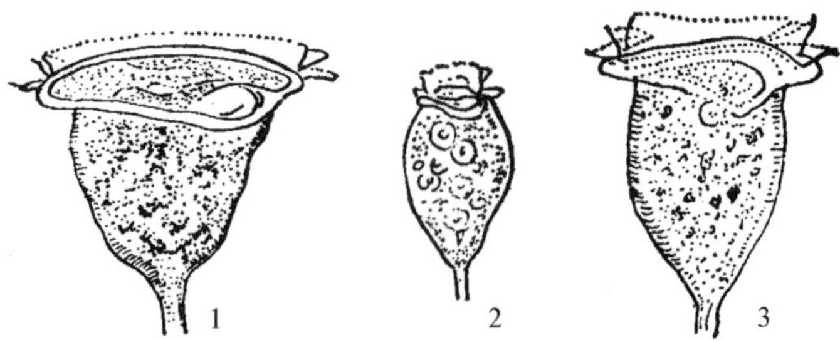

图 3-7　活性污泥中常见的钟虫

1—大口钟虫；2—小口钟虫；3—沟钟虫

图 3-8　形成群体的固着型纤毛虫

1—螅状独缩虫；2—树状聚缩虫；3,4,5—湖累(等)枝虫；6—圆筒盖纤虫；
7—节盖纤虫；8—小盖纤虫；9—长盖纤虫；10,11—彩盖纤虫

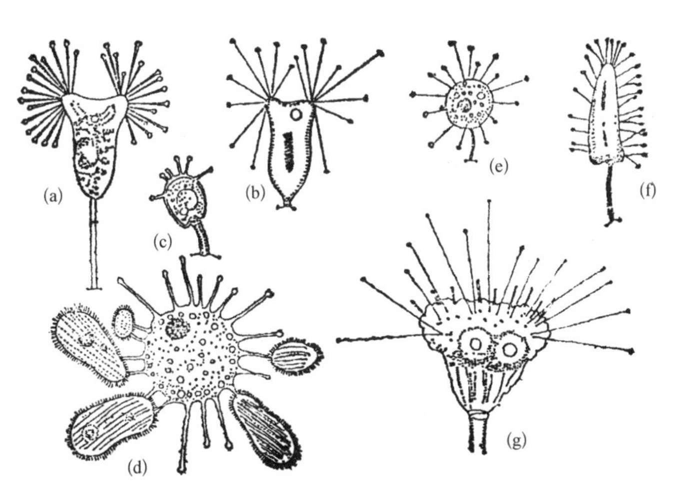

图 3-9　活性污泥中常见的吸管虫类原生动物

(a) 壳吸管虫；(b) *A. lacustris*；(c) 环锤吸管虫；(d) 球吸管虫捕食纤毛虫情景；
(e) 固着足吸管虫；(f) 长足吸管虫；(g) 尖吸管虫

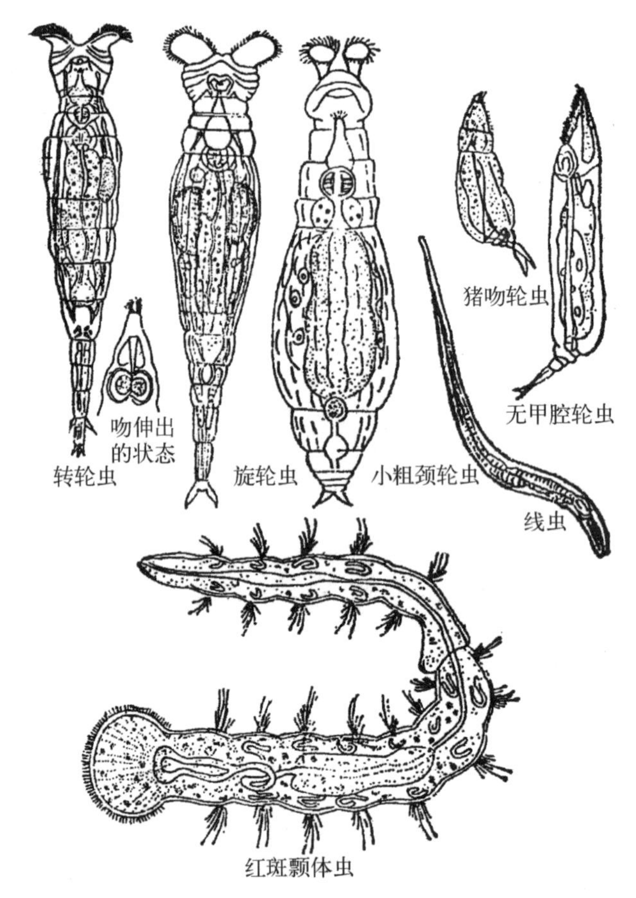

图 3-10　活性污泥、生物膜中常见的微型后生动物

轮虫(*Rotifers*)前端有两个纤毛环,纤毛摆动时犹如滚动的轮子,故命名之。左右两个纤毛环以相对方向拨动,形成向中间的水流,游离细菌、有机物颗粒或污泥碎屑即随水流进入两纤毛环之间的"口"部进入体内,这也是一种沉渣取食的方式。轮虫在系统正常运行时期、有机物含量较低、出水水质良好时才会出现,故轮虫的存在说明处理效果较好。然而有时处理系统因泥龄较长、负荷较低,污泥因缺乏营养而老化解絮,这时轮虫可因污泥碎屑增多而大量增殖,数量可多至 1 毫升中近万个。这时,轮虫的存在为污泥老化解絮的标志。污泥中常见的有玫瑰旋轮虫(*Philodina roseola*)和猪吻轮虫(*Dicranophorus*)。

线虫(*Rhabdolaimus*)身体为圆形,似打足气的轮胎,可吞噬细小的污泥絮粒,在生长较厚的生物膜处理系统中常会大量出现。

颗体虫(*Tubifex*)是污泥中体形最大、分化较高级的一种多细胞动物。身体分节、节间有刚毛伸出,以污泥碎屑、有机物颗粒为食料。含酚废水处理系统中除酚率高时可常见之;在生活污水处理厂中出水水质良好时亦可出现。

3.3　活性污泥中的真菌和藻类

3.3.1　真菌

关于活性污泥中真菌的报道不多。Cooke 等于 1960 年从活性污泥中分离出 30 种酵母和类酵母菌的 136 个菌株，其中占优势的是皮状丝孢酵母(*Trichosporon cutaneum*)、黏红酵母(*Rhodotorula glutinis*)、胶红酵母(*Rh. mucilaginosa*)、热带假丝酵母(*Candida tropicalis*)、近平滑假丝酵母(*C. parapsilosis*)等。在一般的活性污泥中，丝状真菌是真菌中的主要类群。下列各属已有报道：毛霉属(*Mucor*)、根霉属(*Rhizopus*)、曲霉属(*Aspergillus*)、青霉属(*Penicillium*)、镰刀霉属(*Fusarium*)、漆斑菌属(*Myrothecium*)、黏帚霉属(*Gliocladium*)、瓶霉属(*Phialophora*)、芽枝霉属(*Cladosporium*)、*Margarinomyces*、短梗霉属(*Aureobasidium*)、木霉属(*Trichoderma*)和头孢霉属(*Cephalosporium*)。

一般来讲，真菌在活性污泥中不占主要地位。但大量酵母细胞和丝状真菌的存在至少证明某些种类能利用污水中的营养物质，因此也具有净化作用。在一些特殊的工业废水中，真菌的这种作用可能更加明显。例如，假丝酵母属(*Candida*)、毕赤氏酵母属(*Pichia*)的酵母菌氧化分解石油烃类的能力很强；而酵母菌属(*Saccharomyces*)、镰刀霉属(*Fusarium*)的某些种对 DDT 有一定的转化能力；假丝酵母属(*Candida*)、芽枝霉属(*Cladosporium*)、小克银汉霉属(*Cunninghamella*)的真菌能较好地降解表面活性剂。适量的霉菌生长于活性污泥中不仅能促进废水的净化作用，还能依靠它们的菌丝体将若干个小的活性污泥絮体连接起来，从而加速絮凝体的形成。但应注意的是，在霉菌异常增殖的情况下，也会导致丝状污泥膨胀的发生。地霉属(*Geotrichum*)对环境的适应力极强，它们在氮、磷不足或 pH 为 3～12 的大变幅范围内都能生存和增殖。

真菌在活性污泥中的出现一般与水质有关，它常常出现于某些含碳较高或 pH 值较低的工业废水处理系统中。

3.3.2　藻类

在活性污泥中，藻类的种类和数量都很少。这是因为在曝气池中活性污泥与废水搅动剧烈，不利于藻类进行光合作用。但在推流式曝气系统后的二次沉淀池和表面曝气池的澄清区内，由于具有良好的透光条件，因此有藻类生长。它们对出水中残存的可利用物有进一步的净化作用。

藻类是含有光合色素的一类生物，在光照下能进行光合作用，利用无机的 CO_2

和氮、磷盐合成藻体(有机物),在活性污泥中数量及种类较少,大多为单细胞种类;在沉淀池边缘、出水槽等阳光暴露处较多见,甚至可见附着成层生长。在氧化塘及氧化沟等占地大、空间开阔的构筑物中数量及种类较多,呈藻菌共生状态,还可出现丝状、甚至更大型的种类。我们可在氧化塘等处理系统中采用适当的方法采收藻类,以达到去氮、去磷的目的。藻类光合作用释放的氧又可提供污泥中的细菌氧化分解有机物之用。据报道,在氧化塘类处理系统中,除了可去除BOD外,氮去除率可达90%~95%,磷去除率达50%~70%。在某些特殊情况下,有的单细胞藻类可降解废水中的有机物。

$$106CO_2+16NO_3^-+HPO_4^{2-}+122H_2O+18H^+\xrightarrow[\text{藻类}]{\text{光}}\underset{\text{(游离细胞)}}{[C_{106}H_{263}O_{110}N_{16}P]}+138O_2$$

在夏秋季节,在上海的城市污水处理厂曝气池混合液中可见20多种藻类。其中属于蓝细菌(蓝藻)的有席藻、颤藻、粘球藻、隐球藻、蓝球藻、节旋藻、林氏藻、分须藻、扁藻、微囊藻10种。属于绿藻的有衣藻、绿球藻、小球藻、栅列藻、盘星藻、原球藻、月牙藻、十字藻、毛枝藻等。此外还有硅藻和甲藻等。活性污泥及氧化塘中常见的藻类详见图3-11、图3-12和图3-13。

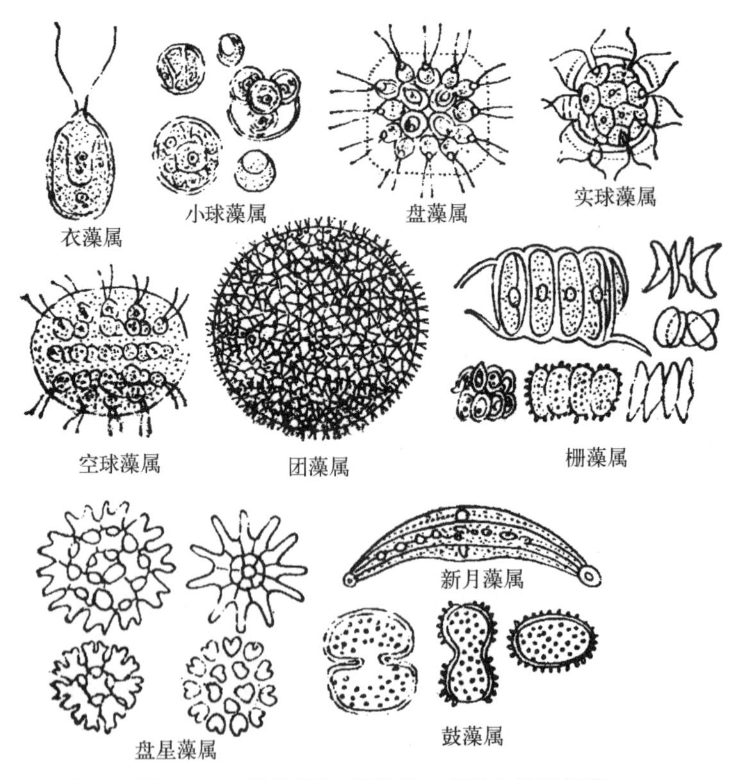

图3-11　活性污泥、氧化塘中常见的微型绿藻

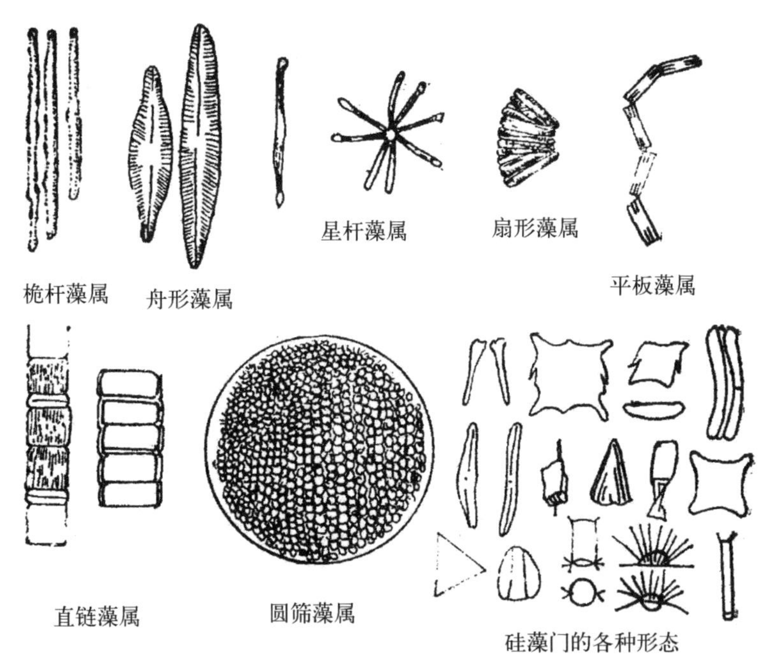

图 3-12　活性污泥、氧化塘中常见的硅藻

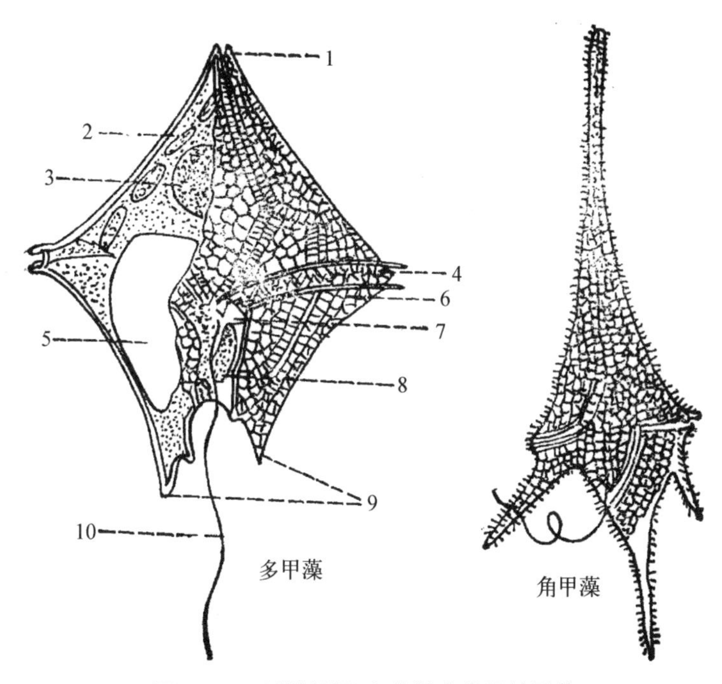

图 3-13　活性污泥、氧化塘中常见的甲藻

1—顶孔；2—叶绿体；3—细胞核；4—腰鞭毛；5—液泡；
6—横沟；7—纵沟；8—搏动泡；9—底脚；10—拽动鞭毛

3.4 活性污泥中微生物生态演替规律

活性污泥中出现的微生物很多，但主要类群却只有细菌与微型动物两大类。在活性污泥的培养、驯化过程中，随着水质条件（营养物质、抑制物质、温度、pH值和溶解氧等）的变化，细菌与微型动物的种群与数量也发生着相应的变化并遵循一定的演替规律。

原生废水与接种用的活性污泥引进曝气池时夹带着大量的有机物质与异养细菌。在这样的环境中，由于营养充分，各种类型的异养细菌迅速发育长大，并开始为适应新环境而进行调整代谢。接着，在活性污泥中发生了微型动物的初级优势群，主要由鞭毛虫和肉足虫等原生动物组成。植鞭毛虫在曝气池内由于废水剧烈翻腾无法进行光合作用，只能使用第二营养方式进行腐生性营养，将溶解于水中的有机物质经过身体表面渗透到体内加以利用。大多数肉足虫和动鞭毛虫是动物性营养方式，主要以吞食细菌为生。活性污泥培养初期，曝气池内有机物浓度很高，污泥尚未形成，游离细菌很多，因此这个微型动物群可以逐渐扩大。

随着培养时间的推移和自然筛选过程的进行，能够适应这种特定原生废水的异养细菌进入对数生长期大量繁殖并开始产生絮凝体。由于溶解性有机质的不断消耗，杂菌的灭亡与淘汰，菌胶团细菌的粘连凝聚以及微型动物群的增殖扩大，曝气池内营养体系发生了巨大改变。在这种情况下，各类微生物为了更好地生存下去，就相应展开了以获得充足食物为中心的激烈竞争。从细菌、植鞭毛虫、动鞭毛虫和肉足虫这四类微生物来看，细菌与植鞭毛虫主要是争夺溶解性的有机营养，而肉足虫与动鞭毛虫则以游离细菌为主要争夺对象。在这些微生物中，肉足虫与植鞭毛虫竞争最弱。很快，肉足虫就因竞争不过鞭毛虫开始大幅度减少。紧接着，植鞭毛虫也因竞争不过细菌数量逐渐下降。异养细菌的大量繁殖又为另一些类型的微型动物提供了大量的食料来源，由它们组成了活性污泥中的次级微型动物群。这个动物群内繁殖最快的是游泳型纤毛虫，它们可以和细菌同步生长，虫数随细菌菌数的变化而变化。只要细菌数目多，游泳型纤毛虫就占优势。纤毛虫是单细胞动物中的高级动物，它掠食细菌的能力要比鞭毛虫大得多。因此，当游泳型纤毛虫大量出现后，动鞭毛虫的生长就受到了抑制，优势位置由纤毛虫取而代之。还有一类称为吸管虫类(*Suctoria*)的原生动物，它们可以用吸管诱捕浮游的纤毛虫为食料。当游泳型纤毛虫大量繁殖时，吸管虫也大量出现。这时常可见到吸管虫的吸管上有被攫住的小型纤毛虫。随着曝气池中有机物质逐步被氧化分解，细菌由于营养缺乏数量下降。由此引起的连锁反应是游泳型纤毛虫和吸管虫数量也相应下降。优势地位逐步转让给了固着型纤毛虫。先是出现游泳钟虫，接着钟虫以尾柄固着在其他物体上生活。由于固着型纤毛虫对营养的要求低，可以生长在细菌很少、有机物浓度很低的环境中。因此，钟虫类的出现和增长标志着活性污泥的成熟。当水中的细菌与有机物质愈来愈少，最后固着型纤毛虫也得不到必需的能量时，便相继出现了轮虫等后生动物。它们以有机残渣、死的细菌以及老化污泥为食料。轮虫的适量出现指示着一个比较稳定的生态系统。

上述微生物演替情况如图3-14所示。各种微生物出现的程序性主要受食物因子的约束，反映出一个以“有机物—细菌—原生动物—后生动物”顺序排列的食物链过程。这样一条食物链不论是在活性污泥的培养、驯化过程中，还是在正常运行的废水处理系统中都是存在的。但应指出的是，在正常运转的曝气池中，微型动物的种类演替有很大的差别。如在推流式曝气池中，随着水质条件的变化，优势种微型动物的演替不能超出次级微型动物群的范围，即它们最多只能按照“游泳型纤毛虫—固着型纤毛虫—轮虫”这样的顺序进行变换。如果出现大量鞭毛虫或肉足虫，则说明这种污泥还没有驯化好或受到了突变因素的影响，不具有净化废水的正常能力。而在完全混合式曝气池中，由于它的池型构造可使原生废水和活性污泥快速混合，池内各处的水质条件非常均匀，因此优势微型动物比较单一。如果出现了其他优势类群，同样说明此时的污泥处于非正常状态。

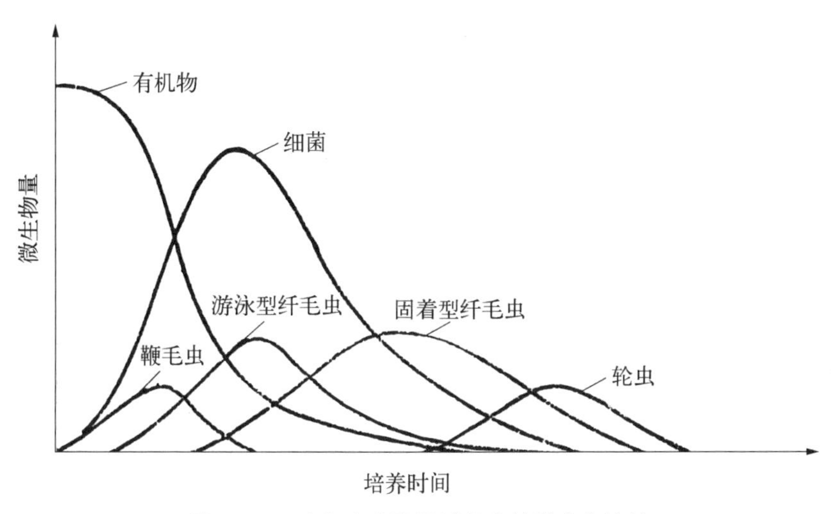

图3-14　有机废水降解过程中的微生物演替

思　考　题

(1) 废水生化处理中主要的微生物类群有哪些？

(2) 什么是菌胶团？其在废水处理中的作用是什么？

(3) 废水生化处理中的微型动物有哪些种类，对废水处理有什么作用？

第 4 章　废水生化处理原理

从前面的介绍我们知道，自然环境（土壤和水体）中存在着大量微生物，它们具有氧化分解有机物并将其转化为无机物的巨大能力。水的生物化学处理法就是在人工创造的有利于微生物生命活动的环境中，使微生物大量繁殖，提高微生物氧化分解有机物效率的一种水处理方法。它主要用于去除污水中溶解性和胶体性有机物，降低水中氮、磷等营养物的含量。生物化学处理法分为好氧和厌氧两大类，分别利用好氧微生物和厌氧微生物分解有机物。根据生物化学处理的工艺过程不同，又可分为悬浮生长系统和附着生长系统两种。悬浮生长系统是使微生物群体在处理设备内呈悬浮状态生长，并和污水接触使之净化的方法；附着生长系统是使微生物附着在某些惰性介质上呈膜状生长，污水通过膜的表面得到净化的方法。生物化学处理具有投资省、运转费用低、处理效果好、操作简单等优点，在城市污水和工业废水的处理中得到广泛的应用。

4.1　普通活性污泥法概述

在当前污水处理技术领域，活性污泥法是处理有机废水的最基本方法，也是应用最广泛的技术之一，普遍应用于城市污水和各种工业废水的处理。

自 1914 年英国曼彻斯特建成试验场以来，活性污泥法至今已有一百多年的历史。经过不断发展，特别是近几十年来，活性污泥法在生物学、反应动力学的理论和实践上都取得了长足的发展，出现了多种能够适应各种条件的工艺流程。当前，活性污泥法已成为生活污水、城市污水以及工业有机废水处理的主体工艺。

活性污泥法从本质上分析与天然水体（江、湖）的自净过程相似，两者都为好氧生物处理，只是它的净化强度大，可以认为活性污泥法实质上是天然水体自净作用的人工化和强化。

4.1.1　活性污泥的概念和基本工艺流程

1912 年英国人克拉克（Clark）和盖奇（Gage）发现，对生活污水长时间曝气会产生沉淀物，同时水质会得到明显的改善。随后，阿尔敦（Arden）和罗开特（Lockett）对这一现象进行了深入研究，结果表明，这些沉淀污泥对污水处理具有重要作用，他们把它称为活性污泥。把曝气后的废水静止沉淀，只倒去上层净化清水，留下瓶底污泥，供第二天使用，这样大大缩短了废水处理的时间。这个试验的工艺化进展就是于 1914 年建成的第一个活性污泥法污水厂。

在显微镜下观察这些褐色的絮状污泥，可以见到大量的细菌、真菌、原生动物和后生动物，它们组成了一个特有的生态系统。正是这些微生物（主要是细菌）以废水中的有机物为食料，进行代谢和繁殖，才降低了废水中有机物的含量。所谓普通活性污泥法就是利用这些悬浮生长的微生物处理有机废水的一类好氧生物处理方法。在实际工艺中，要使活性污泥法形成一个实用的处理方法，污泥除了有氧化和分解有机物的能力外，还要有良好的凝聚和沉降性能，以使活性污泥能从混合液中分离出来，得到澄清的出水。

废水在经过沉砂、初沉等工序进行一级处理，去除了大部分悬浮物和部分 BOD 后即进入一个人工建造的池子，池子犹如河道的一段，池内有无数能氧化分解废水中有机污染物的微生物。与天然河道相比，这一人工的净化系统效率极高，大气的天然复氧根本不能满足这些微生物氧化分解有机物的耗氧需要，因此在池中设置了鼓风曝气或机械翼轮曝气的人工供氧系统，池子也因此称为曝气池。

废水和回流的活性污泥一起进入曝气池形成混合液。曝气池是一个生物反应器，通过曝气设备充入空气，空气中的氧溶入混合液，进行好氧代谢反应。曝气设备不仅传递氧气进入混合液，而且使混合液得到足够的拌搅而呈悬浮状态，这样，废水中的有机物、氧气与微生物能充分接触和反应。随后混合液流入沉淀池，混合液中的悬浮固体在沉淀池中沉下来与水分离。流出沉淀池的就是净化水。沉淀池中的污泥大部分回流，称为回流污泥。回流污泥的目的是使曝气池内保持一定的悬浮固体浓度，也就是保持一定的微生物浓度。曝气池中的生化反应引起了微生物的增殖，增殖的微生物量通常从沉淀池中排除，以维持活性污泥系统的稳定运行。这部分污泥称为剩余污泥。剩余污泥中含有大量活的微生物，排入环境前应进行处理。

普通活性污泥法工艺流程如图 4 - 1 所示。

曝气池中污泥浓度一般控制在 2～3 g/L，废水浓度高时采用较高数值。废水在曝气池中的停留时间常采用 4～8 h，视废水中有机物浓度而定。回流污泥量约为进水流量的 25%～50%，视活性污泥浓度而定。

曝气池中水流是纵向混合的推流式。在曝气池前端，活性污泥与刚进入的废水相接触，有机物浓度相对较高，即供给污泥微生物的食料较多，所以微生物生长一般处于生长曲线的对数生长后期或稳定期。由于普通活性污泥法曝气时间比较长，当

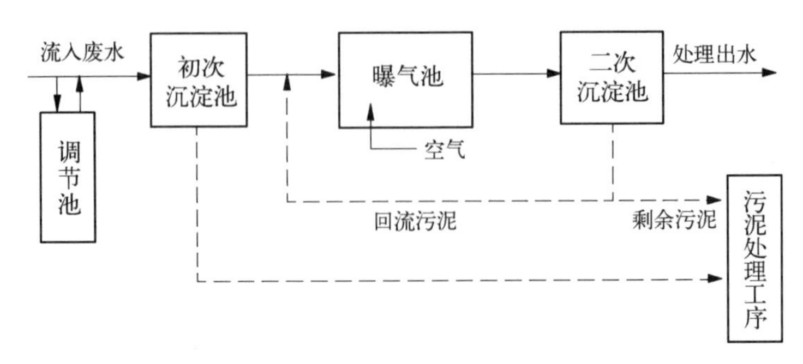

图 4-1 普通活性污泥法工艺流程

活性污泥继续向前推进到曝气池末端时，废水中的有机物已几乎耗尽，污泥微生物进入内源代谢期，它的活动能力也相应减弱，因此在沉淀池中容易沉淀，出水中残剩的有机物数量少。处于饥饿状态的污泥回流入曝气池后又能够强烈吸附和氧化有机物，所以普通活性污泥法的 BOD 和悬浮物去除率都很高，达到 90%～95%。

4.1.2 活性污泥处理法的过程特征

活性污泥法是以活性污泥为主体，利用好氧菌氧化分解污水中有机物质的污水生物处理技术，其净化过程可分为吸附、代谢、固液分离三个阶段。这三个阶段的特点如下。

(1) 吸附和吸收　废水中悬浮状态污染物首先被吸附在活性污泥的黏质层上，吸附后大分子有机物被水解成小分子物质，小分子有机物能被微生物选择性地吸收，进入微生物体内。吸附和吸收是一个快速的初期处理过程。对于含悬浮状态和胶态有机物较多的废水，这一过程不仅时间短而且去除率也相当高。往往在10～40 min 内，*BOD* 可下降 80%～90%。此后，下降速度迅速减缓。随后由于胞外水解酶将吸附的非溶解性有机物水解成溶解性小分子，部分有机物又进入水中，使得 *BOD* 上升。活性污泥微生物进入营养过剩的对数增长期，污水中存活着大量的游离细菌，也促使 *BOD* 值上升。随着反应的持续进行，有机物浓度下降，*BOD* 值缓慢下降(见图 4-2)。

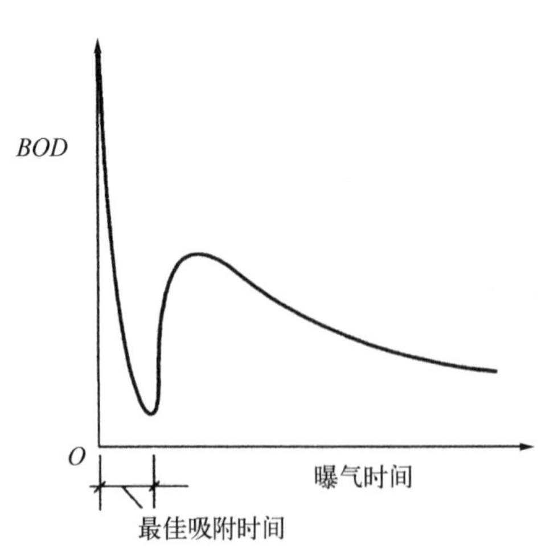

图 4-2 废水中胶体有机物的去除过程

对活性污泥的吸附机理曾做过大量试验研究，较多的研究者认为是物理吸附和生物吸附的综合作用，可用 Freundlich

模型或如下数学式描述吸附等温线：

$$\frac{ds}{dx}=ks \tag{4-1}$$

式(4－1)中，s 为废水中底物浓度，用 BOD_5表示；x 为活性污泥混合液的悬浮固体浓度($MLSS$)；k 为一次反应常数或称初期去除常数。

(2) 有机物分解和菌体合成　吸收进入细胞体内的污染物通过微生物的代谢反应而降解，经过一系列中间状态氧化为最终产物 CO_2 和 H_2O，在此过程中微生物获得增长，活性污泥重新获得吸附和吸收能力。

(3) 凝聚和沉淀　一些细菌具有凝聚性能；有些细菌在生长过程中能将体内积聚的碳源物质释放到液相，使细菌相互凝聚，形成絮体；原生动物释放的含碳黏性物质也会促使凝聚发生。在凝聚沉淀的过程中，还可将生物不能分解的其他污染物夹带沉淀而去除。如果处理水挟带生物体，出水 BOD 和 SS 将增大，造成污泥流失，直接影响出水水质和曝气池的工况。

4.2　普通活性污泥法的工艺流程

4.2.1　阶段曝气法

普通活性污泥法(conventional activated sludge)在实际运行中会出现所供的氧不能充分利用的现象，因为在曝气池前端废水水质浓度高、污泥负荷高、需氧量大，而后端则相反，但空气往往沿池长均匀分布，这就造成前端供氧量不足、后端供氧量过剩的情况(见图 4－3)。因此，在处理同样水量时，与其他类型的活性污泥法相比，曝气池相对庞大、占地多、能耗费用高。阶段曝气法(step-feed activated sludge，SFAS)也称为多点进水活性污泥法，它是普通活性污泥法的一个简单的改进，可克服普通活性污泥法供氧与需氧不平衡的矛盾。图 4－3 表示了普通活性污泥法与阶段曝气法曝气池中供氧量和需氧量之间的关系。

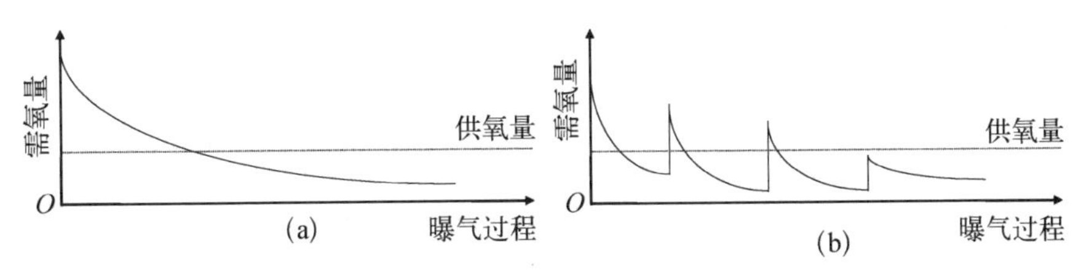

图 4－3　曝气池中供氧量和需氧量之间的关系

(a) 普通活性污泥法；(b) 阶段曝气法

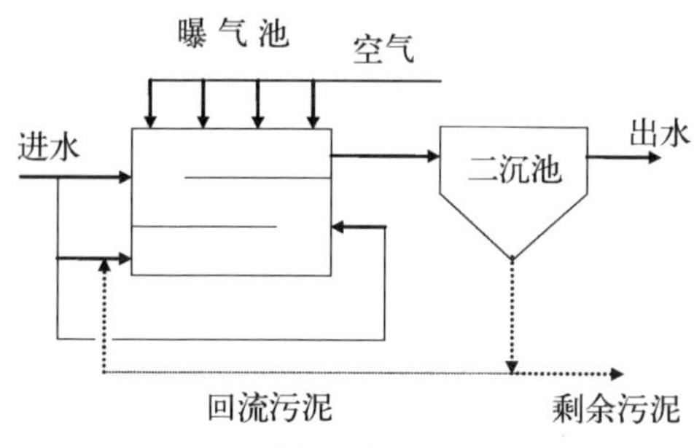

图 4-4　阶段曝气法的工艺流程

阶段曝气法的工艺流程如图 4-4 所示。从图中可见，阶段曝气法中废水沿池长方向多点进入，这样使有机物在曝气池中的分配较为均匀，从而避免了前端缺氧、后端氧过剩的弊病，提高了空气的利用效率和曝气池的工作能力，并且由于容易改变各个进水口的水量，在运行上也有较大的灵活性。经实践证明，曝气池容积与普通活性污泥法比较可以缩小 30%左右，但出水水质较普通活性污泥法略差。

4.2.2　渐减曝气法

克服普通活性污泥法曝气池中供氧、需氧不平衡的另一个改进方法是将曝气池的供氧沿活性污泥推进方向逐渐减少，这即为渐减曝气法(tapered aeration)。该工艺曝气池中有机物浓度随着向前推进不断降低，污泥需氧量也不断下降，曝气量相应减少，如图 4-5 所示。

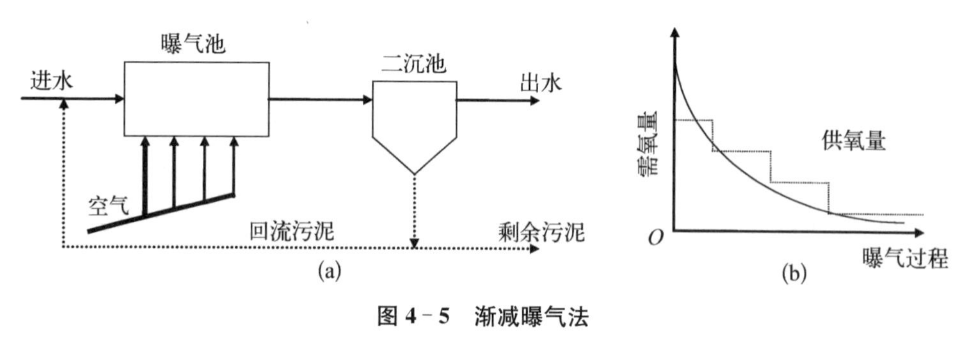

图 4-5　渐减曝气法

(a) 工艺流程；(b) 曝气池中供氧量和需氧量之间的关系

4.2.3　吸附再生活性污泥法

吸附再生活性污泥法又称为生物吸附活性污泥系统或接触稳定法(contact stabilization activated sludge, CSAS)。该方法于 20 世纪 40 年代在美国首先使用，其主要特点是将活性污泥对有机污染物降解的两个过程，吸附与代谢稳定，分别在各自的反应器内进行。图 4-6 所示为这一工艺的基本流程。

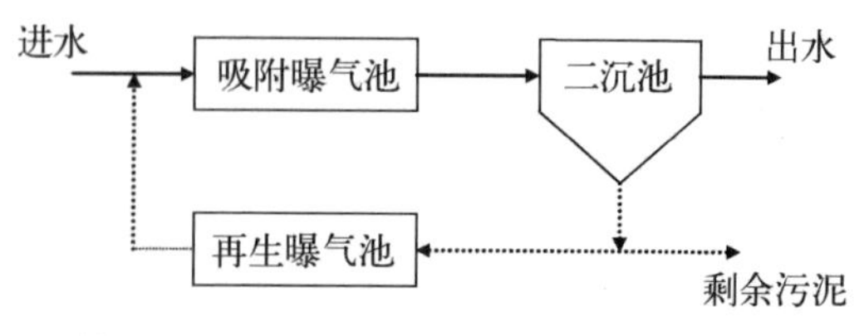

图 4-6　吸附再生活性污泥法的工艺流程

曝气池被一隔为二,废水在曝气池的一部分——吸附池内停留数十分钟,活性污泥同废水充分接触,废水中有机物被污泥所吸附,随后进入二沉池,此时出水已达到很高的净化程度。泥水分离后的回流污泥再进入曝气池的另一部分——再生池,池中曝气但不进废水,使污泥中吸附的有机物进一步氧化分解。恢复了活性的污泥随后再次进入吸附池与新进入的废水接触,并重复以上过程。

为了更好地吸附废水中的污染物质,吸附再生活性污泥法所用的回流污泥量比普通活性污泥法多,回流比一般为 50%～100%。与传统活性污泥法相比,吸附池和再生池的总容积比普通活性污泥法曝气池小得多,因此减少了占地,降低了造价。本工艺对水质和水量的冲击负荷具有一定的承受能力。当在吸附池内的污泥遭到破坏时,可由再生池内的污泥予以补救。它的缺点是去除率较普通活性污泥法低,尤其是对含溶解性有机物较多的工业废水(活性污泥对溶解性有机物的初期吸附作用效果较差),处理效果不理想。

4.2.4　完全混合活性污泥法

完全混合活性污泥法(completely mixed activated sludge, CMAS)的流程和普通活性污泥法相同,但废水和回流污泥进入曝气池时,立即与池内原先存在的混合液充分混合。根据构筑物的曝气池和沉淀池合建或分建的不同可分成两种类型。其流程如图 4-7 所示。

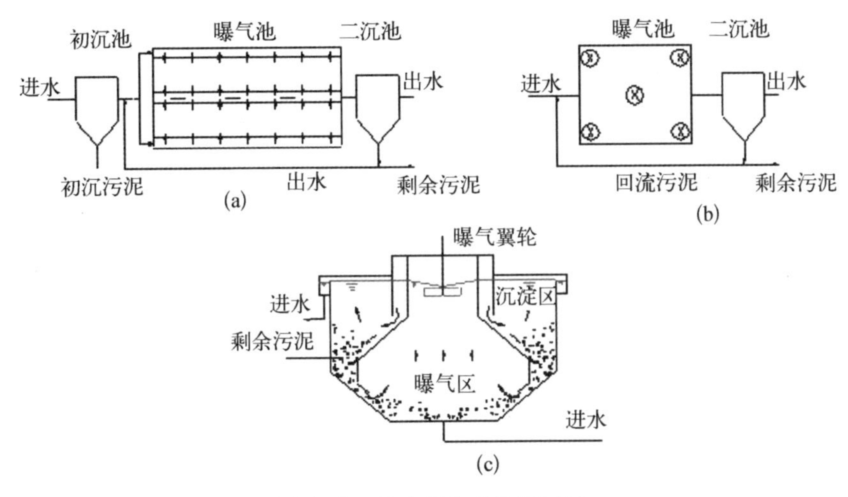

图 4-7　完全混合活性污泥法

(a) 采用扩散空气曝气器的完全混合活性污泥法工艺流程;(b) 采用机械曝气器的完全混合活性污泥法工艺流程;(c) 合建式圆形曝气沉淀池

完全混合活性污泥法与前面几种工艺不同之处在于整个处理系统中污泥微生物处于完全相同的负荷之中。完全混合活性污泥法曝气池的出水实际上近似于废水进入曝气池后，泥水混合液经沉淀后的上清液。在进水的流量及浓度均不变的条件下系统的负荷也不变，微生物生长往往处于生长曲线对数生长期的某一点，微生物的代谢速率甚高。因此废水水力停留时间往往较短，系统的负荷较高，构筑物的占地较省。此方法适用于处理工业废水，特别是浓度较高的有机废水。

完全混合活性污泥法为了要维持系统高速率的运行，使微生物处于对数生长期内，混合液中的基质即废水中的有机污染物往往未完全降解，导致出水水质较差，系统的BOD、COD去除率往往低于同种废水其他工艺的出水。由于曝气池中底物浓度低，较易发生丝状菌过量生长的污泥膨胀等运行问题。

4.2.5　批式活性污泥法

批式活性污泥法(sequencing batch reactor, SBR)起源于1893年的所谓间歇式充排(fill-and-draw)系统。20世纪80年代后，随着人们对其研究的增多，SBR法的生化动力学及工艺上的优越性得到了发掘，出现了许多新型的SBR衍生工艺，SBR法在国内外得到了越来越广泛的应用。我国第一座SBR废水处理设施诞生在上海吴淞肉联厂。

1) SBR工艺运行的五个阶段

SBR法的工艺特点是将曝气池和沉淀池合而为一，生化反应呈分批进行，基本工作周期可由进水、反应、沉降、排水和闲置五个阶段组成(见图4-8)。

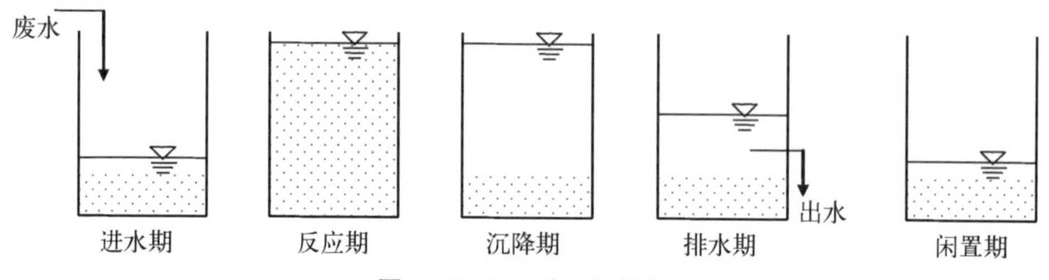

图4-8　SBR法运行操作

(1) 进水期　指从反应器开始进水至到达反应器最大容积时的一段时间。在此期间反应器的运行可分为三种情况：曝气(好氧反应)、搅拌(厌氧反应)及静置。在曝气的情况下有机物在进水过程中已经开始大量氧化，在搅拌的情况下则抑制好氧反应。运行时可根据不同微生物的生长特点、废水的特性和要达到的处理目标，采用非限制曝气、半限制曝气和限制曝气方式进水。

(2) 反应期　可根据反应的目的决定进行曝气或搅拌，即进行好氧反应或厌氧反应。在反应阶段通过改变反应条件，不仅可以达到有机物降解的目的，而且可以取得脱氮、除磷的效果。例如为达到脱氮的目的，通过好氧反应(曝气)进行有机物氧化、氨氮硝化，然后通过厌氧反应(搅拌)实现反硝化脱氮。

(3) 沉淀期　沉淀的目的是固液分离，本工序相当于二沉池，停止曝气和搅拌，使污泥絮体和上清液分离。由于在沉淀时反应器内是完全静止的，沉淀效率更高。沉淀过程时长为0.5～1 h，甚至可能达到2 h。随着测量仪器的发展，已经可自动监测污泥混液面，因此可根据污泥沉降性能而改变沉淀时间。

(4) 排水期　排水的目的是从反应器中排除污泥的澄清液，该水位离污泥层还要有一定的保护高度。反应器底部沉降下来的污泥大部分作为下一个周期的回流污泥，过剩的污泥可在排水阶段排除，也可在待机阶段排除。SBR排水一般采用滗水器。滗水所用的时间由滗水能力来决定，一般不会影响下面的污泥层。现在也可在沉淀的同时就开始滗水，这样就把沉淀和滗水两个阶段融合在一起。

(5) 闲置期　沉淀之后到下个周期开始的期间称为闲置期。活性污泥在此阶段进行内源呼吸，反硝化细菌亦可利用内源碳进行反硝化脱氮。闲置期的长短由原水流量决定。

排除剩余污泥是SBR运行中另一个重要步骤，它并不作为五个基本过程之一，这是因为排放剩余污泥的时间不确定。与传统的连续运行系统一样，排除剩余污泥的量和频率由运行要求决定。在一个SBR的运行过程中，剩余污泥排放通常在沉淀期或闲置期。SBR系统的一致特点是不需回流系统，这就减少了机械设备和有关控制系统。

与传统活性污泥工艺相比较，SBR具有下述特点：构造简单，投资节省，无需二沉池、回流装置和调蓄池等设施，特别适合于乡村地区或仅设常日班的工厂的废水处理系统；活性污泥性状好、较少发生污泥膨胀，污泥产率低；脱氮除磷效果好；生化反应推动力大，速率快、效率高，出水水质好；应用电动阀、液位计、自动计时器及可编程序控制器等自控仪表，使本工艺过程实现全部自动化的操作与管理。

2) SBR工艺的发展及其主要的变形工艺

SBR工艺在设计和运行中，根据不同的水质条件、使用场合和出水要求，有了许多新的变化和发展，产生了许多新的变形。现介绍其中几种主要工艺。

(1) ICEAS工艺　ICEAS(intermittent cyclic extended aeration system)工艺的全称为间歇循环延时曝气活性污泥工艺(见图4-9)。此工艺是澳大利亚新南威尔士大学与美国ABJ公司于1968年合作开发的。1987年，澳大利亚昆士兰大学联合美国、南非等地的专家对该工艺进行了改进，使之具有脱氮除磷的良好效果，并使废水达到三级处理的要求。该工艺目前已成为电脑控制系统非常先进的废水生物脱氮处理工艺。在日本、美国、加拿大、澳大利亚等地得到广泛应用，目前全球已建成投产的有700座左右。

ICEAS的最大特点是在反应器的进水端增加了一个预反应区，运行方式为连续进水(沉淀期和排水期仍保持进水)，间歇排水。

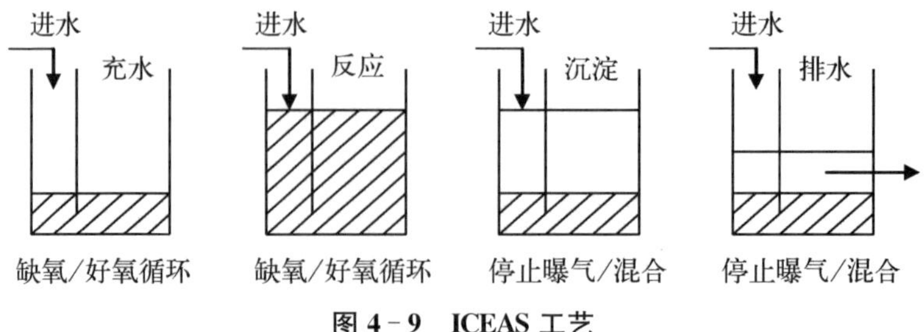

图 4-9　ICEAS 工艺

ICEAS 的优点是：① 当主反应区处于停滞搅拌状态进行反硝化时，连续进水的污水提供反硝化所需的碳源，从而提高了脱氮效率；② 由于连续进水，配水稳定，简化了操作程序；③ 现在的 SBR 处理系统可较容易地改造成这种运行方式。

ICEAS 的主要缺点是：由于进水贯穿于整个运行周期的各个阶段，在沉淀期时，进水会在主反应区底部造成水力悸动而影响泥水分离效果，因而进水量受到一定限制。

(2) CASS(CAST，CASP)工艺　CASS(cyclic activated sludge system)、CAST (cyclic activated sludge technology)或 CASP(cyclic activated sludge process)工艺是循环式活性污泥法的简称。该工艺的前身为 ICEAS 工艺，由 Goronszy 教授开发，并分别在美国和加拿大获得专利。CASS 整个工艺为间歇式反应器，在此反应器中进行交替的曝气-不曝气过程的不断重复，将生物反应过程及泥水分离过程结合在一个池子中完成。

作为 SBR 工艺的一种变形，在 CAST 系统中污水按一定的周期和阶段得到处理，每一循环由下列阶段组成并不断重复：① 充水/曝气；② 充水/沉淀；③ 撇水；④ 闲置。循环开始时，由于充水，池子中水位由某一最低水位开始上升，在经过一定时间的曝气和混合后停止曝气，以使活性污泥进行絮凝并在一个静止的环境中沉淀。在完成沉淀阶段后，由一个移动式撇水堰排出已处理过的上清液，使水位下降至池子所设定的最低水位。然后再重复上述全过程。

为保持池子中有一个合适的污泥浓度，需要根据产生的污泥量排出剩余污泥。排除剩余污泥一般在沉淀阶段结束后进行，排出的污泥浓度可达 10 g/L，因此排出的剩余污泥体积较小。

CAST 系统(见图 4-10)的组成包括选择器、厌氧区、主反应(曝气)区、污泥回流/剩余污泥排放系统和撇水装置。选择器设在池首(第一区域)，其最基本的功能是防止污泥膨胀。在此选择器中，污水中溶解性有机物质能通过生物作用得到迅速去除，回流污泥中的硝酸盐也可在此选择器中得以反硝化。选择器可以恒定容积也可以可变容积运行，多池系统的进水配水池也可用作选择器。厌氧区设置在池子的第二区域中，主要是创造过量生物除磷的条件。池子的第三区域为主曝气区，主要进行 BOD 降解和硝化/反硝化过程。

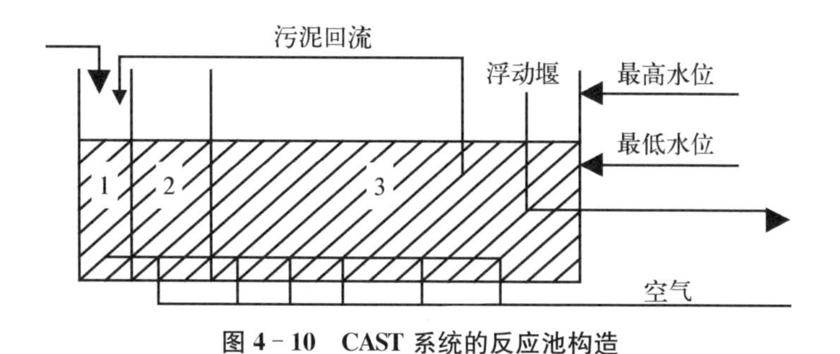

图 4-10 CAST 系统的反应池构造

1—选择器；2—厌氧区；3—主反应区

污泥回流/剩余污泥排放系统设在池子的末端，采用潜水泵。在潜水泵吸水口上设置一根带有狭缝的短管，污泥通过此潜水泵不断地从主曝气区抽送至选择器中，污泥回流量约为进水量的 20%。撇水装置也设在池子末端，采用由电机驱动、可升降的排水堰，撇水装置及其他 CAST 操作过程如溶解氧和排泥等均实行中央自动控制。

为了处理连续进水，CAST 系统一般设两个池子，运行方式为第一个池进行沉淀和撇水过程的同时，第二个池进行曝气过程，反之亦然。为避免充入池子的进水通过短流影响处理水质量，在 CAST 系统执行撇水的过程中一般需中断充水。

出现短时间的水量冲击时，池子的水位由最低水位一直升到最高水位，从而避免了污泥的流失。当进水出现长时间高峰流量(如降雨等)时，CAST 系统的操作就从正常循环自动转换到高峰流量循环，以适应来水情况。在此操作方式中，撇水频度增加，整个过程可以由控制软件自动执行。

(3) UNITANK 工艺　针对传统活性污泥法有向一体化发展的趋势，比利时 SEGHERS 环境工程集团公司于近年来设计出一种新型一体化活性污泥法，是 SBR 的变形和发展。它的运行工况与三沟式氧化沟相似，为连续进水、连续出水的处理工艺。随着工艺的发展，UNITANK 系统有单级和多级之分。单级 UNITANK 工艺主要有两种运行方式，即单级好氧处理系统与脱氮除磷处理系统。

如图 4-11 所示，UNITANK 工艺外形为一矩形池体，里面均匀分隔为 3 个相等的长方形单元池(A、B、C)，相邻单元池之间以开孔的公共墙分隔，以便相互贯通。在 3 个单元池中均设置曝气装置，其中 A 池和 C 池具有双重功能：既曝气同时也可沉淀，并设溢流堰以实现出水排放。

UNITANK 工艺的最大优点是时间循环和交替运行，可变的水力设计使得进水点与出水点的位置相当容易相互对调，污水可从两个外单元池溢流堰排出。交

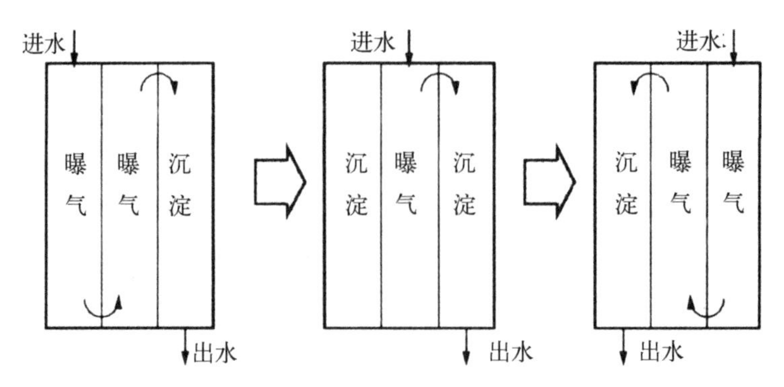

图 4-11 UNITANK 系统流程示意图

替运行具有如下特点：① 无须另设二次沉淀池；② 无须设置污泥回流；③ 固液分离几乎在完全静止的条件下进行，能够保证分离效率；④ 依靠吸附与再生能够有效地抑制污泥膨胀；⑤ 可以通过系统厌氧好氧时段的调节实现脱氮除磷；⑥ 容易实现自动控制；⑦ 设计紧凑，占地面积少。

UNITANK 工艺构筑物结构紧凑，没有单独的二沉池及污泥收集和回流系统，系统在恒水位下运行，水力负荷稳定，可使用表面曝气机械，还省去价格昂贵的滗水器，出水堰的构造更加简单。国内的唐山北郊污水处理厂、苏州开发区污水厂等单位采用的是该工艺。

(4) MSBR 工艺　改良式序列间歇反应器（modified sequencing batch reactor，MSBR）是根据 SBR 的技术特点，结合传统活性污泥法技术，研究开发的一种更为理想的污水处理系统。MSBR 无须设置初沉池和二沉池，且在恒水位下连续运行。采用单池多格方式，无须间断流量，还省去了多池工艺所需的更多的连接管、泵和阀门。

如图 4-12 所示典型的 MSBR 反应器为一矩形水池，用隔墙将整个反应器分隔成几个区域。一般分成缺氧区（有脱氮要求时）、主曝气区、SBR 池（两个）和污泥浓缩区等。污水连续进入缺氧区、主曝气区，然后进入 SBR 池，两个 SBR 池交替充当沉淀区，轮换运行。假定 SBR 池 A 沉淀出水，则 SBR 池 B 按缺氧、好氧和静止沉淀等时段进行序批反应，同时将污泥回流到缺氧区。混合液回流到污泥浓缩区，其中上清液进入主曝气区，浓缩污泥进入缺氧区与污水混合使得聚磷菌进行释磷，在好氧区有硝化液回流以实现脱氮。另外，在 SBR 池内进行缺氧搅拌也有脱氮功能。半个周期结束后，池 A 和池 B 的功能交换，剩余污泥在沉淀出水的后期排放。SBR 系统采用空气堰控制出水，可有效控制出水悬浮物。MSBR 增加了低水头、低能耗的回流设施，既有污泥回流又有混合液回流，从而极大地改善了系统中各个单元的 MLSS 的均匀性，特别是增加了连续运行单元的 MLSS 浓度。同时，MSBR 系统能进行不同配置的设计和运行，以达到不同的处理目的。

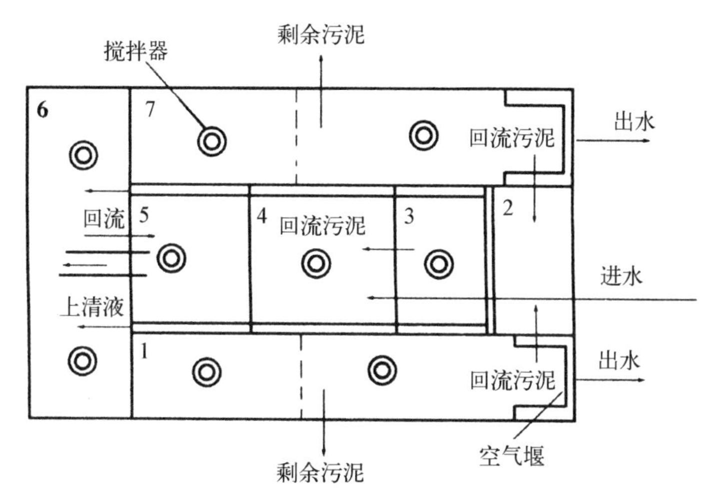

图 4-12 MSBR 法工艺流程图

1—曝气、沉淀池(SBR);2—污泥浓缩池;3,5—缺氧池;
4—厌氧池;6—好氧池;7—好氧、沉淀池(SBR)

MSBR 工艺经生产性运行考察,其特点为:MSBR 系统的空间利用率高,其反应停留时间可达到总反应时间的 76%;出水水质稳定,即使在高负荷率下也能够获得良好的出水水质;具有特别良好的除磷效果;与 UNITANK 工艺相比由于设置了污泥回流系统,因此改善了反硝化条件,保证了高效脱氮效果。但由于 MSBR 池子多,工艺较复杂,设备繁多,空置率较高,不利于运行管理,土建和设备投资费用较大。

4.2.6 吸附生物氧化法

吸附-生物降解工艺(adsorption biodegradation, AB)是 20 世纪 70 年代德国亚琛工业大学布·伯恩凯教授为解决传统的二级生物处理法——初沉池+活性污泥曝气池存在的去除难降解有机物和脱氮除磷效果差及基建运行费用高等问题,在两段活性污泥法和高负荷活性污泥法基础上开发的新型污水处理工艺。在 20 世纪 80 年代用于生产实践。其工艺流程如图 4-13 所示。

AB 法在工艺流程和运行控制方面主要有如下特点。

(1) AB 法属于两段活性污泥法范畴,但通常不设初沉池,以便充分利用活性污泥的吸附作用。

(2) A 级和 B 级的污泥回流是截然分开的,因而在两级中具有组成和功能均不相同的微生物种群。

(3) A 级以极高负荷运行,其污泥负荷率 N_s 大于 2.0 kgBOD/kgMLSS · d,水力停留时间为 0.5 h 左右,对不同进水水质,A 级可选择以好氧或缺氧方式运行;B 级则以低负荷运行,其污泥负荷率 N_s 小于 0.3 kgBOD/kgMLSS · d。

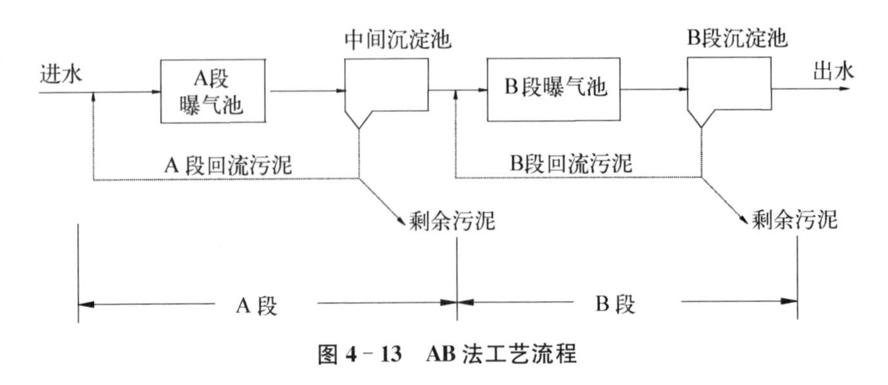

图 4-13 AB 法工艺流程

(4) A 段因负荷高,活性污泥微生物大多呈游离状,代谢活性强,并具有一定的吸附能力;B 段负荷则较低,主要发挥微生物的生物降解作用,因此经 B 段处理后出水达到较好的水平。

AB 法的优点是总的反应池容积小,造价低,能耐冲击负荷,并能保证出水水质的稳定,是一种很有前途的方法,并可广泛用于老的污水厂改造,能扩大处理能力、提高处理效果。AB 法在国内外得到较广泛应用。中国青岛海泊河污水处理厂采用该技术,于 1995 年投产,日处理量为 8 万吨。

4.2.7 延时曝气活性污泥法

延时曝气活性污泥法(extended aeration activated sludge, EAAS)又称完全氧化活性污泥法,20 世纪 50 年代初在美国开始应用,为长时间曝气的活性污泥法。主要特点是采用低负荷方式运行,去除率高,曝气时间较长(一般在 24 小时以上),污泥量少且稳定;一般都会有硝化反应发生。此外,该工艺还具有水质稳定性高,对原污水水质和水量变化有较强适应性等特点。适合于处理对水质要求高,而且又不宜采用污泥处理的小型污水处理厂和工业废水处理厂,一般水量小于 1 000 m^3/d。

该工艺的主要缺点是曝气时间长,池容大,基建费和运行费用高,占地面积大,运行时曝气池内的活性污泥易产生部分老化现象而导致二沉池出水飘泥。

4.2.8 氧化沟

氧化沟(oxidation ditch)又称为连续环式曝气池,它是由荷兰卫生工程研究所在 20 世纪 50 年代研制成功的。这是活性污泥法的一种改型,属延时曝气的一种特殊形式。它把连续环式反应池用作生物反应池,污泥混合液在该反应池中以一条闭合式曝气渠道进行连续循环。与传统活性污泥法相比,氧化沟构造多样化,运行灵活;在流态上,氧化沟介于完全混合与推流之间,污水在氧化沟渠道内循环流动,水平流速为 0.3~0.4 m/s;氧化沟的工艺流程简单,构筑物少,运行管理方便。

氧化沟通常在延时曝气条件下使用,污水停留时间较长,污泥负荷较低,处理强度大；由于曝气装置只设置在氧化沟的局部区段，离曝气机不同距离处形成好氧、缺氧以及厌氧区段，故可具有反硝化脱氮的功能；耐冲击负荷，适应性强；污泥产量较少，污泥高度稳定，无须消化；动力消耗较低，在采用转刷曝气时，噪声亦极小。

1）卡罗塞尔(Carrousel)氧化沟系统

目前常用的卡罗塞尔(Carrousel)氧化沟系统如图4-14所示，是20世纪60年代末由荷兰DHV公司开发，卡罗塞尔氧化沟是由多个串联氧化沟、二次沉淀池及污泥回流系统组成。

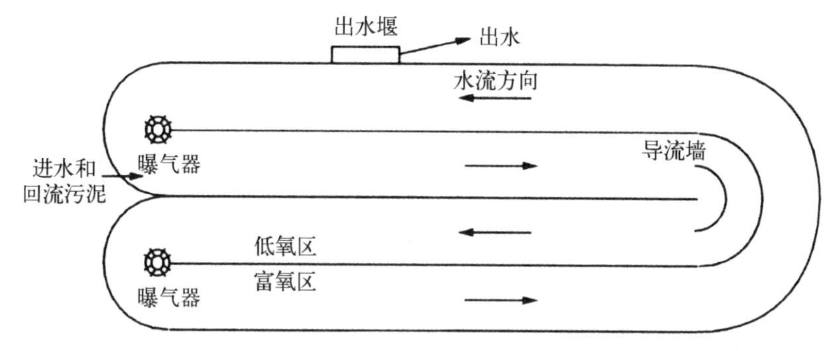

图4-14　标准卡罗塞尔氧化沟

卡罗塞尔氧化沟在国内外应用广泛，规模从日处理几百吨到几十万吨，有机物去除率达到95%以上，脱氮效果为90%，除磷率为50%。我国昆明兰花沟污水处理厂、桂林东区污水处理厂都是采用该工艺。

2）奥贝尔(Orbal)氧化沟

奥贝尔氧化沟由多个呈椭圆形或圆形的同心沟渠组成，如图4-15所示，这种氧化沟系统多用三层沟渠，最外层容积最大，三沟的容积分配为：外沟1/2，中沟1/3，内沟1/6。是一类兼具脱氮除磷功能的新型氧化沟。奥贝尔氧化沟的工艺流

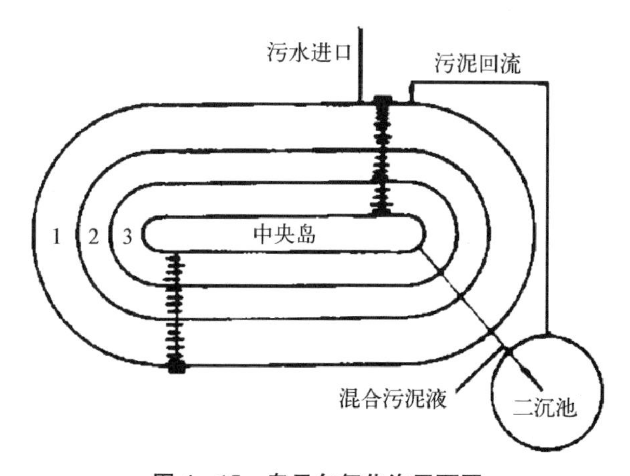

图4-15　奥贝尔氧化沟平面图

程简单，基建费用较低，运行管理简便，操作管理灵活；耐高浓度、高流量和冲击负荷的能力强，处理效率稳定可靠；溶解氧浓度从外沟到内沟依次为 0、1 mg/L 和 2 mg/L，呈梯度分布，能够实现脱氮除磷的需要，并且可提高氧传递效率，节省能耗，有效地防止污泥膨胀，尤其适合于中小型污水处理厂。目前已有 300 余套奥贝尔氧化沟装置运行。

4.2.9 纯氧曝气工艺

纯氧曝气工艺(high purity oxygen activated sludge, HPOAS)是以纯氧代替空气曝气，曝气池密闭，以提高供氧效率和有机物降解效率(见图 4-16)。其优点是溶解氧饱和值较高，氧传递速率快，氧的利用率可达到 80%～90%；生物处理的速度得以提高，因此曝气时间短，仅为 1.5～3.0 h，污泥浓度为 4 000～8 000 mgMLSS/L，能够提高曝气池的容积负荷；污泥性状好，不易发生污泥膨胀，剩余污泥量少。其缺点是纯氧制备过程较复杂，易出故障，运行管理较麻烦；曝气池密封，又对结构的要求高；进水中混有的易挥发性的碳氢化合物容易在密闭的曝气池中积累，因此容易引起爆炸，故曝气池必须考虑防爆措施；生成的 CO_2 也使气体中 CO_2 分压上升，溶解于液体，并导致 pH 值下降，妨碍生物处理的正常运行，会影响处理效率。在有现成纯氧供应的工业区内及场地异常紧张的情况下使用该法是合适的。世界上已有多座以纯氧曝气活性污泥法为主体的污水处理厂建成，美国底特律污水处理厂的处理规模达到 230 万吨/天。

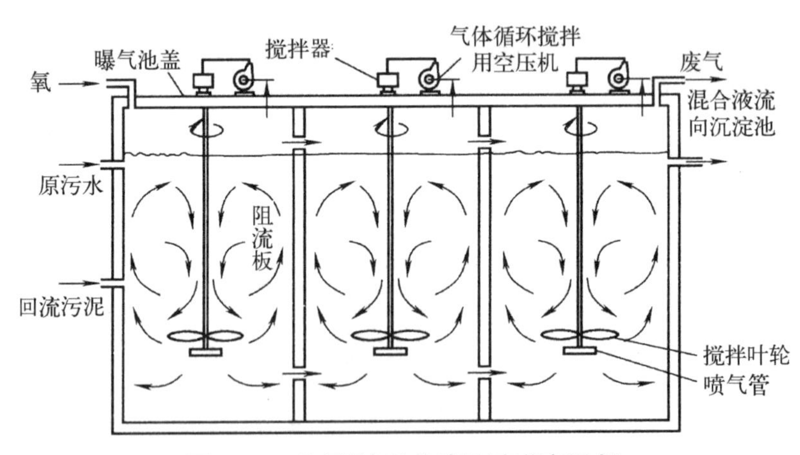

图 4-16 纯氧曝气池构造图(有盖密闭式)

4.2.10 膜生物反应器

膜生物反应器(membrane bioreactor, MBR)是三类反应器的总称，它们分别是：① 膜-曝气生物反应器(membrane aeration bioreactor, MABR)；② 萃取膜生物反应器(extractive membrane bioreactor, EMBR)；③ 膜分离生物反应器(biomass separation membrane bioreactor, BSMBR,简称 MBR)。它是废水生物处理技术和膜分离技术有机结合的一项新技术,膜技术的高效分离取代了活性污泥法中的二次沉淀池,超越了二沉池的泥水分离和污泥浓缩效果,并且使得污泥的泥龄增长,剩余污泥量减少,出水水质提高,特别是对悬浮固体、病原细菌和病毒的去除尤为显著。该技术对生活用水的处理可以达到杂用水标准,为缺水地区的水资源重复利用提供了可靠的新方法。

首次报道膜处理技术是 1969 年美国的 Dorr-Oliver 公司,他们将活性污泥法和超滤工艺结合处理城市污水。在与膜分离技术结合中,采用活性污泥法较多。传统活性污泥法设计和运行的若干关键性问题在 MBR 工艺中仍然十分重要,如水力负荷、有机负荷、微生物浓度、曝气时间、SRT、HRT、氧传递速率、回流污泥率、pH 值和碱度、溶解氧浓度等。膜分离生物反应器中的膜组件相当于传统生物处理系统中的二沉池,利用膜组件进行固液分离,截流的污泥回流至生物反应器中,透过水外排。常用于 MBR 工艺的膜有微滤膜(MF)和超滤膜(UF)。目前,大多数的 MBR 工艺都采用 0.1～0.4 μm 的膜孔径,这对于以截留微生物絮体为主的活性污泥来讲,完全可以达到目的。膜材质包括有机膜和无机膜,有机膜制造相对便宜,应用广泛,但在运行过程中易污染、寿命短;无机膜的抗污染能力强,寿命长,能在恶劣的环境下使用,但目前制造成本较高,所以难以得到广泛的应用。

按膜组件和生物反应器的相对位置,膜分离生物反应器又可以分为一体式膜生物反应器、分置式膜生物反应器和复合式膜生物反应器三种。一体式 MBR(见图 4-17)根据生物处理的工艺要求,可分为两种组成形式。第一种有两个生物反应器,其中一个为硝化池,另一个为反硝化池。膜组件浸没于硝化反应器中,两池之间通过泵来更新要过滤的混合液。第二种组合最简单,直接将膜组件置于生物反应器内,通过真空泵或其他类型的泵抽吸,得到过滤液。为减少膜面污染,延长运行周期,一般泵的抽吸是间断运行的。

MBR 的能耗比常规活性污泥法(0.3～0.5 $kW \cdot h/m^3$)高,其原因主要是 MBR 过程必须保持一定的膜驱动压力。其次是 MBR 中 *MLSS* 非常高,水中氧的传质效果往往很差,所以 MBR 工艺采用加大曝气量的方式来改善这一状况,因而造成能耗偏高。再者,污染使膜通量迅速降低,必须增大流速,冲刷膜面,减轻膜污染以维持所需要的膜通量。

尽管如此,膜生物反应器技术具有许多其他生物处理工艺无法比拟的明显优势,主要有以下几点。

(1) 能够高效地进行固液分离,分离效果远好于传统的沉淀池,出水水质良

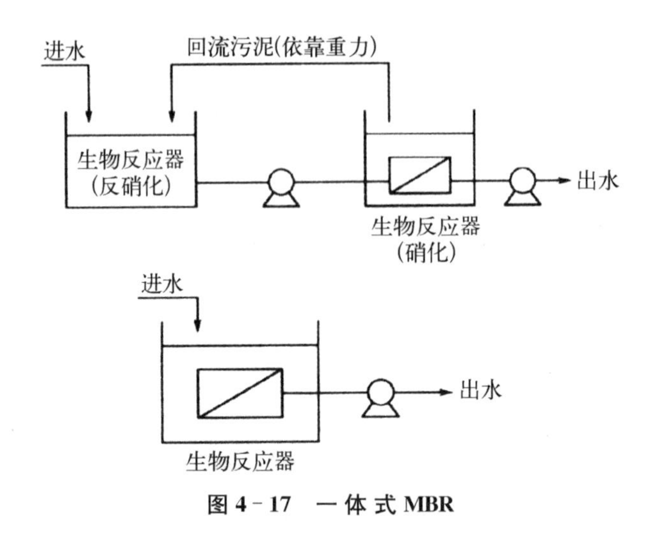

图 4-17 一体式 MBR

好,出水悬浮物和浊度接近于零,可直接回用,实现了污水资源化。

(2) 膜的高效截流作用使微生物完全截留在反应器内,实现了反应器水力停留时间(HRT)和污泥龄(STR)的完全分离,使运行控制更加灵活稳定。

(3) 反应器内的微生物浓度高,耐冲击负荷。

(4) 有利于增殖缓慢的硝化细菌的截留、生长和繁殖;系统硝化效率得以提高。通过运行方式的改变亦可有脱氮和除磷功能。

(5) 泥龄长。膜分离使污水中的大分子难降解成分在体积有限的生物反应器内有足够的停留时间,大大提高了难降解有机物的降解效率。反应器在高容积负荷、低污泥负荷、长泥龄下运行,可以实现基本无剩余污泥排放。

(6) 系统采用计算机控制,可实现全程自动化控制。

(7) 占地面积小,工艺设备集中。

总之,膜生物反应器具有许多其他污水处理方法所不具备的优点,特别是出水水质可以满足目前最严格的污水排放标准,甚至是今后更加严格的排放要求。但是也存在膜污染、膜清洗和膜更换以及能耗高等问题,有待研究解决。

4.2.11 活性污泥法的其他几种运行方式

实际上,活性污泥法有多种不同的分类方法,如按曝气的气源分类,可分为空气曝气、纯氧曝气;按曝气方式分类,可分为射流曝气、鼓风曝气和机械曝气等;此外还有改进运行效果的投料式活性污泥工艺等。

1) 射流曝气工艺

利用射流曝气器充氧的活性污泥法称为射流曝气活性污泥法。它利用射流器吸气的原理,由高速水流经过射流器时挟带空气对水体曝气。根据空气补给的方式,又分为供气式射流曝气(由鼓风机提供压力气源)和自吸式射流曝气(利用射流器直接抽吸外界空气)。前者动力效率较高,可达 1.6～2.2 kgO_2/kW · h(鼓风机 3 mm 穿孔管中层曝气时,动力效率一般为 1.0 kgO_2/kW · h 左右),但鼓风机会产生一定的噪声污染;后者动力效率较低,但也已达到 1.1～2.0 kgO_2/kW · h,同时可免去鼓风机的设置,彻底消除噪声的二次污染。

2) 粉末炭活性污泥法

活性污泥法的各种工艺在运行过程中,最关键之处在于维持活性污泥的活性和凝聚性(沉淀性能)。而活性污泥的凝聚性能极易受进水水质和外界因素的影响,从而导致二沉池出水飘泥等异常现象。此时,在曝气池中投加粉末活性炭、混凝剂或其他化学药剂往往会取得很好的效果,这就是所谓的"投料式"活性污泥法。其中以投加粉末活性炭为多,称为粉末炭活性污泥法(powder activated carbon treatment, PACT)。因粉末活性炭对进水有机物的吸附能力远远强于活性污泥,因此会产生粉末活性炭对进水有机物不断吸附、活性污泥微生物不断对粉末活性炭所吸附的有机物降解的现象。因此,PACT 法具有耐冲击负荷、提高难生物降解有机物的去除能力、较好的脱色效果等特点。另外,PACT 法尚具有改善活性污泥的沉淀性能、减少或抑制污泥膨胀等性能。通过活性污泥的显微镜观测也可以发现,活性炭与活性污泥经过一段时间的接触后,可以很稳定地嵌入活性污泥中。因为所投加的粉末活性炭可以是饱和炭(废炭),故在某些工业废水处理中可以采用这种方法,在取得理想的处理效果的同时,对日常运行费用几乎不产生影响。

4.3　生物膜法

4.3.1　生物膜法概述

19 世纪末,在研究土壤净化污水的过滤田基础上,创造了生物过滤法,并应用于生产。与其后出现的活性污泥法相比,生物膜法的体积负荷和 BOD 去除率都较低,环境卫生条件也较差,处理构筑物易堵,于是在 20 世纪 40—60 年代有逐渐被活性污泥法代替的趋势。但到 60 年代,由于新型合成材料的大量生产和环境保护对水质要求的进一步提高,生物膜法又获得了新的发展。近年来,属于生物膜法的塔式生物滤池、生物转盘、生物接触氧化法和生物流化床得到了较多的研究和应用。这些新工艺与原有的以碎石为填料的生物滤池相比,具有以下优点:① 供氧充分,传质条件好;② 采用轻质塑料填料后构筑物轻巧,填料比表面积大;③ 设备

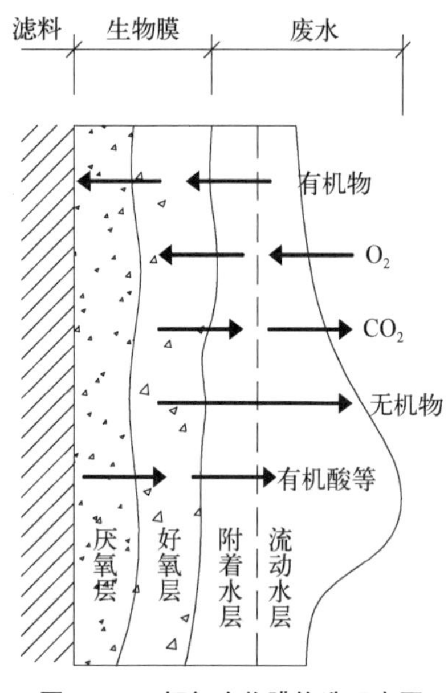

图 4-18　好氧生物膜构造示意图

处理能力强，处理效果好；④ 不生长滤池蝇，气味小，卫生条件好。

与活性污泥法相似，根据供氧情况生物膜法也有好氧法和厌氧法之分。生物膜法与活性污泥法的主要区别在于生物膜或固定生长，或附着生长于固体填料（或称载体）的表面，而活性污泥则以絮体（floc）方式悬浮生长于处理构筑物中。

好氧生物膜的基本构造如图 4-18 所示。

由于大多数细菌可分泌胞外糖类多聚物，使之具有“生物胶水”的作用而黏附生长于载体填料表面，其附着生长于填料上的能力与下列因素有关：① 微生物活性，一般细菌处于对数生长期时分泌黏液多，因此易于附着生长于填料表面；② 载体的电荷，细菌细胞表面带有负电荷，因此带正电荷的填料，如沸石、分子筛等易于附着生长；③ 载体的粗糙度；④ 载体的孔径，活性炭、陶粒等载体具有大小不等的孔，一般孔径为微生物长度的 4～5 倍时为最佳。

生物膜随着时间的增长，微生物数量不断增多，生物膜逐渐加厚，膜外介质中的 C、N、P 等营养物可被生物膜所吸附，并进一步氧化分解，最后间接生成 H_2O、CO_2 等无机物并返回膜外介质，随出水外排。介质（水、气）中的 O_2 可渗入生物膜中，供氧化分解有机污染物之用。随着生物膜的增厚，渗入的 O_2 被膜外层的微生物消耗殆尽，造成膜内出现厌氧层，并随时间不断加厚，最后生物膜可在下述作用下脱落：① 微生物本身的衰老、死亡，微生物的内源呼吸代谢活动；② 内层生物膜的厌氧代谢产生 CO_2、H_2S、CH_4、NH_3 等气体，使生物膜的黏附力减小；③ 不断增厚的生物膜本身的重量；④ 在曝气（接触氧化池）或水力冲刷剪切（生物滤池、生物转盘）作用下，生物膜的剥落力大于附着力，最终膜成片脱落。由于在整个处理系统中，脱膜仅在局部填料区域发生，并且裸露的填料上会出现生物膜新一轮生长（挂膜），因此这类局部的脱落更新是正常的现象。

4.3.2　生物膜法的种类及工艺特点

4.3.2.1　生物滤池

生物滤池也称为滴滤池，主要由一个用碎石铺成的滤床及沉淀池组成。滤床高度为 1～6 m，一般为 2 m，石块直径为 3～10 cm，从剖面上来看，下层为承托层，石块可稍大，以免上层脱落的生物膜累积而造成堵塞。石块大小的选择还要根据滤池单位体积的有机负荷来决定，若负荷高，则要选择较大的石块，否则会由于营养物浓度高、微生物生长快而堵塞空隙。

废水通过布水系统，从滤池顶部布洒下来，布水系统有固定喷嘴式和旋转式布水器两种。为了保证空气在布水的间隙中进入滤料，早先都采用间歇喷洒固定喷嘴式的布水系统（类似于绿地的浇水喷嘴），包括投配池、配水管网及喷嘴三部分。通过投配池的虹吸作用，废水每隔5～15分钟从固定埋于滤池中的喷嘴中喷出，喷嘴距地面0.15～0.31 m。现大多采用旋转式布水器，废水从滤池上方慢速旋转的布水横管中流出，布水管离滤池表面的高度约为0.46 m；若太高，水流容易受风影响；若太低，水流对生物膜不能起到冲刷作用。沿布水横管从里向外喷嘴越来越密，以保证均匀布水（见图4-19）。

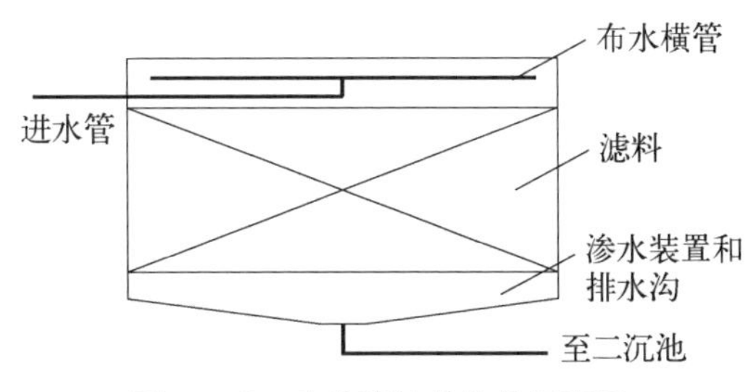

图4-19　生物滤池的结构示意图

废水通过滤池时，滤料截留了废水中的悬浮物质，使微生物很快繁殖起来，微生物又进一步吸附了废水中溶解性和胶体有机物，逐渐增长并形成生物膜。生物滤池就是依靠滤料表面的生物膜对废水中有机物的吸附氧化作用，使废水得以净化的。流经滤料的水（已被净化）通过滤池下方的渗水装置、集水沟及排水渠最后进入二沉池。

滤料间空隙过小，滤池负荷过高，会使生物膜增长过多而造成滤池的堵塞。这时堵塞处得不到废水，不堵处流量过大，造成短流现象，使出水水质大大下降，严重时整个滤池工作会停顿下来。

为保证处理效果和防止滤池堵塞，生物滴滤池的水力负荷率和有机负荷率都不高。为提高生物滤池的处理能力并解决滤池堵塞问题，生物滤池有了多种革新形式，按生物滤池负荷、处理要求、高度、工艺流程的不同，可将生物滤池分成下列数种（见表4-1）。

表4-1　不同类型的生物滤池（依美国水污染控制协会）

参　数	低速率滤池	中速率滤池	高速率滤池	超高速率滤池	粗滤池
水力负荷/($m^3/m^2 \cdot d$)	1～4	4～10	10～40	15～90	60～180
有机负荷/($g\ BOD_5/m^2 \cdot d$)	22～112	78～156	112～145	高至4 800	1 600
有机负荷($g\ BOD_5/m^3 \cdot d$)	80～400	240～480	400～4 800		

（续表）

参　数	低速率滤池	中速率滤池	高速率滤池	超高速率滤池	粗滤池
回流	少	常是	总是	常是	不需要
滤池蝇	多	不等	不等	少	少
脱膜	中等	可变	连续	连续	连续
滤池高度/m	2～3	2～3	1～3	高达 12	1～6
BOD_5去除率/%	80～85	50～70	65～80	65～85	40～65
净化深度	完全硝化	部分硝化	部分硝化	有限硝化	无硝化

4.3.2.2　塔式生物滤池

在生物滤池的基础上，参照化学工业中的填料塔方式，建造了直径与高度比为 1∶6 至 1∶8，高达 8～24 m 的滤池。由于它的直径小、高度大、形状如塔，因此称为塔式生物滤池，简称为“塔滤”。塔式生物滤池也是利用好氧微生物处理污水的一种构筑物，是用生物膜法处理生活污水和有机工业污水的一种基本方法，目前已开始在石油化工、焦化、化纤、造纸、冶金等行业的污水处理方面得到了应用。近几年的实践表明，塔式滤池对处理含氰、酚、腈、醛等的有毒污水效果较好，处理出水能符合要求。由于它具有一系列优点，故而得到了比较广泛的应用。

1) 塔式生物滤池的主要特征

(1) 塔式生物滤池水力负荷比高负荷生物滤池高 2～10 倍，达 30～200 $m^3/m^2 \cdot d$，BOD 负荷高达 2 000～3 000 $g/m^2 \cdot d$，故又称为“超高负荷生物滤池”。进水 BOD 浓度也可以提高到 500 mg/L，可用于较高浓度的工业废水处理。

(2) 塔式滤池高 8～24 m，直径为 1～3.5 m，直径与高度比介于 1∶6 与 1∶8，这使滤池内部形成较强烈的拔风状态，因此通风良好，强化了充氧功能和对易挥发污染物的吹脱作用，生物膜活性更高。此外，由于高度大，水力负荷高，使池内水流湍流强烈，污水与空气及生物膜的接触非常充分，很高的 BOD 负荷使生物膜生长迅速，但较高的水力负荷又使生物膜受到强烈的水力冲刷，从而使生物膜不断脱落、更新。以上这些特征都有助于微生物的代谢、繁殖，有利于有机污染物的降解。

(3) 生物相在塔内沿高度方向上产生明显的分层、分级，扩大了净化功能的范围（如硝化作用等）。塔式生物滤池可以采用一处（塔顶）进水，也可以从沿塔身高度上的若干点进水（可看成是多级生物滤池沿高度方向上的组合，类似于多点进水活性污泥法）。

2）塔式生物滤池的构造

塔式生物滤池采用增加滤层的高度来提高滤池的处理能力。一般滤层高度为8～16 m，甚至大于16 m。在平面上，一般呈矩形或圆形，它的主要部分包括塔体、滤料、布水设备、通风装置和排水系统，如图4－20所示。

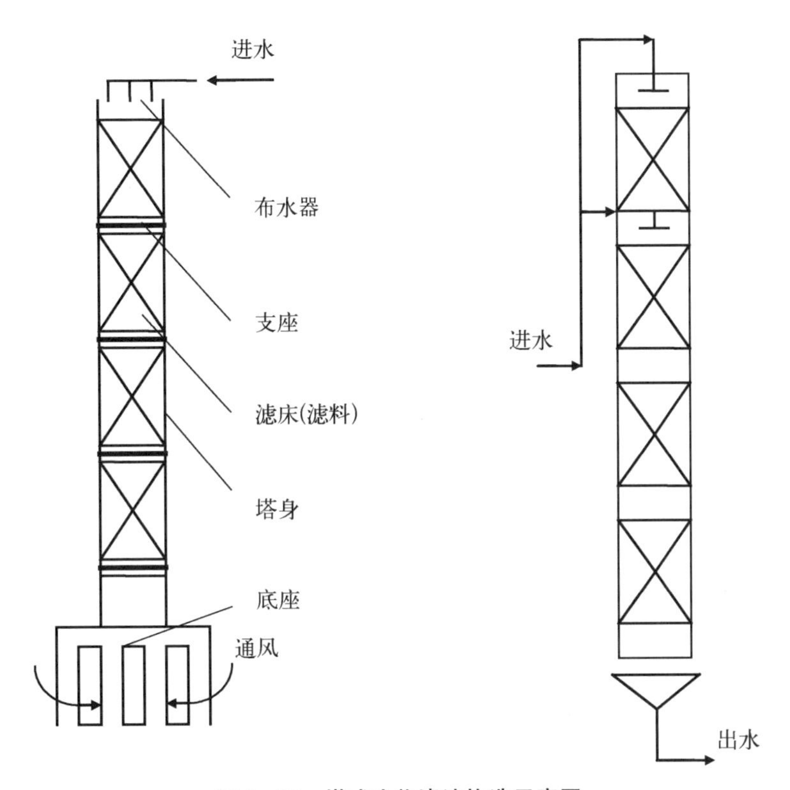

图4－20　塔式生物滤池构造示意图

（1）塔身　塔身起围挡滤料的作用，可用砖结构、钢结构、钢筋混凝土结构或钢框架和塑料板面的混合结构。在整个塔体上，沿高度方向用格栅分成数层，以支承滤料和生物膜的重量。每层滤料充填高度以不大于2 m为宜，以免压碎滤料。

（2）滤料　滤料的种类、强度、耐腐蚀等的要求与普通生物滤池基本相同。但塔滤由于塔身高，滤料如果很重，塔体必须增加加固承重结构，这不但增加了造价，而且施工安装比较复杂，因此要求滤料的容重要小。另外，塔滤的负荷很高，生物膜增长快，需氧量大，因此对滤料除要求有大的表面积外，还要求有大的空隙率，以利于通风和排出脱落的生物膜。目前国内外发展的一种玻璃布蜂窝填料和大孔径波纹塑料板滤料兼具上面两个优点，获得了广泛应用。

目前国内塔式滤池中采用的几种滤料如表4－2所示。

表 4-2 塔式滤池中所采用的几种滤料及一些参数

名 称	规格/mm	容重/(kg/m^3)	比表面积/(m^2/m^3)	强度/(kg/cm^2)	孔隙率/%	参考价格/(元/米^3)
纸蜂窝	孔径 10	20～25	217.5	6～9	95.8	120
玻璃布蜂窝	孔径 25	—	—	—	—	360
聚氯乙烯斜交错波纹板	45°交角，波距 40	140	148	—	92.7	—
焦炭	粒径 30～50	—	—	—	—	60
瓷环	25×25	450～600	110	—	—	1 000
	50×50	450～600	200	—	—	—
炉渣	50×80	673	100	—	—	—
陶粒	30×50	—	—	—	—	—

下面是各种滤料的概略比较。

(1) 纸蜂窝滤料　具有较大的比表面积，结构均匀，有利于空气的分布，且比重较小，不至增加塔身负担。垂直的蜂窝有利于剥落下来的生物膜的排泄，并且由于蜂窝表面较粗糙，生物膜容易附着，在培养阶段能很快形成生物膜，但污水自上而下流动时，容易在某些地方造成短路，影响污水处理效率，因此须注意布水的均匀性。采用纸蜂窝滤料的处理效果一般比较稳定。若管理得好，运行两三年后，垂直强度虽略有降低，但尚可使用。

(2) 斜交错塑料波纹板滤料　此种滤料的比表面积比纸蜂窝小，但板上波纹做成 45°斜交角不太适宜，影响布水性能，水流沿波纹流动遇到池壁即形成集水，造成短路，同时在此交角处被冲刷下来的生物膜聚集会形成严重堵塞，表面积利用率就随之降低，通风不良，处理效果变差。

(3) 焦炭、炉渣、陶粒滤料　这类滤料具有较大的比表面积，布水较均匀。但空隙较小，当生物膜增长迅速时易堵塞，影响充氧，且质量大，增加塔身自重。炉渣与焦炭来源较易，价格便宜，可以就地取材。这些滤料对处理有机负荷低、生物膜增长慢的污水较为适宜。

3) 布水器、通风和排水系统

塔滤的布水器、通风和排水系统与普通生物滤池或高负荷生物滤池基本相同。塔滤一般采用自然通风，但若自然通风供氧不足，出现厌氧状态，就必须采用机械通风，一般用轴流风机。机械通风的风量一般可按气水比 100∶1 至 150∶1 来选择风机，或用需氧量来计算，氧的利用率不大于 8%。

4.3.2.3 曝气生物滤池

曝气生物滤池(biological aerated filter, BAF)是在 20 世纪 70 年代末 80 年代

初出现于欧洲的一种膜法生物处理工艺，它充分运用了给水处理中过滤技术的先进经验将生物接触氧化法与过滤法工艺相结合，不设沉淀池，通过反冲洗再生实现滤池的周期更替，在废水的二级处理中，曝气生物滤池体现出处理负荷高、出水水质好、占地面积省等特点。到 90 年代初得到了较大发展，在欧洲已有较成熟的技术和设备产品；使用 BAF 的污水处理厂最大规模也已扩大到几十万 m^3/d，同时发展成为可以脱氮除磷的工艺。曝气生物滤池的运行方式可灵活调整，可以处理生活污水、高浓度工业废水，也可以用于废水深度处理或饮用水净化。利用 BAF 处理城市污水的效果如表 4－3 所示。我国大连市利用世界银行贷款建造了国内第一个曝气生物滤池污水处理厂——栏马河污水厂。

表 4－3　某污水厂曝气生物滤池处理城市污水效果

项　目	*SS*		*COD*		*BOD*		NH_3－N	
	数值/(mg/L)	去除率/%	数值/(mg/L)	去除率/%	数值/(mg/L)	去除率/%	数值/(mg/L)	去除率/%
原水	350		480		216		40	
一级曝气生物滤池出水	14	96	56	88.3	17	92.1	21	47.5
二级曝气生物滤池出水	6	57.1	30	46.4	5	70.6	0.1	99.5
系统总去除率/%	98.8		93.8		97.7		99.8	

曝气生物滤池的优点如下。

(1) 填料的颗粒细小，提供了大的比表面积，使滤池单位体积内保持较高生物量，同时由于滤池周期性反冲洗使得填料上的生物膜较薄，其活性相对较高，生物量可达 10 g/L 以上，因此，工艺的有机物容积负荷和去除率都较高。

(2) 该工艺的处理装置结构紧凑，生化反应和过滤在一个单元中进行，不需要二次沉淀池，从而有利于发展高效、快速的处理工艺，同时节省了占地面积，尤其适合于用地紧张的场合。

(3) 气、水相对运动，气液接触面积大，气、水与生物膜的接触时间长，从而提高了氧的利用率(是普通活性污泥法的 2 倍以上)，优化了处理效果。在处理水水质相同的状态下，填料的容积负荷高，还可使生物膜处于对数生长期。

(4) 生物曝气滤池具有多种净化功能，除了用于有机物去除外，还能够去除 NH_3－N 等。通过沿滤层高度上充氧强度的灵活调整达到下层缺氧区和上层好氧区的相互配合，以实现在同一装置中快速脱氮除磷的功能。

(5) 曝气生物滤池在采用上向流或下向流方式运行时均有一定的过滤作用。

曝气生物滤池(BAF)的构造基本上与给水处理的沙滤池相同，只是滤料不同，一般采用活性炭、页岩陶粒、沸石等，其中应用最多的是比重远小于水的粒状有机滤料(粒径为 3～5 mm 的聚氨酯泡沫或聚苯乙烯塑料球)，与无机滤料相比粒状有机滤料抗反冲洗的磨损性能更好。BAF 结构与普通快滤池十分相似，如图 4－21 所示。

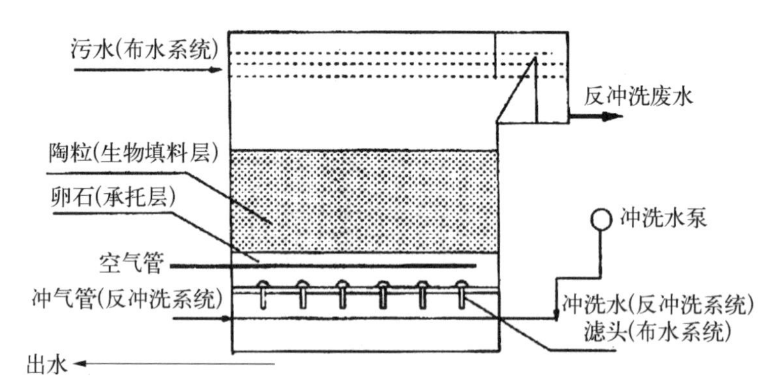

图 4－21　曝气生物滤池构造图

BAF 有两种运行方式，一种是上进水，水流与空气流逆向运行，称为逆向流或向下流；另一种是池底进水，水流与空气流同向运行，称为同向流或上向流。同向流负荷高，出水水质较差，需设二沉池；而逆向流流速较小，可不设二沉池。

曝气生物滤池主体可分为布水系统、布气系统、承托层、生物填料层、反冲系统五个部分，其过滤进、出水管及反冲洗进水(气)设计有其独特之处，以满足曝气生物滤池既能进行上向流又能进行下向流运行之需要。滤池反冲洗一般每天一次，冲洗排水可以返回到调节池、初沉池或预曝气池。为了强化反冲洗效果，曝气生物滤池借鉴了给水处理的最新成果——气水反冲洗技术，气源一般使用压缩空气，充氧和冲洗共用同一气源的做法尽管能够减少部分投资，但会影响滤池的稳定运行，而反冲洗用水通常是处理出水，必要时应设置中间储水池，也可避开进水高峰期在夜间进行反冲洗，以减缓冲洗污水对处理系统的冲击影响。反冲洗对保证曝气生物滤池的正常运行十分重要。

曝气生物滤池的建造完全可以参照给水处理中虹吸滤池的做法，将多隔滤池进行集中布置，以节省占地面积和工程造价，实现自动控制，以便于操作管理。

4.3.2.4　生物转盘

1）概述

生物转盘不仅应用于生活污水、城市污水的处理，还应用于化纤、石化、制革、造纸废水的处理，并取得了良好的效果，是一种净化效果好、便于管理、能耗低的生物处理技术。

生物转盘技术之所以得到广泛的认可和应用是由于它具有独特的构造和特

征。如图 4－22 所示，生物转盘由盘片、氧化槽、转轴和驱动装置组成。盘片串联成组，中心贯以转轴。盘片面积的 40％～50％浸没在氧化槽(亦称接触反应槽)内的污水中，其余部分则暴露在空气中。转轴高出水面 10～25 cm。传动装置由电机、变速器及链条组成，由此驱动转盘慢慢转动，使其交替地与空气和污水接触。

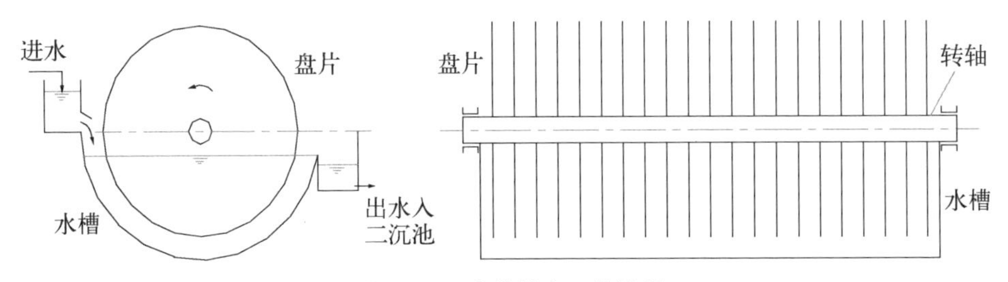

图 4－22　生物转盘工艺流程

生物转盘的工作原理与生物滤池基本相同，故又称为浸没式滤池。盘片上长着生物膜。盘片在与之垂直的水平轴带动下缓慢地转动，浸入废水的那部分盘片上的生物膜吸附废水中的有机污染物，当转出水面时，生物膜又从空气中吸收氧气，使吸附在膜上有机物被微生物氧化分解。随着盘片的不断转动，污水得以净化。生物转盘除处理有机物外，只要运行得当，亦能具有硝化、脱氮的作用。

在处理过程中，盘片上的生物膜不断地生长、增厚，过剩的生物膜则在由盘片在废水中旋转时产生的剪切力作用下脱落。脱落的生物膜悬浮在氧化槽中与出水一起流入二沉池除去并进一步处置，一般不需回流。

与活性污泥法及生物滤池相比，生物转盘具有很多特有的优越性，它不会发生如生物滤池中滤料的堵塞现象或活性污泥中污泥膨胀的现象，因此可以用来处理浓度特别高或低的有机废水；废水与盘片上生物膜的接触时间比滤池长，可忍受负荷的突变；脱落的生物膜比活性污泥易沉淀；该工艺的管理特别方便，运转费用亦省。

2）生物转盘的特征

生物转盘有如下优点：① 操作管理简单，无污泥膨胀和泡沫问题，运行易控制；② 剩余污泥量小，污泥含水率低，沉淀快；③ 设备构造简单，无须通风、污水和污泥回流和曝气(新发展的曝气生物转盘除外)，运行成本低，一般电耗仅为 0.024～0.7 kW·h/kgBOD_5，约为活性污泥法的 1/3～1/2；④ 生物量大，耐冲击，可处理高浓度废水，也可处理低浓度废水，BOD_5 从 10 mg/L 到 10 000 mg/L 均可处理；⑤ 停留时间短，城市污水处理一般为 1～1.5 h，处理效果好，BOD_5 去除率一般可达 90％；⑥ 可采用多层多级布置以节省占地；⑦ 污泥泥龄长，利用膜内层溶解氧浓度的不同使之具有硝化和反硝化功能，故能脱氮；⑧ 设计合理，运行正常的生物转盘系统不产生滤池蝇，不产生噪声，因此二次污染问题较少。

但是其亦存在如下缺点：① 盘片材料较贵，投资大，从造价角度考虑，该技术适合小水量的污水处理工程；② 废水中挥发性污染物对环境有一定的影响；③ 受气候影响较大，故生物转盘一般应建于室内或加盖，并采取一定的通风和保温措施。

3）生物转盘的其他发展工艺

迄今为止生物转盘仍属于发展中的污水处理技术。近年来该技术有了新的发展，主要有以下方面。

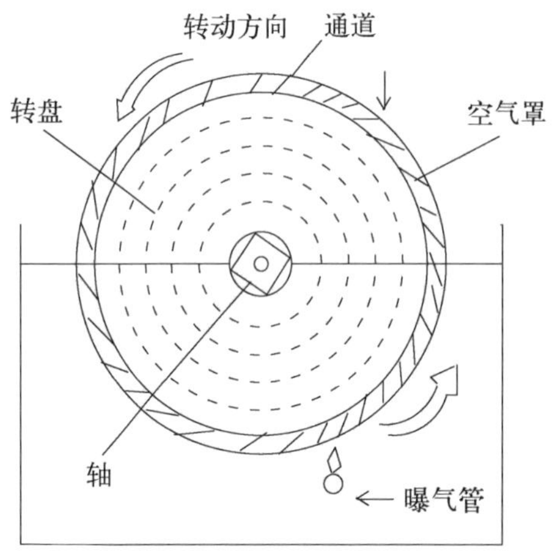

图 4-23　空气驱动生物转盘剖面

（1）空气驱动生物转盘　此类转盘是在盘片的外围设置空气罩，在氧化槽内设置通气管，在通气管上装扩散器。空气从扩散器均匀地吹向空气罩，产生浮力，并驱动转盘慢速旋转。结构如图 4-23 所示。

（2）与沉淀池组合的生物转盘　这种组合有两种形式，其一与二次沉淀池相结合，即在平流式二次沉淀池的中部设置隔板，使沉淀池分为上下两个部分，上部设置生物转盘，下部设置二次沉淀池，结构如图 4-24 所示。

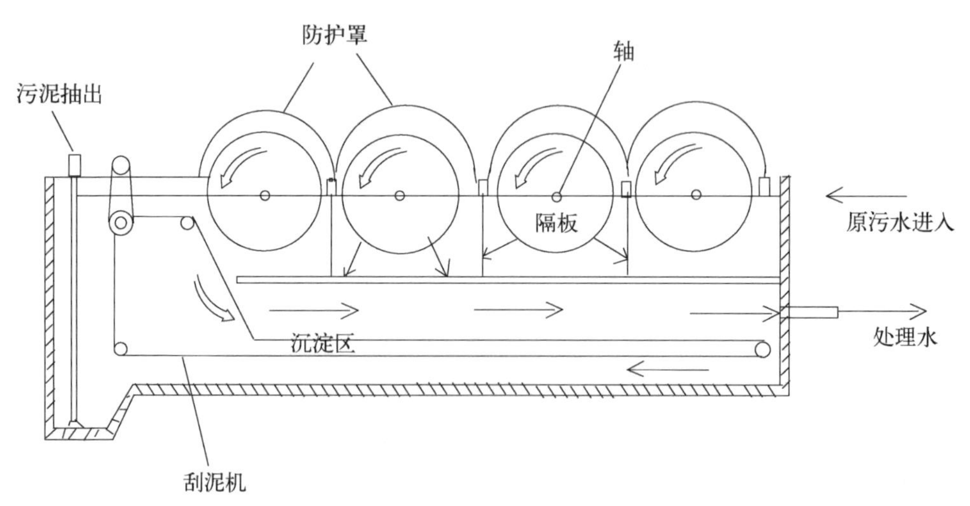

图 4-24　与平流式沉淀池（作为二沉池）相结合的生物转盘

其二是将生物转盘与初次沉淀池和二次沉淀池一起组合在同一个构筑物内。生物转盘设置在两座沉淀池中间上部，初次沉淀池和二次沉淀池并排设置在底部，中间隔以隔墙，这种设备适合于小型生物处理站，结构如图 4-25 所示。

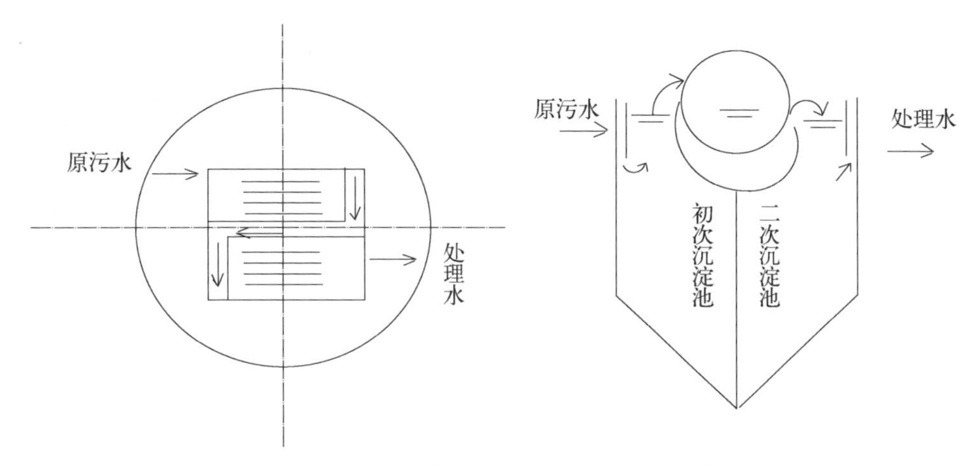

图4-25　与初沉池和二沉池相结合的生物转盘

(3) 与曝气池相结合的生物转盘　图4-26所示的是与曝气池相组合的生物转盘或称活性污泥法转盘。这是提高普通活性污泥法处理效果的新举措，该转盘可用空气作为驱动力。盘片的40%浸没在水中，60%暴露于空气中给生物膜充氧，它比普通曝气池的处理效果提高25%左右，同时又能提高处理能力，减少占地面积，并且污泥产生量少，耗电省，运行费用低。当负荷选择适当时可具硝化作用。

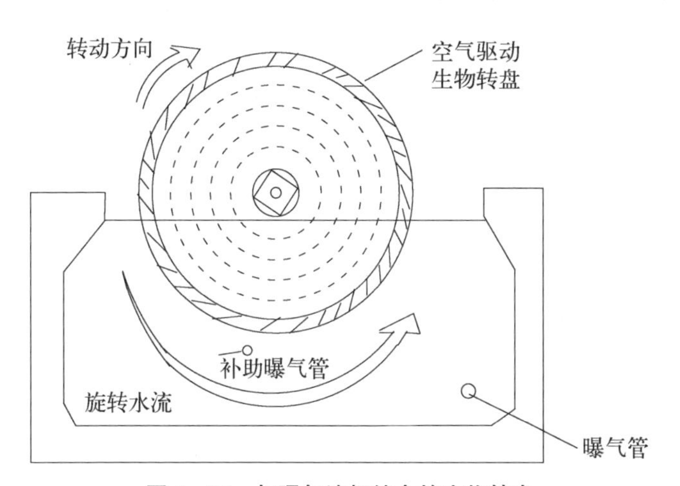

图4-26　与曝气池相结合的生物转盘

(4) 藻类生物转盘　主要是加大盘间距离，增加盘片受光面，接种经筛选的藻类，在盘片上形成藻菌共生体。藻类在光合作用下产生的氧气作为生物膜上好氧菌的氧源。在这种藻菌共生的作用下，污水中的有机物得以净化。这种生物转盘的溶解氧含量高(可接近饱和浓度)，又具脱氮功能，可用于废水的深度处理，特别是有氮、磷去除要求的污水处理。

4.3.2.5 接触氧化法

生物接触氧化是一种介于活性污泥法与生物滤池两者之间的生物处理技术，亦称淹没式生物滤池。滤池内充满水，滤料淹没在水中，并采用与曝气池相同的曝气方法向微生物供氧，兼具两者的优点。近年来该技术在国内外都得到了广泛的研究与应用。特别是在日本和美国得到了迅速的发展和应用，广泛地应用于处理生活污水、城市污水和食品加工等工业废水。国内从20世纪70年代开始引进生物接触氧化工艺，除处理城市生活污水外，还在处理地表水源水的微污染、石油化工、农药、印染、纺织、造纸等工业废水方面取得了良好的效果。

1）生物接触氧化池的构造

生物接触氧化池的构造如图4-27所示。

（1）池体　池体的作用除了进行净化污水外，还要考虑填料、布水、布气等设施的安装。当池体容积较小时，可采用圆形钢结构，池体容积较大时可采用矩形钢筋混凝土结构。池体的平面尺寸以满足布水、布气均匀，填料安装、维护管理方便为准。池体的底壁须有支承填料的格栅和进水进气管的支座。池体厚度根据池的结构强度要求来计算。高度则由填料、布水布气层、稳定水层以及超高的高度来计算。同时，还必须考虑到充氧设备的供气压力或提升高度。一般总池高为3.5～6.0 m。

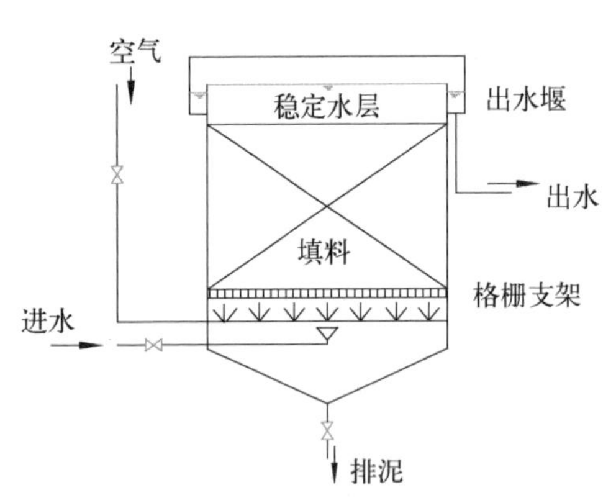

图4-27　生物接触氧化池构造示意图

（2）填料　填料是生物膜赖以栖息的场所，是生物膜的载体，同时也有截留悬浮物的作用。因此，载体填料是接触氧化池的关键，直接影响生物接触氧化法的处理效果。载体填料的要求是：易于生物膜附着，比表面积大，空隙率大，水流阻力小，强度大，化学和生物稳定性好，经久耐用，截留悬浮物质能力强，不溶出有害物质，不引起二次污染，与水的比重相差不大，避免氧化池负荷过重，能使填料间形成均一的流速，价廉易得，运输和施工方便。

目前，国内主要采用合成树脂类材料作填料，如硬聚氯乙烯塑料、聚丙烯塑料、环氧玻璃钢、环氧纸蜂窝等硬性填料；还开发出多种新颖的软性填料、半软性填料、弹性生物环填料以及漂浮填料等多种形式的填料。这些填料在生物接触氧化系统的建设费用中约占55%～60%。所以载体填料直接关系到接触氧化法的经济效果。

（3）布水布气装置　接触氧化池均匀地布水布气很重要，它与充分发挥填料作用、提高氧化池工作效率有很大关系。供气的作用有三种：① 使生物接触氧化池溶解氧浓度控制在 4 mg/L 左右；② 充分搅拌形成湍流，有利于均匀布水，湍流愈甚，被处理水与生物膜的接触效率愈高，传质效率愈好，从而处理效果也愈佳；③ 防止填料堵塞，促进生物膜更新。

目前生产上常采用的布气方式有喷射器（水射器）供氧、穿孔管布气、曝气头布气等。布水方式分顺流和逆流两种。顺流指进水与供气同向，氧化池中水、气同向流动，此种工艺中填料不易堵塞，生物膜更新情况较好，较易控制。逆流指进水与供气方向相反，池内水、气逆向相对流动，气液接触条件好，增加了气、水与生物膜的接触面积，故去除效果好，但由于进水部分的水力冲刷作用较小，填料上的生物膜不易脱落更新。国内通常采用的是顺流工艺。

2）生物接触氧化法的特征

生物接触氧化在工艺、功能以及运行等方面具有下列主要特征。

（1）本工艺使用多种形式的填料，有利于溶解氧的转移，利于微生物存活增殖，除细菌和多种种属的原生动物和后生动物外，还能够生长氧化能力强的球衣菌属的丝状菌，而无污泥膨胀之虑。

（2）填料表面全为生物膜所布满，形成了生物膜的主体结构，由于丝状菌的大量滋生，有可能形成一个呈立体结构的密集的生物网，污水在其中通过时起到类似“过滤”的作用，能够有效提高净化效果。

（3）生物膜表面不断地接受曝气吹脱，有利于保持生物膜的活性，抑制厌氧膜的增殖，也利于提高氧的利用率，能保持较高浓度的活性生物量。因此，生物接触氧化处理技术能接受较高的有机负荷率，处理效率较高，有利于缩小池容，减少占地面积。

（4）对冲击负荷有较强的适应能力，在间歇运行的条件下仍能够保持良好的处理效果，对排水不均的企业更具有实际意义。

（5）操作简单，运行方便，易于维护管理，无须污泥回流，不产生污泥膨胀现象，也不产生滤池蝇。由于生物膜中生物的食物链长，还存在噬膜微型动物，故污泥生成量少，污泥颗粒较大，易于沉淀。

接触氧化法具有上述的特征，不失为一种高效的生化处理法。其高效处理的原理分析如下。

（1）泥龄低，生物活性高。目前采用的接触氧化池中，绝大多数的曝气装置设在填料之下，不仅供氧充足，而且对生物膜起到了搅动作用，加速了生物膜的更新，使生物的活性提高。如果从“泥龄”来看，活性污泥法的“泥龄”为 3～4 天，而第一级氧化池的生物膜“平均泥龄”为 1～2 天。由于平均泥龄低，微生物总是处在很高的活力下工作。经测定，同样湿重的带有丝状菌的生物膜，其耗氧速度比活性污泥法高 1.81 倍。

(2) 传质条件好,微生物对有机物的代谢速度比较快。在接触氧化法中由于空气的搅动,整个氧化池的污水在填料之间流动,使生物膜和水流之间产生较大的相对速度,加快了细菌表面的介质更新,增强了传质效果,加快了生物代谢速度,缩短了处理时间。

(3) 利于丝状菌的生长。有填料的接触氧化池对丝状菌的生长很有利。丝状菌的存在能提高对有机物的分解能力。

(4) 充氧效率高。接触氧化法的填料有增进充氧效果的作用,动力效率在 3 $kgO_2/kW \cdot h$以上,比无填料的曝气提高 30%。充氧效率高,则有机物的氧化速度相应提高。

(5) 有较高的生物浓度。一般活性污泥法的污泥浓度为 2~3 g/L,而接触氧化法可达 10~20 g/L。由于微生物浓度高,提高了 BOD_5容积负荷;而且由于填料表面有利于硝化菌的生长,故能适应污水中氨氮硝化的要求。

尽管生物接触氧化法具有许多优点,是一种高效的生化处理构筑物,但也存在着一些缺点。

(1) 生物膜的厚度随负荷的增高而增大,负荷过高则生物膜过厚,容易引起填料堵塞。故负荷不易过高,同时要有防堵塞的冲洗措施。

(2) 大量产生后生动物(如轮虫类)。后生动物容易造成生物膜瞬时大块脱落,易影响出水水质。

(3) 填料及支架等往往导致建设费用增加。接触氧化池填料的选择要求是比表面积大、孔隙率大、水力阻力小、性能稳定。垂直放置的塑料蜂窝管填料层被广泛采用。这种填料比表面积较大,单位填料上生长的生物膜数量较大。据实测,微生物浓度高达 13 g/L,比一般活性污泥法的生物量大得多。但是这种填料各蜂窝管间互不相通,当负荷增大或布水均匀性较差时,易出现堵塞,此时若加大曝气量,又会导致生物膜稳定性变差,周期性地大量剥离,净化功能不稳定。近年来国内外对填料做了许多研究工作,并开发出了塑料网状填料等多种新型填料。

3) 常用流程及其选择

生物接触氧化法的处理流程通常有两种,即一段法(一次生物接触氧化)和二段法(两次接触生物氧化)。实践证明,在不同的条件下,这两种系统各有其特点,其经济性和适用性范围简介如下。

(1) 一段法　亦称一氧一沉法。原水先经调节池,再进入生物接触氧化池,然后流入二次沉淀池进行泥水分离。处理后的上层水排放或做进一步处理,污泥从二次沉淀池定期排走。

这种流程虽然在氧化池中有时会引起短路,但全池填料上的生物膜厚度几乎相等,BOD 负荷大体相同,具有完全混合型的特点,污泥负荷(F/M 比)较低,微生物的生长处于下降阶段。此时微生物的增殖不再受自身生理机能的限制，而是由污水中营养物质的量起主导作用。

（2）二段法　亦称二氧二沉法。采用二段法的目的是为了增加生物氧化时间，提高生化处理效率，同时更适应原水水质的变化，使处理水质稳定。原水经调节池调节后，进入第一生物接触氧化池，然后流入中间沉淀池进行泥水分离，上层水继续进入第二接触氧化池，最后流入二次沉淀池，再次泥水分离，出水排放，沉淀池的污泥定期排出。

在二段法流程中，需控制第一段氧化池内微生物处于较高的 F/M 条件，当 $F/M>2.1\ kgBOD/m^3 \cdot d$ 时，微生物生长率可处于上升阶段。此时营养物远远超过微生物生长所需，微生物生长不受营养因素的影响，只受自身生理机能的限制。因而微生物繁殖很快，活力很强，吸附氧化有机物的能力较强，可以提高处理效率。为了维持微生物能处于较高的 F/M 条件下，BOD 负荷随之提高，处理水中有机物浓度也就必然要高一些，这样在第二阶段氧化池内，须根据需要控制适当的 F/M 条件，一般在 $0.5\ kgBOD/m^3 \cdot d$ 左右，此时的微生物处于生长率下降阶段后的内源性呼吸阶段。由此可见，二段法流程的微生物工作情况与推流式活性污泥法或活性污泥 AB 法相似。

上面所述为两种基本流程。随着实践的变化，这两种流程可以随之变化。例如，将接触氧化池分格，不设中间沉淀池，按推流式运行。氧化池分格后，可使每格的微生物与负荷条件更相适应，利用微生物特性培养驯化，提高总的处理效率。

从上述两法的比较可以看出，一段法流程简单易行，操作方便，投资较省，但对 BOD 的降解能力不如二段法。二段法流程处理效果好，可以缩短生物氧化所需的总时间，但增加了处理装置和维护管理工作，投资也比一段法高。一般来说，当有机负荷较低，水力负荷较大时，采用一段法为好。当有机负荷较高时采用二段法或推流式更为恰当。试验表明，二段法中的第一接触氧化池与第二接触氧化池容积比宜选用 7∶3 为好。在推流式流程中，即可按 *BOD* 不变的条件分格（第一格最大，以后逐渐减小）；也可按水力负荷分格（每格为相等大小）。

4.3.2.6　生物流化床

生物流化床是以粒径小于 1 mm 左右的石英砂、焦炭、活性炭、套粒和发泡聚丙烯颗粒之类的颗粒材料作为载体，通过脉冲进水措施使污水由下向上流过，使载体呈流动状态或称之为“流化”状态，依靠载体表面附着生长的生物膜，使污水得到净化。最早该工艺主要应用于污水的深度处理，随后研究应用于二级处理。

1）工艺特点

（1）生物流化床是一种高效率的处理工艺，由于细颗粒载体提供巨大的表面积（2 000～3 000 m^2/m^3流化床体积），使单位体积载体内保持较高的微生物量，污泥浓度可达 10～40 g/L，从而使负荷较普通的活性污泥法效率提高 10～20 倍。对普通生活污水，在 16 分钟内即能除去 93%的 BOD。

(2) 生物群体固定在填料上，能承受冲击负荷与毒物负荷，这一点与生物滤池相同。

(3) 生长的生物膜在流化床反应池内脱落很少，使用此法可省去二次沉淀池。

(4) 由于流化床混合液悬浮固体浓度达 10 000～40 000 mg/L，污水在好氧硝化过程中可采用纯氧，氧的利用率超过 90%。

(5) 流化床工艺效率高；占地少，是普通活性污泥法的 5%左右；投资省。

2) 典型流程

(1) 以纯氧为氧源的流化床工艺基本流程如图 4-28(a)所示。污水与回流水在充氧设备中与氧混合，使水中的溶解氧提高至 32～40 mg/L。充满溶解氧的污水进入生物流化床，进行生物反应。在流程中设有脱膜机脱除载体上的生物膜。经脱膜后的载体返回流化床。

(2) 以压缩空气为氧源的生物流化床工艺流程如图 4-28(b)所示。本工艺的特点是以压缩空气为氧源。氧在空气中的分压低，充气后水中的溶解氧含量低(一般情况下低于 9 mg/L)，因而循环系数大，动力消耗多。

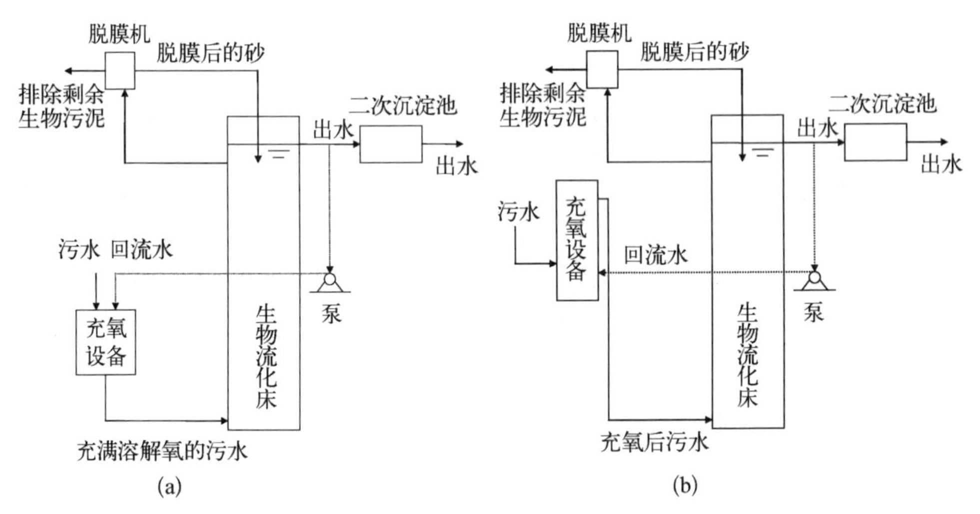

图 4-28 生物流化床流程图

(a) 以纯氧为氧源；(b) 以空气为氧源

(3) 三相生物流化床流程如图 4-29 所示。在三相流化床中，空气(或纯氧)-液(污水)-固(带生物膜的载体)在流化床中进行生物学反应，不需要另外的充氧设备。空气的搅动使载体之间的摩擦比较强烈，一些多余的生物膜在流化过程中脱落，故不需要特殊的脱膜装置。由于空气的搅动，有小部分载体可能从流化床中带出，故需回流载体。三相生物流化床的技术关键之一是防止气泡在床内互相并合形成许多巨大的鼓气而影响充氧效率。

(4) 厌氧-兼氧生物流化床　在处理城市污水中，由于污水在管道中流动，形成表面复氧，常含有 2 mg/L 左右的溶解氧，可首先经过厌气-兼气生物流化床处理，去除一部分 BOD，再进行好氧处理，这种流程的优点是动力消耗少，剩余污泥量少。

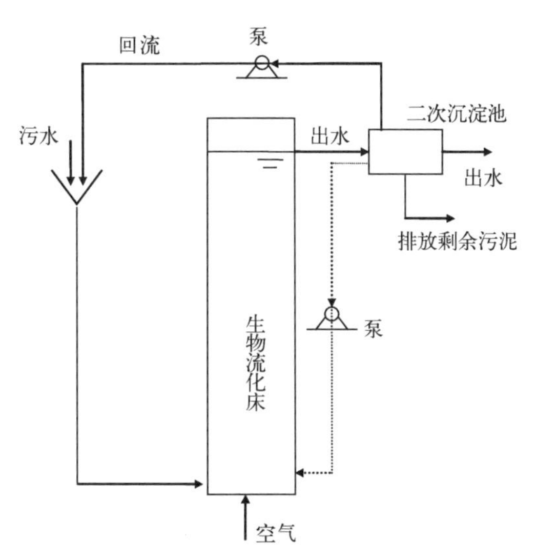

图 4-29　三相生物流化床流程

此外，流化床工艺还在这些流程上有各种不同的变化，但上面四种可以算是流化床的四个基本型，其他变化都不过是大同小异而已。

4.4　废水生化处理新兴技术

4.4.1　功能微生物的强化技术

随着对污水排放水质要求的日益提高，普通活性污泥法和生物膜法等常规技术工艺对于污水污染物的处理已经不能满足新的标准要求，尤其当废水中含暂时性有毒难处理的物质时，由于能去除该类物质的微生物在处理系统中的种类、数量较少，同时它们在种间竞争中常处于劣势，传统的废水生物处理工艺更是难以达到理想的出水水质，并且也会给原有系统的平衡和稳定带来很大的风险。生物强化技术应运而生。生物强化技术(bioaugmentation)是指为提高系统去除污染物的能力，向废水处理系统或者污染地投加特定功能微生物的一种工艺。近十几年来，该技术在环境治理及废水生物处理系统中以其较快、较明显的处理效果受到研究者越来越多的关注。其中特定功能微生物的获得是微生物强化技术应用的前提。

目前，我们可以从自然界筛选菌种，也可通过人为手段构建用于废水处理的特定功能微生物。一般为减小菌种来源环境与应用环境之间的差异，通常从应用环境或类似的条件中筛选菌种。而功能菌构建是指通过人为手段有目的地改变微生物的特性，以获得所需要的菌种，这类基因工程菌多是通过质粒介导的基因转移或者原生质体融合来获得。用人为构建的功能菌进行的生物强化能较明显地提高原有系统的处理能力。但是,由于人们对基因工程菌释放到环境后对生态环境的影响尚缺乏充分的认识,使其在废水处理中的应用受到了极大的限制。

功能菌发生作用的方式主要是直接作用,这是指特定功能微生物加入生物处理系统后,通过自身的增殖和代谢去除目标污染物以改善系统处理能力。这种方式最普遍,研究成果也最具应用价值。按功能菌投加到处理系统后存在的形式,可简单分为简单投加、与载体联合及细胞包埋固定三种工艺。

1) 简单投加法

简单投加是指在以活性污泥为功能单位的工艺及反应器中投加功能菌种,投加后这些菌种以游离或悬浮状态存在。该工艺简单、易于操作,在进行操作时即可用单一微生物进行投加,也可用混合菌投加。用单一菌进行生物强化,菌种培养简单、成本相对较低,并且在效果评价及工艺改进方面也较方便,但当废水中含有较多种类难降解污染物时,混合菌或微生物制剂可能更有优势,它可以通过协同作用降解单一菌种不能完全降解的污染物,并且在混合菌中相同功能的微生物之间,在一方失去作用时,另一种可继续维持对目标物的降解,这都预示着混合菌有更强的降解能力和对环境的适应能力,应用性更强。

简单投加方式可明显提高系统对目标物的去除能力,增强系统耐负荷冲击能力,并且在提升系统整体处理能力方面也有很好的表现,能满足一些现有处理厂升级及应急的需要。该法的不足主要是投加菌种流失密度高,与土著微生物竞争时处于劣势或被其他微生物(如原生动物)吞噬等。这都会影响强化菌在处理系统中的稳定存在,致使强化效果不能稳定保持,常需要周期性补加强化菌种。

2) 与载体联合实现强化

与载体联合是指强化菌引入处理系统后附着在载体上,结合载体所形成阻滞及剪切作用共同提高系统的整体处理能力。载体不仅可为微生物附着和生存提供支持,且形成生物膜后由于膜的附着和截流作用,还能极大减少微生物的流失密度,使系统能维持较高的生物量,缩短系统启动时间和使其获得稳定的处理能力;此外,形成膜后功能菌附着于载体上,出水中强化菌的流失密度极大减少;并且载体所形成的剪切作用可使气泡、溶解性物质及胶体悬浮物更充分地分散,使微生物与营养和污染物更好地接触,提高系统处理效率。

3) 包埋固定强化

包埋固定通常是利用高聚物在形成凝胶时将细胞包埋于其内部形成,该法操作简单,对细胞活性影响较小,制作的固定化细胞球的强度较高,是目前研究最广泛的固定化方法。其中固定剂形成的微球囊结构并不影响营养物质和小分子污染物的进出,但可阻止强化菌流出和土著微生物进出,从而减少强化菌的流失和原生动物的吞噬作用,能维持较高的生物量;此外,微球囊结构对水质、环境条件的变化还能起到一定的缓冲作用。

与载体联合和包埋固定化工艺是一个很好的发展方向，其高性能材料的开发及成本的降低将是今后研发的重点。

为提高微生物对环境污染物的去除效果，高效微生物筛选是生物强化技术成功的决定性因素。开发出能够维持异常代谢特征或对化学污染物或环境压力具有更好耐受性的高效菌种，探索微生物的高效降解特征和生态环境，提高外源微生物的存活能力和降解活性等，是未来生物强化技术研究的方向。

4.4.2　好氧颗粒污泥

活性污泥结构及其沉降性能是保证处理效果的关键。但实际运行中常见曝气池中的污泥浓度低，容易产生大量的剩余污泥；同时反应器容积负荷较低、体积庞大，抗冲击负荷能力弱；极易引起丝状菌大量生长，导致污泥膨胀，处理效率下降，甚至引起处理工艺瘫痪。如何保证活性污泥良好的结构和沉降性能是活性污泥法亟待解决的问题。近年来，将生物自凝聚原理应用于好氧反应系统中，实现了好氧污泥的颗粒化。采用好氧颗粒污泥（aerobic granular sludge）处理污水的效果甚好，好氧颗粒污泥具有生物结构规则致密、比重大、沉降速度快等特点，可使反应器中保持有较高的污泥浓度和容积负荷，从而简化工艺流程，减少污水处理系统的容积和占地面积，降低投资和运行成本。如图 4－30 所示为好氧活性污泥在实验室反应器中形成好氧颗粒污泥的过程，培养三周后即可形成。好氧颗粒污泥不仅能承受高的有机负荷，而且颗粒污泥中的微生物种群非常丰富，因此它可以应用于不同类型工业废水的处理。已有研究表明好氧颗粒污泥对氮、磷、有机物以及某些有毒重金属的去除效果较好，符合活性污泥法对活性污泥结构和功能的要求。随着对好氧颗粒污泥研究的进一步深入，利用好氧颗粒污泥来处理污水将成为一种具有巨大潜力的可持续发展的废水生物处理技术。

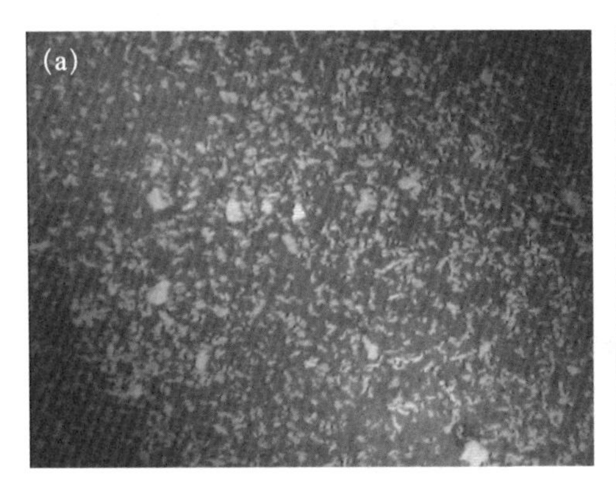

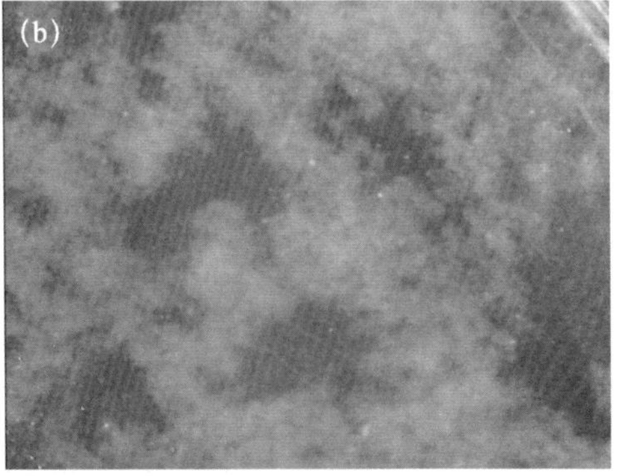

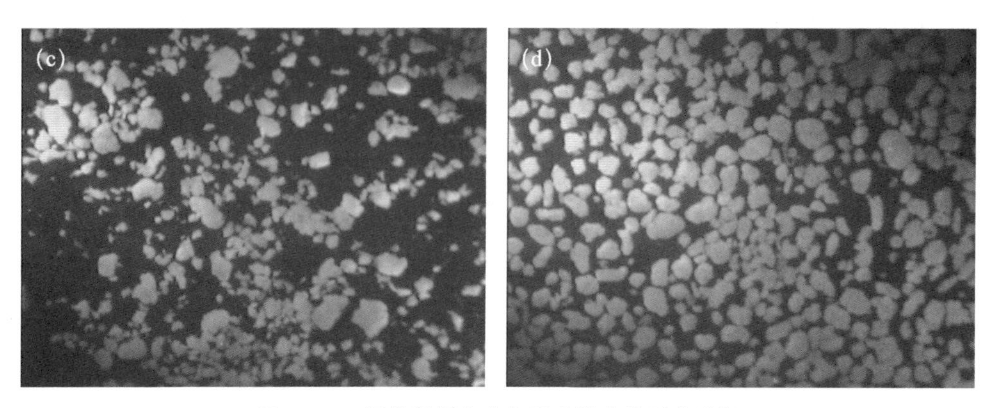

图 4-30 颗粒污泥在生化反应器内的形成过程

(a) 起始污泥;(b) 培养一周后;(c) 培养两周后;(d) 培养三周后

4.4.3 微生物燃料电池

微生物燃料电池(microbial fuel cell, MFC)是一种利用微生物将有机物中的化学能直接转化为电能的装置,具有电能回收与污水处理的双重功效。典型的双室 MFC 由阳极室和阴极室组成,质子交换膜将两室分隔开,其工作原理如图 4-31 所示。在厌氧条件下,附着在阳极表面的产电微生物氧化分解有机物,并产生电子和质子。电子依靠合适的电子传递介体或直接在生物质组分与阳极之间进行有效传递,并通过外电路传递到阴极形成有效电流,而质子通过质子交换膜传递到阴极,氧化剂(一般为氧气)在阴极得到电子被还原,与质子结合生成水。

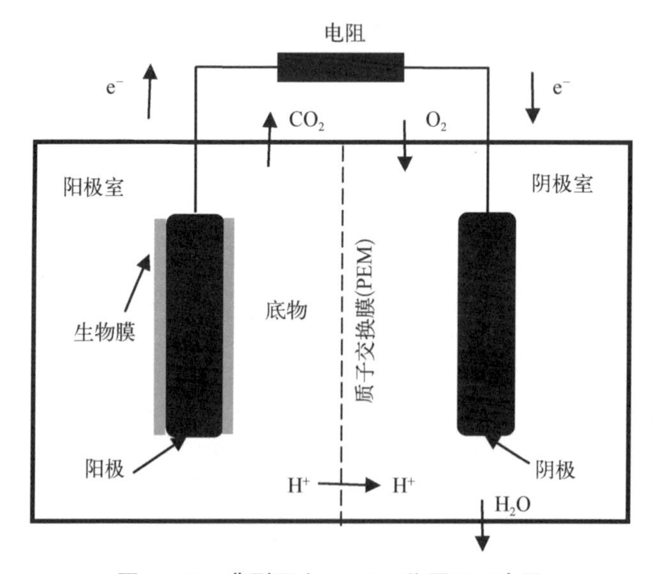

图 4-31 典型双室 MFC 工作原理示意图

与常规燃料电池相比，MFC 以微生物代替昂贵的化学催化剂，具有显著优势：① 燃料来源广泛，可以利用各种有机物、无机物以及微生物呼吸作用的代谢产物、发酵反应的产物以及废水等；② 操作条件温和，在常温、常压和中性 pH 条件下即可运行，且易于操作、控制和维护；③ 绿色环保无污染，反应产物主要是水和二氧化碳，不会产生二次污染，可实现零排放；④ 能量转化率高，将底物的化学能直接转化为电能，避免了中间过程的能量损失；⑤ 无须能量输入，微生物本身就是能量转化工厂，把燃料化学能转化为电能。影响 MFC 的因素有很多，如微生物活性、电极材料、电池构造，质子交换膜的物理性质也会影响其产电量的多少。

4.4.4　微生物电解池

微生物电解池（microbial electrolysis cell，MEC）是一种以 MFC 为基础发展起来的生物电化学技术，在 2005 年由宾夕法尼亚州立大学和瓦格宁根大学的两支研究团队发明。MEC 由阴极室、阳极室、质子交换膜和外电路组成，电极表面附着电活性微生物，其结构如图 4－32 所示。在厌氧条件下，附着在阳极表面的产电微生物氧化分解有机物，并产生电子、质子和 CO_2。在外加电压形成的电势差下，电子通过外电路传递到阴极，质子则在溶液中迁移至阴极与电子结合生成氢气、甲烷等产物。

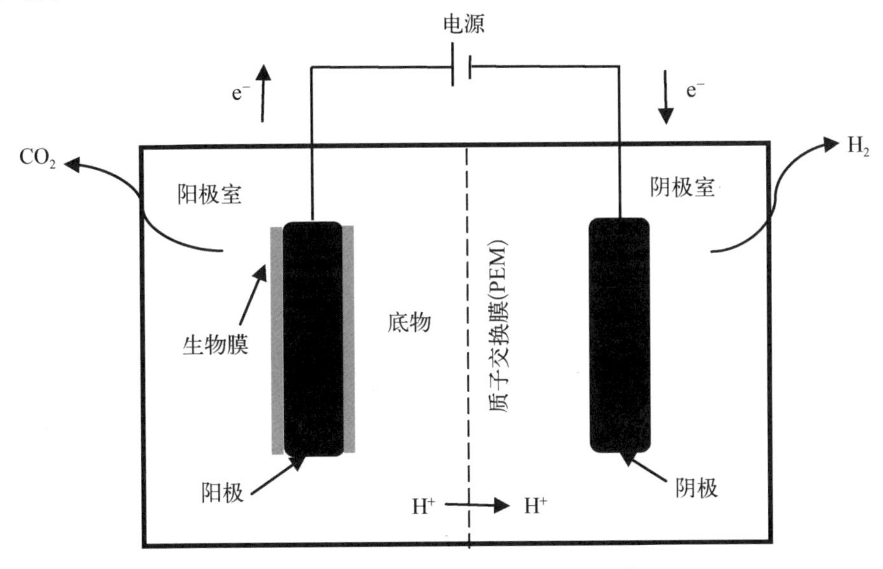

图 4－32　典型双室 MEC 工作原理示意图

微生物电解池的性能可以通过产气量（每天每立方米反应器产生的氢气体积）、能量效率（产出的氢气所含能量与输入能量之比）、库仑效率（即回收的电子与有机物提供的电子之比）、化学需氧量（COD）的去除效率等来表征。影响

MEC性能的因素有很多,包括外加电压、pH值、电解池的内阻、负载电阻、电极材料、阳极上产电微生物的活性及密度、电解池结构等。基于MEC的废水生物处理技术无论是对常见的有机及无机污染物,还是对难降解物质,都能达到理想的处理效果,但此类研究目前大多局限于实验室研究阶段。随着对反应机理的深入研究以及反应器规模和工艺的改进,MEC在废水处理领域必将有广阔的发展前景。

4.5 生物脱氮除磷工艺

废水中的氮、磷营养盐进入水体会导致水体的富营养化,恶化水质,不但影响工农业生产,还危及人类身体健康。国内外对氮、磷的排放标准越来越严格。物理化学方法可以有效地从废水中去除氮、磷,如用调pH吹脱、折点加氯法、选择性离子交换法去除废水中的氨氮,用化学沉淀法、吸附法去除废水中的磷酸盐。生物脱氮除磷技术是近30年发展起来的,其对氮、磷的去除较化学法和物理化学法经济,能够有效地利用常规的二级生物处理工艺达到生物脱氮除磷的目的,是目前应用广泛和最有前途的氮磷处理技术。

4.5.1 生物脱氮

4.5.1.1 生物脱氮的原理

废水中氮主要以有机氮和氨氮形式存在。在生物处理过程中,有机氮很容易通过微生物的分解和水解转化成氨氮,这一步称为氨化作用。再通过硝化反应将氨氮转化为亚硝态氮、硝态氮,再通过反硝化作用将硝态氮和亚硝态氮还原成气态氮从水中逸出,从而达到脱氮的目的。

1) 氨化作用

废水中含氮有机物经微生物降解释放出氨的过程称为氨化作用或氮素矿化。这里的含氮有机物包括蛋白质、核酸、尿酸、尿素等。

(1) 蛋白质的分解　蛋白质的氨化过程首先是在微生物产生的蛋白酶作用下进行水解,生成多肽与二肽,然后由肽酶进一步水解生成氨基酸:

$$\text{蛋白质} \xrightarrow{\text{蛋白酶}} \text{多肽(二肽)} \xrightarrow{\text{肽酶}} \text{氨基酸}$$

氨基酸为微生物吸收,在体内以脱氨和脱羧两种基本方式继续降解。

氨基酸脱氨基的方式很多,在脱氨基酶的作用下可通过氧化脱氨基、水解脱氨基或还原脱氨基作用生成相应的有机酸,并释放出氨:

$$R-\underset{\displaystyle NH_2}{\underset{|}{CHCOOH}} \begin{cases} \xrightarrow[\text{(氧化脱氨基)}]{\frac{1}{2}O_2} R-COCOOH + NH_3 \\ \xrightarrow[\text{(水解脱氨基)}]{+H_2O} R-CHOHCOOH + NH_3 \\ \xrightarrow[\text{(还原脱氨基)}]{+2H} R-CH_2COOH + NH_3 \end{cases}$$

氨基酸如通过脱羧基反应降解，则形成胺类物质：

$$R-\underset{\displaystyle NH_2}{\underset{|}{CHCOOH}} \xrightarrow[\text{(脱羧基)}]{} R-CH_2NH_2 + CO_2$$

环境中绝大多数异养微生物都具有分解蛋白质、释放出氨的能力。其中好氧或兼性的细菌以芽孢杆菌、假单胞菌为主，好氧条件梭状芽孢杆菌属的细菌和芽孢杆菌中的厌氧菌具有较强的氨化能力。碱性土壤中节细菌(Arthrobacter)是氨化作用的主要菌群，酸性条件下真菌中的木霉、曲霉、毛霉的一些种有很强的氨化能力。

(2) 核酸的分解　各种生物细菌中均含有大量核酸。微生物降解核酸的步骤如下：

$$\text{核酸} \xrightarrow{\text{核酸酶}} \text{核苷酸} \xrightarrow{\text{核苷酸酶}} \begin{cases} \text{核苷} \xrightarrow{\text{核苷酶}} \begin{cases} \text{嘌呤或嘧啶} \\ \text{核糖或脱氧核糖} \end{cases} \\ \text{磷酸} \end{cases}$$

核酸的生物降解在自然界中相当普遍。据研究，从某些土壤分离的微生物中，有76%的菌株能产生核糖核酸酶，有86%能产生脱氧核糖核酸酶。细菌中的芽孢杆菌、梭状芽孢杆菌、假单胞菌、节杆菌、分枝杆菌，真菌中的曲霉、青霉、镰刀霉等以及放线菌中的链霉菌都能分解核酸。

(3) 其他含氮有机物的分解　除了蛋白质、核酸外，还有尿素、尿酸、几丁质、卵磷脂等含氮有机物，它们都能被相应的微生物分解、释放出氨。总之，氨化作用无论在好氧还是厌氧条件下，中性、碱性还是酸性环境中都能进行，只是作用的微生物种类不同，作用的强弱不一。但当环境中存在一定浓度的酚或木质素-蛋白质复合物(类似腐殖质的物质)时，会阻滞氨化作用的进行。

2) 硝化作用

硝化作用是指 NH_3 氧化成 NO_2^-，然后再氧化成 NO_3^- 的过程。硝化作用由两类细菌参与，亚硝化菌(如亚硝化单胞菌，Nitrosomonas)将 NH_3 氧化成 NO_2^-；硝化杆菌(Nitrobacter)将 NO_2^- 氧化为 NO_3^-。它们都能利用氧化过程释放的能量使 CO_2 合成为细胞有机物质，因而是一类化能自养细菌，在运行管理时应创造适合于自养性的硝化细菌生长繁殖的条件。硝化作用的程度往往是生物脱氮的关键。

$$NH_4^+ + \frac{3}{2}O_2 \xrightarrow{\text{亚硝化单胞菌}} NO_2^- + 2H^+ + H_2O + (242.68 \sim 351.46) \times 10^3\ J$$

$$NO_2^- + \frac{1}{2}O_2 \xrightarrow{\text{硝化杆菌}} NO_3^- + (64.43 \sim 86.19) \times 10^3\ J$$

$$NH_4^+ + 2O_2 \longrightarrow NO_3^- + 2H^+ + H_2O + (73.4 \sim 104.9) \times 10^3\ J$$

从反应式中看出，硝化作用过程要耗去大量的氧，使一分子 NH_4^+-N 完全氧化成 NO_3^- 需耗去 2 个分子氧，亦即 4.57 $mgO_2/mgNH_4^+-N$。此外，硝化反应的结果还生成强酸(HNO_3)，会使环境的酸性增强。据测定，每氧化 1 g NH_3-N 将耗去 7.14 g 的碱度(以 $CaCO_3$ 计)。

在水处理工程上，为了达到硝化的目的，一般可采用低负荷运行，延长曝气时间。

在废水硝化作用的运行管理方面，关键是污泥的停留时间(sludge residence time, SRT)，亦即污泥的泥龄。据测算，在硝化过程中，异化氧化 160 个 NH_3-N 时释放的能量才能被同化合成一个亚硝酸菌细胞；异化氧化 467 个 NO_2-N 时释放的能量才能被同化合成一个硝酸菌细胞。为了使硝化菌菌群能在连续流的系统中生存下来，系统的 *SRT* 必须大于自养性硝化菌的最小 *SRT*，否则硝化菌的流失率大于其繁殖率，会使它从该系统中淘汰。在运行时一般选用的 *SRT* 应大于 2 倍的实际 *SRT*，即安全系数应大于 2。若有条件的话，可采用固着生长体系(生物膜)，例如采用具填料的接触氧化塔、流化床或生物转盘来进行硝化，这样可防止硝化菌的流失。*SRT* 还与温度有着密切的关系，当温度低于 15℃时，硝化菌生长速率迅速降低，故冬季污泥泥龄应相应增大。在系统的硝化速率保持不变的情况下，*SRT* 与温度的关系如图 4-33 所示。

由于硝化菌是一类自养菌，有机基质的浓度并不是它的生长限制因素。相反，硝化段的含碳有机基质浓度不可过高，BOD_5 一般应低于 20 mg/L，若有机基质浓度高，会使生长速率较高的异养菌迅速繁衍去争夺溶解氧，从而使自养性的生长缓慢且好氧的硝化菌得不到优势，结果降低了硝化率(见图 4-34)。

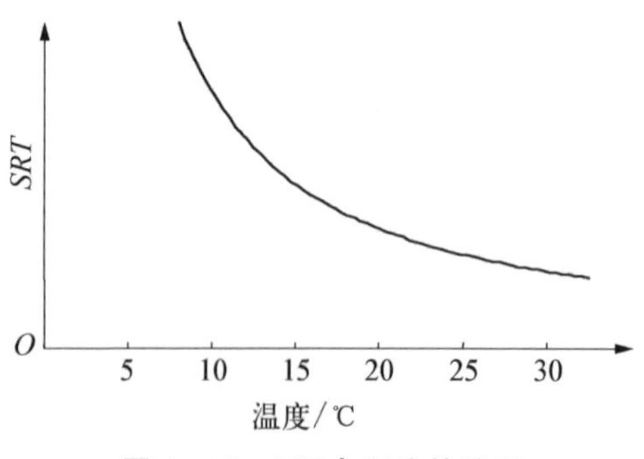

图 4-33　*SRT* 与温度的关系

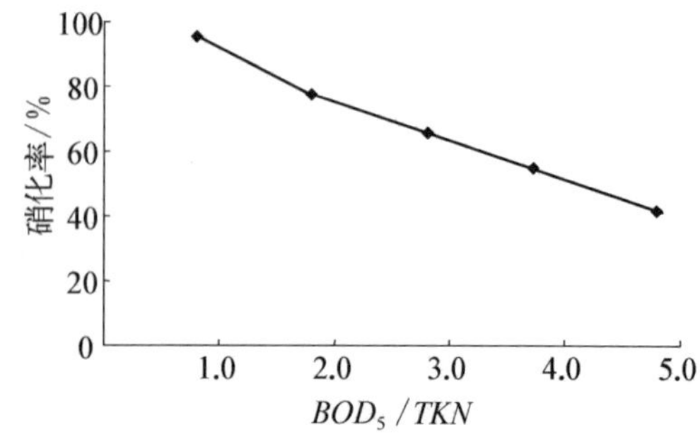

图 4-34　有机物与氮的比例对硝化率的影响

(注：*BOD/TKN*=1.0 时的硝化速率为 100%)

硝化细菌为了获得足够的能量用于生长，必须氧化大量的NH_4^+或NO_2^-，环境中的溶解氧浓度会极大地影响硝化反应的速度及硝化细菌的生长速率。硝化作用受*DO*浓度影响的情况可用米氏方程式来描述，美国环境保护署(EPA)建议硝化作用对*DO*的半速率常数K_{DO}范围为0.2～1.0 mg O_2/L，通常取0.3 mg O_2/L。在$DO>2$ mg/L时，溶解氧浓度对硝化作用的影响可不予考虑。但沉淀池需要一定的溶解氧以防止污泥的反硝化上浮，因此建议硝化池溶解氧浓度宜控制在1.5～2.5 mg/L。

3）反硝化作用

反硝化作用是指硝酸盐和亚硝酸盐还原为气态氮和氧化亚氮的过程。参与这一过程的菌称为反硝化菌。大多数反硝化细菌是异养的兼性厌氧细菌，它能利用各种各样的有机基质作为反硝化过程中的电子供体(碳源)，其包括碳水化合物、有机酸类、醇类以及烷烃类、苯酸盐类和其他的苯衍生物。在反硝化过程中有机物的氧化可表示为

$$5C(\text{有机碳})+2H_2O+4NO_3^- \longrightarrow 2N_2+4OH^-+5CO_2$$

这些有机化合物在废水处理中显得特别重要，它们往往是废水的主要组分，因此可认为反硝化不仅是一种“非污染形式”的脱氮手段(因NO_3^-转化成对人无害的N_2)，而且也是一种氧化分解废水中有机物的方法。

在硝化作用过程中耗去的氧能被回收并重复用到反硝化过程中，使有机基质氧化。反硝化过程还会产生碱度，据测定，1 g NO_3-N还原成N_2可产生3.57 g碱度(按$CaCO_3$计)，可使硝化作用所耗去的碱度有所弥补。

在反硝化过程中，碳源的作用是用于反硝化脱氮时的电子供体，用于合成微生物细胞，以及通过污泥中好氧性异养细菌的氧化作用脱除进入缺氧段的氧气，以便形成适合反硝化过程进行的缺氧环境。能为反硝化菌所利用的碳源是多种多样的，但从废水生化处理生物脱氮的角度来看可分成三类。

(1) 外加碳源　当废水碳氮比过低，例如$BOD_5:TN$(总氮)$<(3\sim5):1$时，需另外投加碳素。现大多采用甲醇，因其氧化分解后产物为CO_2及H_2O，不留下任何难以分解的中间产物，且其能获得最大的反硝化速率。还原1 kg硝酸盐需投加2.4 kg甲醇。在实际工程中可利用含碳丰富的工业废水作为碳源，如淀粉厂、制糖厂及酿造厂的含碳有机废水。

(2) 废水本身的含碳有机物　大多数学者认为当废水中$BOD_5:TN>(3\sim5):1$时，可不投加外源性碳而达到同时脱氮的目的。它最为经济，因而为大多数生物脱氮系统所采用。

(3) 内碳源　主要为活性污泥内微生物死亡、自溶后释放出来的有机碳。其利

用细菌生长曲线的静止期和衰老期，要求污泥停留时间长（泥龄长）、负荷低，因而处理的构筑物相应增大。欧洲国家污泥 BOD 负荷一般采用 0.05～0.10 $gBOD_5/gMLVSS \cdot d$（10℃）。其反硝化速率仅为上一种方法的 1/10 左右。其优点是在废水碳氮比较低时无须投加外源碳亦能达到脱氮的目的。

因此，在废水处理中如何合理地利用反硝化技术来达到去碳、脱氮，并最大可能地减少动力消耗和药耗成为废水生化处理运行管理中的重要问题。

4）硝化-反硝化过程的影响因素

（1）温度　硝化反应的适宜温度范围是 30～35℃，温度不但影响硝化菌的比增长速率，而且影响硝化菌的活性。在 5～35℃的范围内，硝化反应速率随温度的升高而加快，但超过 30℃时增加幅度减小。当温度低于 5℃时，硝化细菌的生命活动几乎停止。对于同时去除有机物和进行硝化反应的系统，温度低于 15℃即发现硝化速率迅速降低。低温对硝酸菌的抑制作用更为强烈，因此在低温 12～14℃时常出现亚硝酸盐的积累。在 30～35℃较高温度下，亚硝酸菌的最小倍增时间要小于硝酸菌，因此，通过控制温度和污泥龄也可控制反应器中亚硝酸菌占绝对优势。反硝化反应的最佳温度范围为 35～45℃。温度对硝化菌的影响比对反硝化菌大。

（2）溶解氧　硝化反应必须在好氧条件下进行，一般应维持混合液的溶解氧浓度为 2～3 mg/L。为了维持较高的硝化速率，污泥龄降低时要相应地提高溶解氧浓度。

溶解氧对反硝化反应有很大影响，主要由于氧会与硝酸盐竞争电子供体，同时分子态氧也会抑制硝酸盐还原酶的合成及其活性。虽然氧对反硝化脱氮有抑制作用，但氧的存在对能进行反硝化作用的反硝化菌却是有利的。这类菌为兼性厌氧菌，菌体内的某些酶系统组分只有在有氧时才能合成，因而在工艺上我们使这些反硝化菌（即污泥）交替处于好氧、缺氧的环境下。研究表明，溶解氧应保持在 0.5 mg/L 以下才能使反硝化反应正常进行。

（3）pH 值　硝化反应的最佳 pH 范围为 7.5～8.5，硝化菌对 pH 值变化十分敏感，当 pH 低于 7 时，硝化速率明显降低，低于 6 和高于 9.6 时，硝化反应将停止进行。反硝化过程的最佳 pH 范围为 6.5～7.5，不适宜的 pH 值会影响反硝化菌的生长速率和反硝化酶的活性。当 pH 低于 6.0 或高于 8.0 时，反硝化反应将受到强烈抑制。

废水在硝化-反硝化过程中 pH 值的变化彼此相抵消，结果使系统内 pH 值保持不变。有人曾以该过程中碱度的变化作为一个参数来判断硝化及反硝化反应进行的程度。

（4）毒物　反硝化菌对有毒物质的敏感性比硝化菌低很多，与一般好氧异养菌相同。对反硝化有毒害影响，又与反硝化密切相关的因子是氨、亚硝酸盐、pH 值和氧。如 NO_2-N 浓度超过 30 mg/L 时可抑制反硝化作用；盐度高于 0.63%亦会影响反硝化作用；镍浓度大于 0.5 mg/L 会抑制反硝化作用；钙和氨的浓度过高也会抑制反硝化作用。

某些有机物对硝化过程也有抑制作用，如硫脲对硝化作用 50%的抑制浓度为 0.076 mg/L。因此，当废水中含有硝化作用的毒物时，可采用如下方法削减抑制：① 采用除碳(去除 BOD)与硝化分开的多级硝化系统，使抑制硝化的毒物在第一级中被分解，从而保护后续的硝化作用正常进行；② 提高污泥浓度，增加污泥的泥龄；③ 在曝气池中投加粉末活性炭等。

4.5.1.2　生物脱氮系统的基本工艺流程

与普通废水生化处理一样，可根据细菌在系统中存在的状态将生物脱氮系统分为悬浮污泥系统(suspended system)和膜法系统(attached system)两大类。每一大类又可再划分成去碳、硝化、反硝化结合的单级污泥系统以及去碳、硝化、反硝化相分隔的多级污泥系统。在单级污泥系统中，细菌(即污泥)交替地给予好氧及缺氧条件以进行硝化及反硝化作用。在多级污泥系统中，承担硝化作用及反硝化作用的污泥互不相混，由多个池子将它们分隔开来，每一级的污泥各自回流，原生污水依次进入硝化段及反硝化段，使之硝化及反硝化脱氮。

此外，根据脱氮时所用的碳源，还可将其再细分为两类：内碳源(原水中的碳和内源性碳)和外加碳源(另外投加甲醇或含碳丰富的其他工业废水)。

1) 悬浮污泥系统

(1) 悬浮多级污泥内碳源系统　由图 4-35 可知，该系统主要分成两大部分，第一部分污泥在好氧条件下去碳及硝化，其污泥经沉淀池分离后随即回流，与后半部分并不混合。硝化的废水进入后半部分，在缺氧条件下利用旁路进水中的有机碳作为碳源进行反硝化，剩下的小部分有机物经后曝气被氧化分解，后曝气还可吹脱污泥中的氮气，并通过提高溶解氧水平使反硝化作用停止，以使污泥在沉淀池中很好地分离。

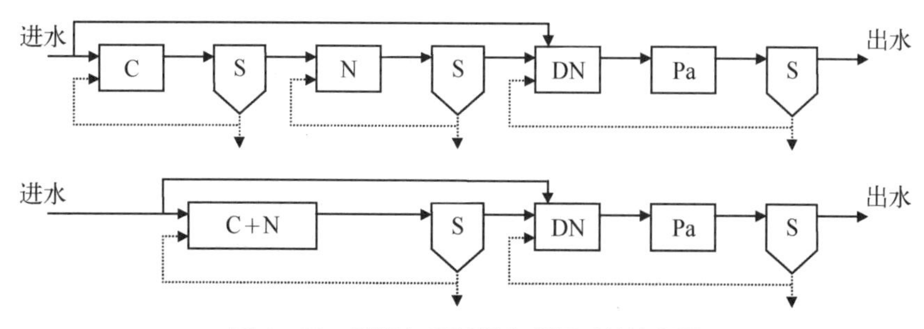

图 4-35　悬浮多级污泥内碳源系统流程图

C—去碳；N—硝化；DN—反硝化；Pa—后曝气；S—污泥沉淀池

该系统由于将污泥分成数级分隔开来，硝化作用及反硝化都比较稳定，管理时灵活性亦较大，原水中的碳氮比要求高于 4～5 $mgBOD_5/mgTN$。

(2) 悬浮多级污泥外加碳源系统　流程基本上与上法相同，只是反硝化这一步利用甲醇或其他高碳工业废水作为碳源(见图 4-36)。

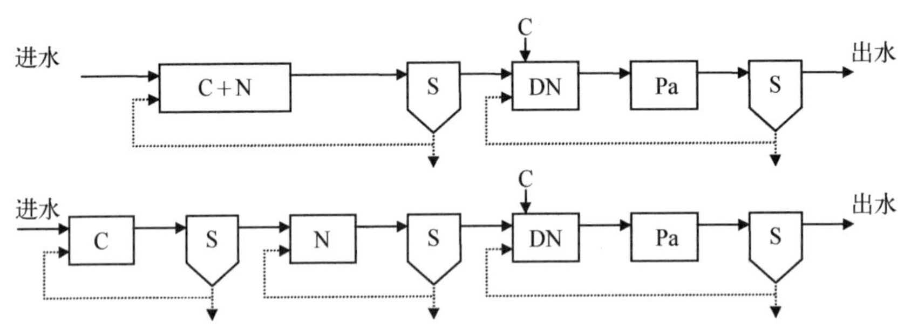

图 4-36　悬浮多级污泥外加碳源系统流程图

C—去碳；N—硝化；DN—反硝化；Pa—后曝气；S—污泥沉淀池

分隔的多级污泥系统与其他反硝化系统相比较，由于可根据每一级微生物的不同要求进行操作管理，故运行较稳定，效率亦高，可使系统总的池容积减小；但由于池子较多，基建费用较高。

(3) 悬浮单级污泥内碳源系统　悬浮单级污泥内碳源系统具有三种流程，即前反硝化、同时反硝化及后反硝化(见图 4-37)。

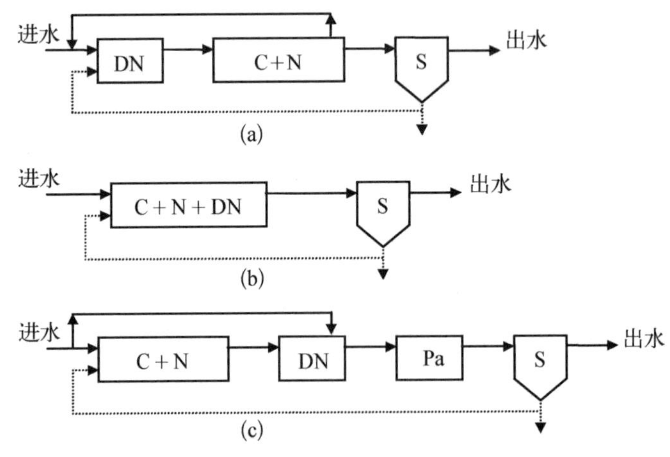

图 4-37　悬浮单级污泥内碳源系统流程图

C—去碳；N—硝化；DN—反硝化；Pa—后曝气；S—污泥沉淀池
(a) 前反硝化；(b) 同时反硝化；(c) 后反硝化

在前反硝化流程中，须使硝化段的出水回流至前端的反硝化段内，以提供反硝化的基质硝酸盐，与后反硝化一样，它们都能获得良好的脱氮效果。这一流程布局合理、简单，并适合于现有大型推流式污水处理厂改建，故已广泛地采用。

同时反硝化见之于普通的延迟曝气池、按脱氮模式运行的序批式活性污泥法及氧化沟中，在曝气池中离充氧器较远的那些部位呈缺氧状态，结果使局部区域发生反硝化。该流程脱氮效果较差，且较难控制。

(4) 悬浮单级污泥外加碳源　流程与悬浮单级污泥内碳源后反硝化系统相同，只是在反硝化段通入外加的碳源，如甲醇(见图4-38)。

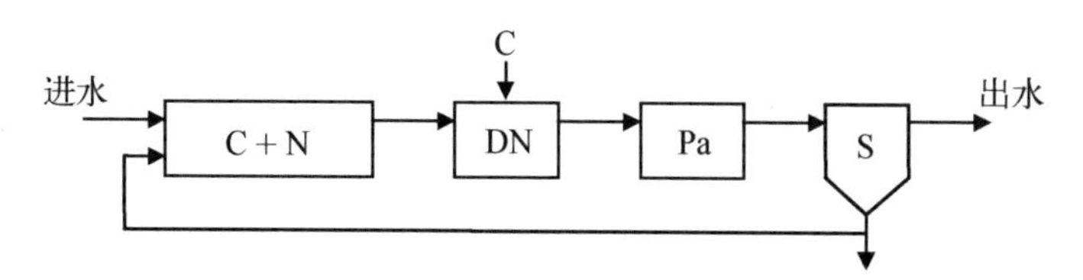

图4-38　悬浮单级污泥外加碳源系统流程图

C—去碳；N—硝化；DN—反硝化；Pa—后曝气；S—污泥沉淀池

对原水中碳源不足或因低温的影响而使反硝化速率下降时，投加甲醇等外界碳源可保证出水的标准，但外加碳源的成本较其他方法高。

与加速曝气相比较，悬浮污泥反硝化系统产生的剩余污泥量较小。与推流式曝气池一样，与完全混合式曝气池相比较不易产生污泥膨胀现象。因为污泥在基质浓度高低不同的区域往复循环，在污泥有机负荷较高的区段，污泥凝絮体内部的菌胶团细菌亦能获得充分的营养，从而得到充分的生长，结果使引起污泥膨胀的丝状细菌得不到优势的生长。

2) 生物膜系统

另一大类反硝化系统是利用生物膜中的微生物来进行的。目前所研究的膜法反硝化几乎都是利用将硝化与反硝化分隔开来的系统，亦即反硝化段的滤池始终保持缺氧，以进行反硝化脱氮。使废水进行好氧去碳和硝化的那部分，可以是普通的好氧生物滤池，也可以是普通的活性污泥，当然活性污泥则需要另设污泥沉淀池，以使污泥单独回流。

根据缺氧反硝化滤池中介质是固定的还是活动的又可把它分成两类：一种是介质为静止不动的，仅使废水通过滤池，亦称缺氧滤池；另一种的介质是可移动的，如同生物转盘那样，但盘片全部浸没在废水中，亦称为缺氧转盘。

滤池还可根据废水的流向再分成上向流和下向流两类，在上向流的形式中，若上向流速超过临界值，可使介质向上浮起，这便成了流化床的形式。

与悬浮污泥系统一样，根据反硝化过程中碳源的不同，膜法反硝化也能依据碳源是外加碳源或内碳源而加以区分，现择要介绍如下。

(1) 内碳源反硝化滤池　内碳源反硝化滤池的反硝化部分采用不充氧的缺氧

滤池。与悬浮系统一样，承担反硝化的缺氧滤池可以在好氧滤池的前面，也可以在后面(见图4-39)。

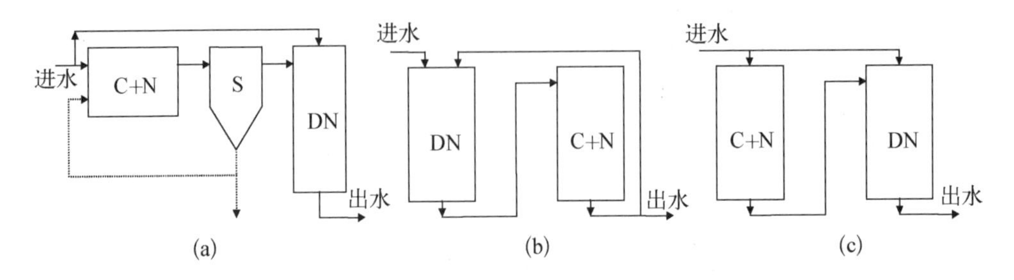

图4-39　内碳源反硝化滤池

C—去碳；N—硝化；DN—反硝化；Pa—后曝气；S—污泥沉淀池
(a) 去碳，硝化部分利用活性污泥法；(b) 前反硝化；(c) 后反硝化

这几种系统的反硝化效果大体为70%～80%，在前反硝化系统中，经好氧滤池后的出水须回流至缺氧滤池，当回流比为进水流量的4倍(或更高一些)，脱氮率可达90%。在后反硝化系统中，原水部分经旁路进入反硝化滤池，对运行管理要求较高，否则出水不是碳未去尽，就是脱氮效果低下。

(2) 外加碳源反硝化滤池　流程与内碳源滤池相同，只是反硝化滤池通入外加碳源(如甲醇)，而不是原生污水。它的脱氮效果较内碳源滤池高，停留时间亦可缩短。存在最大的问题是投加甲醇的剂量应随硝酸盐浓度的变化而相应地改变，因此在运行管理上要求较高。在后反硝化系统中，为了确保除去剩余的甲醇，可设置后曝气塔。

(3) 下向流滤池　滤池介质(滤料)可选用颗粒状活性炭、石块、纸质蜂窝或塑料波纹板。由于滤池是缺氧的，不充气，膜上的兼性厌氧反硝化细菌利用硝酸盐作为电子受体进行无氧呼吸，生物量逐渐增多，膜逐渐变厚，可因此而造成堵塞，引起水头损失；或因局部堵塞造成不堵的部分水力负荷过高，形成短路，影响处理效果。因此，运行管理的关键是防止堵塞，须定期进行反冲。反冲可采用压缩空气或用水力来冲击，当水头损失过高，表明有堵塞时即以大流量进水进行反冲。

(4) 上向流滤池　在上向流滤池中，原水从下方进入滤池，当上向流动的水力等于或大于介质的重力时即可将介质托起，形成流化床或膨胀床。若水力小于介质的重力时，介质仍沉于池底，为了与流化床相区别亦可称之为固定床。

上向流滤池的介质可选用较细的颗粒活性炭或较轻的塑料介质，与下向流滤池相比较可减少反冲。同时由于介质颗粒较细小，可增大滤池内介质的总表面积，从而提高脱氮的容积负荷，减少停留时间。

3) 新型脱氮工艺

(1) 短程硝化-反硝化工艺，又称 Sharon 工艺，是一种新型废水生物脱氮工艺。它在理念和技术上突破了传统硝化-反硝化工艺的框架。由于该工艺把硝化作用控制在亚硝酸盐阶段，比传统硝化-反硝化工艺缩短了一段流程，因此国内形象地将它称为短程硝化-反硝化工艺。Sharon 工艺的典型特征是：① 短程硝化和短程反硝化放置在一个反应器内实施，工艺流程较短；② 反应器内不持留活性污泥，装置结构简单；③ 操作温度较高(30～40℃)，处理效率较好；④ 借助于反硝化作用调控酸碱度(pH 为 7～8)，无需加碱中和。

由传统硝化-反硝化原理可知，硝化过程是由两类独立的细菌催化完成的两个不同反应，应该可以分开；而对于反硝化菌，NO_3^- 或 NO_2^- 均可以作为最终受氢体。该方法就是将硝化过程控制在亚硝化阶段而终止，随后进行反硝化，在反硝化过程中将 NO_2^- 作为最终受氢体，故称为短程(或简捷)硝化-反硝化。其反应式为

$$NH_4^+ + 1.5O_2 \longrightarrow NO_2^- + 2H^+ + H_2O$$

$$NO_2^- + 3[H] + H^+ \longrightarrow 0.5N_2 + 2H_2O$$

控制硝化反应停止在亚硝化阶段是实现短程硝化-反硝化生物脱氮技术的关键，在一定程度上取决于对两种硝化细菌的控制，其主要影响因素有温度、污泥龄、溶解氧、pH 值和游离氨等。研究表明，控制较高温度(25～35℃)、较低溶解氧和较高 pH 值和较短的污泥龄条件等可以抑制硝酸菌生长而使反应器中亚硝酸菌占绝对优势，从而使硝化过程控制在亚硝化阶段。短程硝化-反硝化生物脱氮可减少约 25%的供氧量，节省反硝化所需碳源 40%，减少污泥生成量 50%，以及减少碱消耗量和缩短反应时间。

荷兰鹿特丹 Dokhaven 污水处理厂(47 万人口的废水量)采用 Sharon 工艺改造后，该污水处理厂的排放水质量明显改善，总凯氏氮浓度(TKN)和氨浓度分别从 7.5 mg/L 和 6.2 mg/L 降低到 3.8 mg/L 和 2.2 mg/L，总氮排放量减少近一半。

(2) 厌氧氨氧化　厌氧氨氧化(anaerobic ammonium oxidation, ANAMMOX)是荷兰代尔夫特理工大学(Delft University of Technology)于 1990 年提出的一种新型脱氮工艺。其基本原理是在厌氧条件下，以硝酸盐或亚硝酸盐作为电子受体，将氨氮氧化成氮气，或者说利用氨作为电子供体，将亚硝酸盐或硝酸盐还原成氮气。参与厌氧氨氧化的细菌是一种自养菌，在厌氧氨氧化过程中无须有机碳源存在。厌氧氨氧化反应式及反应自由能为

$$NH_4^+ + NO_2^- \longrightarrow N_2 + 2H_2O \quad \Delta G = -358\ \mathrm{kJ/mol}\ NH_4^+$$

根据热力学理论，上述反应的自由能 $\Delta G < 0$，说明反应可自发进行，从理论上讲，该反应可以提供能量供微生物生长。

好氧氨氧化和厌氧氨氧化是开发 ANAMMOX 工艺的基础。因为厌氧氨氧化以氨作为电子供体，所以在短程硝化过程中，只需将一半氨氧化成亚硝酸盐。比较下面两个反应式可知，这样的短程硝化可比全程硝化节省 62.5%的供氧量，减少 50%的耗碱量。

$$NH_4^+ + \boxed{0.75O_2} \xrightarrow{\text{短程硝化}} 0.5NO_2^- + 0.5H_2O + \boxed{H^+} + 0.5NO_4^+$$

$$NH_4^+ + \boxed{2.0O_2} \xrightarrow{\text{全程硝化}} NO_3^- + H_2O + \boxed{2H^+}$$

供氧量节省 62.5%　　耗碱量节省 50%

比较以下两个反应式可知，厌氧氨氧化可比全程反硝化节省大量甲醇。

$$6NH_2^- + \boxed{6NH_4^+} \xrightarrow{\text{厌氧氨氧化}} 6N_2 + 12H_2O$$

$$6NH_3^- + \boxed{5CH_3OH} + CO_2 \xrightarrow{\text{全程反硝化}} 3N_2 + 6HCO_3^- + 7H_2O$$

甲醇消耗量节省 100%

另外，由图 4 - 40(a)和(b)可以看出，由于厌氧氨氧化菌的细胞产率远远低于反硝化细菌，短程硝化-厌氧氨氧化过程的污泥产量只有传统生物脱氮过程的 15%。处理和处置剩余污泥所需的人力、物力和财力都可减轻。

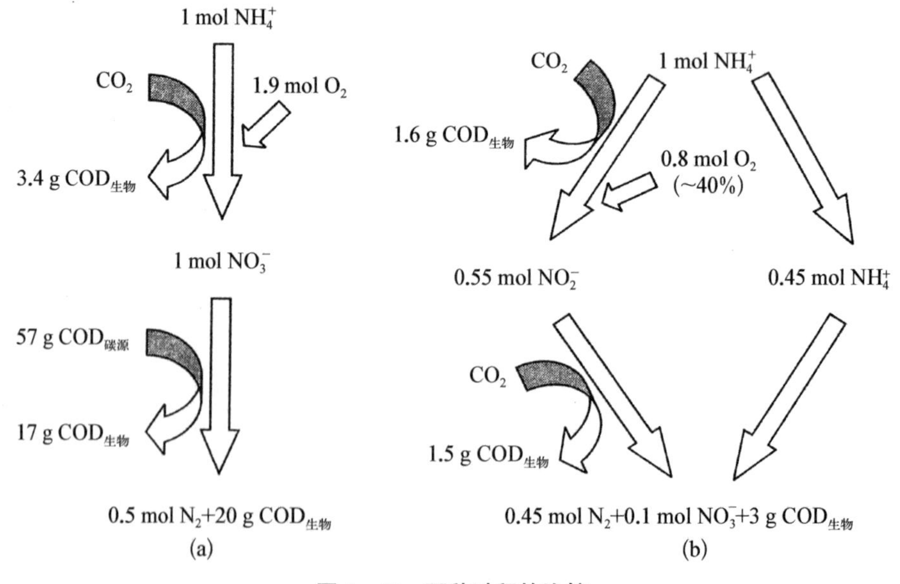

图 4 - 40　两种过程的比较

(a) 全程硝化-反硝化过程；(b) 短程硝化-厌氧氨氧化过程

荷兰鹿特丹 Dokhaven 污水处理厂的一个 98 m^3 的 ANAMMOX 反应器在 2002 年投入运行。

(3) 亚硝酸型完全自养脱氮(completely autotrophic nitrogen-removal over nitrite, CANON) 其基本原理是先将氨氮部分氧化成亚硝酸氮,控制 NH_4^+ 与 NO_2^- 的比例为 1∶1,然后通过厌氧氨氧化作为反硝化实现脱氮的目的。其反应式表述为

$$0.5NH_4^+ + 0.75O_2 \longrightarrow 0.5NO_2^- + H^+ + 0.5H_2O$$

$$0.5NH_4^+ + 0.5NO_2^- \longrightarrow 0.5N_2 + 2H_2O$$

全过程为自养的好氧亚硝化反应结合自养的厌氧氨氧化反应,无需有机碳源,对氧的消耗比传统硝化-反硝化减少 62.5%,同时减少碱消耗量和污泥生成量。

目前该工艺还处于实验室研究阶段。

4.5.1.3 生物脱氮系统的影响因素

1) 污泥负荷

污泥负荷是影响生物脱氮系统去氮效果的重要因子。当污泥负荷过高时,系统硝化作用不全,出水硝态氮浓度及硝态氮所占比例不断下降,从而影响到反硝化作用,并最终影响到总氮的去除效果(见图 4-41 和图 4-42)。

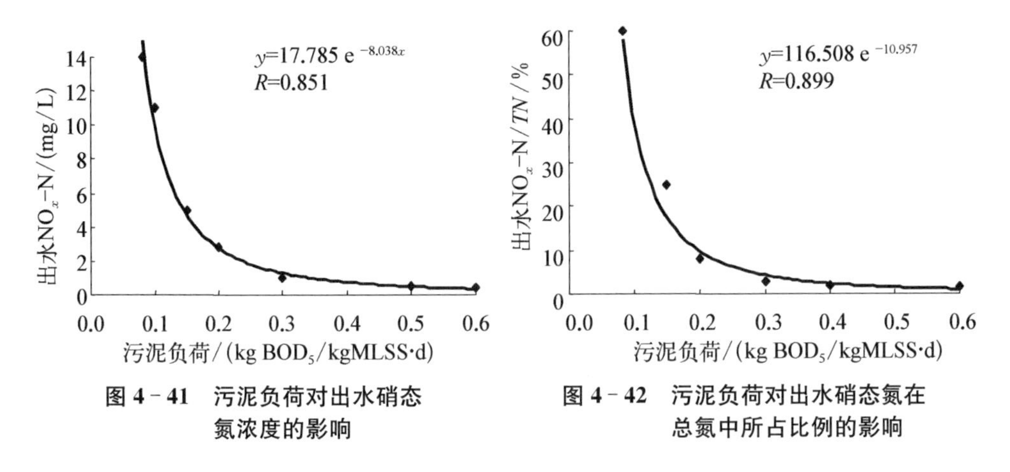

图 4-41 污泥负荷对出水硝态氮浓度的影响

图 4-42 污泥负荷对出水硝态氮在总氮中所占比例的影响

经试验,人工合成废水污泥负荷以 0.1~0.2 kgBOD/kgMLSS·d 为宜。在设计新的脱氮系统时,考虑到必要的安全系数,负荷宜选择在 0.03~0.1 kgBOD/kgMLSS·d 的范围内。

2) 废水的 C/N

废水的 C/N 是影响硝化系统去氮效果的另一个重要因子,如图 4-43 所示。硝化细菌是自养菌,增长速率比活性污泥异养菌低得多,过高的 BOD 将有助于异养细菌增殖,从而使得硝化细菌的比例下降。从反硝化作用的反应式中可知,欲去

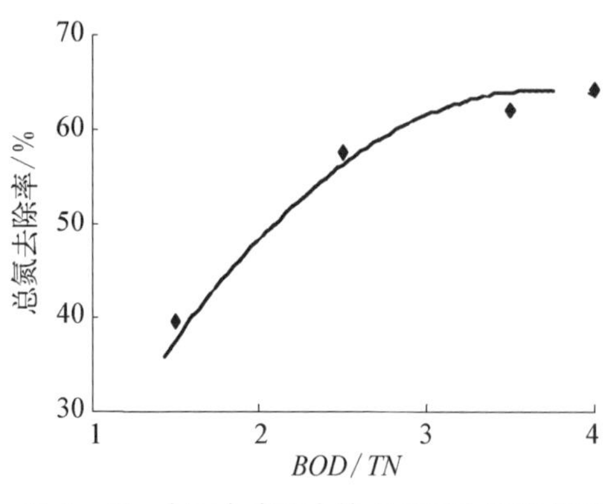

图 4-43 人工合成废水的 C/N(以 BOD/TN 表示)对总氮去处率的影响

除 4 份 NO_3^--N(4×14),必须提供 5 份有机碳。又因为 1 份 C 氧化成 CO_2 需 2 份氧,5 份碳折算成 BOD 值为(5×32),因此从理论上说在脱氮系统中,废水的 BOD_5/TN 必须大于(5×32)/(4×14),也即废水的$C/N \geqslant 2.86$ 时才能充分满足反硝化细菌对碳源的需要;在废水 $C/N < 2.86$ 时,废水 C/N 愈低,则通过反硝化脱去的氮愈少,总氮去除率也相应减少。

在废水碳源不足时,虽也能通过内源碳(即活性污泥中微生物死亡,自溶后释放出来的有机碳)进行反硝化,但内源碳的反硝化速率很低,仅为常规碳源的 10%左右,因此可投加甲醇或食品酿造厂等排放的高浓度有机废水作为碳源,也可不设初沉池或缩短污水在初沉池中的停留时间以提高污水的 C/N。

3) 回流比

在单级污泥 A/O 系统中,回流比 r 的大小与最大可能脱氮效率R 之间的关系为$R=r/(1+r)$。因此,在具备必要条件时(如缺氧段有足够的碳源,好氧段氮的硝化作用完全等),增大回流比可以提高去除氮的效果,但其缺点是增加了动力消耗,并可使系统由推流式趋于完全混合式而导致污泥性状变差。此外,在低浓度废水处理系统中,回流比过大会使缺氧段氧化还原电位升高,结果反而降低了反硝化作用的速率(见表 4-4)。因此,我们应从提供缺氧段硝酸盐和反硝化速率两方面因素综合考虑,根据处理的目标选择合适的回流比。

表 4-4 不同回流比对氧化还原电位(ORP)和反硝化速率(K_{de})的影响

回流比	COD/(mg/L)	ORP/mV	K_{de}/(gNO_3^-/gVSS·h)
1.5	29.36	−218	3.3×10^{-3}
2.0	25.40	−210	2.5×10^{-3}
2.5	25.40	−192	1.6×10^{-3}

4) 缺氧池与好氧池容积的比例

在 A/O 系统中,好氧池的作用是使有机物碳化和使氮硝化;缺氧池的作用是反硝化脱氮,故两池容积的大小对总氮去除率极为重要。

曝气分数指系统中发生好氧硝化而不发生厌氧反硝化的时间分数。好氧池体积与缺氧池体积之比即曝气分数之比，故随着曝气分数的增加，出水硝酸盐增加，氨氮减少。对于不同的水质由于硝化和反硝化速率不同，因而取得最佳脱氮效果的好氧池与缺氧池体积之比也不同。在模型试验中，通过改变好氧池与缺氧池容积比例的大小，找出该废水出水硝态氮和氨态氮之和最低的一组曝气分数值，作为生产性装置的设计参数。

5）缺氧池的搅拌方式

为使缺氧池中污泥呈悬浮状态，使污泥与基质充分混合，必须进行搅拌。搅拌方式有机械搅拌和空气搅拌两种。机械搅拌可保证缺氧池较严格地处于缺氧状态（*DO* 小于 0.2 mg/L），故可提高反硝化脱氮的效率，但须安装专用机械设备，基建费较高。空气搅拌较简单，尤其对由好氧系统改建的 A/O 系统，可利用原有曝气设备，通过间隙充气或控制少量充气仅使污泥能悬浮即可，缺点是会导致缺氧池氧化还原电位升高，*DO* 上升，从而抑制了反硝化作用，影响去氮效率。

如图 4－44 所示在不同搅拌方式下，缺氧池各段（共三格）的氧化还原电位。在空气搅拌时缺氧池三格的氧化还原电位依次为－163 mV、－169 mV、－161 mV，第二格最低，第三格反而升高，这是由于充入空气的缘故。机械水泵搅拌时，三格的氧化还原电位依次为：－181 mV、－202 mV、－207 mV，呈逐格降低状态。与空气搅拌相对照，采用机械搅拌使反硝化脱氮的有机碳从 15.8%提高到 21.8%，反硝化脱氮量也从 28.5%提高到 40.6%，扣除污泥产率不同对去氮量的影响，总氮去除率提高了 10%，可见机械搅拌时脱氮效率较高。因此，对新建的生物脱氮系统缺氧池应采用机械搅拌，功率一般为 8～10 W/m^3，并且应选用角度可调节的搅拌机。

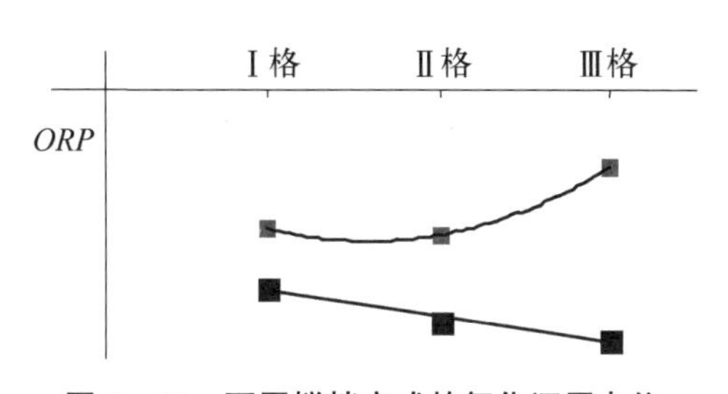

图 4－44　不同搅拌方式的氧化还原电位

6）温度

温度对硝化速率和反硝化速率影响很大。不同温度下的反应速率为

$$K_T = K_{20}\theta T - 20$$

式中 K_T、K_{20} 分别为 T℃和 20℃时的反应速率；θ 为温度系数。测定了 25℃、20℃、15℃、10℃四种温度下的硝化和反硝化速率，结果列于表 4－5 中。

将测定数据回归并计算得硝化的温度系数为 1.2，反硝化的温度系数为 1.06。由此可见，温度对硝化菌的影响比反硝化菌大。在水温低时，为了使系统具一定的硝化作用，应降低负荷，如增加好氧池的比例，或增加系统的水力停留时间。

表 4-5　不同温度下的硝化和反硝化速率

温度/ ℃	硝化速率/ ($mgNH_3/gVSS \cdot h$)	反硝化速率/ ($mgNO_3^-/gVSS \cdot h$)
25	1.30	2.7
20	0.76	2.1
15	0.27	1.4
10	0.10	1.1

4.5.2　生物除磷

4.5.2.1　生物除磷的原理

所有生物除磷工艺皆为活性污泥法的修改，即在原有活性污泥工艺的基础上，通过设置一个厌气阶段，选择能过量吸收并贮藏磷的微生物（称为聚磷微生物），以降低出水的磷含量。活性污泥中的细菌，如不动杆菌属（*Acinetobacter*）、气单胞菌属（*Aeromonas*）、棒杆菌属（*Corynebacterium*）、微丝菌属（*Microthrix* sp.）等，当生活在营养丰富的环境中，在即将进入对数生长期时，为大量分裂做准备，细胞能从外界大量吸收可溶性磷酸盐，在体内合成多聚磷酸盐而积累起来，供下阶段对数生长时期合成核酸耗用磷素之需。另外，细菌经过对数生长期而进入静止期时，这时大部分细胞已停止繁殖，核酸的合成虽已停止，对磷的需要量也已很低，但若环境中的磷源仍有剩余，细胞又有一定的能量时，仍能从外界吸收磷素，以多聚磷酸盐的形式积累于细胞内，作为贮藏物质。

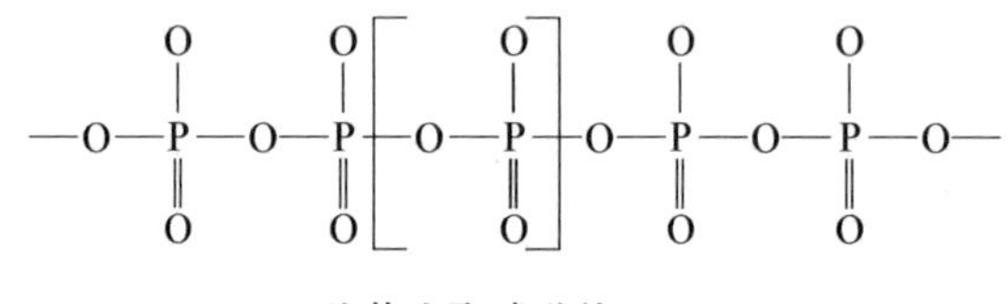

线状多聚磷酸盐

但当细菌细胞处于极为不利的生活条件时，例如使好气细菌处于厌气条件下，即所谓细菌“压抑”状态（bacterial stress）时，积累于体内的多聚磷酸盐就会分解，并释放到环境中来。在这个过程中同时有能量释放，供细菌在不利环境中维持其生存所需，此时菌体内多聚磷酸盐就逐渐消失，而以可溶性单磷酸盐的形式排到体外环境中。如果该类细菌再次进入营养丰富的好氧环境时，它将重复上述的体内聚磷。细菌在好气与厌气条件下的吸磷和放磷过程，可简单地以下列反应式表示：

$$\text{Ⓟ}\sim\text{Ⓟ}\sim\text{Ⓟ}\underset{\text{好气}}{\overset{\text{厌气}}{\rightleftharpoons}}\text{Ⓟ}+\mathrm{ATP}$$

细菌是以聚-β-羟基丁酸(PHB)作为其含碳有机物的贮藏物质(植物以淀粉、人以脂肪作为含碳的贮藏物)，现已查明，聚磷细菌聚磷与贮藏PHB之间有着内在的联系，在厌氧/好氧系统中有机基质的利用情况和生物除磷机理如图4-45、4-46所示。

水中基质(即废水中的有机污染物)	厌氧区	好氧区	微生物
→	受抑制	基质 + O_2 → 细胞物质 + 能量	非积磷异养细菌
→	基质 →(发酵) VFA	受抑制	发酵性细菌
→	聚磷 → Pi + 能量 (厌氧放磷) VFA + 能量 → PHB	基质 + O_2 → 细胞物质 + 能量 Pi + 能量 → 聚磷 (好氧吸磷)	聚磷细菌

图4-45　厌氧产酸后基质的利用和PHB的贮藏

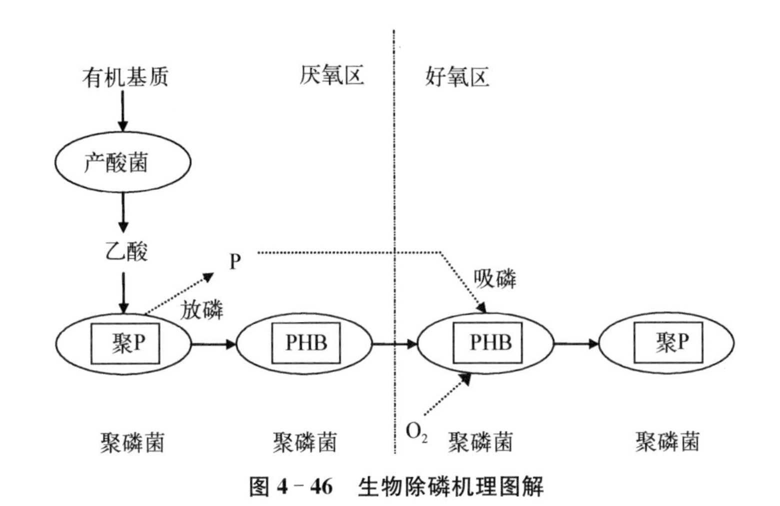

图4-46　生物除磷机理图解

从图4-45和图4-46中可见，废水中的有机物进入厌氧区后，在发酵性产酸菌的作用下转化成乙酸。聚磷菌在厌氧的不利环境条件下(压抑条件)，可将贮藏在菌体内的聚磷分解。在此过程中释放出的能量可供聚磷菌在厌氧压抑环境下存活之用；另一部分能量可供聚磷菌主动吸收乙酸、H^+和e^-，使之以PHB形式贮藏在菌体内，并使发酵产酸过程得以继续进行。聚磷分解后的无机磷盐释放至聚磷菌体外，此即观察到的聚磷细菌厌氧放磷现象。进入好氧区后，聚磷菌即可将积贮的 PHB 好氧分解，释放出的大量能量可供聚磷菌的生长、繁殖。当环境中有溶磷存在时，一部分能量可供聚磷菌主动吸收磷酸盐，并以聚磷的形式贮藏在体内，此即为聚磷菌的好氧吸磷现象。这时，污泥中非积磷的好氧性异养细菌虽也能利用废水中残存的有机物进行氧化分解，释放出的能量可供它生长、繁殖，但由于废水中大部分有机物已被聚磷菌吸收、贮藏和利用，所以在竞争上得不到优势。可见厌氧、好氧交替的系统仿佛是聚磷细菌的“选择器”，使它能够一枝独秀。

根据上述微生物的生理现象，在生物除磷工艺中，先使污泥处于厌气的压抑条件下，使聚磷细菌体内积累的磷充分排出，再进入好气条件下，使之把过多的磷积累于菌体内，然后使含有这种聚磷细菌菌体的活性污泥立即在二沉池内沉降，上清液即已取得良好的除磷效果而可排出，留下的污泥中磷含量可占干重的 6%左右，其一部分以剩余污泥形式排放后可作为肥料，另一部分回流至曝气池前端，这就是修改的活性污泥法、A/O 系统及 Bardenpho 法的除磷原理所在。为了进一步提高除磷效果，部分回流污泥进入新设置的厌氧放磷池，使富含磷的污泥在厌氧条件下放磷于上清液内，然后将含有高浓度磷的少量上清液分离出来，进行化学除磷，已经释放出磷的污泥重新进入曝气池，重复上述的大量吸磷和积累磷的过程，这就是生物除磷与借助旁流(sidestream)化学除磷相结合的 Phostrip 的工艺流程。

4.5.2.2 生物除磷系统的基本工艺流程

1）主流生物除磷工艺

(1) A/O 工艺　早在 20 世纪 70 年代初，美国专利“发展沉降性能好的污泥”中即采用 A/O 工艺，它将增加去磷效果列为该专利的次要优点。其工艺流程如图 4-47 所示。

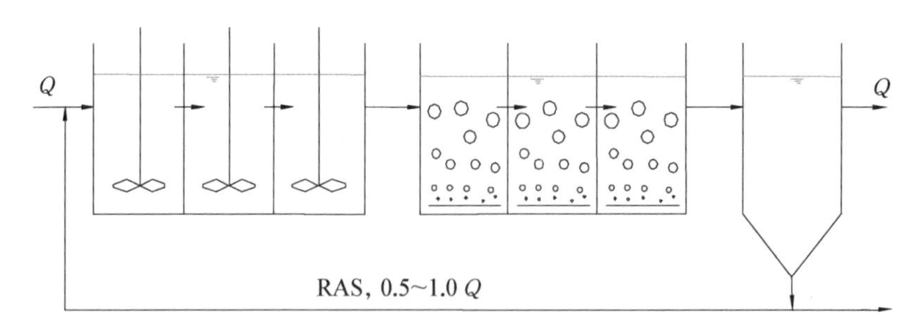

图 4-47　A/O 工艺流程

A/O 工艺是使污水和污泥顺次进行厌氧和好氧交替循环流动的方法。在进水端，进水与回流污泥混合进入一个推流式的厌氧接触区。为了防止氧气扩散入厌氧混合液中，可在厌氧区上方加盖。厌氧区内设有混合器，缓慢搅拌使污泥保持不沉。有时厌氧区还被分隔成 3～4 个室。厌氧区后面是曝气的好氧区，最后进入沉淀池使泥水分离。

A/O 工艺专利的特点是速率高，水力停留时间短，在典型设计的厌氧区停留时间为 0.5～1.0 小时，好氧区为 1～3 小时，由于系统的泥龄亦短，因此系统往往达不到硝化，回流污泥中也就不会携带 NO_3^- 至厌氧区。在有些书中，该工艺列为只除磷、不去氮的生物除磷工艺。

(2) A^2/O 工艺　为了达到同时去磷除氮，可在 A/O 工艺的基础上增设一个缺氧区，并使好氧区中的混合液回流至缺氧区，使之反硝化脱氮，这样就构成了既除磷又去氮的厌氧/缺氧/好氧系统(anaerobic/anoxic/oxic system)，简称 A^2/O 工艺(见图 4-48)。

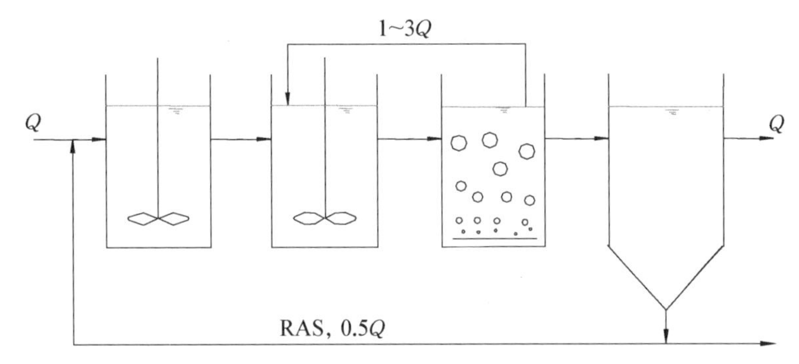

图 4-48　A2/O 工艺流程

从图 4-48 中可见，废水首先进入厌气区，兼性厌氧的发酵细菌将废水中的可生物降解大分子有机物转化为 VFA 这一类小分子发酵产物。聚磷细菌可将菌体内积贮的聚磷盐分解，所释放的能量可供专性好氧的聚磷细菌在厌氧的“压抑”(stress)环境下维持生存，另一部分能量还可供聚磷细菌主动吸收环境中的 VFA 这一类小分子有机物，并以 PHB 形式在菌体内贮存起来。随后废水进入缺氧区，反硝化细菌就利用好氧区中经混合液回流而带来的硝酸盐，以及废水中可生物降解有机物进行反硝化，达到同时去碳与脱氮的目的。厌氧区和缺氧区都设有搅拌混合器，以防污泥沉积。接着废水进入曝气的好氧区，聚磷细菌除了可吸收、利用废水中残剩的可生物降解有机物外，主要是分解体内贮积的 PHB，放出的能量可供本身生长繁殖；此外还可主动吸收周围环境中的溶磷，并以聚磷盐的形式在体内贮积起来。这时排放的废水中溶磷浓度已相当低。好氧区中有机物经厌氧区、缺氧区分别被聚磷细菌和反硝化细菌利用后，浓度已相当低，这有利于自养的硝化细菌生长繁殖，并将 NH_4^+ 经硝化作用转化为 NO_3^-。非积磷的好氧性异养菌虽然也能存在，但它在厌氧区中受到严重的压抑，在好氧区又得不到充足的营养，因此在与其他生理类群的微生物竞争中处于劣势。排放的剩余污泥中，由于含有大量能过量积贮聚磷盐的聚磷细菌，污泥磷含量可达 6%(干重)以上，因此与一般的好氧活性污泥系统相比大大地提高了磷的去除效果。

在实际运行中，A^2/O 工艺也与 A/O 工艺一样，要求在高速率下运行，即水力停留时间短，泥龄短，才能获得较高的除磷效果，缺氧区停留时间大致在 0.5～1.0 小时。

(3) Bardenpho 工艺　1974 年，Barnard 报道在他所首创的硝化、反硝化脱氮 Bardenpho 工艺中，有时发现有很好的除磷效果。该工艺流程如图 4-49 所示。在他以生活污水为进水的小试中，除了有很好的去除 BOD 及 90%～95%的去氮效果外，去磷率也高达 97%。

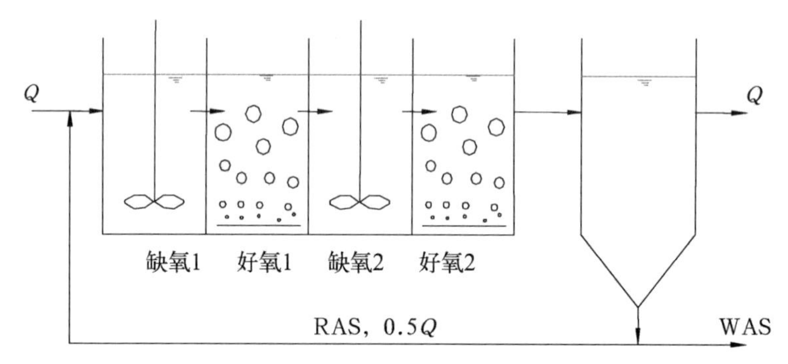

图 4-49　Bardenpho 工艺流程

Bardenpho 工艺以四个完全混合活性污泥反应池串联而成。其中第 1、3 池不曝气，设混合器缓慢搅拌以防污泥沉淀。第 2、4 池进行好氧曝气。第 2 池（好氧 1）停留时间长，已达完全硝化。好氧 1 的混合液并不回流至第 1 池（缺氧 1），而是进入第 3 池（缺氧 2），混合液中的 NO_3^- 被反硝化细菌通过内源反硝化还原成氮气。随后进入第 4 池（好氧 2）使 *DO* 足够高以驱走氮气泡，避免形成浮渣，同时避免污泥在沉淀池中厌氧放磷。

(4) Phoredox 工艺　在 Bardenpho 工艺中，由于废水水质和运行操作的关系，很难保证在缺氧区中出现期望的厌氧生境。Barnard 在他的试验中又发现了 NO_3^- 对厌氧放磷及整个系统去磷的抑制作用。为了提高去磷效果，他将 Bardenpho 工艺做了改进，在缺氧 1 前增设了一个厌氧发酵区。从二沉池回流来的污泥在厌氧区中与进水相混。好氧池中污泥混合液回流仅进入缺氧区。只要后面 4 段硝化、反硝化控制得当，氮去除率高，同时控制二沉池污泥至厌氧区的回流污泥比，那么通过回流污泥而带至厌氧区的硝酸盐将是很少的。厌氧区中的厌氧生境比原 Bardenpho 工艺中的缺氧区较易达到。在南非及欧洲这种改进的 Bardenpho 工艺称为 Phoredox 工艺，在美国仍称为改良型 Bardenpho 工艺或五阶段 Bardenpho 工艺。其工艺流程如图 4-50 所示。

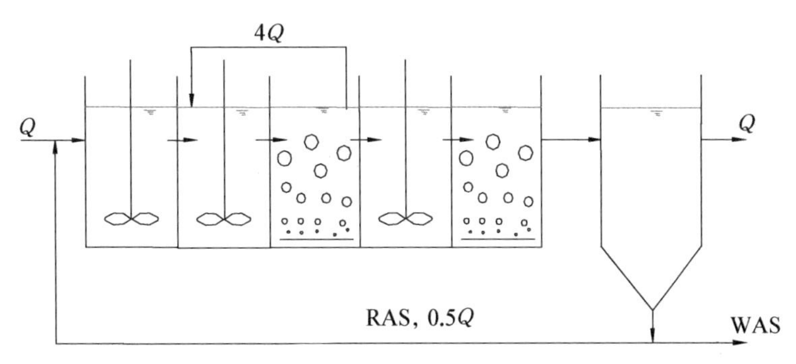

图 4-50　Phoredox 工艺流程

(5) UCT 工艺　从 Phoredox 工艺的流程中我们不难发现，二沉池的回流污泥仍然是回至最前端的厌氧区，由于出水中或多或少带有 NO_3^-，因此，对厌氧区总会带来不利的影响。如果出水 NO_3^- 浓度低，使回流污泥中 NO_3^- 浓度低或回流比低，那么可期望得到较好的除磷效果。但如果进水中 TKN/COD 的比值增加，要达到完全反硝化的碳源往往不足，通过改进操作来降低硝酸盐浓度方面的余地较小。同时，减少回流污泥量对污泥的沉降性能有较高的要求，对二沉池的操作也带来一定的困难。为此，Marais 等经过一系列的尝试后推出了 UCT 工艺(University of Cape Town process)，其流程如图 4-51 所示。

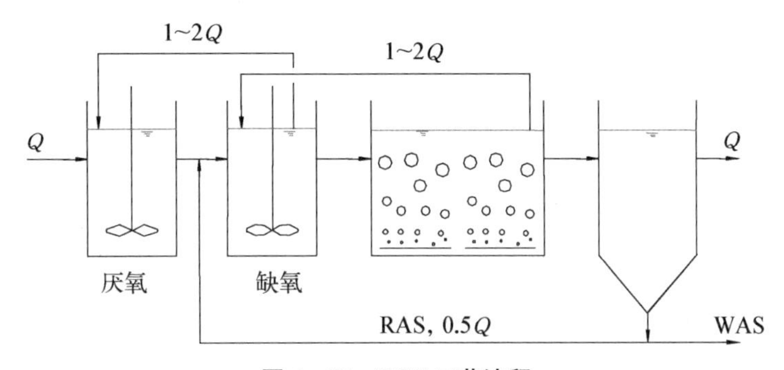

图 4-51　UCT 工艺流程

在 UCT 工艺中，沉淀池的回流污泥和好氧区的污泥混合液分别回流至缺氧区，其中携带的 NO_3^- 在缺氧区中经反硝化而去除。为了补充厌氧区中污泥的流失，增设了缺氧区至厌氧区的混合液回流。在废水 TKN/COD 适当的情况下，缺氧区中反硝化作用完全，可以使缺氧区出水中的 NO_3^- 浓度保持近于零，从而使接受缺氧区混合液回流的厌氧区 NO_3^- 亦接近于零，保持较为严格的厌氧生境。与 Phoredox 工艺相比，UCT 工艺可最大限度地排除流至厌氧区的回流液中的硝酸盐对除磷的不利影响。由于增加了缺氧区至厌氧区的混合液回流，运行费用略有增加。

(6) 改良型 UCT 工艺　在 UCT 工艺中，从好氧区至缺氧区的回流中所携带的 NO_3^- 总是有一部分被缺氧区至厌氧区的回流液带入厌氧区。为了解决这一问题，有人对 UCT 工艺做了改进，称之为改良型 UCT 工艺，其工艺流程如图 4－52 所示。

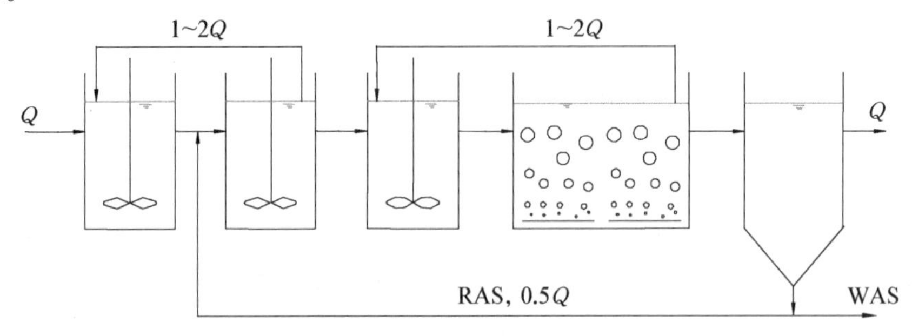

图 4－52　改良型 UCT 工艺

在改良型 UCT 工艺中，缺氧区分成两个，缺氧 1 只接受二沉池的回流污泥，并有混合液回流至厌氧区。因此，对缺氧 1，只要求减少经回流污泥携带而来的 NO_3^- 数量。缺氧 2 接受来自好氧区的混合液回流，在其内进行反硝化。这种将缺氧 1 与缺氧 2 完全分隔的改良型 UCT 工艺可避免将过剩的 NO_3^- 带进厌氧区，从而提高了系统的去磷效果。

(7) VIP 工艺　VIP 工艺是以美国弗吉尼亚理工大学（Virginia Polytechnic Institute and State University）的 Randall 教授为首的科研组提出的一种生物除磷工艺。其流程（见图 4－53）类似于 UCT 工艺，但有两点明显不同：① 厌氧区、缺氧区、好氧区的每一部分至少由两个以上的池所构成，这样可增加吸、放磷的速率；② 与 UCT 工艺相比，泥龄短，负荷高，运行速率较高，污泥中活性生物的比例增加，除磷速率较高，减少了反应池的体积，其设计的泥龄为 5～10 天，而 UCT 的泥龄通常为 13～25 天。

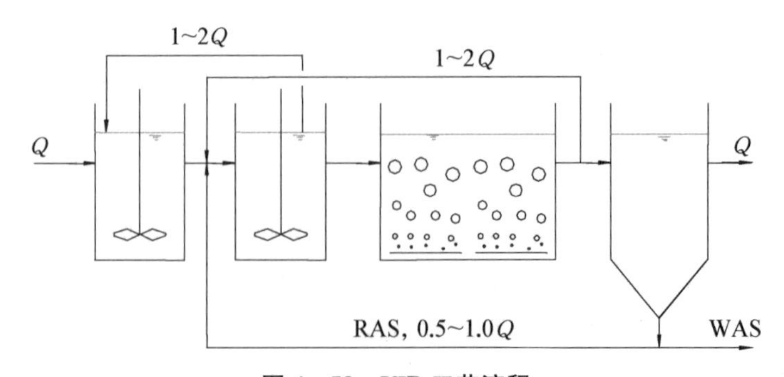

图 4－53　VIP 工艺流程

(8) SBR工艺　已有许多报道指出SBR工艺具良好的脱氮除磷效果。现已研制出自动监测或闭启阀门，定时进水、排水的自动控制系统，操作时可按水质状况调整各时段时间，从而使活性污泥处于厌氧放磷、好氧吸磷，并通过排泥达到过量除磷的目的。

根据生物除磷的基本原理和序批式活性污泥法的运行特点，设计了以下工艺时段：进水后缺氧搅拌1.5 h，好氧菌可利用进水中携带的少量氧分解有机物，使溶解氧迅速降至零，这时发酵细菌可进行厌氧发酵，反硝化细菌进行脱氮；然后停搅0.5 h，使活性污泥处于厌氧状态，聚磷细菌放磷；接着好氧曝气4 h，硝化菌进行硝化作用，聚磷细菌好氧吸磷；此后静置沉淀1.5 h，在随后的0.5 h闲置期中换水；然后再进入第2个周期，每个周期为8 h。试验表明，SBR工艺除了有良好的BOD去除效果外，$PO_4^{3-}-P$和TN的去除率分别为97%和64%。

2) *旁流除磷工艺——Phostrip法*

旁流除磷的Phostrip工艺流程如图4-54所示。

该工艺的关键是在常规的好氧活性污泥工艺中增设了厌氧放磷池和化学沉淀池。该工艺的主流部分为常规的活性污泥法曝气池，回流污泥的一部分(约为进水流量的10%～20%)旁流入一个厌氧池，污泥在厌氧池中通常停留8～12小时，聚磷细菌可吸收发酵产物而放磷，也可因菌体自溶而放磷。脱磷后的污泥回流入曝气池以继续吸磷，富含磷的上清液进入化学沉淀池后以石灰处理，石灰剂量取决于废水的碱度，使溶磷转化成不溶性的磷酸钙沉淀，然后从系统内除去。由于Phostrip工艺仅将处理流程中的一部分回流污泥通入旁路的厌氧放磷池，并以化学的方法除磷，所以列入旁流除磷工艺。污泥的吸放磷仍然遵循生物过量吸放磷的机理，因此是一种生物法和化学法共同起作用的除磷方法。然而，与其他化学除磷工艺相比，由于只占总流量一小部分的废水须加药处理，故大大地减少了化学药物的投加量和化学污泥量。与其他主流生物除磷工艺相比，对进水*BOD*和*BOD*/*P*的要求不严格，在进水*BOD*不高，但处理操作合理时，出水*TP*可低于1 mg/L。该工艺属单纯除磷、不能去氮的废水处理工艺。

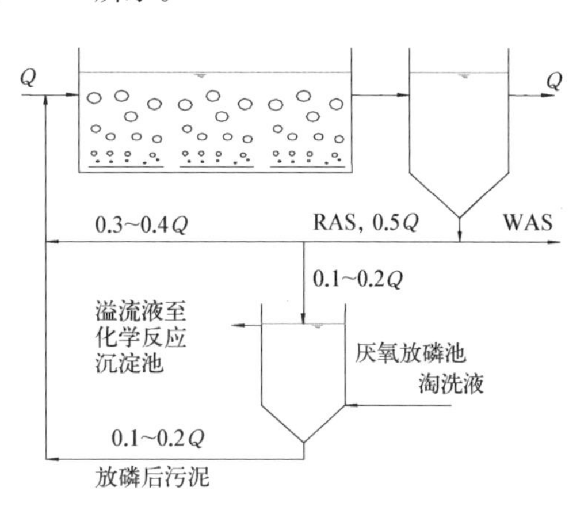

图4-54　Phostrip工艺流程

为了提高放磷池的效率，可将化学沉淀池或二沉池的上清液导入放磷池进行淘洗，也可使放磷池中的污泥循环回流，以加速磷从菌体内到上清液中的转移。

4.5.2.3 生物除磷系统的影响因素

1) 废水的碳磷比(BOD_5/TP)

废水的 BOD_5/TP 是影响生物除磷系统去磷效果的重要因素之一,BOD_5/TP 的比值过低,使污泥中的聚磷微生物在好氧池中吸磷不足,从而使出水磷含量升高。经试验,每去除 1 mg BOD_5,约可去除磷 0.04~0.08 mg。为使出水总磷低于 1 mg/L,废水的 BOD_5/TP 应大于 20,或溶解性 BOD_5/溶解性 P 大于 12~15。当废水 BOD_5/TP 较低,又要求有较高的除磷效果和低的出水磷含量时,可采用旁流除磷的 Phostrip 法,使过多的磷通过化学沉淀法除去。

2) 溶解氧

从生物除磷系统去磷原理中可知,整个系统各段吸磷、放磷的控制主要是由 DO 值决定的,因此 DO 值的控制是影响去磷效果最重要的一个因子。好氧池中 DO 应大于 2 mg/L,以保证聚磷微生物利用好氧代谢、氧化磷酸化中释放出的大量能量充分地吸磷。有条件时,好氧池的 DO 可控制在 3~4 mg/L。厌氧放磷池的 DO 应小于 0.2 mg/L,NO_3^--N 小于 0.2 mg/L。为了防止污泥在二沉池中停留时的厌氧放磷作用,以致影响去磷效果,二沉池底部的泥层应控制低一些,一般为 1 m 左右,以防止污泥因累积厌氧而放磷。

3) 硝态氮浓度

生物除磷系统中硝态氮的存在会因聚磷菌与反硝化细菌争夺小分子有机酸类碳源而抑制聚磷微生物的放磷作用,故应提高系统中 N 的去除率,降低出水 NO_3^--N 浓度。出水 NO_3^--N 对出水中磷含量的影响如图 4-55 所示。

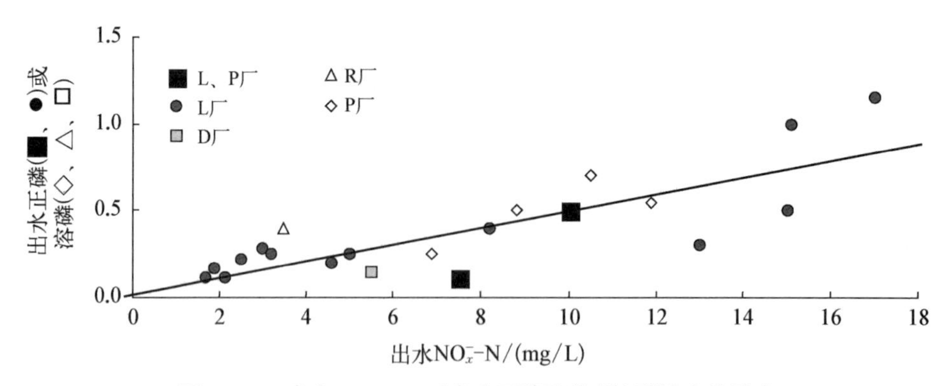

图 4-55 出水 NO_3^--N 对出水正磷酸盐或溶磷浓度的影响

4) 泥龄

系统的泥龄短,可使污泥产率提高,从而通过排放剩余污泥而去除更多的磷,主流除磷系统泥龄一般为 6 天左右,可以取得较好的脱磷效果。在废水性质不变的情况下,泥龄越长,污泥含磷量就越少,去除单位质量的磷所需的有机物(BOD)

量也就越多。

5）温度

温度对除磷效果的影响不如生物脱氮明显，在 5～30℃范围内，都可以得到较好的除磷效果，低温时厌氧区的停留时间要长一些。

4.6　厌氧生物处理法

厌氧处理技术发展至今已有 100 多年的历史，最早用于处理粪便污水或城市污水处理厂的剩余污泥。早期的工艺为厌氧消化池，污泥与废水在反应器里的停留时间是相同的，因此污泥在反应器里浓度较低，处理效果差，由于水力停留时间长，所以消化池容积大，基建费用很高。20 世纪 50 年代中期出现了厌氧接触法，厌氧接触法是在普通污泥消化池的基础上，受活性污泥系统的启示而开发的。厌氧接触法的主要特点是在厌氧反应器后设沉淀池，使污泥回流，厌氧反应器内能够维持较高的污泥浓度，使厌氧污泥在反应器中的停留时间大于水力停留时间，因此其处理效率与负荷显著提高。这两种工艺习惯上称为第一代厌氧反应器。

20 世纪 70 年代以来，由于能源危机导致能源价格猛涨，废水厌氧处理技术因具有运转费用低、有可资源利用的能源（沼气）产生及在处理高浓度废水方面的一系列优越性而受到人们的重视。经过广泛、深入的研究，相关学者开发了一系列高效的厌氧生物处理反应器，如厌氧生物滤池（AF）、升流式厌氧污泥床（UASB）、厌氧流化床（AFB）、固定膜膨胀床（AAFEB）、厌氧折流反应器（ABR）、厌氧颗粒污泥膨胀床（EGSB）、厌氧内循环反应器（IC）等。AF、UASB、AFB、AAFEB 等称为第二代厌氧反应器，其共同特点是生物固体截留能力强，将污泥停留时间（MCRT）与水力停留时间（HRT）分离，使得厌氧处理高浓度有机废水所需的 *HRT* 由原来的数十天缩短到几天乃至十几小时，反应器容积大大缩小，在保证处理要求的前提下，处理能力大幅提高。生物固体截留能力强和水力混合条件良好是高效厌氧反应器有效运行的两个基本前提。但其不足是水力混合条件尚不够理想。例如，厌氧生物滤池运行的关键是高效、稳定、易操作管理地使用填料，高效的填料成本较高，而廉价的填料则易造成反应器的堵塞，致使运行过程不能正常进行。升流式厌氧污泥床（UASB）的技术关键是三相分离器的合理设计和成功地培养出性能良好的颗粒污泥，其运行过程中操作管理要求严格，而且其进水悬浮物（SS）含量限制在 4 000～5 000 mg/L 以下，否则整个处理工艺将难以甚至无法正常运行。

ABR、EGSB、IC 等称为第三代厌氧反应器，其不仅生物固体截留能力强，而且水力混合条件好。随着厌氧技术的发展，其工艺的水力设计已由简单的推流式或完全混合式发展到了混合型复杂水力流态。第三代厌氧反应器所具有的特点包括：反应器具有良好的水力流态，这些反应器通过构造上的改进，其中的水流大多呈推流与完全混合流相结合的复合型流态，因而具有高的反应器容积利用率，可获得较强的处理能力；具有良好的生物固体的截留能力，并使一个反应器内微生物在不同的区域内生长，与不同阶段的进水相接触，在一定程度上实现生物相的分离，从而可稳定和提高设施的处理效果；通过构造上的改进延长了水流在反应器内的流径，从而促进了废水与污泥的接触。

早期的厌氧消化主要处理BOD浓度为10 000 mg/L以上或固体含量为2%～7%的污水、污泥、粪尿等。随着厌氧微生物和厌氧工艺的不断发展，在近20年，对各种低浓度污水以及有机固体含量高达40%的麦秆、作物残渣等，都可采用厌氧工艺进行处理。

4.6.1 厌氧生物法的工艺流程

1) 化粪池

最早的厌氧生物处理构筑物是化粪池，流行于20世纪初，我国的一些城市至今仍在沿用。化粪池主要用于居住房屋及公用建筑的生活污水的预处理。

化粪池分为两室。污水于第一室中进行固液分离，悬浮物沉于池底或浮于池面，污水可以得到初步的澄清和厌氧处理；污水于第二室中进一步进行澄清和厌氧处理，处理后的水经出水管导出。污水在池内的停留时间一般为12～24 h；污泥在池底进行厌氧消化，一般半年左右清除一次。

由于污水在池内的停留时间较短，温度较低（不加温，与气温接近），污水与厌氧微生物的接触也较差，因而化粪池的主要功能是预处理作用，即仅对生活污水中的悬浮固体加以截留并消化，而对溶解性和胶态的有机物的去除率则很低，远不能达到国家规定的有关城市污水的排放标准。运行状况良好的化粪池对BOD和悬浮物的去除率仅为30%～50%。殷霍夫池是一种改进型的化粪池，又称为双层沉淀池，其中双层沉淀池起固液分离作用，沉淀后上清液排出，而污泥则进入池底进一步消化。

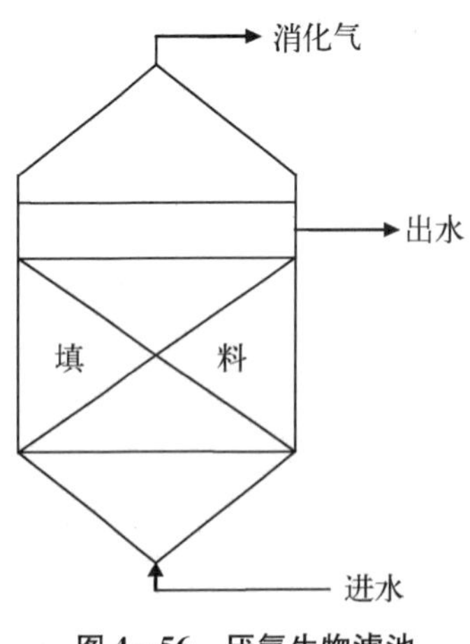

图4-56 厌氧生物滤池

2) 厌氧生物滤池

20世纪60年代末，Young和McCarty基于微生物固定化原理首次发明了厌氧生物滤池（AF），其构造与一般的好氧生物滤池相似，池内设置填料，但池顶密封。如图4-56所示，废水由池底进入，由池顶部排出。填料浸没于水中，微生物附着生长在填料之上。滤池中微生物量较高，平均停留时间可长达 150 天左右，因此可以达到较高的处理效果。滤池填料可采用碎石、卵石或塑料等，平均粒径在 40 mm 左右。

厌氧生物滤池的主要优点是处理能力较高；滤池内可以保持很高的微生物浓度而不需要搅拌设备；不需要另外的泥水分离设备，出水 *SS* 较低；设备简单，操作管理方便。其主要缺点是易堵塞，特别是滤池下部的生物膜较厚，更易发生堵塞现象。因而它主要用于含悬浮物很低的溶解性有机废水。

根据对一些有机废水的试验结果，当温度在 25～35℃、使用碎石填料时，厌氧生物滤池的容积负荷可以达到 3～6 kgCOD/m^3 · d；使用塑料填料时，容积负荷可以达到 3～10 kgCOD/m^3 · d。

3）厌氧接触法

厌氧接触法流程类似于好氧的传统活性污泥法，如图 4 - 57 所示。废水先进入混合接触池（消化池）与回流的厌氧污泥相混合，废水中的有机物被厌氧污泥所吸附、分解，厌氧反应所产生的消化气由顶部排出。消化池出水于沉淀池中完成固液分离，上清液由沉淀池排出，部分污泥回流至消化池，另一部分作为剩余污泥处置。

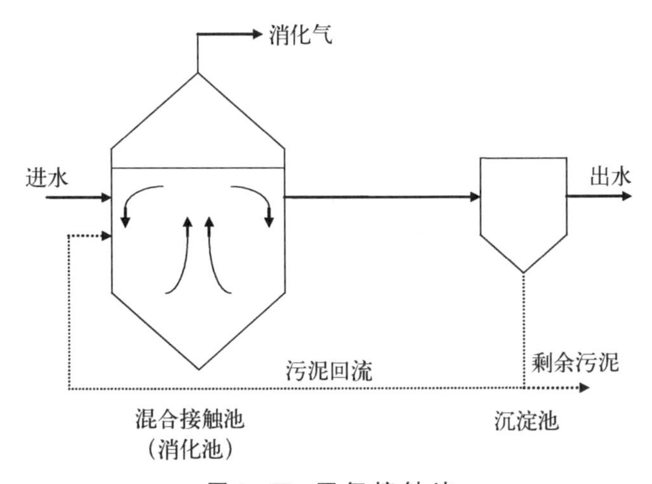

图 4 - 57　厌氧接触法

在消化池中，搅拌可以用机械方法，也可以用泵循环等方式。排出的消化气可以用于混合液升温，以增加生化反应速度。为提高固液分离效果，混合液在进入沉淀池之前通常需要进行真空脱气预处理。

由于采取了污泥回流措施，厌氧接触法的有机负荷率较高，并适合于悬浮物含量较高的有机废水处理，微生物可大量附着生长在悬浮污泥上，使微生物与废水的接触表面积增大，悬浮污泥的沉降性能也较好。据报道，肉类加工废水（BOD_5 约为 1 000～1 800 mg/L）在中温消化时，经过 6～12 小时的消化，BOD 去除率可达 90%以上。

厌氧接触法的消化池池型一般有传统型、浮盖型、蛋型和欧式平底型四种，如图 4－58 所示。其中，蛋型消化池搅拌均匀，池内无死角，污泥不会在池底固结，污泥清除周期长，利于消化池运行；浮渣易于清除；在池容相等的情况下，池总表面积小，利于保温；蛋型结构受力条件好，抗震性能高，还可节省建筑材料。德国在建的大型或中型消化池都采用蛋型结构，我国杭州四堡污水厂的污泥处理也采用蛋型消化池，单池容积高达 $1.09\times10^4\ m^3$。

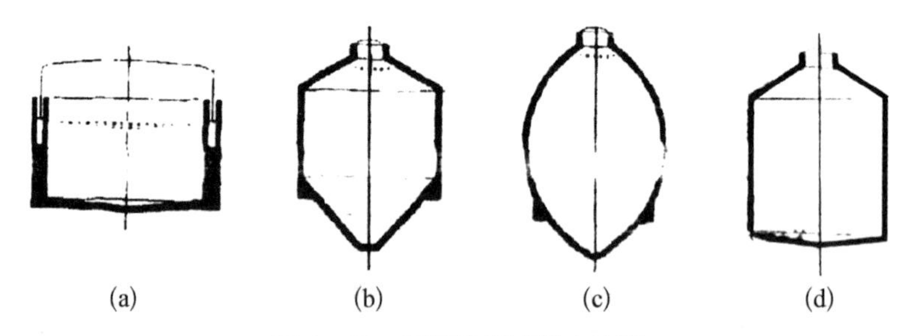

图 4－58　污泥消化池基本池型

(a) 浮盖型；(b) 传统型；(c) 蛋型；(d) 欧式平底型

4) 分段厌氧消化法(两相厌氧消化法)

厌氧消化细菌主要由产酸菌群和产甲烷菌群组成。但是，产甲烷菌与基质的反应速度比产酸菌小，因此，在两类细菌共栖在一个厌氧池的条件下，需要仔细地维护管理。根据厌氧消化分阶段进行的理论，相关学者研究开发了二段式厌氧消化法，即将水解酸化的过程和甲烷化过程分开在两个反应器内进行，以使两类微生物都能在各自的最佳条件下生长繁殖。第一段的功能是：水解酸化有机底物使之成为可被甲烷菌利用的有机酸；使由底物浓度和进水量引起的负荷冲击得到缓冲，有害物质也在这里得到稀释；一些难降解的物质在此截留，不进入后面的阶段。第二段的功能是：保持严格的厌氧条件和合适的 pH 值，以利于甲烷菌的生长；降解、稳定有机物，产生含甲烷较多的消化气；截留悬浮固体，以保证出水水质。

二段厌氧消化法按照所处理的废水水质情况，可以采用不同的方法进行组合。例如对悬浮物含量较高的高浓度工业废水，采用厌氧接触法的酸化池和上流式厌氧污泥床串联的方法已经有成功的经验，其工艺流程如图 4－59 所示；而对悬浮物含量较低、进水浓度不高的废水则可以采用操作简单的厌氧生物滤池作为酸化池，串联厌氧污泥床作为甲烷发酵池。

二段厌氧消化法具有运行稳定可靠，能承受 pH 值、毒物等的冲击，有机负荷高，消化气中甲烷含量高等特点。但这种方法设备较多、流程较复杂，在带来运转灵活性的同时，也使得操作管理变得比较复杂。研究也表明，二段式并不是对各种

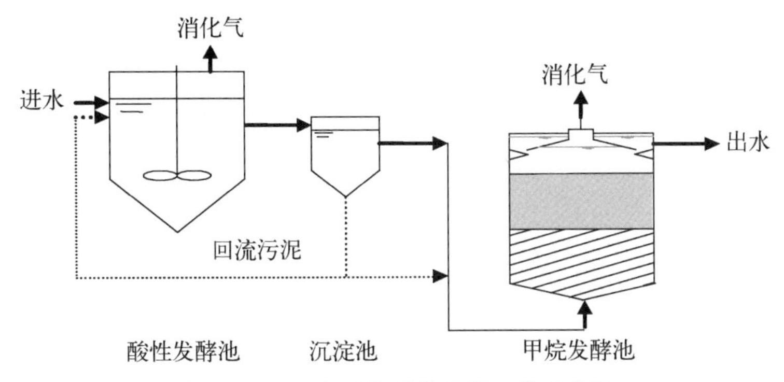

图 4－59　两相厌氧消化法的工艺系统图

废水都能提高负荷。例如，对于容易降解的废水，不论是用一段法或二段法，负荷和效果都差不多，但二段法的运行较稳定而设备和操作管理较复杂。因此，采用何种反应器以及如何进行组合，要根据具体的水质等情况而定。

5）厌氧流化床（AFB）

厌氧流化床与好氧流化床相似，但它不供氧，为内部封闭（隔氧）的水力循环式生物滤池，如图 4－60（b）所示。而厌氧膨胀床也与好氧流化床相似，只是在厌氧池中的载体其膨胀率不一样，如图 4－60（a）所示。该法是在反应池内填入粒径约为 500 μm 的载体，其上升流速应不使载体和附着在载体上的生物膜流失到池外，并使生物膜与污水有良好的接触反应机会。由于池内可维持 30 g/L 以上的污泥，故能使 *BOD* 为 500 mg/L 的污水在几个小时之内获得良好的净化效果。它是最近几年新发展起来的厌氧法。

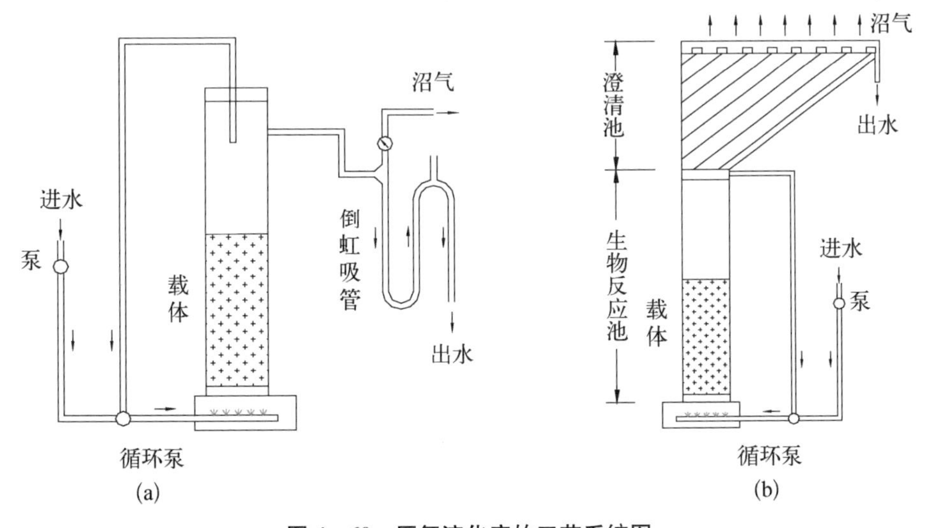

图 4－60　厌氧流化床的工艺系统图

6）升流式厌氧污泥床反应器

上流式厌氧污泥床反应器(UASB)是由荷兰农业大学在 1972 年开始研制，并于 1977 年开始工业化生产应用。其构造如图 4-61 所示。废水自下而上通过厌氧污泥床，床体底部是一层絮凝和沉淀性能良好的污泥层，中部是一层悬浮层，上部是澄清区。澄清区设有三相分离器，用以完成气、液、固三相分离：被分离出的消化气由上部导出，被分离的污泥则自动回流到下部反应区，出水进入后续构筑物。其分离原理与好氧的完全混合活性污泥法类似。厌氧消化过程所产生的微小沼气气泡对污泥床进行缓和的搅拌作用，有利于颗粒污泥的形成。

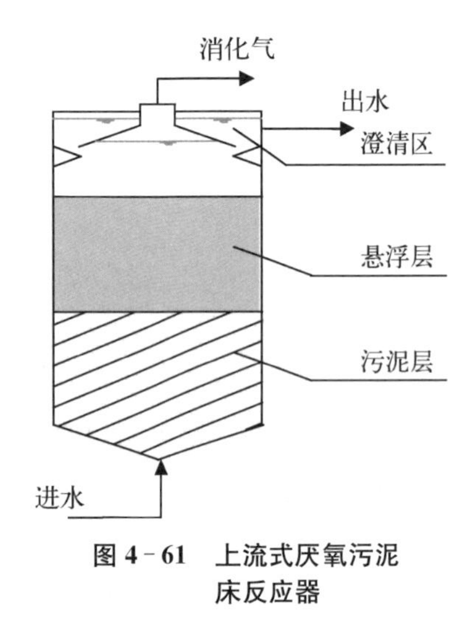

图 4-61　上流式厌氧污泥床反应器

床体污泥浓度可以维持在相当高的水平，如 40～80 g/L，因而对于一般的高浓度有机废水，当水温在 30℃左右时，容积负荷可达 10～20 kgCOD/m^3 • d。

试验结果表明，良好的污泥床常可形成一个相当稳定的生物相，较大的絮体具有良好的沉淀性能，有机负荷和去除效率高，不需要搅拌设备，对负荷冲击、温度和 pH 值的变化有一定的适应性。该法的应用发展很快，世界上最大设计容量已达到每日处理数千吨废水的水平。据报道，到 1999 年国内所建的厌氧法工艺中 UASB 约占全部项目的 59%。有研究者将厌氧颗粒污泥经过滤后在 55～58℃下烘干作为种泥用于加快 UASB 的初次启动和提高处理效果，获得了良好效果，并将脱水颗粒污泥保存于冰箱中长期备用。

UASB 反应器由于不设填料，在投资和运行成本上更节省、更节能，同时操作相对简单，易于控制，因此是目前应用最为广泛的厌氧反应器。UASB 反应器运行的三个重用前提是：① 反应器内形成沉淀性能良好的颗粒污泥；② 以产气和进水为动力形成良好的菌(污泥)料(废水中的有机物)，接触搅拌，使颗粒污泥均匀地悬浮分布在反应器内；③ 设计合理的气(沼气)、水(出水)、泥(颗粒污泥)三相分离器，使沉淀性能良好的污泥能保留在反应器内，并保持极高的生物量。关于三相分离器与 UASB 反应器启动的内容如下。

(1) 三相分离器　三相分离器是 UASB 中的重要部件，它的主要功能为气液分离、固液分离和污泥回流，其形式是多种多样的；主要组成部分为气封、沉淀区和回流缝。图 4-62 所示为三相分离器的基本构造形式。

图 4-62 中的(a)式构造简单，但泥水分离的情况不佳，在回流缝同时存在上

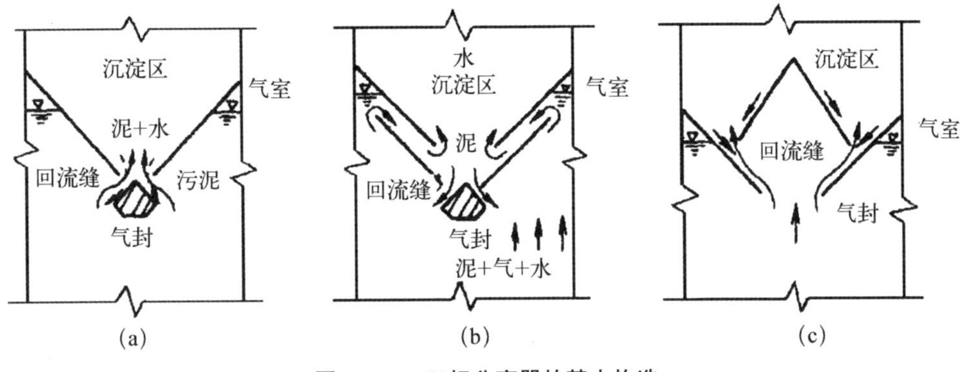

图4-62　三相分离器的基本构造

升和下降两股流体，相互干扰，污泥回流不通畅；(c)式也存在类似情况。(b)式的构造较为复杂，但污泥回流和水流上升互不干扰，污泥回流通畅，泥水分离效果较好，气体分离效果也较好。

三相分离器有多种多样的布置形式，下面将列出常用的几种形式。对于容积较大的UASB反应器，往往有若干个连续安装的三相分离器系统，如图4-63所示。

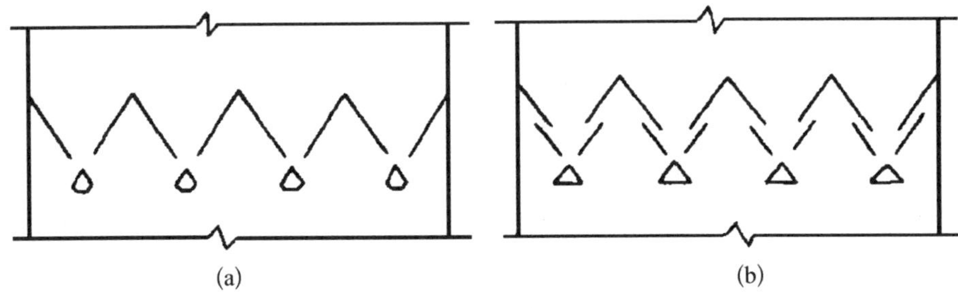

图4-63　三相分离器的布置形式

(2) UASB反应器的启动和颗粒污泥的培养　UASB反应器的启动指使UASB系统中的厌氧微生物(主要是颗粒污泥)数量不断增长，使反应器达到设计负荷和有机物去除的过程。由于厌氧微生物，特别是产甲烷菌增殖缓慢(约为产酸细菌增长速率的1/5)，故厌氧反应器启动需要较长的时间。

为了缩短启动所需的时间，可在UASB反应器中接种。种泥以正在运行的其他相似性质的废水UASB中的颗粒污泥为最佳，即使对于不同性质的废水，颗粒污泥也能很快适应，但将延长驯化及启动的时间。接种浓度至少不低于10 kgVSS/m^3反应器容积。接种污泥的填充量应不超过反应器容积的60%。

接种后可通过调节合适的温度、pH值、负荷(营养)和防止毒物的冲击等手段使厌氧微生物的数量不断增长。当以非颗粒污泥接种时，为避免絮状污泥在反应器中大量生长，从而妨碍颗粒污泥的形成，必须通过流量的调控将絮状污泥和分散细小污泥从反应器中“洗出”(wash out)。在启动初期污泥负荷控制较低，一般应低于 2 kgCOD/(m^3·d)[或污泥负荷低于 0.1 kgCOD/(kgVSS·d)]，这时不能追求处理效率、产气率。进水 COD 浓度应控制在 1 000～5 000 mg/L 为佳，当废水浓度过高或含有有毒物质时应稀释。当系统的 COD 处理率达到 80%后可逐步增大负荷，每次可增加 20%～30%。这时须注意反应器内的 pH 值及出水的 VFA。若启动进程过快或负荷增加过多，因产甲烷菌增长慢，产酸菌可将废水中的有机物转化为小分子有机酸，导致反应器内 pH 值下降，VFA 积累。一般出水 VFA 应低于 8 mmol/L，pH 不得低于 6.2，最好控制在 6.5 以上。若超过上述范围，应暂时停止进水 2～3 天，必要时加碱调 pH 至 6.8～7.5。在稳定运行数天后，可按上述方式继续提高进水量和浓度，重复以上操作，直至达到预定的负荷。随着启动过程的进展以及产气和上流速度的增加，会引起污泥床膨胀，使分散细小的絮状污泥不断外漂流失(洗出)，留下的就是沉降性能良好的颗粒污泥，并随着时间的推移数量会越来越多，最终达到正常运行所需的浓度，整个系统即进入正常运行时期，UASB 的启动及颗粒污泥的培养和驯化即告完成。

UASB 经过近 30 年的应用和发展，目前又开发出多种改良形式。1984 年，加拿大 Guiot 将 AF 和 UASB 组合于同一装置开发出升流污泥床-过滤器(UBF)，具有启动快、处理效率高、运行稳定的优点。UBF 中填料层一般只占反应器总高度的三分之一，常用的填料有聚氨酯泡沫塑料球、弹性填料、聚乙烯拉西环以及粒状活性炭等，以聚氨酯泡沫塑料球应用最多。运行经验表明，水力停留时间和有机负荷率是影响 UBF 工作性能的两个主要因素。UBF 的初次启动方式有两种，高负荷率低去除率和低负荷率高去除率，前者可缩短启动时间，但存在反应器发生酸败问题的危险，因此采用后者启动方式更稳妥。

7) 厌氧折流反应器(ABR)

厌氧折流反应器(ABR)是在 UASB 基础上开发出的一种新型高效厌氧反应器，其结构简单，运行管理方便，无需填料，对生物量具有优良的截留能力，启动较快，水力条件好，运行性能稳定可靠。ABR 法的基本原理、工艺构造和性能特点分析如下。

(1) ABR 法的基本原理　ABR 反应器是由美国 Stanford 大学的 McCarty 等人在总结了各种第二代厌氧反应器处理工艺特点的基础上开发和研制的一种高效新型厌氧污水生物处理技术。ABR 反应器内设置若干竖向导流板，将反应器分隔成串联的几个反应室，每个反应室都可以看作一个相对独立的上流式污泥床系统，废水进入反应器后沿导流板上下折流前进，依次通过每个反应室的污泥床，废水中的有机基质通过与微生物充分接触而得以去除。借助于废水流动和沼气上升的作用，反应室中的污泥上下运动，但是由于导流板的阻挡和污泥自身的沉降性能，污泥在水平方向的流速极其缓慢，从而大量的厌氧污泥被截留在反应室中。

由此可见，虽然在构造上ABR可以看作是多个UASB的简单串联，但在工艺上与单个UASB有着显著的不同，UASB可近似地看作是一种完全混合式反应器，ABR则由于上下折流板的阻挡和分隔作用，使水流在不同隔室中的流态呈完全混合态(水流的上升及产气的搅拌作用)，而在反应器的整个流程方向则表现为推流态。从反应动力学的角度，这种完全混合与推流相结合的复合型流态十分有利于保证反应器的容积利用率、提高处理效果及促进运行的稳定性，是一种极佳的流态形式。同时，在一定处理能力下，这种复合型流态所需的反应器容积也比单个完全混合式的反应器容积低很多。

ABR工艺在反应器中设置了上下折流板而在水流方向形成依次串联的隔室，从而使其中的微生物种群沿长度方向的不同隔室实现产酸和产甲烷相的分离，在单个反应器中进行两相或多相运行。研究表明，两相工艺中由于产酸菌集中在第一相产酸反应器中，因而产酸菌和产甲烷菌的活性要分别比单相运行工艺高出4倍，并可使不同微生物种群在各自合适的条件下生存，从而便于有效的管理，稳定和提高处理效果，利于能源的利用。也就是说，ABR工艺可在一个反应器内实现一体化的两相或多相处理过程，而对其他厌氧处理工艺(如UASB)若要实现两相或多相厌氧处理，则需要两个或两个以上的反应器。

在结构构造上，ABR比UASB更为简单，不需要结构较为复杂的三相分离器，每个隔室的产气可单独收集以分析各隔室的降解效果、微生物对有机物的分解途径、机理及其中的微生物类型，也可将反应器内的产气一起集中收集。

(2) ABR法的工艺构造　1981年，Fannin等人为了提高推流式反应器截留产甲烷菌群的能力，在推流式反应器中增加了一些竖向挡板，从而得到了ABR反应器的最初形式，如图4－64所示。其中的折流板是等间距均匀设置的，折流板上不设转角。结果表明，增加了挡板后，在容积负荷为1.6 kgCOD/(m^3·d)的条件下，产气中甲烷的含量由30%提高到55%，因为折流板的加入增加了污泥的停留从而提高了处理效率；多格室结构使反应器成为推流式。这种构造形式的ABR反应器所存在的不足是：由于均匀地设置了上、下折流板，加之进水一般为下向流式，因而容易产生短流、死区及生物固体的流失等问题。

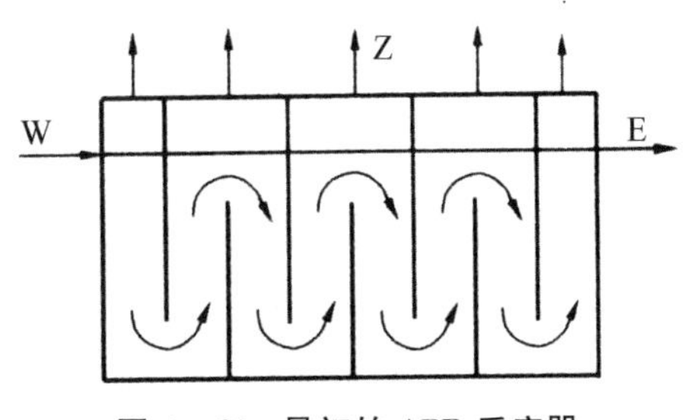

图4－64　最初的ABR反应器

W—进水；E—出水；Z—沼气

为了进一步提高ABR反应器的性能或者处理某些特别难降解的废水，人们对它进行了不同形式的优化改造。图 4－65 所示为一些改进后的 ABR 反应器。改进后的 ABR 反应器中，其折流板的设置间距是不均等的，且每一块折流板的末端都带有一定角度的转角，如图 4－65 中的(a)(b)(c)和(d)所示。改进后的 ABR 反应器一方面采用了上向流室加宽、下向流室变窄的结构形式，由于上向流室中水流的上升流速较小而可使大量微生物固体被截留；另一方面在上向流室的进水一侧折流板的下部设置了转角，可避免水流进入该室时产生的冲击，起到缓冲水流和均匀布水的作用，从而有利于对微生物固体的有效截留，利于微生物的生长并保证处理效果。这种构造形式的反应器能在各个隔室(主要是上向流室)中形成性能稳定、种群配合良好的微生物链，以适应于流经不同隔室的水流、水质情况，使有机物被不同隔室中的不同类型微生物降解。

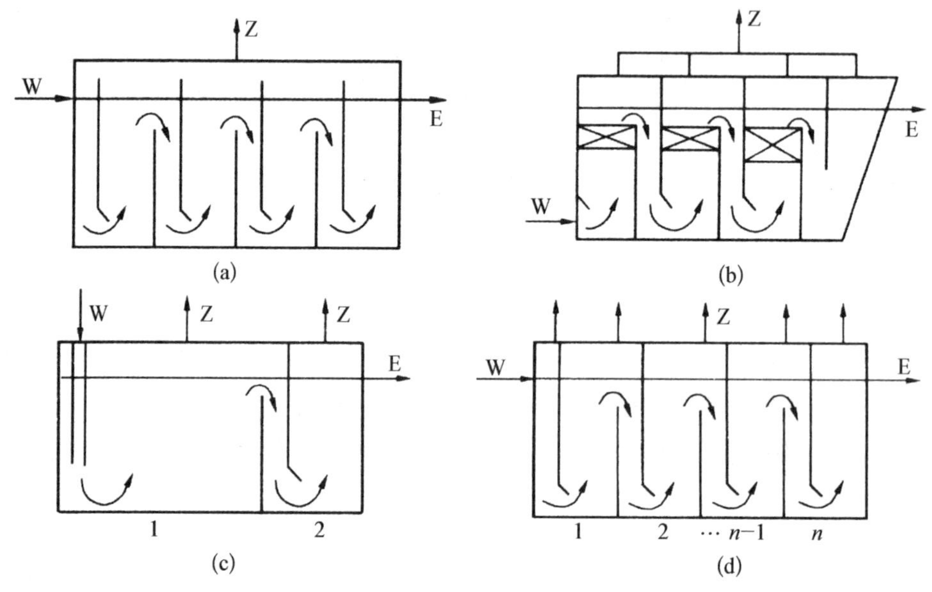

图 4－65　改进后的 ABR 反应器

W—进水；E—出水；Z—沼气

(3) ABR 法的性能特点　ABR 反应器很好地实现了分阶段多相厌氧反应器的思路(staged multi-phase anaerobic reactor)。反应器由折板分隔成多个反应室，酸化过程产生的 H_2 以产气形式先行排除，有利于后续产甲烷阶段中的丙酸和丁酸的代谢过程在较低的 H_2 分压环境下顺利进行，避免了由丙酸、丁酸的过度积累所产生的抑制作用。ABR 各个反应室内的微生物相随流程逐级递变的规律与底物降解过程协调一致，确保了相应的微生物相拥有最佳的工作活性，使运行更加稳定，对冲击负荷及进水中的有毒物质具有更好的缓冲适应能力。总之，ABR 的特点为：工艺结构简单，无运动部件，无须机械混合装置；造价低；容积利用率高；不易堵塞;对生物体的沉降性能无特殊要求;污泥产率低,剩余污泥量少,泥龄长;水力停留时间短;运行稳定可靠。所以说ABR工艺是一种高效新型厌氧污水生物处理技术。

4.6.2 厌氧生物法的特点

采用厌氧消化工艺处理污水或污泥具有以下的优缺点。

1) 优点

(1) 由于微生物代谢合成的污泥比好氧生化法少,达到一步消化,故可降低污泥处理费用。

(2) 与好氧生化法对比,所需的氮、磷营养物较少,且不需充氧,故耗电也少。

(3) 污染基质降解转化产生消化气体中含有的甲烷为高能量燃料,可作为能源加以回收利用。

(4) 能季节性或间歇性运行,厌氧污泥可以长期存放。

(5) 可以直接处理基质浓度很高的污水或污泥,对许多基质其运行负荷也较高。

(6) 对难降解高分子有机物的分解效果较好。

(7) 与好氧生化法对比,可以在较高温度条件下运行;当利用高温厌氧消化时,其处理效果会大大提高。

2) 缺点

(1) 厌氧污泥增长很慢,故系统启动时间较长。

(2) 对温度的变化比较敏感,温度的波动对去除效果影响很大。

(3) 往往只能作为预处理工艺来使用,厌氧出水还需进一步处理。

(4) 对负荷的变化较敏感,运行中需特别注意可能存在的毒性物质。

4.6.3 工业废水的厌氧生物降解性能

以ISO 11734"有机物的ABI厌氧生物降解性综合指数"为基础,建立产气量和COD去除率两个测定和评价指标,对工业废水中45种常见的有机物的厌氧生物降解性进行了实验研究,常见有机物厌氧生物降解能力排序如表4-6所示。

表4-6 常见有机物厌氧生物降解性排序(从易到难)

有机物名称	ABI值	厌氧降解评价	有机物名称	ABI值	厌氧降解评价
琥珀酸钠	4.16	易	丙三醇	3.96	易
乙酸钠	4.05	易	三甲胺	3.89	易
正丁醇	4.03	易	丁醛	3.77	易
正丁酸	4.01	易	异丁醇	3.75	易

（续表）

有机物名称	ABI值	厌氧降解评价	有机物名称	ABI值	厌氧降解评价
苯乙酸	3.72	易	邻硝基酚	1.04	可
正丙醇	3.59	易	二乙三胺	0.97	难
乙酸乙酯	3.58	易	丁酮	0.80	难
正丙酸	3.55	易	对氧苯酚	0.71	难
乙二醇	3.54	易	对硝基酚	0.71	难
二甲胺	3.40	易	二甲苯	0.70	难
苯酚	3.11	易	对甲苯磺酸	0.56	难
对氯甲苯	3.07	易	氯代丁烷	0.49	难
邻苯二酚	2.72	可	甲苯	0.48	难
异丙醇	2.43	可	叔丁醇	0.42	难
乙胺	2.28	可	苯	0.14	难
三正辛胺	2.18	可	间苯二胺	0.05	难
二乙醇胺	1.81	可	对氨基苯磺酸	−0.028	极难
对氨基酚	1.51	可	邻硝基苯胺	−0.25	极难
邻甲酚	1.60	可	对硝基苯胺	−0.46	极难
联苯	1.16	可	对溴苯酚	−2.71	极难
二乙胺	1.10	可	溴代丁烷	−3.55	极难

水解-酸化预处理在工业废水处理中的应用获得了成功，水解-酸化法摒弃了厌氧消化过程中对环境条件要求十分苛刻、微生物增殖缓慢的产甲烷阶段，使厌氧生物处理装置的容积大大减小；同时省去了气体回收利用系统，基建投资大幅度下降。水解-酸化法预处理技术在难降解有机工业（印染、染料化工、造纸、化纤等）废水的成功应用，使得工业废水的可生化性和降解速率大大提高。

水解-酸化法的作用原理是通过兼氧的水解、酸化微生物高效分解好氧条件下难以降解的有机物，通过废水 B/C 的提高，以利于后续的好氧生物处理的高效运行。如印染废水中含有大量难以好氧降解的聚乙烯醇 PVA 和表面活性剂，经过水解-酸化预处理可使 PVA 和表面活性剂大分子断链，从而减少后续曝气池所产生的泡沫。与仅有好氧法处理相比，水解-酸化加好氧处理工艺对 PVA 的去除率从 20%提高到 71%。表 4-7 所示是国内部分工业废水水解-酸化工艺的主要运行参数。

影响水解-酸化效果的主要因素有基质的种类和形态、水解液 pH 值、水力停留时间、温度、污泥粒径等。同类有机物，分子质量越大，分子结构越复杂，则水解越困难。水解-酸化细菌对 pH 值的适应能力较强，可在 pH 为 3.5～10 的范围内顺利进行，但最合适的 pH 值为 5.5～6.5。水力停留时间越长，则水解-酸化效率越

表 4 - 7　工业废水水解-酸化工艺运行参数

工业废水	COD 去除率/%	SS 去除率/%	水力停留时间/h	污泥水解率/%
造纸综合废水	30～50	>80	4～6	—
印染废水	<10	—	6～10	50
焦化废水	<10	80	4	—
啤酒废水	40～50	80～90	2～4	30～50
屠宰废水	30～50	80～90	2～4	30～50

高，实际工程中多采用 6～10 h，也有的按废水浓度来决定停留时间。一般采用废水的浓度每增加 1 000 mg/L，停留时间相应增加 1 h。水解-酸化微生物对温度的适应范围较宽，一般温度变化 10～20℃对处理效果没有明显影响，但其最合适的温度为 25～30℃。

4.7　废水生化处理的其他方法

4.7.1　稳定塘处理法

1）稳定塘的发展历史

氧化塘（oxidation ponds），现称稳定塘（stabilization ponds），对污水的净化过程与天然水体的自净过程相似，是利用水体的自净能力处理污水的生物处理设施。第一个有记录的稳定塘系统是 1901 年于美国得克萨斯州的圣安东尼奥市修建的。欧洲最早而且至今仍在运行的稳定塘是 1920 年在西德巴戈利亚州慕尼黑市建造的。

稳定塘的研究和应用始于 20 世纪初，50—60 年代以后发展迅速。目前全世界已有几十个国家采用稳定塘处理污水，美国共有稳定塘 11 000 多座，德国有 3 000 多座，法国有 2 000 多座。我国也早在 20 世纪 50 年代开展了稳定塘的研究，到 80 年代进展较快。据统计，1993 年已有 118 座，日处理水量近 200 万吨。稳定塘多用于处理中、小城镇的污水，可用作一级处理、二级处理，也可用作深度处理。

稳定塘的优点：① 在条件合适时（如有可利用的旧河道、沼泽地、峡谷及无农业利用价值的荒地等）建设周期短、基建投资少；② 运行管理简单，能耗小，费用低；③ 能够实现污水综合利用，如稳定塘出水可用于农业灌溉，在稳定塘内可养殖水产动物和植物，组成多级食物网的复合生态系统。缺点：① 占地面积大，没有空闲余地时不宜采用；② 净化效果在很大程度上受季节、气温、光照等自然因素的影响，在全年范围内不够稳定；③ 设计运行不当可能会形成二次污染，如污染地下水、产生臭气等。

2) 稳定塘净化废水的原理

稳定塘是一个藻菌共生的净化系统，以功能较全的兼性塘为例，在塘内同时进行着有机物的好氧分解、有机物的厌氧消化以及水生生物的光合作用等过程(见图 4-66)。前两个过程分别由好氧细菌和厌氧细菌为主进行；光合作用由藻类和水生植物进行。

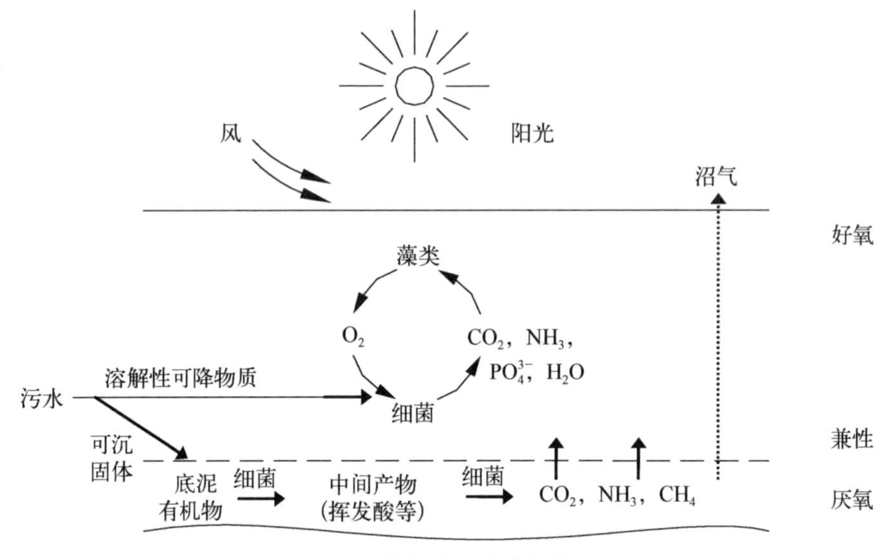

图 4-66 兼性塘净化功能模式图

稳定塘中对污水起净化的生物有细菌、藻类、微型动物(原生动物和后生动物)、水生植物以及其他水生动物。稳定塘内对有机污染物的降解起主要作用的是细菌。除细菌外，藻类在稳定塘内起着十分重要的作用，它能够进行光合作用，是塘水中溶解氧的主要提供者，藻菌共生体系是稳定塘内最基本的生态系统。其他水生动物和水生植物的作用则是辅助性的，它们的活动从不同的途径强化了污水的净化过程。

塘内形成藻-菌-原生动物的共生系统，使污水得到净化。有机物的降解与污水的净化主要通过好养微生物的作用。有阳光照射时，塘内的藻类进行光合作用而释放出大量的氧，同时，由于风力的搅动塘表面进行自然复氧，两者使塘内保持良好的好氧状态。塘内的好氧异养微生物利用水中的氧，通过代谢活动对有机物进行氧化分解，合成细胞体，其代谢产物 CO_2 则可作为藻类光合作用的碳源。细菌的降解作用为：

$$有机物+O_2+H^+ \longrightarrow CO_2+H_2O+NH_4^+ +C_2H_7O_2N(细菌)$$

$$106CO_2+16NO_2^- +HPO_4^{2-}+122H_2O+18H^+ \longrightarrow C_{106}H_{263}N_{16}P(藻类)+138O_2$$

上述生化反应表明，好氧塘内有机污染物的降解过程是溶解性有机污染物转换为无机物和固态有机物——细菌与藻类细胞的过程。此外，由上面第二个反应式可以计算出，每合成 1 g 藻类，释放出 1.224 g 氧气。

藻类光合作用使水的溶解氧和 pH 值呈昼夜变化。在白昼，藻类光合作用释放出的氧远远超过藻类和细菌的需求量，塘水中氧含量很高，可达到饱和状态。晚间光合作用停止，由于生物呼吸水中的溶解氧浓度下降，在凌晨时最低。阳光开始照射后，光合作用又开始，水中溶解氧开始上升。在白昼，藻类的光合作用使水中 CO_2 浓度降低，pH 值上升；夜间藻类停止光合作用，细菌降解有机物使 CO_2 积累，pH 值下降。

3）稳定塘的类型

稳定塘是一种利用天然池塘或洼地进行人工修整后的废水处理构筑物。稳定塘对废水的净化过程和天然水体的自净过程很相近，除曝气塘外，其余类型的稳定塘一般不采取实质性的人工强化措施。按稳定塘中微生物优势群体类型、供氧方式可分为好氧塘、兼性塘、厌氧塘和曝气塘；按功能可分为深度处理塘和储存塘，此外还有水生植物塘和生态塘。

（1）好氧塘　好氧塘深度较浅，水深一般为 0.6～1.2 m，阳光可照射到塘底；靠藻类放氧及大气复氧供氧，全部塘水都呈好氧，白天藻类密度高时全塘溶解氧处于过饱和状态，夜间光合作用下降，黎明时塘中溶解氧最低。由好氧细菌起着净化有机物的作用，BOD 去除率高，但出水中藻类较多。根据有机负荷的高低，好氧塘可分为高负荷好氧塘、普通好氧塘和深度处理好氧塘。高负荷好氧塘的有机负荷率高，水力停留时间短，塘水中藻类浓度很高，这种塘仅适用于气候温暖、阳光充足的地区。这类塘通常设置在处理系统的前部，目的是处理污水和产生藻类。普通好氧塘的有机负荷较低，水力停留时间较长，以处理污水为主要功能，起二级处理作用。深度处理好氧塘的有机负荷很低，水力停留时间较短，这类塘通常设置在处理系统的后部或二级处理工艺之后，作为深度处理设施，出水水质良好。

（2）兼性塘　水深为 1.2～2.0 m，塘内溶解氧可在某些日子或某些季节缺乏，亦可在塘的某些部位如塘的进水端或塘底部的污泥层缺乏。实际上，大多数稳定塘严格讲都是兼性塘。兼性塘内表层为好氧反应，底层为厌氧反应，而中间层为兼氧反应。

（3）厌氧塘　水深为 3 m 或 3 m 以上，表面积较小，它通常置于好氧塘、兼性塘前，作为常规的预处理方法，特别适合于浓度高、悬浮物多的工业废水预处理，如肉联厂废水、食品厂废水和畜禽粪便污水等。由于塘水缺乏溶解氧，有机物被厌氧分解，塘内微生物为兼性厌氧菌和厌氧菌，几乎没有藻类。厌氧塘进水一般设于塘底，出水为淹没式，深入水下 0.6 m，并不得小于冰层厚度或浮渣层厚度。

(4) 曝气塘　水深一般为 3.0～4.5 m，最大特点是塘内安装机械或扩散充氧装置，使塘水保持好氧状态。这是人工强化程度最高的一种稳定塘，有机物降解速度快，表面负荷率较高，易于调节控制，但曝气装置的搅动不利于藻类生长。

4) 稳定塘的运行

稳定塘出水一般会出现藻类增多现象，导致 *COD*、*BOD* 和 *TSS* 等指标相应升高，影响出水水质。通过生态学途径对藻类增殖进行控制可达到改善水质的目的。在天然条件下的模拟生态系统中种植凤眼莲、水浮莲、水花生及紫萍，每天可使藻类细胞密度降低；底栖生物如褶纹冠蚌(*Cristaria plicata leach*)通过滤食污染物质也可以对改善出水水质起到有利的作用。

生物塘中水生植物的选择应考虑如下因素：① 适应当地气候；② 高光合作用率；③ 高产氧能力；④ 耐污；⑤ 污染物的净化能力强；⑥ 对不利气候条件耐受能力强；⑦ 对病虫害抗性强；⑧ 易于管理和控制；⑨ 综合利用价值较高。水生植物的根系作为过滤介质强化污水净化效果的作用也受到人们的关注。

在污水处理工程实践中，往往将单级稳定塘组合成稳定塘工艺系统(必要时还需要增加物化法预处理或后处理构筑物，如格栅、沉砂池、滤池和消毒)。多级串联稳定塘系统即是其中一种形式。与单级稳定塘相比，串联稳定塘工艺系统具有多方面优越性：出水藻类含量低；BOD、COD 以及 N、P 的去除率高；可以有效地避免单级塘中的水流短路现象，使得塘体容积得到有效利用，停留时间相应减少；多级串联使得工艺系统中微生物多样性更高，污水的净化程度逐级递增，最终出水水质优良且十分稳定。

4.7.2　土地处理法

土地处理法(land treatment; land application; land disposal)是利用土地来净化污水，实际上是在人工控制的条件下，将污水投配在土地上，利用土壤-微生物-植物组成的生态系统使污水得到净化的处理方法。污水土地处理系统是在污水农田灌溉的基础上发展起来的。公元前，雅典及我国的人民就已采用污水灌溉的方法，在缺水地区种植庄稼(对污水而言则被净化)。16 世纪德国出现了污灌农场，以后亦为英国及美国广泛地采用。我国农村几千年以来一直用人粪尿等有机废物给农田施肥，粪尿中的有机物首先为土壤微生物分解、矿化，然后被作物吸收，这实际上也是借助土壤净化有机废物的一种方法。20 世纪 80 年代后土地处理法作为二级处理设施的代用技术得到了迅速发展，美国、澳大利亚、加拿大、墨西哥等国在土地处理方面的研究和运用均取得好的效果。如美国在 1987 年有 4 000 多座土地处理系统；加拿大渥太华市的生活污水有三分之一采用土地处理系统进行处理；澳大利亚和苏联分别有5%和3.6%的城市污水采用土地处理系统;我国也建成了北京昌平污水快速渗滤系统、阿什图城市污水处理系统、开封市啤酒污水快速渗滤处理工程等多项工程。

1）土地净化污水的原理

土地处理是一种以土壤作为介质的净化污水的方法,通过农田、林地、草地、苇地等土壤-植物系统的生物、化学、物理作用固定与降解污水中各种污染物。污水进入土壤后,部分水分蒸发,余下的成分不断扩散、下渗。土壤颗粒间的孔隙具有截留、滤除水中悬浮颗粒的性能,该性能受土壤颗粒的大小、孔隙的大小和分布、悬浮颗粒的性质等的影响。污水中的部分重金属离子在土壤胶体表面因阳离子交换作用而被置换吸附并生成难溶性物质,沉积于土壤中。金属离子还可与土壤中胶体颗粒螯合而生成复合物。植物吸收能去除污水中的氮和磷。污水中的有机物被土粒所吸附而截留。由于土壤是自然界中微生物理想的栖居地,土壤中存在种类繁多、数量巨大的微生物,能对土壤颗粒中悬浮有机固体和溶解性有机物进行生物降解。1克肥沃的菜园土中微生物总数可超过目前全世界人口的总和(为1×10^9～1×10^{10}个/克土)。土粒上的有机物迅速被微生物所稳定、分解(矿化作用),转化成CO_2及无机盐类,并不断被植物作为营养而吸收。厌氧状态时厌氧菌能对有机物进行发酵分解,对亚硝酸盐和硝酸盐进行反硝化脱氮。污水中的非挥发性固体物质常常会堵塞土粒间的空隙,从而影响污水渗透的速度,并阻碍空气的进入,这时由于土中的动物,如蠕虫和线虫等穿行于土粒间,可使土壤疏松。污水就是这样在土壤的物理过滤吸附作用、化学作用下,更主要是土壤生态系统中生物区系的协力作用下得到净化。

一个完整的土地处理系统应由以下各部分组成:① 污水调节、储存构筑物;② 污水输送、分配和控制装置;③ 污水预处理装置;④ 净化田(土地处理系统的核心环节);⑤ 出水收集和利用装置。

2）土地处理污水的方法

土地处理主要的工艺有以下4种:① 灌溉法;② 渗滤法;③ 漫流法;④ 毛管净化法。由这4种基本工艺可组合成若干复合处理系统,如灌溉漫流、漫流渗滤等复合系统。

(1) 灌溉法(irrigation process)　如图4-67所示,将污水通过沟渠或管道引至灌区,灌区土壤一般为壤土或黏土,水下渗速率甚慢,处理负荷为0.6～6.0 m/a,即0.6～6.0 $m^3/m^2\cdot a$(或1.27～10.16厘米/周),土中常种植作物或果树。

(2) 渗滤法(percolative filtration process)　渗滤系统(见图4-68)是将污水有控制地投配到具有良好渗滤性能的土地表面,在向下渗滤的过程中,在过滤、沉淀、氧化、还原以及生物氧化、硝化、反硝化等一系列物理、化学及生物的作用下,使

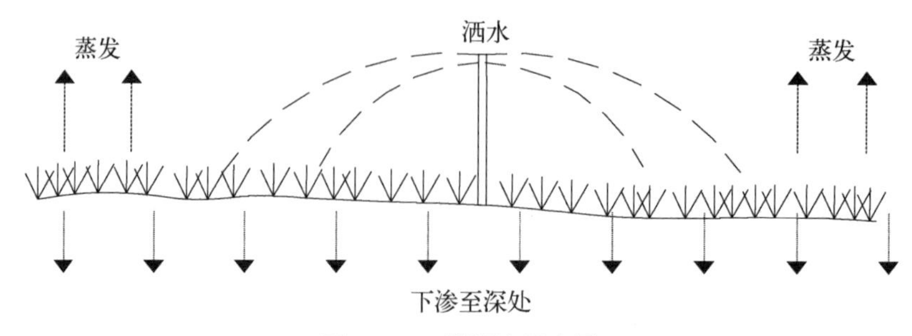

图 4-67 灌溉法示意图

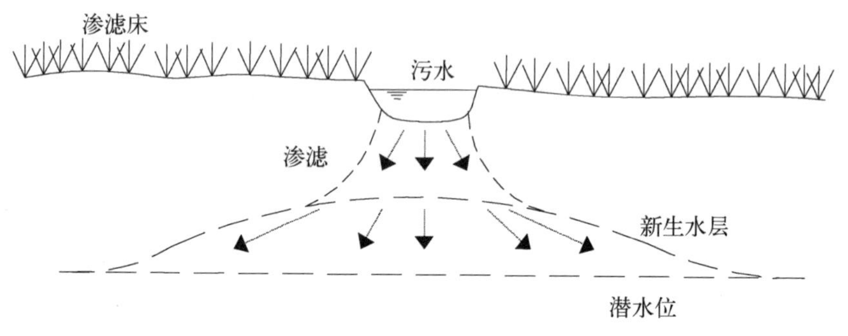

图 4-68 渗滤法示意图

污水得到净化处理。该法适用于渗透性较好的土地，如沙土或沙壤土甚至砾石。土地上可以无植被覆盖，水渗透速率大大高于灌溉法。渗滤法可分为快速渗滤法和慢速渗滤法。快速渗滤场处理的水力负荷可大于 152 m/a(152 $m^3/m^2 \cdot a$)。

慢速渗滤系统是将污水投配到种有作物的土地表面，污水缓慢地在土地表面流动并向土壤中渗滤，一部分污水及营养成分直接为作物所吸收，一部分则渗入土壤中，通过土壤-微生物-农作物复合系统对污水进行净化，另有部分污水被蒸发和渗滤。慢速渗滤系统适用于渗水性能良好的土壤（如砂质土壤）和蒸发量小、气候湿润的地区。由于污水投配负荷一般较低，渗滤速度慢，故污水净化效率高，出水水质好。

快速渗滤系统是一种高效、低耗、经济的污水处理与再生方法。适用于渗透性能良好的土壤，如砂土、砾石性沙土等。污水灌至快速滤田表面后很快下渗进入地下，并最终进入地下水层。污水周期性地布水（投配或灌入）和落干（休灌），使快速渗滤的表层土壤处于厌氧、好氧交替运行的状态，通过不同种群微生物的代谢降解废水中的有机物，厌氧、好氧交替运行有利于去除 N、P。该系统的有机负荷与水力负荷比其他土地处理工艺明显高很多，但其净化效率仍很高。为保证该工艺有较大的渗滤速率和硝化率，污水需进行适当预处理（一级处理或二级处理）。快速渗滤水主要是补给地下水和污水再生回用。用于补给地下水时不设集水系统，若用于污水再生回用，则需设地下集水管或井群以收集再生水。

(3) 漫流法(overland flow process)　地表漫流法是将污水有控制地投配到多年生牧草、坡度和缓(最佳坡度为 2%～8%)、土壤渗透性低(黏土或亚黏土)的坡面上，污水以薄层方式沿坡面缓慢流动，在流动过程中得到净化，其净化机理类似于固定膜生物处理法。地表漫流系统是以处理污水为主，同时可收获作物。这种工艺对预处理的要求较低，地表径流收集处理水(尾水收集在坡脚的集水渠后可回用或排入水体)，对地下水的污染较轻。

漫流法适用于渗透性较差的土地，土地应有一定的坡度，污水引入后，沿斜坡表面向下流动(见图 4-69)。土地上常种植牧草，故亦称为草地过滤法。处理水力负荷为 3～21 m/a。

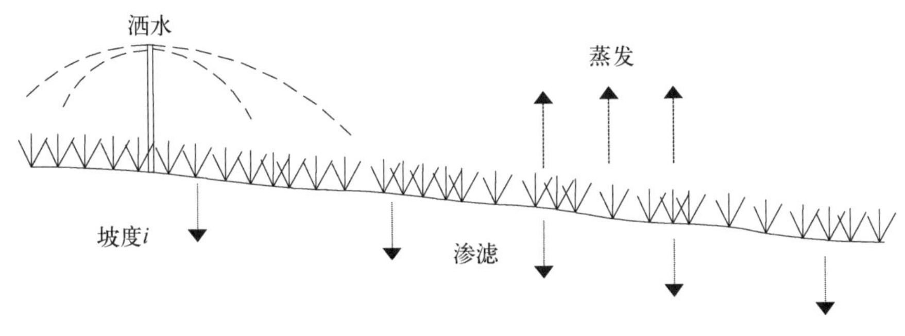

图 4-69　漫流法示意图

(4) 毛管净化法(soil capillary process)　如图 4-70 所示，污水先经滤网滤去悬浮固体后再进入埋于土下 50 cm 深的陶管，由于陶管接缝处未以水泥密封，污水可从接缝处外渗。借助毛管浸润和土壤渗透作用，污水向四处扩散，通过过滤、沉

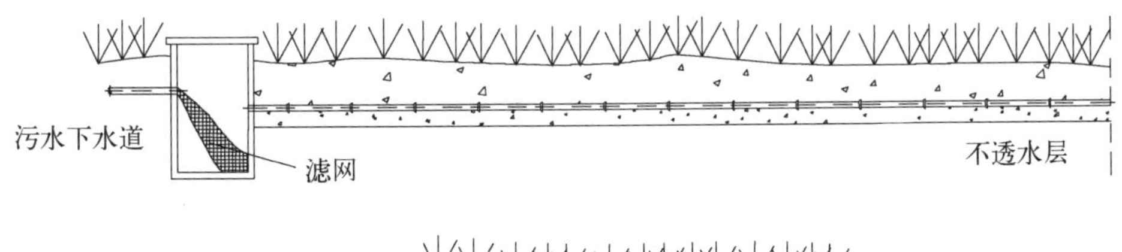

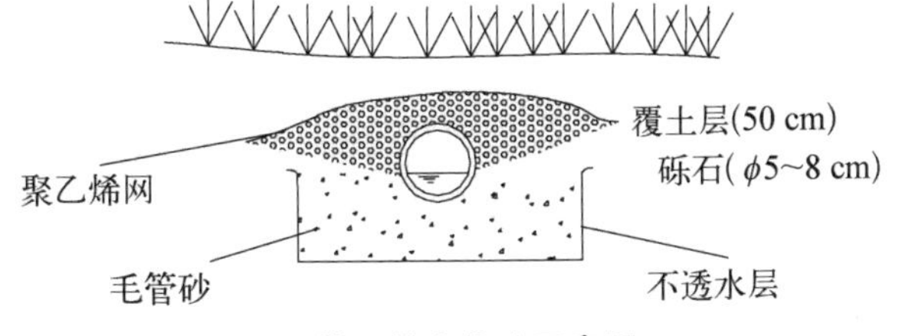

图 4-70　土壤毛管净化法示意图

淀、吸附和生物降解作用等过程得到净化。地下渗滤系统是以生态原理为基础，节能、减少污染、充分利用水资源的一种新型的小规模污水处理工艺。该工艺适用于处理流量较小的无法接入城市排水管网的小水量(如分散的居住小区、旅游点、疗养院等)污水。污水进入处理系统前需经化粪池或酸化(水解)池进行预处理。

3) 快速渗滤法净化二级处理厂出水的应用实例

美国亚利桑那州某污水厂采用快速渗滤法处理该厂二级处理后的出水，对污水进行深度处理。快滤场占地 16 ha，取代了原先占地面积 32 ha(公顷，1 ha=10^4 m^2)的两个稳定塘。水力负荷为 120 $m^3/m^2 \cdot a$，水量为 45 000 m^3/d。滤场表层覆以粗砂，0.5 m 以下为砂和砾石。潜水位幅度为 3～20 m，平均为 15 m。滤场分隔成四块，交叉进水，每小块干湿各两周(见图 4-71)。运行多年后从滤场的监测井中采样，经测定，进水中所含的几十种有机化合物，除少数卤代烃外去除率均达 90%以上，其他的部分水质指标如表 4-8 所示。

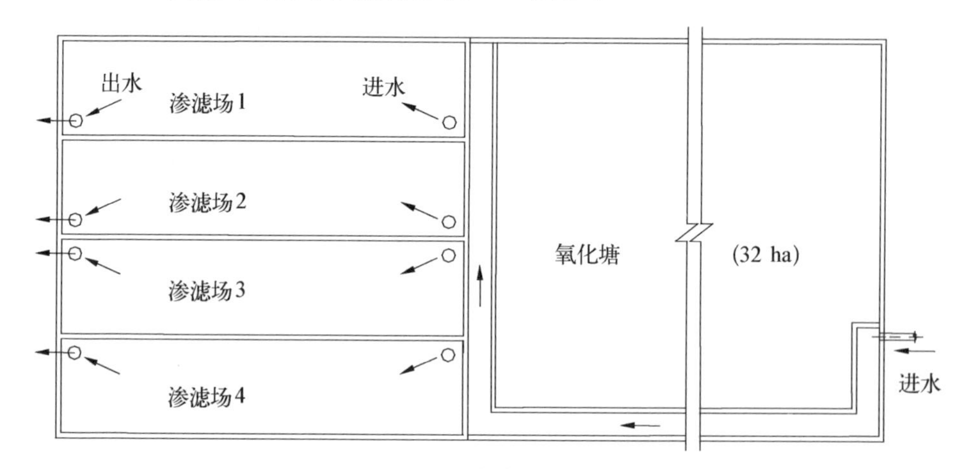

图 4-71　渗滤场平面图

表 4-8　渗滤池处理效果

测定项目		处理前	处理后
TOC	mg/L	10	2
TN	mg/L	18(大多为氨氮)	5.6(大多为硝态氮)
$PO_4^{3-}-P$	mg/L	5.5	0.4
铁	mg/L	1.22	0.7
粪大肠菌/100 mL	加氯	3 500	0.27
	未加氯	1.8×10^6	22
病毒 PFU/L	加氯	—	0
	未加氯	21	0.1～2

经快滤场深度净化后的出水可供作娱乐用水，快滤场在给水处理中亦可作为饮用水的预处理。

4.7.3 人工湿地污水处理技术

湿地系指天然或人工的、长久或暂时性的沼泽地、湿原、泥炭及水域地带，包括静止或流动的淡水、半咸水(低潮时不超过 6 m)的水域。湿地是陆地与水体之间的过渡地带，是一种高功能的生态系统，具有独特的生态结构和功能。湿地的自净能力很强，其利用生态系统中物理、化学、生物的三重协调作用，通过过滤、吸附、沉淀、植物吸收、微生物降解来实现对污染物质的高效分解与净化，对自然生态和人类社会生活有着至关重要的作用。因此，湿地被称为是“地球的肾脏”，对于保护生物多样性，改善自然环境具有重要作用。由于人类的不合理开发，湿地资源在我国受到很大破坏。研究和建立人工湿地生态系统是对自然湿地生态系统的适度补充，也是对其功能退化的恢复性建设。

人工湿地是模拟天然湿地的物质循环和能量流动，在一定长宽比及具有地面坡度的洼地中，由土壤和填料混合组成床体，废水在床体的缝隙或在表面流动，并在床体表面种植处理性能好、成活率高、美观且具有经济价值的水生植物，形成具有良好去污能力的生态系统，从而对废水进行处理。

4.7.3.1 人工湿地的基本构造和类型

1) 人工湿地的构造

绝大多数自然和人工湿地由五部分组成：① 具有各种透水性的基质，如土壤、砂、砾石；② 适于在饱和水和厌氧基质中生长的植物，如芦苇；③ 水体(在基质表面下或上流动的水)；④ 无脊椎或脊椎动物；⑤ 好氧或厌氧微生物种群以及藻类。

其中湿地植物具有三个间接的重要作用：① 显著增加微生物的附着(植物的根、茎、叶)；② 湿地中植物可将光合作用产生的氧传输至根部，使根在厌氧环境中生长；③ 增加或稳定土壤的透水性。

2) 人工湿地的类型

目前人工湿地是按水流方式的不同分为三种基本类型：表面流人工湿地(surface flow wetland, SFW)、潜流人工湿地(subsurface flow wetland, SSFW)及垂直流湿地(vertical flow wetland, VFW)。

表面流人工湿地(SFW)(见图 4－72)主要特点是废水在填料表面形成漫流，有机物的去除主要依靠填料表面、植物水下根茎、杆上的生物膜的作用，这种湿地流态与天然湿地较为接近，有利于废水的自然复氧，但处理效果不理想，不能充分利用填料及植物根系的作用，容易孳生蚊蝇，产生臭味，影响景观。

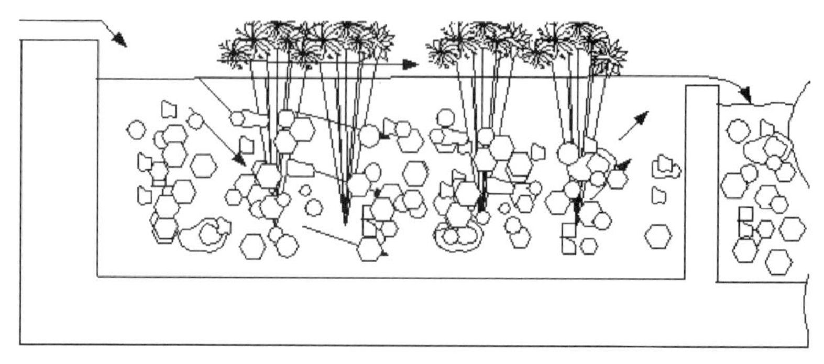

图 4－72　表面流人工湿地(SFW)

潜流湿地(SSFW)(见图 4－73)主要特点是污水在基质表面下，从一端水平渗流过填料床，故一般有一个质地相对较粗的沉积层(砂质层)以便污水可以较容易地穿过填料，污水通过与填料表面和植物根表面进行接触得到净化。此类湿地处理效果受气候的影响相对较小，水力负荷、污染负荷较大，对 BOD、COD、SS 及重金属处理效果好。污水在湿地的地表下流动，少有恶臭及蚊蝇孳生。但由于地下区域常处于水饱和状态，造成的厌氧状态不利于湿地好氧反应的进行。

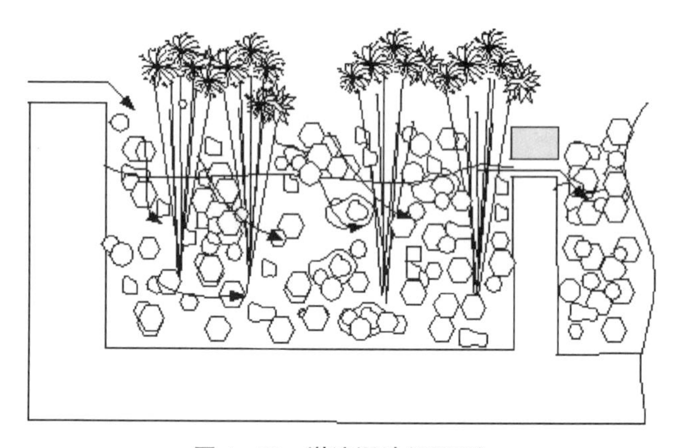

图 4－73　潜流湿地(SSFW)

垂直流湿地(VFW)(见图 4－74)的水流从湿地表面纵向流入填料床底，床体处于不饱和状态，氧气通过大气扩散和植物根的输氧进入湿地，硝化能力强，适于处理高氨氮含量的污水，但处理有机物的能力欠佳，淹水/落干周期长。

4.7.3.2　人工湿地的工艺流程及净化机理

1) 工艺流程

人工湿地污水处理系统由预处理单元和人工湿地单元组成。通过合理设计可将 BOD_5、SS、营养盐、原生动物、金属离子和其他物质处理达到二级和高级处理水

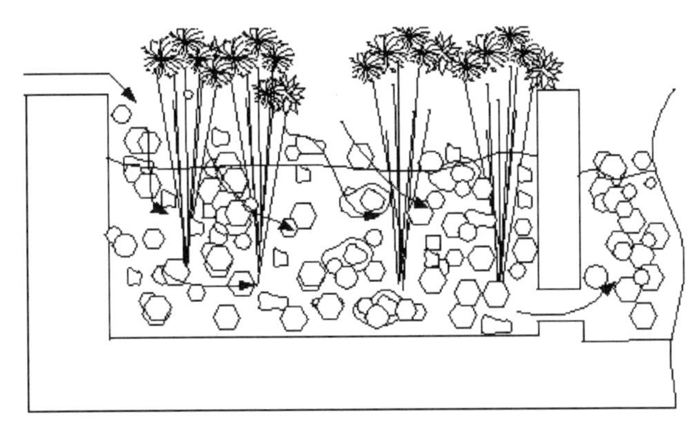

图4-74　垂直流湿地(VFW)

平。预处理主要去除粗颗粒和降低有机负荷。构筑物包括双层沉淀池、化粪池、稳定塘或初沉池。人工湿地的进水要注意均匀性，避免产生短流，湿地单元中的流态采用推流式、阶梯进水式、回流式或综合式，如图4-75所示。阶梯进水可避免处理床前部堵塞，使植物长势均匀，有利于后部的硝化脱氮作用。回流式可对进水进行一定的稀释，增加水中的溶解氧并减少出水中可能出现的臭味；出水回流还可促进填料床中的硝化和反硝化作用，采用低扬程水泵，通过水力喷射或跌水等方式进行充氧。综合式则一方面设置出水回流，另一方面还将进水分布至填料床的中部，以减轻填料床前端的负荷。人工湿地的运行可根据处理规模的大小进行多种方式的组合，一般有单一式、并联式、串联式和综合式等。在日常使用中，人工湿地还常与稳定塘等进行串联组合。

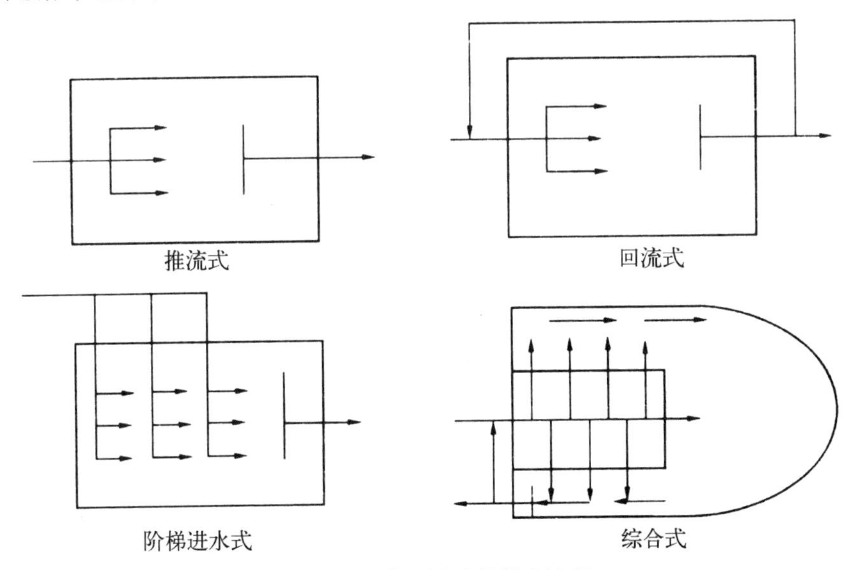

图4-75　人工湿地的基本流程

2）净化机理

湿地中植物根系与填料砾石相互交错形成通透性良好的污染物处理系统。植物通气系统可向地下部分输氧，通过根系还可将有机污染物和溶解氧向更深层次传递，随着氧气被不断利用，根系周围的填料层中由近到远依次形成好氧、兼氧、厌氧的微环境，从而为不同生活类型的微生物提供合适的生活环境。发达的植物根系和颗粒状的填料具有较大的比表面积，当污水流经湿地系统时，经填料介质和根系的吸附、截留、沉淀、拦截等作用，以及微生物对有机污染物的分解代谢作用，可使污水中的有机污染物、悬浮物及氨氮得到有效去除。植物的数量对土壤导水性有很大影响，芦苇的根可松动土壤，死后可留下相互连通的孔道和有机物。人工湿地对于有机物、氮、磷、重金属和特征性污染物的净化机理具体介绍如下。

（1）人工湿地的显著特点之一是其对有机污染物有较强的降解能力。废水中的不溶性有机物通过湿地的沉淀、过滤作用，可以很快被截留进而被微生物利用。废水中的可溶性有机物则可通过植物根系生物膜的吸附、吸收及生物代谢降解过程而分解去除。随着处理过程的不断进行，湿地床中的微生物也在繁殖生长，通过对湿地床填料的定期更换及对湿地植物的收割而将新生的有机体从系统中去除。

（2）去除氮、磷等营养物。湿地对氮、磷的去除是将废水中的无机氮和磷作为植物生长过程中不可缺少的营养元素，直接被湿地中的植物吸收，用于植物蛋白质等有机体的合成，同样可通过对植物的收割而将它们从废水和湿地中去除。

（3）去除重金属。重金属离子在湿地系统中可通过植物的富集和微生物的转化来降低毒性。当污水进入人工湿地后，湿地中的植物可以吸附和富集重金属，如铅、镉、汞、砷、钙、铬、镍、铜、铁、锰、锌等，其吸收积累能力为：沉水植物＞漂浮植物＞挺水植物。不同部位浓缩作用也不同，一般为：根＞茎＞叶，各器官的累积系数随污水浓度的上升而下降。微生物不仅能富集许多重金属，还能够改变金属存在的氧化还原形态，如某些细菌对 As^{5+}、Fe^{3+}、Hg^{2+}、Hg^{+} 和 Se^{4+} 等元素有还原作用，而另一些细菌对 As^{3+} 和 Fe^{2+} 等元素有氧化作用，金属价态的变化必然导致稳定性改变。当有毒金属被富集贮存在细胞的不同部位或被结合到胞外基质后，通过微生物代谢，这些离子可形成沉淀或被轻度螯合在可溶或不溶性生物多聚物上，最终达到从污水中去除的目的。

（4）去除特征性污染物。人工湿地对苯酚具有降解作用，Abira 对热带的潜流湿地进行研究，结果表明，人工湿地 3 天的水力停留时间对苯酚去除率可达到 77%。人工湿地对 LAS（直链烷基苯磺酸钠）和 NPE（壬基酚聚氧乙烯醚）等表面活性剂也有降解作用，如芦苇床淤泥对 LAS、NPE 的去除率分别达到 98%和 93%。BTEX 是苯（benzene）、甲苯（toluene）、乙苯（ethylbenzene）、二甲苯（xylene）的总称，表面流和潜流人工湿地都可用于降解石油废水中的 BTEX。

4.7.3.3 人工湿地的应用

1) 污水的深度处理

一些石油化工业的生产废水中含有大量难溶或难降解的有机物，在经过正常的污水处理装置处理后往往不能达到排放的标准；或者某些观赏性的排污受纳水体环境要求较高，需要对城市二级处理后的污水再进一步净化时，可考虑在二级处理装置后接人工湿地系统，对已经处理的污水进行深度处理。湿地系统可发挥其对污染物拦截、吸附、分解、转化的特点，使水质进一步净化而达到排放要求。该方法具有净化效率高(62.7%～90.2%)，处理费用低，处理水量大，且能有效地去除化工废水中高分子有机污染物的优点。

2) 对污染河水的处理

国内建造的第一座大型处理污染河水的人工湿地——上海梦清园于2004年7月建成，该项目是苏州河环境综合整治二期工程的重要组成部分。上海梦清园湿地采用芦苇自由表面流湿地和种植水生植物的中湖、下湖组成，工艺流程如图4-76所示。梦清园人工湿地从苏州河上游方向取水，污染河水经过折水涧曝气区可使溶解氧增加40%～60%。河水经过布水管道均匀进入芦苇湿地，污染物在其中得到降解，芦苇湿地出水进入下湖和中湖的伊乐藻塘和苦草塘进一步净化。通过对进入到人工湿地污染河水中的污染物进行监测分析，人工湿地出水的水质指标比进水提高了一个等级标准(GB 3838—2002)，出水可用于园区水景、绿化灌溉和地下设施的冲洗等。该工程获得了良好的生态环境、社会和经济效益。

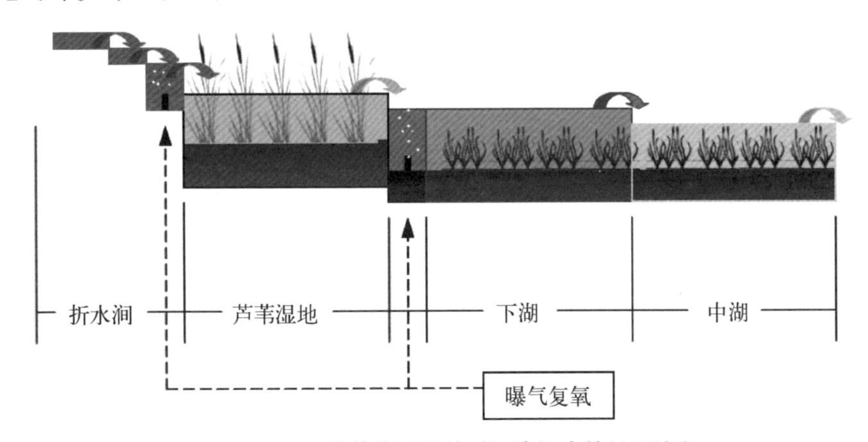

图4-76 上海梦清园湿地对污染河水的处理流程

4.7.3.4 人工湿地处理污水功能的优缺点和发展趋势

1) 人工湿地处理污水的优点

(1) 人工湿地具备建设成本低、运行处理费用低廉的特点。其建设成本(吨污水投资)和运营成本(吨污水处理费)约为传统污水处理厂成本的10%～20%，而且运行维护容易。人工湿地十分适合我国水污染严重，但资金有限的国情，发展前景十分广阔。

(2) 人工湿地降解污染物效果好。其对有机物和悬浮物的去除效率高，氮磷去除能力强，去除率分别可达60%和90%。

(3) 人工湿地栽种了大量的水生植物，因此还具有绿化环境、美化景观、调节气候的功能。

2) 人工湿地处理污水的不足

(1) 占地面积大。首先，人工湿地净污的效果与污水在湿地中流动的时间和空间充足与否有着很大的关系。其次，当系统中的填料和植物纳污达到饱和程度时，需要用备用池来交替运行。最后，为防止淤积，往往要建造预处理池对污水进行先期处理。基于上述三个原因，人工湿地污水处理系统与传统的污水处理厂相比，需要较大的占地面积。一般认为大约是传统污水处理厂的2～3倍。因此，人工湿地最好选址在市郊，这样就不会占用宝贵的市区土地资源。

(2) 人工湿地栽种的植物选择受气候条件限制较大。植物类型与污染物的处理效率有直接关系，因此植物的选择要因地制宜，要综合考虑到植物在当地的成活率和去污特性。例如，美人蕉等热带植物就不适合在北方人工湿地中应用。

(3) 人工湿地运行寿命受限。与其他的处理手段相比，人工湿地在运行和维护方面需要很少的投入，这就会使人们忽视对人工湿地的维护，从而使有些湿地退化到不能去除污染物的程度。影响人工湿地寿命的几个因素有：① 杂草丛生；② 进水管的分布问题；③ 进水处的淤泥处置问题；④ 出水的收集问题；⑤ 湿地表面的污水泛滥问题。这些因素都会导致淤积、阻塞现象，使湿地处理效果和运行寿命降低。

3) 人工湿地研究发展趋势

尽管人工湿地巨大的综合效益已经得到了人们的认可，在许多领域已显示出比传统的污水处理技术优越，在世界范围内得到了广泛的应用，有着广阔的发展前景。但人工湿地毕竟是一门新兴技术，其发展还不够成熟，还有很多工作需要去完善。

(1) 氮、磷是水体富营养化的主要原因，所以它们仍是需要严格控制的主要目标污染物。我们应深入研究基质的组成，以石、砾石、砂和土壤为基本原料，并添加合适的填料，选取适合的植物，通过不同的组合方式，构建有利于稳定地去除氮、磷等营养元素的湿地系统，以期进一步提高人工湿地的性能，使之能推广运用，这是今后研究和实践的重要内容。

(2) 扩大人工湿地的应用范围。目前人工湿地已应用于包括家畜与家禽的粪水、尾矿排出液、工业污水、农业废水、城市暴雨径流或生活污水等水体的治理。但其应用基本局限于气候比较温暖的地区。如何加强在寒冷的气候下人工湿地的构建与运行是今后研究的重点。

(3) 人工湿地的寿命是有限的，寻找除了停床休作、更换表层砂之外更好的解决人工湿地堵塞问题的办法，维护湿地去除污染物的功能，延长湿地的运行寿命是需要人们关注的问题。

(4) 人工湿地的类型不同，气候、规模、负荷、系统布置、植物选取等也各有差异，没有统一的对比标准等现状给研究带来了困难。如何建立一个统一的对比标准以利于展开对比性研究是我们应解决的问题。

4.8 废水生物处理工艺设计

4.8.1 普通活性污泥法设计的主要内容和参数

在活性污泥法中比较重要的设计参数有：停留时间、混合液悬浮物浓度($MLSS$)、污泥负荷(N_s)、容积负荷(N_v)、泥龄、回流比等。一般选择污泥负荷或容积负荷来作为控制参数进行设计计算，其余参数仅为常规的校核参数或中间参数。在系统的运行过程中，泥龄、回流比、$MLSS$ 等参数具有相当重要的指导意义。

4.8.1.1 曝气池的设计计算

曝气池的经验设计计算方法主要有污泥负荷法和泥龄法。

污泥负荷法是通过试验或参照同类型企业的设备工作状况，选择合适的污泥负荷计算曝气池容积 V。根据求污泥负荷的公式：

容积负荷
$$N_v = \frac{QS_0}{VX} \tag{4-2}$$

污泥负荷
$$N_s = \frac{Q(S_0 - S_e)}{VX} = \eta N_v (\eta \text{ 为去除率}) \tag{4-3}$$

有
$$V = \frac{QS_0}{N_v} \tag{4-4}$$

$$V = \frac{Q\ (S_0 - S_e)}{N_s X} \tag{4-5}$$

采用泥龄作设计依据时，由式 $\theta_c = \frac{VX}{Q_w X + (Q - Q_w) X_e}$ 有：

$$V = \theta_c \frac{Q_w X + (Q - Q_w) X_e}{X} \tag{4-6}$$

依据 Lawrence - McCarty 模式，有

$$V=\frac{\theta_c YQ(S_0-S_e)}{X(1+K_d\theta_c)} \tag{4-7}$$

废水在曝气池中的名义停留时间为

$$\theta_c=\frac{V}{Q} \tag{4-8}$$

实际停留时间为

$$\theta_s=\frac{V}{(1+R)Q} \tag{4-9}$$

剩余污泥量可由通过选定的污泥负荷值进行计算，也可通过 θ_c 计算。

$$\Delta X=Y_{obs}Q(S_0-S_e)\times 10^{-3}(\text{kgMLVSS/d}) \tag{4-10}$$

式中，Y_{obs} 实质上是扣除了内源代谢后的净合成系数，称为观测合成系数；相对地，Y 称为理论合成系数。Y_{obs} 的定义式为

$$\frac{dX}{dt}=Y_{obs}\frac{dS}{dt} \tag{4-11}$$

将上式代入劳伦斯物料衡算式可推得

$$Y_{obs}=\frac{Y}{1+K_d\theta_c} \tag{4-12}$$

一般地说，*MLVSS* 约占总悬浮固体的 80%，所以，剩余污泥总量为按式(4-10)计算值的 1.25 倍。

活性污泥法的主要设计内容按照表 4-9 的要求进行。

表 4-9　活性污泥法的设计内容和公式

方　法	设计内容	计算公式	主要设计参数符号
普通活性污泥法	曝气池容积、剩余污泥量、需氧量	$V=QS_0/(N_sX)$ 或 $V=\frac{QY(S_0-S_e)\theta_c}{X_v(1+K_d\theta_c)}$ $\Delta X=yQS_r-K_dX_vV$ $O_2=a'QS_r+b'X_vV$	V 为曝气池容积，m^3； Q 为进水设计流量，m^3/d； N_S为污泥负荷，kgBOD/kgMLVSS · d； S_0为进水 BOD 浓度，kg/m^3； S_e 为出水 BOD 浓度，kg/m^3； S_r为去除的 BOD 浓度，S_0-S_e，kg/m^3； Y 为理论产率系数，kg/kg； K_d为污泥自身氧化率，L/d； X_v为污泥 *MLVSS*，kg/m^3； a'为氧化 1 kgBOD 的需氧量，kgO_2/kgBOD； b'为污泥自身氧化需氧率，L/d

（续表）

方 法	设计内容	计算公式	主要设计参数符号
SBR法	SBR池有效容积、运行周期、排水后反应器最低容积	$V=\frac{nQS_0}{N_v}$ 由进水、反应、沉淀、排水和待机时间决定 $V_{min}=V-Q$	V为反应池容积，m^3； n为一日内运行的周期数； Q为每一周期进水量，m^3/d； S_0为进水BOD浓度，kg/m^3； N_v为容积负荷，$kgBOD/m^3\cdot d$； V_{min}为反应器最低有效容积
氧化沟	氧化沟有效容积、形式及尺寸、曝气装置选择与设计	同普通活性污泥法	
AB法	A、B段容积及尺寸、需氧量、剩余污泥量、曝气设备选择与设计	$V_A=QS_a/(N_{SA}X_A)$ $V_B=QS_b/(N_{SB}X_B)$ 其余同普通活性污泥法	V_A为A池容积； V_B为B池容积； S_a为A段进水BOD浓度，kg/m^3； S_b为B段进水BOD浓度，kg/m^3； N_{SA}为A段污泥负荷； N_{SB}为B段污泥负荷； X_A为A段污泥浓度； X_B为B段污泥浓度

部分活性污泥法的主要设计和运行参数如表4-10所示。

4.8.1.2 曝气供气量的计算方法

1）曝气的作用及其原理

曝气是采取一定的技术措施，通过曝气装置所产生的作用使混合液处于强烈搅动的状态，并使空气中的氧转移到混合液中去的过程。

曝气的主要作用一是充氧，向活性污泥微生物提供足够的溶解氧，以满足其在代谢过程中所需的氧量。混合液的溶解氧浓度（以出口处为准）应在2 mg/L左右。二是搅拌、混合，使活性污泥在曝气池内处于剧烈搅动的悬浮状态，使之能够与废水充分接触。为了衡量曝气效率，应用氧利用率和动力效率两个指标，前者表示向混合液供给1 kg氧时，水中所能获得的氧千克数，用于评价鼓风曝气装置；后者表示单位动力在单位时间内所转移的氧量，多用于评价机械曝气设备。

（1）曝气理论基础　空气中的氧向混合液中转移，是氧自气相向液相的传递（质）过程。对此过程的理论探讨与工程应用一般都以刘易斯（Lewis）和惠特曼（Whitman）的双膜理论为基础。双膜理论的主要论点是：当气、液两相接触并做相对运动时，接触界面的两侧存在着气体与液体的边界层，即气膜和液膜。

气膜和液膜间相对运动的速度属于层流，而在其外的两相体系中均为湍流。氧的转移是通过气、液膜间进行的分子扩散和在膜外进行的对流扩散完成的。对

表 4 - 10　一些活性污泥法的设计运行参数

运行条件 运行方式	BOD 负荷率		MLSS/(g/L)	污泥龄 t_s/d	气水比 —	曝气时间 t/h	回流比/%	BOD 去除率/%
	N_s	N_v						
普通活性污泥法	0.2～0.4	0.3～0.8	1.5～3.0	2～4	3～7	4～8	20～50	85～95
渐减曝气	0.2～0.4	0.3～0.8	1.5～3.0	2～4	3～7	4～8	20～50	85～95
阶段曝气法	0.2～0.4	0.4～1.4	2.0～3.0	2～4	3～7	3～6	20～30	85～95
吸附再生法	0.2～0.4	0.8～1.4	吸附池：1.0～3.0；再生池：4.0～10	5	≥12	吸附池：0.5～1；再生池：3～6	50～100	80～90
SBR 法	0.2～0.3	0.1～1.3	3.0～5.0	—	—	4～6	—	80～90
AB 法	A 段：2～6；B 段：0.15～0.3	—	A 段：1.5～2.5；B 段：3.0～4.0	A 段：0.3～0.5；B 段：3～4		A 段：0.5～1.0；B 段：2～3	—	90～95
高负荷法	1.5～5.0	—	0.6～1.0	1.5～3	5～8	1.5～3	5～15	60～70
延时曝气法	0.03～0.07	0.15～0.25	3.0～6.0	15～30	≥15	20～48	50～150	75～95
纯氧曝气	0.25～1.0	—	6.0～10	8～20	—	1～3	25～60	85～95

说明：污泥负荷 N_s单位为 kgBOD/kgMLVSS・d;容积负荷 N_v单位为 kgBOD/m^3・d。

难溶于水的氧来说，分子扩散的阻力大于对流扩散，传递的阻力主要集中在液膜上；气膜中存在的氧分压梯度和液膜中存在的氧浓度梯度形成了氧转移的推动力，其数学表达式为：

$$\frac{dc}{dt}=K_{La}(C_s-C_L) \tag{4-13}$$

式中，$\frac{dC}{dt}$ 为单位体积内氧的转移速率，mg/(L·h)；K_{La} 为氧的总转移系数，h^{-1}；C_s 为液体内饱和溶解氧浓度，mg/L；C_L 为液体的实际溶解氧浓度，mg/L。

(2) 氧总转移系数 K_{La}的求定　氧总转移系数是计算氧转移速率的基本参数。将式(4-13)整理，得

$$\frac{dC}{C_s-C_L}=K_{La}dt \tag{4-14}$$

积分后得

$$\lg\left(\frac{C_s-C_0}{C_s-C_L}\right)=\frac{K_{La}}{2.3}t \tag{4-15}$$

式中：C_0为当 $t=0$ 时液体的溶解氧浓度，mg/L。

由式(4-15)可见，$\lg\left(\frac{C_s-C_0}{C_s-C_L}\right)$ 与 t 之间存在着线性关系，直线的斜率为$\frac{K_{La}}{2.3}$。

2) 氧转移速率的影响因素

(1) 标准氧转移速率与实际氧转移速率　脱氧清水在20℃和标准大气压下测得的氧转移速率为标准氧转移速率，以 R_0表示，单位为 kg/h。以城市废水或工业废水为对象，按当地实际情况进行测定，所得到的为实际氧转移速率，以 R 表示，单位相同。设计曝气系统时，需将实际氧转移速率换算成为标准氧转移速率，为此，需引入某些修正系数。

(2) 氧转移的影响因素　水质对氧总转移系数(K_{La})的影响为废水中的污染物将增加氧分子转移的阻力，使 K_{La}值降低，为此引入系数 α 对 K_{La}值进行修正，如下式所示：

$$K_{L,Wa}=\alpha K_{La} \tag{4-16}$$

式中，$K_{L,Wa}$为废水中氧总转移系数，h^{-1}；α 为通过试验确定，一般 $\alpha=0.8\sim0.85$。

水质对饱和溶解氧浓度(C_s)的影响为废水中含有的盐分将使其饱和溶解氧浓度降低，对此，以系数 β 加以修正。

$$C_{s,w}=\beta C_s \tag{4-17}$$

式中：$C_{s,w}$为废水的饱和溶解氧浓度，mg/L；β 为 0.9～0.97。

水温对氧总转移系数(K_{La})的影响为水温升高,液体的黏滞度降低,有利于氧分子的转移,K_{La}值将提高;水温降低则相反。温度对 K_{La}值的影响以下式表示:

$$K_{La(T)} = K_{La(20)} \times 1.024^{(T-20)} \tag{4-18}$$

式中:$K_{La(T)}$,$K_{La(20)}$为水温在 T℃和 20℃时的氧总转移系数,h^{-1};T 为设计水温,℃;1.024 为温度系数。

水温对水的饱和溶解氧浓度(C_s)的影响为水温升高时,C_s值下降。

$$C_s = \frac{457 - 2.65T}{33.5 + T} C_s(760) \tag{4-19}$$

式中:$C_s(760)$为标准大气压(760 mmHg,即 101.3 kPa)下的 C_s值,mg/L;T 为设计水温,℃。

压力对水的饱和溶解氧浓度(C_s)的影响为压力增高时,C_s值提高。对鼓风曝气池,因曝气装置安装在水面以下,其 C_s值以扩散装置出口和混合液表面两处饱和溶解氧浓度平均值($C_{s,m}$)计算,公式为

$$C_{s,m} = C_s\left(\frac{O_t}{42} + \frac{p_b}{2.206 \times 105}\right) \tag{4-20}$$

$$O_t = \frac{21(1 - E_A)}{2.206 \times 79 + 21(1 - E_A)} \tag{4-21}$$

$$p_b = p + 9.8H \times 10^3 \tag{4-22}$$

式中,O_t为从曝气池逸出气体中含氧量的百分率,%;E_A为氧利用率,%;p_b为安装曝气装置处的绝对压力,Pa;p 为曝气池水面的大气压力,$p = 1.013 \times 10^5$ Pa;H 为曝气装置距水面的距离,m。

3) 氧转移速率与供气量的计算

(1) 氧转移速率的计算　按下式计算标准氧转移速率(R_0):

$$R_0 = K_{La(20)}(C_{s,m(20)} - C_L) = K_{La(20)} C_{s,m(20)} \tag{4-23}$$

式中:C_L为水中含有的溶解氧浓度,mg/L;对于脱氧清水 $C_L = 0$。

对上式加以修正,引入各项修正系数,可得在温度为 T ℃条件下的实际氧转移速率:

$$R = \alpha K_{La(20)} \times 1.024^{(T-20)} \times (\beta\rho C_{s,m(T)} - C_L) \tag{4-24}$$

R_0与 R 之比为:

$$\frac{R_0}{R} = \frac{C_{s,m(20)}}{\alpha \times 1.024^{(T-20)} \times (\beta\rho C_{s,m(T)} - C_L)} \tag{4-25}$$

一般 $R_0/R=1.33\sim1.61$，而

$$R_0=\frac{RC_{s,m(20)}}{\alpha\times1.024^{(T-20)}\times(\beta\rho C_{s,m(T)}-C_L)} \tag{4-26}$$

式中：C_L为混合液的溶解氧浓度(一般按 2 mg/L 考虑)。

(2) 氧转移效率与供气量的计算　氧转移效率为

$$E_A=\frac{R_0}{O_c}\times100 \tag{4-27}$$

$$O_c=G_s\times21\%\times1.43=0.3G \tag{4-28}$$

式中：E_A为氧转移效率，%；O_c为供气量，kg/h；21%为氧在空气中所占体积数；1.43 为氧的密度，kg/m^3；G_s为供气量，kg/h。

供气量按下式计算：

$$G_s=\frac{R_0}{0.3E_A} \tag{4-29}$$

鼓风曝气装置的 E_A值是制造厂家通过清水试验测出的，随产品向用户提供；对机械曝气系统，先求出 R_0值，并据此值选配所需的机械曝气装置。

(3) 需氧量　由于废水有机物只有一部分被氧化降解，另一部分被转化为新的有机体，合成为新细胞的有机物作为剩余污泥排出，并不消耗水中的溶解氧。因此，理论耗氧量应为有机物降低的耗氧量减去转化为有机体的有机物耗氧量。其中，有机物降低的耗氧量为 $Q(S_0-S_e)\times10^{-3}$(kg)，这里 S_0和 S_e都以 BOD_5计，可折算为有机物完全氧化的需氧量 BOD_u。当耗氧常数 $K_1=0.1$/d 时，$BOD_5=0.68\ BOD_u$。

如果假定细胞组成式为 $C_5H_7NO_2$，则氧化 1 kg 微生物所需的氧量为 1.42 kg。所以，每天系统的需氧量为

$$O_2=\frac{Q(S_0-S_e)\times10^{-3}}{0.68}-1.42(\Delta X) \tag{4-30}$$

实际的供气量还应考虑曝气设备的氧利用率以及混和的强度要求。通常情况下，当污泥负荷大于 0.3 kgBOD$_5$/(kgMLSS·d)时，供气量为 60～110 m^3/kgBOD$_5$(去除)，当污泥负荷小于 0.3 或更低时，供气量为 150～250 m^3/kgBOD$_5$(去除)。

活性污泥系统的设计还应包括二次沉淀池的设计和污泥回流设备的选定。

4.8.1.3　普通活性污泥计算举例

某废水量为 21 600 m^3/d，经一次沉淀后废水 BOD_5为 250 mg/L，要求出水 BOD_5在 20 mg/L 以下，水温为 20℃，试设计完全混合活性污泥系统。设计时参考下列条件：① 曝气池混合液 $MLVSS/MLSS=0.8$；② 回流污泥浓度 $X_R=$

10 000 mgSS/L;③ 曝气池污泥浓度 $X=3\ 500$ mgMLVSS/L;④ 设计的细胞平均停留时间 $\theta_c=10$ d;⑤ 出水中含有 22 mg/L 生物固体,其中 65%可生物降解;⑥ 废水含有足够的氮、磷及生物生长需要的其他微量元素;⑦ $BOD_5=0.68\ BOD_u$。

解:(1) 估计出水中溶解性 BOD_5 浓度:

出水 BOD_5 = 未降解的溶解性 BOD_5 + 未沉淀的悬浮固体 BOD_5

未沉淀的悬浮固体 $BOD_5=22\times0.65\times1.42\times0.68=13.8$ mg/L

未降解的溶解性 $BOD_5=20-13.8=6.2$ mg/L

(2) 计算处理效率:

$$\eta=\frac{S_0-S_e}{S_0}=\frac{250-20}{250}=92\%$$

若二沉池能去除全部的悬浮固体,则按溶解性 BOD_5 计的处理效率可达

$$\eta=\frac{250-6.2}{250}=97.5\%$$

(3) 计算曝气池体积:

选定动力学参数值　$Y=0.5$ MLVSS/mgBOD$_5$;$K_d=0.06$/d

$$V=\frac{\theta_c YQ(S_0-S_e)}{X(1+K_d\theta_c)}=\frac{10\times0.5\times21\ 600\times(250-6.2)}{3\ 500\times(1+0.06\times10)}=4\ 702\ \text{m}^3$$

(4) 计算每天排除的剩余活性污泥量:

$$Y_{obs}=\frac{Y}{1+K_d\theta_c}=\frac{0.5}{1+0.06\times10}=0.312\ 5$$

$$\Delta x=\frac{Y_{obs}Q(S_0-S_e)\times10^{-3}}{0.8}=\frac{0.312\ 5\times21\ 600\times(250-6.2)\times10^{-3}}{0.8}$$

$$=2\ 057.1\ \text{kgSS/d}$$

(5) 计算剩余污泥流量,忽略出水挟带的固体量:

从曝气池排泥时

$$Q_w=\frac{V}{\theta_c}=\frac{4\ 702}{10}=470.2\ \text{m}^3/\text{d}$$

从污泥回流管排泥时 $Q'_w=\dfrac{VX}{\theta_c X_R}=\dfrac{4\ 702\times3\ 500}{10\times10\ 000\times0.8}=205.7\ \text{m}^3/\text{d}$

由(4)(5)计算的结果推算曝气池 X 和回流污泥 X_R 与题给设计参数是一致的。

(6) 计算污泥回流比:

由 $3\ 500(1+R)=10\ 000\times0.8R$

得

$$R=0.78$$

(7) 计算曝气池的水力停留时间：

名义的：$\theta=\dfrac{V}{Q}=\dfrac{4\ 702}{21\ 600/24}=5.2\ \text{h}$

实际的：$\theta_c=\dfrac{V}{(1+R)Q}=\dfrac{4\ 702}{(1+0.78)\times 21\ 600/24}=2.9\ \text{h}$

(8) 计算需氧量与供气量：

由式(4-30)有

$$O_2=\frac{Q(S_0-S_e)\times 10^{-3}}{0.68}-1.42[Y_{obs}Q(S_0-S_e)\times 10^{-3}]$$

$$=\frac{21\ 600\times(250-6.2)\times 10^{-3}}{0.68}-1.42\times 0.312\ 5\times 21\ 600\times$$

$$(250-6.2)\times 10^{-3}=5\ 407.4\ \text{kg/d}$$

当采用穿孔扩散器曝气时，设安装深度为水下 2.5 m，氧转移效率为 $E_A=0.06$。20℃时氧饱和浓度为 9.2 mg/L。则穿孔管出口处绝对压力为

$$p_b=1.013\times 10^5+\frac{2.5}{10.33}\times 1.013\times 10^5=1.258\times 10^5\ \text{Pa}$$

空气离开曝气池水面时氧的百分浓度为

$$O_t=\frac{21(1-E_A)}{79+21(1-E_A)}\times 100\%=\frac{21\times(1-0.06)}{79+21\times(1-0.06)}\times 100\%=20\%$$

曝气池平均氧饱和浓度为

$$C_{s,m}=C_s\left[\frac{p_b}{2.206\times 10^5}+\frac{O_t}{42}\right]=9.2\times\left(\frac{1.258\times 10^5}{2.206\times 10^5}+\frac{20}{42}\right)=9.6\ \text{mg/L}$$

20℃脱氧清水的充氧量按式(4-26)计算，取 $\alpha=0.8$，$\beta=0.9$，$\rho=1$，$c=1.5$ mg/L，则

$$R_0=\frac{R_r c_{s,m}}{\alpha(\beta\rho c_{s,m}-c)}=\frac{5\ 407.4\times 9.6}{0.8\times(0.9\times 9.6-1.5)}=9\ 088\ \text{kg/d}$$

实际供气量为

$$G=\frac{R_0}{0.3E_A}=\frac{9\ 088}{0.3\times 0.06}=504\ 888.9\ \text{m}^3/\text{d}$$

4.8.2 生物膜法的设计内容和主要设计参数

生物膜法的设计内容和主要设计参数参见表4-11。

表4-11 生物膜法的设计内容和主要设计参数

类型	设计内容	计算公式	主要设计参数
生物滤池	滤池容积、滤池表面积、滤料深度、处理水回流比、布水装置设计	$V=Q(S_0-S_e)/N_v$ $A=V/H$ 或 $A=Q(S_a-S_e)/N_A$ 或 $A=Q(n+1)/N_q$ $V=AH$ $n=(S_0-S_a)/(S_a-S_e)$ $S_a=(S-S_e)/(n+1)$	V,Q,S_0,S_e 同前；A 为滤池的平面面积；H 为滤池的滤料厚度，m； N_v为容积负荷，普通生物滤池 $N_v=150\sim300$ gBOD$_5$/(m^{3}滤料·d)，高负荷生物滤池 $N_v\leqslant1\,200$ g/(m^3·d)，塔式生物滤池 $N_v=1\,000\sim2\,000$； N_q为水力负荷，普通生物滤池 $N_q=1\sim3$ m^3/(m^2·d)，高负荷生物滤池 $N_q=10\sim30$ m^3/(m^2·d)，塔式生物滤池$N_q=80\sim200$ m^3/(m^2·d)； N_A为表面负荷，高负荷生物滤池 $N_A=1\,100\sim2\,000$ gBOD$_5$/(m^2·d)； 处理水回流比：普通生物滤池、塔式生物滤池，$n=0,S_0=S_a$
生物转盘	盘片总面积、转盘总片数、盘片个数、氧化槽容积、污水停留时间	$A=QS_0/N_A$ 或 $A=Q/N_q$ $M=4A/2\pi D^2$ $L=m(d+b)k$ $V=(0.294\sim0.335)\times(D+2\delta)^2L$ $t=\frac{V'}{Q}$	N_A为BOD面积负荷，10～20 g/(m^2·d)； N_q为水力负荷，0.05～0.1 m^3/(m^2·d)； M 为转盘总片数；D 为圆转盘直径； L 为转盘有效长度；m 为每台转盘的片数；d 为盘片间距，m；b 为盘片厚度，m；k 为循环沟道的系数；δ 为盘片边缘与氧化槽内壁距离，m；t 为污水停留时间，h；V' 为氧化槽净有效容积，m^3
生物接触氧化法	有效容积、总面积、总高度、需气量	$V=Q(S_0-S_e)/N_v$ $A=V/H$ $H_0=H+h_1+h_2+(m-1)h_3+h_4$ $D=D_0Q$	容积负荷 $N_v=0.8\sim20$ kgBOD$_5$/(m^3·d)； H 为填料层高，一般取 3 m； H_0为生物氧化池总高度，超高 $h_1=0.5\sim0.6$ m，填料上部水深 $h_2=0.4\sim0.5$ mm；填料层间隙高 $h_3=0.2\sim0.3$ m；配水区高度 $h_4=0.5$ m；m 为填料层数； D 为需气量，m^3/d；D_0 为 1 m^3 污水需气量，m^3/m^3

4.8.3 生物脱氮除磷工艺设计计算

1）生物脱氮除磷工艺的设计计算

生物脱氮除磷系统的设计计算主要包括硝化所需曝气池的容积和反硝化所需

缺氧池的容积、除磷所需厌氧池的容积、污泥回流比和混合液回流比以及需氧量和剩余污泥量等，并确定系统的污泥龄。

（1）好氧池（区）容积　采用泥龄作设计依据时，曝气池容积可根据泥龄及碳化所需容积一起计算，如下式所示：

$$V_1=\frac{YQ(S_0-S_e)\theta_c}{X(1+K_d\theta_c)} \tag{4-31}$$

式中，V_1 为曝气池容积（包括去除 BOD_5 及硝化所需的容积），m^3；Y 为产率系数（污泥增长量），kgVSS/kg 去除 BOD_5；Q 为污水流量，m^3/d；S_0 为进水 BOD_5 浓度，mg/L；S_e 为出水 BOD_5 浓度，mg/L；θ_c 为污泥龄，d；K_d 为内源呼吸系数，1/d；X 为混合液挥发性悬浮固体浓度（$MLVSS$），mg/L。

如果忽略污泥内源呼吸的影响和不考虑出水 BOD_5 的浓度，式（4 - 31）也可简单地表示为

$$V_1=\frac{QS_0Y\theta_c}{X} \tag{4-32}$$

式中，V_1、Q、S_0、Y、θ_c、X 意义与前相同。

设计时混合液挥发性悬浮固体浓度 $MLVSS$ 一般采用 2 000～4 000 mg/L。

动力学常数 Y 及 K_d 可根据试验确定或参考文献值，表 4 - 12 所示为部分废水的 Y 和 K_d 的参考数据。

表 4 - 12　Y 与 K_d 的参考数据

动力学常数	生活污水	脱脂牛奶废水	合成废水	造纸和纸浆废水	城市废水
Y/(kgVSS/kg 去除 BOD_5)	0.5～0.67	0.48	0.65	0.47	0.35～0.45
K_d/(1/d)	0.048～0.05	0.045	0.18	0.20	0.05～0.10

污泥龄的选择应考虑硝化的需要，保证生长速率较慢的硝化菌不致从系统中冲出，并留有足够的安全系数，一般在设计中污泥龄取最小泥龄的 2～3 倍。设计采用的最小污泥龄是硝化菌比增长速率的倒数。由硝化反应动力学可知，限制整个硝化反应过程的步骤是亚硝化反应（氨氮转化为亚硝酸菌）的过程，因此污泥龄应根据亚硝酸菌的世代期来确定。亚硝酸菌的比增长速率受多种因素影响，温度、pH 值、氨氮含量等，溶解氧条件下亚硝酸菌的比增长速率可用一个统一的式子表示为

$$U_N=[0.47e^{0.098(T-15)}]\left(\frac{N}{N+10^{0.051t-1.158}}\right)\left(\frac{DO}{1.3+DO}\right)[1-0.833(7.2-\text{pH 值})] \tag{4-33}$$

式中，U_N为亚硝酸菌的比增长速率，1/d；N 为 NH_4^+－N 浓度，mg/L；DO 为硝化反应中溶解氧浓度，mg/L；T 为运行条件下的温度，℃；pH 值为运行条件下的 pH 值。

利用式(4－33)可以计算出运行条件下的亚硝酸菌的比增长速率，进而可计算出最小污泥龄和设计污泥龄。即

$$\theta_{c,min}=\frac{1}{U_N} \tag{4-34}$$

$$\theta_c^d=S_t\theta_{c,min} \tag{4-35}$$

式中，θ_c^d为设计污泥龄，d；S_t为安全系数，一般取 2～3；$\theta_{c,min}$为实现硝化所需的最小泥龄，d。

(2) 缺氧池(区)容积　反硝化所需缺氧池容积 V_2 可按反硝化速率作为设计依据，由下式计算：

$$V_2=\frac{N_T}{q_{D,T}X} \tag{4-36}$$

式中，V_2为缺氧区有效容积，m^3；N_T为需还原的硝酸盐氮量，kg/d；$q_{D,T}$为温度为 T℃时的反硝化速率，kgNO_3^-－N/(kgMLVSS·d)；X 为混合液悬浮固体浓度($MLVSS$)，mg/L。

需还原的硝酸盐氮量 N_T 可按下式计算：

$$N_T=N_0-N_w-N_e \tag{4-37}$$

式中，N_0为原废水含氮量，kg/d；N_w为随剩余污泥排放去除的氮量，kg/d；从剩余污泥排放的氮量可设为总含氮量的 10%左右；N_e为随出水排放的氮量，kg/d。

影响反硝化速率 $q_{D,T}$的因素很多，必须进行试验确定。温度对反硝化速率的影响可用下式表示：

$$q_{D,T}=q_{D,20}\theta^{(T-20)} \tag{4-38}$$

式中，$q_{D,20}$为 20℃时反硝化速率，kgNO_3^-－N/(kgMLVSS·d)；θ 为温度系数，1.03～1.15，设计时可取 θ=1.09。

对于 Bardenpho(两级 A/O 工艺串联组合)生物脱氮工艺，由于第一、第二缺氧池的碳源不同，反硝化速率也就不同。第一缺氧池利用进水中的碳源有机物作为反硝化碳源，20℃时反硝化速率 $q_{D,20}$ 为

$$q_{D,20}=\frac{0.3F}{M_1}+0.029 \tag{4-39}$$

式中，$q_{D,20}$为第一缺氧池20℃时反硝化速率，kgNO_3^--N/(kgVSS·d)；文献报道值为0.05～0.15 kg NO_3^--N/(kgVSS·d)；$\frac{F}{M_1}$为第一缺氧池污泥(VSS)有机负荷，kgBOD/(kgVSS·d)。

第二缺氧池以内源代谢物质为碳源，反硝化速率与活性污泥的泥龄有关，即：

$$q_{D,20}=0.12\theta_c^{-0.706} \tag{4-40}$$

(3) 厌氧池(区)容积　厌氧区是生物除磷工艺最重要的组成部分，厌氧区的容积一般按0.9～2.0 h的水力停留时间确定，如果进水中易生物降解有机物浓度高，水力停留时间可相应地选择低限值；相反易生物降解有机物含量较低的废水，停留时间常取上限。

(4) 污泥回流比及混合液回流比　一般设计采用的污泥回流比为70%～100%，而混合液回流比取决于所要求的脱氮率，混合液回流比可用下列方法粗略地估算。

假设系统的硝化率和反硝化率均为100%，且忽略细菌合成代谢所去除的NH_4^+-N，则脱氮率为

$$\eta=\frac{RQ}{Q+RQ}=\frac{R}{1+R} \tag{4-41}$$

根据脱氮率确定混合液回流比，由上式得

$$R=\frac{\eta}{1-\eta} \tag{4-42}$$

式中，η为系统脱氮率，%；R为混合液回流比，%；Q为废水流量，m^3/d。

常用的混合液回流比为300%～600%，混合液回流比取得太大，虽然脱氮效果好，但势必会增加系统的运行费用。

(5) 碱度校核　每氧化1 g氨氮需消耗碱度(以$CaCO_3$计)7.14 g，而每还原1 g硝酸盐氮可产生碱度3.57 g，同时每去除1 gBOD_5可产生碱度0.1 g。因此可根据原水碱度来计算剩余碱度，当剩余碱度≥100 mg$CaCO_3$/L时，即可维持混合液pH值≥7.2，满足处理要求。

需补充碱度＝剩余碱度＋硝化耗碱度－进水碱度－反硝化产碱度－去除BOD_5产碱度

(6) 计算剩余污泥量　生物污泥的产生量为

$$\Delta X=\frac{YQ_0(S_0-S_e)}{1+K_d\theta_c} \tag{4-43}$$

式中，θ_c 为系统总污泥龄，即好氧池泥龄和厌氧池泥龄之和。

剩余污泥排放量为

$$P_x = \frac{\Delta x}{\left(\frac{VSS}{SS}\right)} + (X_i - X_e)Q \tag{4-44}$$

式中，X_i为进水 SS 含量；X_e为进水 VSS 含量；VSS/SS 为污泥中挥发性固体百分数，%。

(7) 计算需氧量　单级活性污泥脱氮系统中的供氧可使废水中有机物氧化(碳化需氧)以及使 NH_3 - N 氧化为 NO_3^- - N(硝化需氧)；此外通过排泥可减少污泥的耗氧，同时在反硝化中可回收硝化需氧的 62.5%，即

$$O_2 = \frac{Q(S_0 - S_e) \times 10^{-3}}{0.68} - 1.42\Delta X + 4.6Q(N_0 - N_e) - 2.86Q\Delta NO_3^- \tag{4-45}$$

系统总需氧量＝碳化需氧量(减去合成的生物量)＋硝化需氧量—反硝化产生氧当量

式中 ΔNO_3^- 为还原的硝酸盐氮($kgNO_3^-/m^3$)，其余符号意义同前。

2) 生物脱氮除磷工艺设计参数

污水同时脱氮除磷系统的理论研究还不够深入，一般设计按水力停留时间进行，辅以其他参数进行校核。常用设计参数如表 4 - 13 所示。

表 4 - 13　生物脱氮除磷设计常用参数

设计工艺参数	(F/M)/kg			HRT/h					污泥回流比/%	混合液回流比/%
	BOD/(kg MLVSS·d)	SRT/d	MLSS/(mg/L)	厌氧区	缺氧区 1	好氧区 1	缺氧区 2	好氧区 2		
A^2/O	0.15～0.7 (0.15～0.25)	4～27 (5～10)	3 000～5 000	0.5～1.3	0.5～1.0	3.0～6.0	—	—	40～100	100～300
Phoredox	0.1～0.2	10～40	2 000～4 000	1～2	2～4	4～12	2～4	0.5～1	50～100	400
UCT	0.1～0.2	10～30	2 000～4 000	1～2	2～4	4～12	2～4	—	50～100	100～600

4.8.4　生物处理法设计实例——SBR 工艺

SBR 工艺设计主要包括以下 6 个方面：① 运行周期；② 反应池数量；③ 反应

池容积;④ 排泥量;⑤ 需氧量(供气量);⑥ 搅拌功率。

上海郊区某污水处理厂采用 SBR 法设计,设计基础资料如下:① 水量,$Q=7\,500\ m^3/d$;② 水质,$BOD_5=200\ mg/L$;$COD_{Cr}=400\ mg/L$;$SS=250\ mg/L$;NH_3-$N=25\ mg/L$;$TKN=45\ mg/L$;$TP=4.5\ mg/L$;③ 要求出水水质,$BOD_5\leqslant 30\ mg/L$;$COD_{Cr}\leqslant 100\ mg/L$;$SS\leqslant 30\ mg/L$;$NH_3$-$N\leqslant 15\ mg/L$。

1) 设计计算步骤

(1) 水量计算,根据平均日流量计算总变化系数 K_z,计算设计最大流量 q_{max}。

(2) 假定每天运行周期数为 C_y,计算每个运行周期进水量 Q_1,一个运行周期历时 t。

(3) 假定反应池数量为 n,计算进水时间 t_F。

(4) 假定污泥负荷为 N_s,假定 SBR 充水比为 m,计算反应时间 t_R。

(5) 假定沉淀时间为 t_s,假定排水时间为 t_D,计算闲置时间 t_b。

(6) 运行周期时间核算。若计算闲置时间 $t_b<0$ 或闲置时间 t_b过大,可按序分步在合理范围内做调整:① 调整沉淀时间 t_s;② 调整排水时间 t_D;③ 调整每天运行周期数 C_y;④ 调整 SBR 充水比 m;⑤ 调整污泥负荷 N_s。调整后重复步骤(2)~(6)。

(7) 计算 SBR 反应池容积 V。

(8) 假定反应池内 NH_3-N 浓度为 N_a,假定硝化作用中氮的半速率常数为 K_n,计算硝化菌比生长速率 μ。

(9) 假定硝化菌裂解系数为 $K_{nd(20)}$,计算硝化污泥泥龄理论值 θ_n^M。

(10) 假定硝化安全系数为 SF,计算硝化污泥泥龄设计值 θ_n^d。

(11) 假定曝气分数为 AF,计算污泥泥龄 θ_d。

(12) 假定异养菌产率系数为 Y_h,假定异养菌内源衰减系数为 $b_{h(15)}$,假定污泥产率修正系数为 f,计算排出系统的微生物量 ΔX_v。

(13) 假定反硝化速率为 K_{de},计算非好氧反应时间 t_a,计算好氧反应时间 t_o,计算曝气分数 AF。

(14) 修正曝气分数假定值,反复迭代计算,直到曝气分数假定值与曝气分数计算值基本一致。

(15) 曝气分数核算。若曝气分数<0.5或曝气分数过大,同时调整 SBR 充水比 m 和污泥负荷 N_s,调整后重复步骤(4)~(15)。

(16) 假定反应池进水中悬浮固体不可水解/降解的悬浮固体比例为 φ,假定污泥产率为 Y,计算排泥量 ΔX。

(17) 计算实际需氧量 AOR。

(18) 假定 α、β 值,假定反应池混合液中剩余溶解氧浓度为 C_0,计算最低和最高运行温度时的标准需氧量 SOR，以较大值作为设计控制值。

(19) 假定曝气器氧的利用率为 E_A，计算标准状态下的供气量 G_s。

(20) 假定搅拌机电机效率，假定电机超负荷安全系数，计算单座 SBR 池搅拌功率，根据 IEC 等级标准配置搅拌机。

2) 计算说明

(1) 水量计算：

根据室外排水设计规范，综合生活污水量总变化系数按表 4-14 确定，当污水平均日流量为中间数值时，总变化系数可用内插法求得。

表 4-14 综合生活污水量总变化系数

平均日流量/(L/s)	5	15	40	70	100	200	500	≥1 000
总变化系数	2.3	2.0	1.8	1.7	1.6	1.5	1.4	1.3

例如：当平均日流量 $Q_{ave} = 86.8$ L/s，总变化系数 $K_z = 1.7 - (86.8 - 70) \times (1.7 - 1.6)/(100 - 70) = 1.644$，取 $K_z = 1.65$，则设计最大流量 $Q_{max} = 515.6\ m^3/h$。

若进水采用带变频电机的水泵和进水流量计控制时，设计最大流量按计算值确定；否则按最大进水泵组合流量为设计最大流量。

(2) SBR 反应池容积计算：

每个运行周期进水量为

$$Q_1 = \frac{Q}{C_y} \tag{4-46}$$

式中，C_y 为每天运行周期数，每天的周期数宜取正整数，通常取 1～5，假定 $C_y = 3$，则

$$Q_1 = \frac{Q}{C_y} = \frac{7\,500}{3} = 2\,500\ m^3$$

SBR 反应池容积为

$$V = \frac{24 Q_1 S_i}{1\,000 X L_s t_R} \tag{4-47}$$

式中，S_i 为进水 BOD_5 浓度，mg/L；X 为 SBR 反应池达到最大液位时 MLSS 浓度，g/L，一般取值范围为 2.5～4.5，假定 $X = 3.0$ g/L；L_s 为污泥负荷，$kgBOD_5/(kgMLSS \cdot d)$，一般取值范围为 0.05～0.15，假定 $N_s = 0.08$；t_R 为反应时间，h。

按式(4-47)计算 SBR 反应池容积：

$$V = \frac{24 \times 2\,500 \times 200}{1\,000 \times 3 \times 0.08 \times 6} = 8\,333\ m^3$$

单座 SBR 反应池容积：

$$V_1=\frac{V}{n}=\frac{8\ 333}{4}=2\ 083\ \text{m}^3$$

(3) 运行周期：

进水时间为

$$t_F=\frac{t}{n} \tag{4-48}$$

式中，t 为一个运行周期历时，h；

$$t=\frac{24}{C_y}=\frac{24}{3}=8\ \text{h}$$

n 为反应池数量，宜取≥2，假定 $n=4$，则

$$t_F=\frac{8}{4}=2\ \text{h}$$

反应时间为

$$t_R=\frac{24S_i m}{1\ 000 L_s X} \tag{4-49}$$

式中，m 为 SBR 充水比，一般取值范围为 0.2～0.4，假定 $m=0.30$，则

$$t_R=\frac{24\times 200\times 0.3}{1\ 000\times 0.08\times 3}=6\ \text{h}$$

其中非好氧反应时间为

$$t_a=24\,\frac{0.001Q(N_t-N_{te})-0.12\Delta X_v}{VXK_{de}} \tag{4-50}$$

式中，N_t为进水总氮浓度，mg/L，假定进水总氮浓度＝进水 TKN 浓度；N_{te}为出水总氮浓度，mg/L，假定出水 TKN 浓度 $N_{ke}=17$ mg/L，出水 NO_3^- - N 浓度 $N_{oe}=3$ mg/L；ΔX_v为排出系统的微生物量，kg/d，按式(4-56)计算；K_{de}为反硝化速率，kgNO_3^- - N/(kgMLSS·d)，假定 20℃时 $K_{de(20)}=0.045$/d。

$$t_a=24\times\frac{0.001\times 7\ 500\times(40-20)-0.12\times 365.3}{8\ 333\times 3\times 0.045}=2.26\ \text{h}$$

好氧反应时间为

$$t_o=t_R-t_a=6-2.26=3.74\ \text{h}$$

另外，t_s为沉淀时间，h，假定 $t_s=1$ h；t_D为排水时间，h，宜为 1.0～1.5，假定

$t_D=1$ h；t_b为闲置时间。则可求得 t_b 为

$$t_b=t-t_R-t_S-t_D=8-6-1-1=0\ \text{h}$$

（4）排泥量计算：

首先计算污泥泥龄。

硝化菌比生长速率为

$$\mu=0.47\frac{N_a}{K_n+N_a}e^{0.098(T-15)} \tag{4-51}$$

式中，N_a为反应池内 NH_3-N 浓度，在 SBR 反应池内 NH_3-N 浓度随时间变化，计算时假定 $N_a=N_{ne}$；K_n 为硝化作用中氮的半速率常数(mg/L)，假定 $K_n=1.0$ mg/L，则

$$\mu=0.47\times\frac{15}{1+15}e^{0.098(12-15)}=0.328/\text{d}$$

硝化污泥泥龄理论值为

$$\theta_n^M=\frac{1}{\mu-K_{nd}} \tag{4-52}$$

式中，K_{nd}为硝化菌衰减系数：

$$K_{nd}=K_{nd(20)}\cdot 1.029^{(T-20)} \tag{4-53}$$

$K_{nd(20)}$ 取 0.05/d，可得

$$\theta_n^M=\frac{1}{0.328-0.05\times 1.029^{(12-20)}}=3.47\ \text{d}$$

硝化污泥泥龄设计值为

$$\theta_n^d=SF\theta_n^M \tag{4-54}$$

式中，SF 为硝化安全系数，一般为 1.5～3.0，取 $SF=3.0$，则

$$\theta_n^d=3.0\times 3.46=10.41\ \text{d}$$

污泥泥龄为

$$\theta_d=\frac{\theta_n^d}{AF} \tag{4-55}$$

式中 AF 为曝气分数，$AF=\frac{t_o}{t_R}$，先假定 $AF=0.60$，以后根据计算值反复迭代，得

$$AF=\frac{4.28}{6}=0.713$$

$$\theta_d = \frac{10.41}{0.713} = 14.6\ \text{d}$$

ΔX_v为排出系统的微生物量，计算公式为

$$\Delta X_v = \frac{Q(S_i - S_e)}{1\,000} \cdot f\left(Y_h - \frac{0.9 b_{h(12)} Y_h}{\frac{1}{\theta_d} + b_{h(12)}}\right) \tag{4-56}$$

式中，S_e为出水 BOD_5浓度，mg/L；f 为污泥产率修正系数，一般为 0.8～0.9，取 $f=0.85$；Y_h为异养菌产率系数，kgSS/kgBOD_5，一般为 0.3～0.8，取 $Y_h=0.6$；b_h为 20℃时异养菌内源衰减系数，1/d，一般为 0.04～0.08，取 $b_h=0.078$。

设计最低运行温度时异养菌内源衰减系数为

$$b_{h(T)} = b_{h(20)} \cdot 1.023^{(T-20)}$$

$$b_{h(12)} = 0.078 \times 1.023^{(12-20)} = 0.065\ \text{d}^{-1}$$

$$\Delta X_v = \frac{7\,500 \times (200-30)}{1\,000} \times 0.85 \times \left(0.6 - \frac{0.9 \times 0.065 \times 0.6}{\frac{1}{14.6} + 0.065}\right) = 365.3\ \text{kg/d}$$

Y 为污泥产率，单位为 kgSS/kgBOD_5，计算公式如下：

$$Y = f\left(Y_h - \frac{0.9 b_{h(12)} Y_h}{\frac{1}{\theta_d} + b_{h(12)}} + \psi \frac{X_i}{S_i}\right) \tag{4-57}$$

式中，ψ 为反应池进水悬浮固体中不可水解/降解的悬浮固体比例，$\psi = 1 - \frac{X_{vi}}{X_i}$，无 X_{vi}资料时，取 $\psi=0.6$；X_{vi}为进水挥发性悬浮固体浓度，mg/L；X_i为进水悬浮固体浓度，mg/L。可算出

$$Y = 0.85 \times \left(0.6 - \frac{0.9 \times 0.065 \times 0.6}{\frac{1}{14.6} + 0.065} + 0.6 \times \frac{250}{200}\right) = 0.92\ \text{kgSS/kgBOD}_5$$

ΔX 为排泥量，kg/d，计算公式为

$$\Delta X = \frac{YQ(S_i - S_e)}{1\,000} = 0.92 \times \frac{7\,500 \times (200-30)}{1\,000} = 1\,173\ \text{kg/d}$$

(5) 供气量计算：

AOR 为实际需氧量，单位为 kgO_2/d，计算公式如下：

$$AOR = 0.001aQ(S_i - S_e) + b[0.001Q(N_k - N_{ke}) - 0.12\Delta X_v] - c\Delta X_v - 0.62b[0.001Q(N_t - N_{ke} - N_{oe}) - 0.12\Delta X_v] \quad (4-58)$$

式中，a 为碳的氧当量，当含碳物质以 BOD_5 计时，取 1.47；b 为常数，氧化每千克氨氮所需氧量，kgO_2/kgN，取 4.57；c 为常数，细菌细胞的氧当量，取 1.42；N_k 为进水 TKN 浓度，mg/L；N_{ke} 为出水 TKN 浓度，mg/L；N_{oe} 为出水 NO_3^- - N 浓度，mg/L。

按式(4-58)计算 AOR：

$$AOR = 0.001 \times 1.47 \times 7\,500 \times (200 - 30) + 4.57 \times [0.001 \times 7\,500 \times (45 - 17) - 0.12 \times 365.3] - 1.42 \times 365.3 - 0.62 \times 4.57 \times [0.001 \times 7\,500 \times (45 - 17 - 3) - 0.12 \times 365.3]$$

$$= 1\,707.6\ kgO_2/d$$

SOR 为标准需氧量(kgO_2/d)，计算公式为

$$SOR = \frac{AOR \cdot C_s}{\alpha(\beta C_{s,m} - C_0)} 1.024^{(20-T)} \quad (4-59)$$

式中，α 为反应池混合液中 K_{La} 值与清水中 K_{La} 值之比，假定 $\alpha = 0.80$；β 为反应池混合液的饱和溶解氧浓度值与清水中饱和溶解氧浓度值之比，假定 $\beta = 0.95$；C_s 为标准条件下清水中饱和溶解氧浓度，9.07 mg/L；$C_{s,m}$ 为温度为 T℃时清水表面处饱和溶解氧浓度，mg/L。$C_{s,m(12)} = 10.76$ mg/L，$C_{s,m(33)} = 7.16$ mg/L。

C_0 为反应池混合液中剩余溶解氧浓度，mg/L。在 SBR 反应池内该浓度随时间变化，计算时假定 $C_0 = 2.0$。

$$12℃时，SOR = 1\,707.6 \times \frac{9.07}{0.80 \times (0.95 \times 10.76 - 2)} \times 1.024^{(20-12)}$$

$$= 2\,846.6\ kgO_2/d$$

$$33℃时，SOR = 1\,707.6 \times \frac{9.07}{0.80 \times (0.95 \times 7.16 - 2)} \times 1.024^{(20-33)}$$

$$= 2\,961.5\ kgO_2/d$$

以 33℃时的 SOR 值 2 961.5 kgO_2/d 作为设计控制值。

鼓风曝气时，可按下列公式将标准状态下污水需氧量换算为标准状态下的供气量。

$$G_s = \frac{24SOR}{0.28C_y t_o E_A} \quad (4-60)$$

式中，G_s 为标准状态下供气量(m^3/d)；0.28 为标准状态(0.1 MPa、20℃)下的每立方米空气中含氧量(kgO_2/m^3)；SOR 为标准状态下，生物反应池污水需氧量

(kgO_2/h)；E_A为曝气器氧的利用率，以%计，假定 $E_A=16\%$，可算得

$$G_s=\frac{24}{3\times4.28}\frac{2\,961.5}{0.28\times16\%}=123\,560.7\ m^3/d=85.8\ m^3/min$$

(6) 搅拌功率计算：

SBR 池在非好氧反应时间可采用机械搅拌，混和功率采用 5～8 W/m^3，假定 $N_s=6\ W/m^3$。

单座 SBR 池搅拌功率=6×2 500=15 000 W

假定搅拌机电机效率为 75%，电机超负荷安全系数取 1.60。则

$$NCV'_s=\frac{1.60N_s}{1\,000\times70\%}=\frac{1.60\times15\,000}{1\,000\times75\%}=32.0\ kW$$

根据 IEC 等级标准，可设置 18.5 kW 搅拌机 2 台或 11 kW 搅拌机 3 台。

思　考　题

(1) 简述普通活性污泥法的工艺类型。

(2) 简述生物膜法的工艺类型。

(3) 简述生物脱氮除磷的原理和方法。

(4) 简述厌氧生化处理的工艺类型。

第5章　污泥处理

废水生化处理产生的污泥，虽然其产生量仅占污水量的0.3%～0.5%(城市生活污水处理)，但污泥的处理处置费用与污水处理费用基本相当。

污泥处理就是采用适当的技术措施，为污泥提供出路。污泥中各种污染物浓度都很高，城市污水处理系统排出的污泥中含有大量无机及有机固体污染物、病原微生物及寄生虫卵，容易腐败并产生臭气。一些工业废水处理过程中产生的污泥含有大量的有毒有害有机物和重金属，如不妥善处置将对环境造成很大危害。

5.1　污泥处理概述

污泥的处理处置方法多种多样，但从其技术方法的作用原理上看，不外乎分离和转化两种，包括物理方法、化学方法和生物方法，其中生物方法因经济高效而成为有机性污泥处理处置的主流。在实际工程实践中，根据被处理污泥的特点以及综合利用要求往往将多种技术方法组合成完善的工艺系统以实现高效、经济地处理处置污泥的目的。

含水率高是生化污泥的普遍特点，城市污水厂的初沉污泥含水率一般为95%～97%，而二沉污泥含水率则高达99%以上。污泥含水率高导致体积庞大，不但给输送、处理与处置带来很大的负担，而且对回收利用也不利。另外，含有大量微生物的有机性污泥在高含水率条件下特别容易腐败变质。总而言之，降低含水率是污泥处理处置的第一道工序，是所有污泥处理中的重中之重。降低污泥含水率的方法主要有浓缩、机械脱水与干化。

经过脱水处理后的污泥其体积大大减少，易于开展综合利用。从各种生化途径产生的有机性污泥(包括食品及发酵行业排出的有机性污渣以及城市污水厂排出的生化污泥)经过适当处理后可以作为肥料、饲料等回用于农林牧副渔；从电镀生产中产生的废渣可以回收其中的重金属后用于烧砖。在污泥的综合利用过程中应充分考虑“合分原则”，从便于资源回收利用和提高回收产品的价值出发对性质各异的污泥进行分路收集、分别处理与回收，如对电镀厂的镀镍、镀铬、镀铜车间排出的废水和废渣进行分流制收集、处理和回收的做法在技术经济上更趋合理。对于难以综合利用的污泥可以采用填埋或焚烧方法进行最终处置，以减小或消除其对环境的潜在危害。

污泥的处理和处置主要目的有以下三方面。

(1) 减少污泥的含水率。污泥含水率的降低可为其后续处理、资源化利用和运输创造条件。

(2) 使污泥卫生化、稳定化。污泥中含有大量的有机物，也可能含有多种病原菌和其他有毒有害物质。必须消除这些会发臭、易导致病害及污染环境的因素，使污泥卫生且稳定无害。

(3) 改善污泥的成分和性质，有利于进行综合利用。

5.2　污泥的类型和性质

5.2.1　污泥类型

污泥的种类很多，分类也较复杂。由于污泥的来源及处理方法不同，所产生的污泥的性质也不一样，因而有不同的名称。按来源来分，一般分为城市污水污泥和工业废水污泥两类。根据从水中的分离过程可分为沉淀污泥(包括初沉淀污泥、混凝沉淀污泥、化学沉淀污泥)及生物处理污泥(包括生物膜污泥和活性污泥等)。按污泥的成分和性质又可分为有机污泥和无机污泥。

废水处理过程产生的污泥类型和数量如表 5－1 所示。

表 5－1　废水处理过程所产生的污泥物理特性和数量

污泥种类	密度		污泥干固体 kg/m³ 污水	
	固体物	污泥	范围	代表性值
初沉污泥	1.4	1.02	11～17	15
剩余活性污泥	1.25	1.005	7～10	8.5
洒滴滤池剩余污泥	1.45	1.025	6～9	7
延时曝气法的剩余污泥	1.30	1.015	8～12	10
氧化塘剩余污泥	1.30	1.010	8～12	10

5.2.2　污泥性质

污泥性质可用如下指标来表示。

(1) 含水率指标　污泥的含水率是指污泥中所含水分的质量百分比，它直接与污泥的收集、储存、输送、处理处置相关。对于有机性污泥来说，其含水率高低还与污泥稳定性有关。含水率也是衡量脱水设备工作性能和污泥综合利用产品质量的重要指标。废水生化处理中产生的各种有机性污泥其含水率都在95%以上，相对密度接近于水，污泥的体积V、质量W、含水率P和固体浓度C之间存在如下数量关系：

$$\frac{V_1}{V_2}=\frac{W_1}{W_2}=\frac{100-p_2}{100-p_1}=\frac{C_2}{C_1} \tag{5-1}$$

式中，各项参数指污泥脱水前后的污泥体积(L或m^3)、质量(kg或t)、含水率(%)和固体浓度(mg/L或g/L)。

(2) 比阻　单位过滤面积上，单位质量干污泥所受到的过滤阻力称为比阻。比阻值越小，越适宜用压滤机或离心机脱水。比阻与污泥中有机物含量及其成分有关，废水生物处理排出的有机性污泥中多聚糖类黏性物含量很高，炼油化工厂隔油池底泥黏性高、含水率高，这些都是比阻很大的污泥，很难过滤、脱水。

(3) 毛细吸水时间(CST)　由于比阻试验测定的工作量很大，且人为操作的误差也大，因此有人采用毛细吸水时间CST来近似代替比阻。毛细吸水时间的意义是：污泥水在吸水纸上渗透距离为1 cm所需要的时间。比阻值越大，CST值也越大。污泥的胶体性质和污泥的动力黏度大小使得比阻与CST之间存在着一定的比例关系。

(4) 挥发性固体(VSS)及灰分(NVSS)含量指标　挥发性固体又称为灼烧减重，反映污泥中有机物的含量高低，挥发性固体含量高的污泥适宜于采用生物法处理。灰分又称为灼烧残渣，反映无机物的含量，灰分含量高的污泥容易脱水，适宜采用物化法处理。VSS与$NVSS$之间的比例对指导污泥的最终处置和综合利用有一定的参考价值。

(5) 比重指标　污泥比重指标主要有湿污泥比重和干污泥比重两种。

$$\text{湿污泥比重}\ \gamma=P+\frac{100-P}{P+\dfrac{100-P}{\gamma_s}}=\frac{100\gamma_s}{P\gamma_s+(100-P)} \tag{5-2}$$

$$\text{干污泥比重}\ \gamma_s=\frac{100\gamma_a\gamma_v}{100\gamma_v+P_v(\gamma_a-\gamma_v)} \tag{5-3}$$

式中，γ_a为无机物的比重；γ_v为有机物的比重；P_v为干固体中有机物的百分比含量；P为污泥含水率。

比重指标是污泥中有机物含量高低的间接反映，在一定程度上对污泥处理方法的选择具有参考价值，如对于比重大于水的污泥适合采用重力沉降法分离(如沉砂池污渣、初沉池污泥、电镀污泥)，反之要采用浮上或气浮法分离(如含油污泥、纸浆纤维)。

(6) 污泥肥分指标　主要指氮、磷、钾、有机质、微量元素等的含量，污泥中腐殖质也是良好的土壤改良剂。肥分指标直接决定污泥是否适合于作为肥料进行综合利用。

我国城市污水厂典型生化污泥(干固体)的总氮含量为2%～8%,总磷含量为0.5%～3%,总钾含量为0.1%～0.5%,总有机质含量为30%～70%。具有脱氮除磷功能的污水生物处理过程中从二沉池排出含磷量很高(最高可达6%以上)的剩余污泥,若长时间放置,则会因微生物缺氧释磷导致污泥肥效降低。

(7) 耗氧性指标　虽然有机污泥和无机沉渣均具有耗氧性质,但耗氧性指标一般是针对前者。有机性污泥排入环境中或进行好氧生物处理时,由于微生物的分解作用都需要消耗大量的分子氧,因此耗氧性指标无论对考察污泥的环境危害性或是好氧生物处理时的能耗都十分重要。耗氧性指标往往是通过测定污泥的耗氧速率来获得的。

(8) 卫生学指标　有机性污泥有适合于微生物生长繁殖的良好环境,从废水生物处理系统排出的有机性污泥中含有大量微生物菌体(包括病原菌和寄生虫卵),腐败污泥还散发不良的臭气,未经卫生处理的污泥直接排放到环境或施用于农田在卫生学上是不安全的。卫生学指标主要是测定污泥中微生物数量,特别是病原微生物数量。

(9) 有毒有害化学物质指标　主要是指"三致"(致癌、致畸、致突变)性有机化合物和重金属。由于这些物质的危害性很大,所以在污泥处理处置中必须从严把关,最终处置的出路选择要慎之又慎,严格禁止其进入食物链。

(10) 其他指标　包括可消化性指标和可燃性指标等。可消化性指标是指污泥中可生物消化的有机污染物含量。可燃性指标是指污泥经过燃烧后可以回收的热值(主要指甲烷的燃烧热值)。

5.2.3 污泥的流动特征与输送

在处理、处置和利用污泥时,污泥的输送是一项必须首先解决的问题。污泥的输送方式主要决定于污泥的含水率高低和有机物的含量多少。含水率越高,则越接近水流。对于有机性污泥,在层流下由于污泥黏滞大,SS又易于沉于管中,故阻力比水流大;而在湍流时,由于污泥黏滞性强能消除边界层产生的旋涡,并使得管壁粗糙度减少,其阻力反而比水流小。故在设计输泥管时,一般采用较大的流速。在10 km距离以内,管道输送是最经济和卫生的方法。污泥的管道输送有重力式和压力式两种。压力式则需污泥泵,污泥泵常有离心泵、隔膜泵和螺旋泵等。离心式污泥泵叶轮片数较少,可以防止堵塞。螺旋泵属于敞开式,主体是螺旋轴,具有流量大、扬程低、不堵塞和检修方便等特点。除管道输送外,车送、船运也是污泥输送的重要方法,适用于远距离输送,但费用较高,环境卫生较差。目前,大城市的污泥越送越远，导致污泥输送费用急剧上升，因此在污水处理厂内有必要对原污泥进行脱水处理，以减少污泥的输送量。

5.3 污泥的浓缩

污泥浓缩的目的是初步降低污泥的含水率，缩小污泥的体积，为后续的处理处置创造有利条件。污泥经浓缩后含水率仍高于 95%，仍保持其流体性质，可以用泵输送。

污泥浓缩方法主要有重力沉降浓缩法、气浮浓缩法和离心浓缩法，目前重力浓缩法的使用较普遍。

5.3.1 污泥的重力浓缩

污泥重力浓缩的本质是沉淀。重力浓缩是将污泥沉淀，使污泥中的固体物在自重作用下沉降分离出泥中的间隙水。重力浓缩池的运行可分为间歇式和连续式两种。间歇式主要用于中小型污水厂，浓缩池的基本形状有方形和圆形两种，实际应用中圆形更为流行。间歇式重力浓缩池的浓缩时间一般为 24 h；池数多于 2 个，以便轮换运行；不设搅拌设备；在沿池深方向的不同高度处设多个上清液排放管，浓缩结束后从池面到池底逐个排放上清液。连续式污泥浓缩池(见图 5-1)浓缩时间为 6 h 左右，池型大多为辐流式，其附属设备有刮泥机、搅动栅等，与同类型的二沉池形式差不多。进泥口设在池中心，池周围有溢流堰，从进泥口进入的污泥向池的四周缓缓流动的过程中，污泥得到沉降分离。分离后的上层水通过出水堰流入出水槽。被浓缩沉降下来的污泥经过安装在中心转轴上的刮泥机缓慢地旋转刮动，然后通过液位差或用污泥泵由池底中心的集泥坑排出。为了提高浓缩效果和缩短浓缩时间，有的辐流式浓缩池的刮泥机上还安装了搅拌栅条，搅动栅的缓慢旋转有助于颗粒的凝聚，并可促使污泥中的间隙水释放和气泡的逸出。

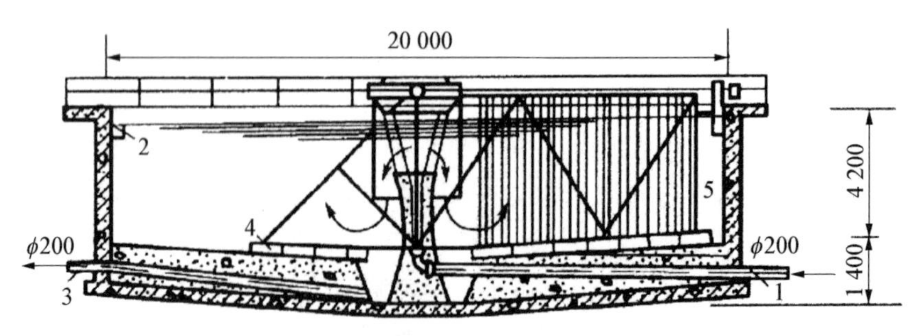

图 5-1 连续流重力浓缩池基本构造图

1—中心进泥管；2—上清液溢流堰；3—排泥管；4—刮泥机；5—搅动栅

经过重力浓缩池处理后，污泥的含水率从98%～99%降低到95%～96%，体积也相应减少至原来的20%～50%。重力浓缩池的优点是运行费用低，操作管理比较简便，但浓缩池占地面积大，污泥停留时间长，污泥容易腐化变质产生臭气和导致上浮。

近年来，管式浓缩池技术的开发应用获得了长足发展，其作用原理类似于斜管沉淀池，具有处理量大、分离效率高的优点。管式浓缩池一般适用于无机成分较多的自来水厂污泥、污水厂初沉池污泥以及采矿业的矿浆，运行管理中应注意防止排泥管堵塞、斜管坍塌和污泥流量冲击负荷等问题的发生。

5.3.2　污泥的气浮浓缩

污泥的气浮浓缩脱水原理与污水气浮处理相似，即使微小空气气泡附着于污泥颗粒上，使得气泡携带污泥一起浮升到池面，实现污泥颗粒与水的快速分离。污泥的气浮浓缩方法有很多，除普通的溶气上浮法外，还有真空气浮法、加压上浮法等。各种形式的气浮法的基本原理都相同，工艺流程见图5-2。气浮浓缩法的优点是单位池容积的处理能力大、脱水效率高，占地面积小，富含氧的污泥不易腐化变质，适用于废水生物处理系统有机性污泥的浓缩脱水。但气浮浓缩运行电耗高，设施较多，操作管理比较烦琐。

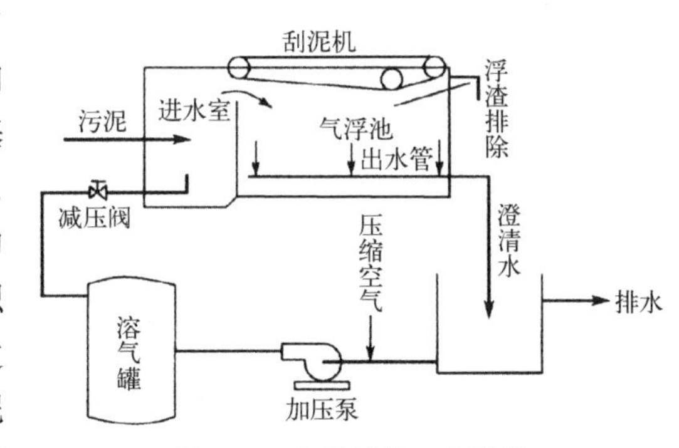

图5-2　气浮浓缩工艺流程

气浮浓缩池运行管理的关键之一是恰当地控制溶气比，浓缩池表面负荷率和固体负荷率一般为1.0～3.6 $m^3/m^2 \cdot h$和1.8～5.0 $kg/m^2 \cdot h$。城市污水厂的活性污泥经过30 min气浮浓缩后其含水率可由99%降低到95%～97%，相应地，污泥体积减少到原来的25%～50%。另外，控制分离室的刮泥速度和刮泥深度也很重要：刮泥过慢、过浅将导致上浮污泥下沉影响分离效果，浓缩出水浑浊，固体回收率降低；刮泥过快、过深将导致下层清液过多进入污泥中，降低了脱水效果。

初沉池污泥的含水率较低、比重较大，一般不宜采用气浮浓缩脱水。

5.3.3　污泥的离心浓缩

污泥的离心浓缩法的最大优点是效率高，需时间少，占地少，对于轻质污泥也能获得较好的处理效果。离心浓缩的关键设备为离心机，在高速旋转的离心机中，利用污泥中固体颗粒与水的比重不同从而使两者分离。离心浓缩后的污泥含水率

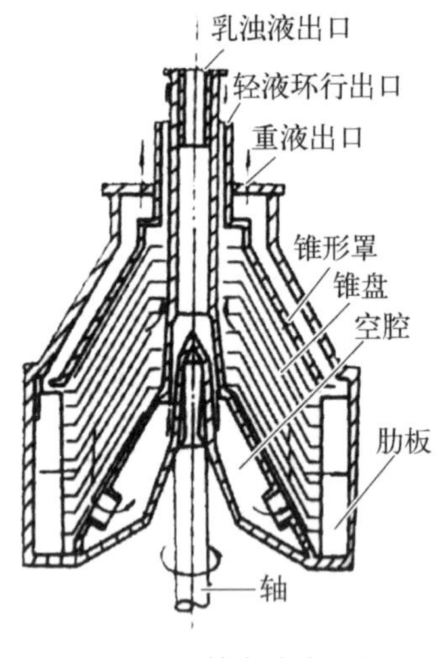

图 5-3 转盘式离心机

可以降低到 90%～95%，其固体回收率为 90%左右。浓缩效果和固体回收率还与离心机类型、污泥处理量、污泥性质等因素有关。

用于污泥浓缩的离心机种类有转盘式、篮式和转鼓式等。转盘式离心机(见图 5-3)的核心装置为旋转网笼，采用低速旋转(转速为 60～350 r/min)，过滤介质为金属丝网、涤纶织物或聚酯纤维等，其网孔大小为 165～400 目，水力负荷为 15 000～2 000 $m^3/m^2 \cdot d$。在篮式离心机中，锥形筛篮是其关键部件。据报道，将非常耐磨的聚氨酯锥面筛网镶嵌于不锈钢网篮框架之中构成选型组合式筛篮，能够显著提高锥形筛篮的使用寿命。

5.4 污泥的调理

生化污泥有大量的蛋白质和碳水化合物，这些物质大都是亲水性的胶体，带有负电荷，与水的亲和力很强，所以沉降性能和脱水性能都很差，若不做处理，则机械脱水困难。为此，需在脱水前对污泥进行调理。

污泥的调理(也称调质)是污泥脱水前的一种预处理，通过调理可以提高污泥的过滤、脱水性能，进而提高污泥脱水机的处理能力和效果。常用的污泥调理方法有加药、淘洗、热处理和冷处理等。选定污泥调理方法时，应该从污泥的性状、脱水的工艺、运行费用及最终的处置等方面综合考虑。目前加药调理法使用最多。

5.4.1 加药调理法

污泥加药调理也称化学调理，是一种广泛使用的污泥调理方法。污泥调理所用的混凝剂种类很多，有生石灰、三氯化铁、氯化铝等无机药剂和聚丙烯酰胺等高分子有机药剂，此外，木屑、硅藻土、电厂的粉煤灰等也可作为调理剂使用。

近年来，国产高分子药剂已广泛使用。一般都采用聚丙烯酰胺系列品种，这类药剂有固体和液体两种。液体高分子药剂生产成本低，效果也不错，但运输不便。固体药剂生产过程较复杂，但溶解速度较慢，在使用时要注意。高分子药剂与无机药剂相比有以下优点：凝聚效果好，使用方便，对设备的腐蚀性小，投加量少，脱水后的滤饼量增加少等。本类药剂在 0.01%污泥干重的低浓度时已有显著的混凝效果，在实际使用中最高浓度为 0.1%～0.2%污泥干重，浓度过高反而会影响污泥的脱水性能。一般来说，使用离心脱水机和带式压滤机来脱水的污泥，用高分子药剂来调理效果较好。

加药调理的效果取决于药剂的选择和正确的使用方法。药剂的选用要根据污泥的性状、价格、对设备的腐蚀性和脱水机的类型等因素综合考虑,药剂的投加量也要通过小试实验来确定。试验的内容有不同药剂品种与过滤性能的试验,以及药剂投加量的确定等。

有些化工废水污泥的脱水较困难,可采用无机和高分子两种药剂来调理,一般来讲,生化污泥的调理适合用阳离子型的高分子药剂,也有的污泥把阴、阳离子型两种高分子药剂混用有较好的效果。污泥的加药调理应注意以下问题。

(1) 了解药剂的各项质量指标,如离子型、离子度、分子质量。

(2) 药剂的选用和投加量应该通过试验来确定。

(3) 药剂应该加水充分溶解后才能与污泥混合,固体的高分子药剂需先加少量水预湿,让分子链伸展开,再加水溶解。

(4) 污泥与药剂要充分混和,并保证混凝反应完全。

(5) 高分子药剂和无机药剂一起使用时,应该先投加无机药剂,让其与污泥充分混和并反应后再加高分子药剂进一步调理。

(6) 高分子阳离子与阴离子药剂一起使用时,一般应先投加阴离子药剂,与污泥混和并充分反应后再投加阳离子药剂。

(7) 调理过程中还应注意控制药剂的配制、反应时间等调理工艺的各个操作环节。

5.4.2 淘洗调理法

淘洗调理法一般适合于消化污泥,因为在污泥厌氧消化的碱性发酵阶段,会同时生成钙、镁、氨的重碳酸盐。在污泥加药处理时,如不先把重碳酸盐除掉,就要无谓地消耗大量的调理药剂。

因此,需要进行污泥的淘洗处理以降低碱度。淘洗方法类似于淘米,用的水为污泥的2~5倍,可用河水或二沉池的水。污泥淘洗可作为消化污泥加药调理的预处理,可大大减少药剂的投加量。污泥淘洗可分为一级淘洗和二级淘洗。如图5-4所示为二级串联的逆流淘洗工艺流程。

从工艺流程可知,污泥和洗涤水首先输入一级淘洗池的混合槽与洗涤水混和,再进入淘洗池。当池将满时停止进水和进泥,开启搅拌机,使泥水充分混和,进行淘洗。一定时间后停止搅拌,待泥水完全分离后,排放上清液,沉淀下来的污泥再用泵输送至二级淘洗池再进行淘洗。在二级淘洗法中,洗涤水与污泥是逆向而流的,二级淘洗后的水重复用于一级的淘洗。

由于在淘洗时,能根据沉降速度差异除去有机微粒,故能提高消化污泥的浓缩、脱水效果。如果要将污泥作肥料用,就不适宜用淘洗法,因为淘洗过程会使氮

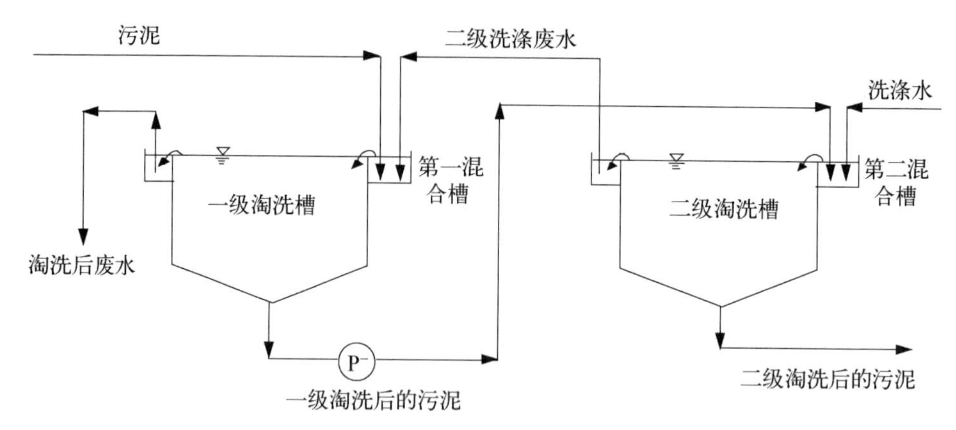

图 5－4　二级串联逆流淘洗装置

等营养物流失。浓缩的生污泥也不适合用淘洗法。

5.4.3　热处理调理法

将污泥加热，使污泥中的细胞分解破坏，使污泥颗粒中的结合水以及水合作用的水释放出来。此时，污泥的胶体结构被破坏，固体物与水失去结合力，于是它可以容易地从液体中分离出来，有利于提高污泥的脱水性能。这种过程就是污泥的热处理。污泥热处理的温度为 180～200℃，加热时间为 20～120 min。

污泥热处理除了提高污泥的脱水性能外，还有以下优点：不需加药剂，能减少泥饼量；对脱水性能很差的活性污泥也很有效；可以杀死病原菌。但也有以下缺点：会发生恶臭，污染环境；分离液需要处理；设备和运行费用较高，不适用于大污泥量的处理；热量回收困难等。污泥热处理的效果取决于污泥的性质和温度、反应时间等的控制，可从污泥溶解程度、滤液的 *BOD* 和 *COD* 反映出来。最佳的运行条件应该根据试验来确定。

5.4.4　冷冻调理法

冷冻调理是使污泥经过反复冷冻后，破坏污泥固体与水的结合力和胶体的结构(类似于冷冻后的内酯豆腐)，污泥颗粒迅速沉降，脱水速度比冷冻前提高几十倍。冷冻过程包括压缩、冷凝、膨胀和蒸发四个步骤。此调理方法在污水厂污泥中应用不多。

5.5　污泥的干化与脱水

为了有效而经济地对污泥进行最终处置，就必须充分地对污泥进行脱水和干化，使污泥能当作固态物质来处理，所以在整个污泥处理系统中，脱水和干化是最重要的减量化手段和必需的工序。

5.5.1 污泥的自然干化

污泥的自然干化脱水是在干化场中完成的。污泥干化场按照其滤水层的构造情况有自然滤层干化场和人工滤层干化场两种形式。前者适宜于土壤渗透性能良好、气候干燥、地下水位低、渗水不会污染地下水的地区，一般情况均采用人工滤层干化场。

人工滤层干化场的脱水作用主要靠重力过滤、日晒和风干、铲除来完成，其中过滤、渗透脱水一般在污泥进入干化场后的 2～3 天内完成，此时污泥含水率可降低到 85%左右，然后主要靠日晒和风干的蒸发作用进一步脱水。

人工滤层干化场（见图 5-5）的基本构造由如下几个部分组成：不透水底板、滤层、布泥系统、排水系统、泥饼的铲除与运输系统、围堤和隔墙。滤层由砂或矿渣

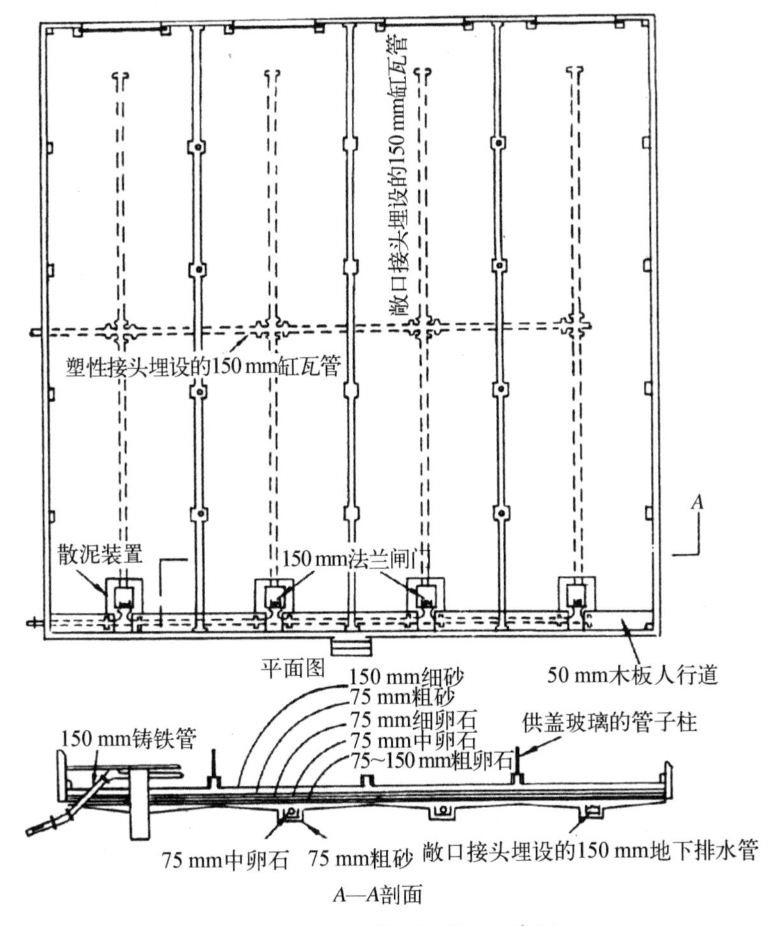

图 5-5 人工滤层干化场示意图

和卵石组成，其砂层厚度一般为 20～30 cm，在每次铲除泥饼时也会铲除一定的砂层，故要经常补充砂量。砂层之下为卵石层，起承托作用，厚度约为 20～30 cm。当干化场渗水可能污染地下水时，应在砂床下面设 20～40 cm 厚的夯实黏土层或 10～15 cm 厚的素混凝土的不透水层，不透水底板应有 1%～2%的坡度坡向排水管。在卵石层中间敷设 10 cm 管径的穿孔排水管，其间距为 3 m 左右，坡度采用 0.2%～0.3%，排水管的起点覆土厚度（管顶到砂层距离）不小于 1.2 m。砂床常用土堤或板墙分隔成若干单元，以便运行时顺序使用各分块，还便于铲除泥饼和提高干化场利用率。泥饼的铲除与运输方式取决于泥饼量的多少和进一步处置的方式。对于小型污水厂，可采用人工铲除泥饼，板车运输。中大型污水厂，泥饼多用污泥提升机铲除并用皮带输送。在多雨和严寒地区，干化场上方应建顶篷，以减少气候对污泥脱水的影响。在干化场运行时，每次灌泥厚度约为 20～30 cm，待污泥表面出现裂纹、含水率降低到 75%左右时，即可予以铲除。干化场从灌泥、干化脱水到铲泥，完成一个工作周期。

影响污泥干化场运行的因素如下。

(1) 地区气候条件如降水、云层覆盖、气温和风速等。干燥、少云、高温、大风的气候条件都会加快污泥的脱水干化过程。

(2) 污泥性质：比阻大的剩余污泥较比阻小的消化污泥难于脱水；含无机颗粒多的污泥易于脱水，含水率低的污泥易于脱水。对于比阻大、黏稠和含水率高的有机污泥，在排入干化场时其水分不易从稠密的污泥层中渗透下去，往往通过压缩沉淀而分离出上清液，此时用撇水调节窗进行脱水。在雨水多的地区也可使用撇水窗撇除污泥面上聚积的雨水。

5.5.2 污泥脱水

干化场中的污泥脱水是靠重力渗流通过干化场而得以实现的，也可以用专门的脱水机械在过滤介质（网、布、管、毡）两侧形成压差（正压或负压），从而产生推动力实现脱水。形成正压的称为压滤脱水机如板框压滤机、带式压滤机等；形成负压的称为吸滤脱水机如真空过滤机。转筒离心机和水中造粒机也是污泥脱水机械。

1) 真空过滤机

真空过滤机有折带式真空过滤机和盘式真空过滤机等形式。主要组成为真空过滤机、真空泵、空气压缩机（用于吹脱泥饼），如图 5-6 所示。进入真空过滤机的污泥含水率应小于 95%；脱水后的污泥含水率可降低到 80%左右。

转鼓真空过滤机的工作过程包括三个阶段：滤饼形成阶段、吸干阶段、反吹阶段。真空脱水机的处理能力较小，运行电耗较高，一般适合于小型工业废水处理站的污泥处理，在大型城市污水厂很少使用。

2）板框压滤

板框压滤机具有过滤的推动力大、构造简单的优点，其缺点是不能像真空脱水机那样连续运行，因此需要设置容积足够大的污泥中间储存池，或实行多台压滤机轮换工作。板框压滤机一般由头板、尾板、滤板、液压缸、主梁、传动及拉开装置等组成。图5-7是其工作原理图，工作时液压缸活塞推动头板，使滤板压紧相邻滤板形成过滤室；由进料泵将污泥压入过滤室，水透过滤布经排液口排出，污泥在滤室内形成滤饼；当污泥充满滤室后，用高压泵继续对泥饼进行加压，以提高脱水效果。板框内滤布大多由尼龙布加工而成。有些污泥中含有较多的高黏性物质(包括污泥调理中使用的有机高分子絮凝剂)，进入板框压滤机后会很快在滤布内表面形成比阻很大的黏液层，严重时将造成压滤机无法工作，在进泥中加入一定量的生石灰等作为助滤剂可以有效地解决这种问题。板框压滤机的脱水工作性能如表5-2所示。

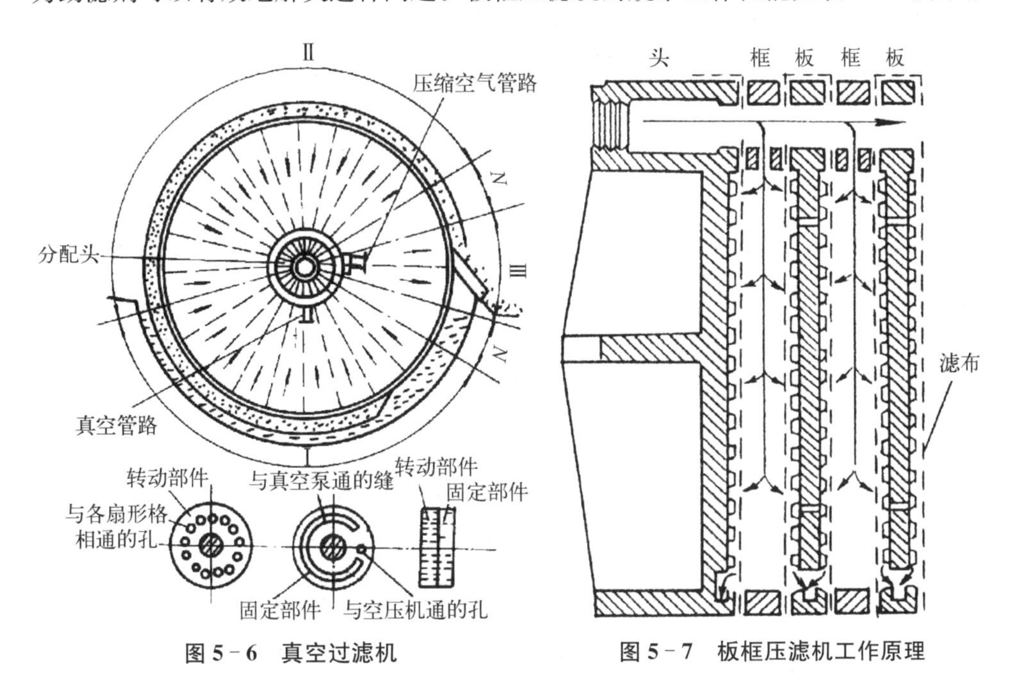

图5-6 真空过滤机

图5-7 板框压滤机工作原理

表5-2 板框压滤机的脱水工作性能

污泥种类	入流污泥含水率/%	压滤周期/h	化学调理剂用量/(g/kgSS)			压滤后含水率/%	经调理压滤后含水率/%
			三氯化铁	氧化钙	粉煤灰		
初沉污泥	90～95	2	50	100	0	61	55
活性污泥	95～99	2.5	75	150	2 000	63	55
消化污泥	90～94	1.5	50	100	1 000	62	50

板框压滤机的过滤压力一般为 4～5 kg/m^2，对活性污泥的过滤能力为 2～10 kgSS/m^2·h；对消化污泥的过滤能力为 2～4 kgSS/m^2·h。板框压滤机的污泥压入方式有高压污泥泵和压缩空气罐两种，其中高压污泥泵有离心式和柱塞式两种形式。按照操作方式，板框压滤机分为自动卸泥和人工卸泥两种。其操作流程一般为：① 压紧滤板；② 压滤过程；③ 松开滤板；④ 滤板卸料。

污泥脱水板框压滤机经过多年的改进，在许多方面已经有很大变化，按照发展阶段分别称为第一代压滤机、第二代压滤机、第三代压滤机和第四代压滤机，目前它们在废水处理厂(站)的污泥脱水中都有使用。

人工卸泥的板框压滤机滤板卸载和清洗劳动量大，卫生条件差，严重时可导致压滤机弃用，影响整个污水厂的正常运行。

3) 滚压脱水

滚压脱水有辊压式和挤压式两种基本形式，主要特点是靠辊压力或布张力使得污泥脱水，其动力消耗少，污泥的投加和泥饼铲除均可连续进行。辊压带的上层为金属丝网，下层为滤布带。带式压滤机污泥脱水过程一般分为重力脱水、楔形脱水和压力脱水三个阶段。加到压滤机滤带上的污泥先经过重力浓缩后含水率降低到 90%左右，然后进入上下滤带形成的楔形中，并逐渐向楔形顶端推进，随着楔形空间越来越小，污泥在上下滤带挤压作用下进一步脱水直到呈泥饼状，泥饼含水率一般为 75%～80%。如图 5－8 所示是一种滚压式压滤机。

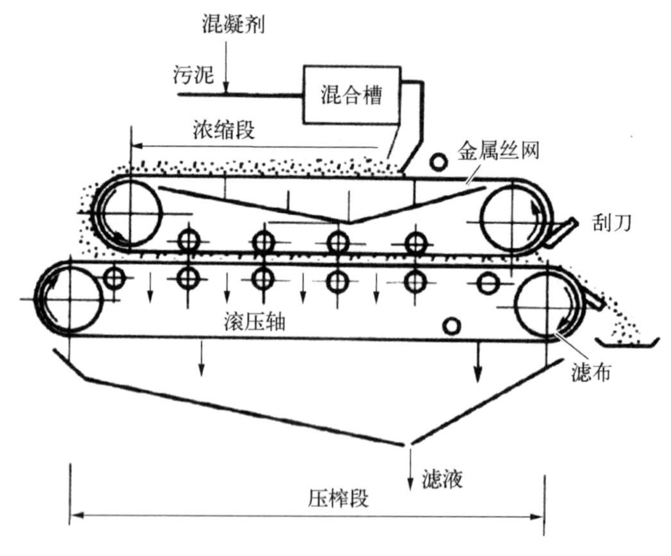

图 5－8　滚压带式压滤机

带式压滤机的滤带规格、滤带张力和过带速度对污泥脱水结果有很大影响，它们将直接决定污泥的重力脱水时间、固体回收率、泥饼含水率和脱水速度。长期运行后，滤带上未得到清除的薄层泥饼会影响污泥的附着性和脱水速度，所以应定期用水冲洗滤带。同时，控制进泥的含水率是带式压滤机工作的重要条件，进泥含水率过高往往造成污泥无法在滤带上附着而从两侧流出。国内城市污水厂污泥脱水经验表明，进泥含水率高于98.5%时，污泥不能上机，因为会导致压滤机无法工作。

4）离心脱水

离心机根据形状可分为转筒式和盘式离心机。转筒式离心机在污泥脱水中应用最广泛部分是转筒和螺旋输泥机（见图5-9）。它工作的原理是污泥通过中孔转轴的分配孔连续进入筒内，在转筒的带动下高速旋转，并在离心力作用下实现泥水分离。螺旋输泥机和转筒同向旋转，但是转速有差异，即两者有相对运动，这一相对转动把泥饼推出排泥口，而分离液从另一端排出。

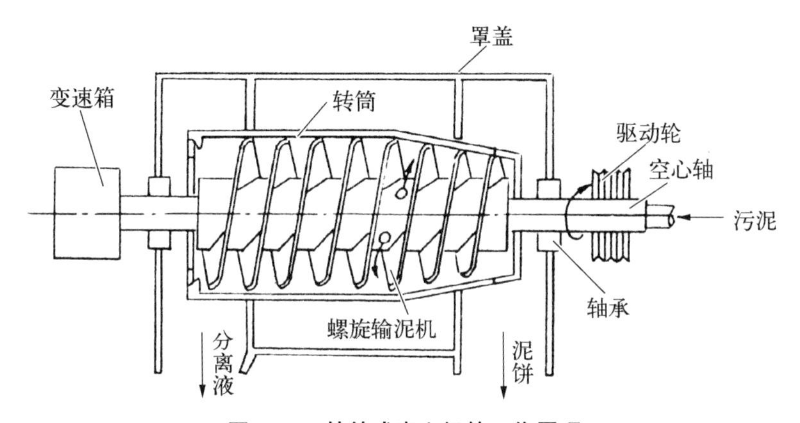

图5-9　转筒式离心机的工作原理

转筒式离心机的主要优点是能够自动连续运转，结构紧凑，密封性好，便于维修，占地面积小，固液分离效率高，适应范围较宽，可调节性强，操作时劳动强度小。缺点是造价和运行费用较高，噪声和振动较大。

5）水中造粒机

水中造粒机原理主要是混凝理论。整个过程分成两个阶段，其中第二阶段絮凝属于一种特殊现象：在脱水机的筒体中污泥颗粒受到比它小得多的水分子从各个方向来的碰撞，从而产生布朗运动形成随机絮体；同时由于筒体的旋转而发生湍流絮凝。絮体在平面和曲面上滚动而互相碰撞，颗粒间产生了剪切力而发生位移，絮体之间的接触点增加而使得絮体“长大”，并使其在受外力薄弱的部位挤出水来，从而使絮体成为较密实的泥丸。

5.5.3 污泥的烘干

污泥经脱水后仍含有较高的水分，为了便于运输和进行综合利用或最终处置，还需通过烘干来进一步降低含水率。污泥烘干是通过加热使污泥中的水分蒸发。污泥内的水分以液体状态在内部边移动边扩散到污泥表面而汽化，或者在污泥内部直接汽化而向表面移动和扩散。要提高污泥的干化速度，需要有下列条件：① 将污泥分解破碎以增大蒸发面积，增加蒸发速度；② 使用高温的热载体或通过减压增加污泥与热载体的温差来增加传热的推动力；③ 经过搅拌增大和强化传热的过程。

污泥烘干干化的优点体现在：① 污泥显著减容，体积可减少至原来的 20%～25%；② 形成颗粒化或粉状产品，稳定性高，卫生条件好；③ 产品可以作为优质有机肥、燃料或土壤改良剂。

根据干燥介质(热气体)和污泥流动的相对方向可分为并流、逆流和错流三种干燥形式。常用的干燥设备有回转圆筒干化装置、急骤干化装置、流化床干化装置等。

1）回转圆筒干化装置

回转圆筒干化装置也称旋转式干燥器。圆筒内装刮板或在搅拌轴上设破碎搅拌翼片，以便搅拌和破碎污泥。污泥从圆筒的一端输进，使圆筒旋转而将污泥在搅拌过程中加热。加热方式有热风直接加热、间接传导加热和复合加热三种。污泥经加热使水分蒸发，从另一端得到干化成品。间接加热型用于干燥过程容易产生粉尘的污泥，需要很高的热风温度时则用复合加热型。直接加热型又分为逆流和并流两种方式，污泥靠圆筒内侧安装的提升杆边旋转边从筒底提升到筒顶部呈粉末状落下，在下落过程中与热风接触而蒸发干燥。回转圆筒干化器(或称装置)有多种结构形式，其工作原理基本相同。这类设备的热效率较低，能适应进料污泥水分的大幅度波动并可大容量处理，但也存在易局部过热、污泥中养分易破坏、筒壁易黏附污泥等问题，设备价格和运行费用也较高。

2）急骤干化装置

急骤干化装置是将污泥导入热气流中，使水分从固体中瞬时蒸发。导入的湿污泥首先在混合器内与经干燥的污泥混合，以便改善气动输送条件。混合污泥与来自炉内约 650～760℃的热气体相混合，混合污泥的含水率约 50%，送进笼式粉碎机中，混合物在粉碎机内搅拌，并且使水分迅速蒸发。在笼式粉碎机内的停留时间仅为数秒，含有 8%～10%水分的干污泥与加热气体在导管内上升，然后进入旋风分离器，使蒸汽和固体分离。污泥的干化过程主要是在导管内实现的，部分经干化的污泥与进入的湿污泥一起循环，其余的干燥污泥过筛，或送入另一旋风分离器与废干燥气体分离后送储罐，可进一步处置和利用。

3）流化床干化装置

流化床干化装置是一种先进的污泥干化处理设备，国外使用较多。污泥由偏心螺杆泵送入湿污泥料仓中，然后通过料仓底部的偏心螺杆泵将污泥升压后送入流化床中，在污泥进入流化床前，粉碎机将污泥碎成细薄片，有助于湿污泥在流化床中快速干化。

流化床系统处在一个密闭循环的惰性气体回路中,惰性气体由下向上穿过流化床层并且使床内物料发生流态化,使整个流化床层中的物料达到均匀的干燥和温度分布。由于湿污泥进入流化床后迅速与床内的干污泥颗粒混合,能很好地发生流化,也不会黏结。流化床层的温度在85℃,干化所需热量由内部热交换器及回路中循环气体提供。从污泥中蒸发出来的水及废气从流化床的顶部排出。排出的废气经旋风分离、喷淋和除沫后,会同湿污泥料仓和干污泥料仓的废气一起进入焚烧炉焚烧。焚烧后的惰性气体通过引风机回入流化床内,部分惰性气体排放。

流化床内的温度通过进泥量来自动调节和控制,床内的气体含氧量设定为8%,通过焚烧后的惰性气体(必要时用氮气)来调节和维持,以保证安全。干化后从流化床底部排出的粒度约为3 mm、含水率约为5%的干污泥颗粒产物由斗式提升机、螺旋输送机和皮带输送机送到干污泥料仓中贮放,定期外运处置或利用。

5.6 污泥的稳定

污水处理过程约30%~50%的污染物会转移至污泥中,因而污泥中富集的大量污染物导致其具有较高的二次污染风险。其次,污泥中含有大量易腐有机质,其中的微生物会利用污泥中的有机质进行生化反应,造成腐化及恶臭,对环境造成污染。国家《水污染防治行动计划》明确指出污水处理设施产生的污泥应进行稳定化、无害化和资源化处理处置。污泥稳定化通过可控的化学或生物手段,将易降解的有机质进行转化,为后续处理处置特别是资源化利用提供了有利条件,是降低污泥二次污染风险、提高污泥处理处置效率的重要途径,也是污水处理过程污染物降解的延续。

5.6.1 污泥的化学稳定

1) *石灰稳定法*

石灰稳定法的主要作用在于解决有机污泥的臭气问题,同时起到灭菌效果和改善污泥脱水性能的效果。这种方法在医院污水处理站中经常使用。

有机污泥的臭气主要是由厌氧消化中产生的硫化氢和氮化合物所致,当加入一定量的石灰后将造成强碱环境,从而抑制和杀灭这些厌氧微生物。石灰还是污泥脱水的良好调理剂。在设计时应重点控制三个条件:石灰的投加量、pH值和接触时间。

2) *湿式氧化稳定法*

湿式氧化法又称为湿式燃烧法。即在高温高压条件下,使用空气或富氧空气作为氧化剂对污泥中的有机物和还原性无机物进行氧化,并由此改变污泥的结构、成分和提高污泥脱水性能。

污泥在湿式氧化过程中，靠有机物或还原性无机物的氧化发热来维持氧化的温度。不同种类的污泥其氧化发热值也不相同。活性污泥的燃烧热值为 3 560 kcal/kg，纸浆废液污泥的燃烧热值为 4 445 kcal/kg。

在有机物的湿式氧化过程中，各种成分的氧化程度也不相同。淀粉的氧化速度最快，其次为蛋白质和纤维，脂肪最难分解。分解的速度随温度和压力的升高而加快。低温时有机物的氧化度也低，大分子的有机物分解为简单的有机物，如脂肪分解为脂肪酸，蛋白质分解为氨基酸。当温度超过 200℃时，脂肪的热分解变得与淀粉一样容易。

污泥湿式氧化使得污泥中挥发性固体含量大大减少，无机灰分比例显著提高，不仅污泥性质得以稳定，而且氧化后的污泥脱水性能得以大大改善。

污泥湿式氧化的优点：① 适应性强，对许多不能生物氧化的物质（如吡啶、苯类、橡胶制品等）均能降解；② 能达到完全灭菌的目的；③ 处理后的固体基本为惰性无机物，容易沉淀、容易脱水；④ 反应在密闭容器中进行，无恶臭，管理可自动化；⑤ 反应过程迅速，处理时间（仅 1 h）远远少于一般的生物处理法。

污泥湿式氧化的缺点：① 需要大量的不锈钢材料来制作设备，造价昂贵；② 加压过程中高压泵和空压机的电耗大，能量的 70%消耗在加压系统上，且噪声很大；③ 热交换器和反应塔必须经常除垢（通常用 5%的硝酸定期清洗）；④ 需要有一套氧化气体的脱臭装置。

5.6.2 污泥的生物法稳定

污泥的生物法稳定主要包括厌氧消化、好氧消化和好氧堆肥等。

1）污泥厌氧消化

污泥厌氧消化是指污泥在无氧条件下，由兼性菌和厌氧细菌将污泥中的可生物降解有机物分解成为低分子有机物以及 CH_4、CO_2、H_2O 和 H_2S 的过程。厌氧消化是对有机污泥进行稳定处理的最常用的方法，可以处理有机物含量较高的污泥。厌氧消化可使污泥中部分有机物质转化为甲烷等能源物质，同时可消灭恶臭及各种病原菌和寄生虫，实现污泥稳定化。

污泥厌氧消化是个多阶段的复杂过程，可分为水解酸化阶段、产酸阶段和产甲烷阶段。污泥厌氧消化较好氧消化稳定化程度高、能耗低，沼气能回收利用，还可减少温室气体排放。根据操作温度的不同，传统的厌氧消化工艺分为高温消化与中温消化两类，此外还有中温-高温二级处理工艺、高温酸化-中温甲烷化两相厌氧消化等。厌氧消化是目前国际上比较常用的稳定化技术，适用于大中型污水处理厂产生的剩余污泥，欧洲 50%以上的污泥采用厌氧消化处理。

厌氧消化作为污泥稳定化处理技术的优势主要体现在：① 污泥通过厌氧消化可以实现稳定化和沼气能源回收；② 污泥经过厌氧消化实现生物稳定化和减量化，同时提升脱水性能，有助于降低后续干化和焚烧的处理投资和运行成本。针对传统厌氧消化效率低的瓶颈问题，国内外也相继开发了多项高级厌氧消化技术，包括高温热水解技术、污泥和餐厨等城市有机质协同厌氧消化技术等，使厌氧消化技术的效率得到大幅提升，消化污泥的品质及卫生条件也得到明显的提高。但是厌氧消化存在以下问题，如污泥产气率低且不稳定，反应时间长，对有毒物质和冲击负荷敏感等。因此，可在污泥厌氧消化前增加相关预处理工艺，如热水解、Fenton氧化、湿式氧化、超声波处理等，使厌氧消化能更容易和更高效率地进行。

2）污泥好氧消化

污泥好氧消化是指通过长时间的曝气作用使微生物因营养状况不良处于内源呼吸状态，消耗内在储存的物质以完成重要的生命活动，细胞物质合成的量远远低于矿化分解的量，从而达到污泥减量与稳定的效果。在此过程中，细胞物质中可生物降解的组分渐渐氧化为二氧化碳、水和氨，然后氨可进一步氧化为硝酸盐。该技术分为延时曝气和浓缩污泥高温好氧消化。好氧延时曝气工艺简单，但降解程度低，污泥减量少，温度波动对降解程度影响较大，较污泥厌氧消化去除病原菌效果差。浓缩污泥高温好氧消化由于需要氧气的投加而使运行费用高。

污泥好氧消化是微生物通过其细胞原生质的内源或自身氧化的一种方法，可认为是活性污泥法的继续。好氧消化法具有初投资少、操作简单、无臭、稳定和降解程度高的优势，适用于污泥量较少的情况，但缺点是消化污泥量少，运行费用高，温度波动对降解程度影响较大，较污泥厌氧消化病原菌去除效果差。好氧消化池的构造与完全混合式曝气池相似，运行参数如表 5-3 所示。

表 5-3 污泥好氧消化系统运行参数

设计参数	数值
污泥停留时间/d	
活性污泥	10～15
初沉污泥	15～20
有机负荷/(kgVSS/m³·d)	0.4～4.2
空气需要量/(m³/m³·min)	
活性污泥	0.02～0.04
初沉污泥	0.06
机械曝气所需功率/(kW/m³池容积)	0.03
最低溶解氧含量/(mg/L)	2
温度/℃	>15
挥发性固体(VSS)去除率/%	35～50

近年来，对好氧消化工艺研究得较多，如平板膜-污泥同时浓缩消化工艺(MSTD)，由于膜的分离性能使得污泥浓度维持较高，消化后上清液水质明显提高；高温自热好氧消化工艺(ATAD)使用微生物内源呼吸产生的热达到并能维持在55℃以上高温，反应时间缩短至约6天，并且可杀灭病原菌；缺氧/好氧消化工艺(A/AD)比传统的污泥消化工艺需氧量节省18%。

3) 污泥好氧堆肥

污泥好氧堆肥是指在一定的水分、碳氮比和通风条件下，通过微生物的好氧发酵作用，将污泥中的高分子长链有机物转化为小分子的类腐殖质有机物。在堆肥过程中，有机物由不稳定状态转化为稳定的腐殖化有机物。好氧堆肥温度一般为50～60℃，部分高温堆肥温度可达80～90℃或更高。污泥堆肥产生的高温能杀死其中大部分寄生虫和病原菌等，并且消除污泥本身的臭味，经堆肥分解的有机质变为更利于植物吸收的速效养分，堆肥产物可用于农肥或改良土壤。

污泥好氧堆肥具有易于操作、成本较低的优势，堆肥产物可用作土壤改良，故可同步实现污泥稳定化和资源化。然而，好氧堆肥占用土地多，容易产生臭气造成二次污染，且运行状况受天气影响。由于自然通风静态堆肥存在空气扩散条件较差、堆体存在部分厌氧状态、发酵不够充分且周期较长等问题，强制通风静态堆肥和反应器堆肥可有效提高堆肥效率，并提高堆肥产物品质。此外，接种复合生物菌剂能使升温速率提高且高温持续时间延长，有机质降解加速，蛔虫卵死亡率和种子发芽指数提高。关于污泥中的重金属，有研究者发现好氧堆肥可有效降低污泥中Pb、Ni、Cu的有效态，从而减小后续土地利用风险，将磷矿粉、粉煤灰加入污泥中可起到钝化重金属的作用。

5.7 污泥的资源化利用与最终处置

5.7.1 有机污泥的农林牧副渔综合利用

有机性污泥中含有的氮、磷、钾是农作物生长所必需的肥料成分；有机腐殖质(在初沉池污泥中占33%、在消化污泥中占35%、在活性污泥中占41%、在生物膜污泥中占47%)是良好的土壤改良剂；蛋白质(是食品发酵行业污泥的主要成分)、氨基酸、脂肪和纤维素是良好的饲料添加剂，活性污泥中的氨基酸和纤维素含量也十分丰富，如表5-4所示。

污泥的农林利用又称为污泥的土地利用。多年来，国内外在有机污泥直接用于农田和林地施肥、堆制后生产优质有机肥出售以及应用于矿山废弃地复垦等方面做过大量尝试，污泥在农林业中利用大有作为。在美国约有40%的污泥采用土

表 5-4 活性污泥中的氨基酸和维生素含量(mg/kg 干污泥)

种类	含量	种类	含量
精氨酸	18	缬氨酸	24
乙氨酸	27	维生素 B_1	8
异白氨酸	17	维生素 B_2	11
亮氨酸	24	维生素 B_6	9
赖氨酸	40	维生素 B_{12}	2
丝氨酸	15	叶酸	2
苏氨酸	17	烟酸	120

地利用的方式进行处置。据报道,矿山废弃地施用污泥后,土壤结构系数、水稳定性团聚体、孔隙率、透水率和持水量随污泥的施用量增加而增加,从而提高了废弃地的持水保水性能,减少了水土流失,为复垦打下了良好基础。

但是,以污泥作为肥料或饲料添加剂使用时必须确保污泥的卫生学要求和严格控制有害物质含量。

1) 卫生学问题

有机污泥利用的卫生学是指被利用的污泥中不得含有致病微生物(细菌、病毒和原生动物的孢囊)和寄生虫卵,它们主要来自人畜的粪便和食品肉联加工废水。在污水处理过程中它们中大约有 90%以上被浓集到污泥中,其中以沙门氏菌、寄生虫卵和霉菌最易浓集。这些致病微生物和寄生虫卵大致可通过三种途径传播给人体或牲畜: ① 粉尘接触;② 食用作物(包括蔬菜);③ 水体。杀灭病原微生物的方法有厌氧消化、堆肥、热处理及辐射处理等。污泥厌氧消化过程中可以杀灭大部分致病微生物和寄生虫卵,其中高温消化对寄生虫卵的杀灭率可达到 95%~100%,伤寒、副伤寒、痢疾等病原菌在高温消化 1 h 后也基本被杀灭。热处理法主要是巴氏消毒法,即在消化池中通入蒸汽将温度维持在 70℃左右,即可将全部的致病微生物和寄生虫卵杀灭。

2) 有害物限量

有机有害成分主要包括油脂、烷基苯磺酸钠和酚类,油脂能堵塞土壤孔隙,破坏土壤结构,烷基苯磺酸钠会危害作物的生长,酚对作物有毒害作用。近年来,一些工业污泥中多环芳烃(PAHs)、氰化物(HCNs)、多氯二苯并二噁英/呋喃(PCDDs/Fs)、多氯联苯(PCBs)和杀虫剂等的含量高出土壤背景值的数十倍,甚至上千倍,这些有害有机物除对农作物种子发芽和幼苗生长有抑制作用外,更重要的是会在作物中积累富集,产生长期危害。

无机有害成分主要是重金属,其中水溶性的可被作物吸收和富集。重金属的危害作用主要表现在：① 抑制动植物的生长，过量的重金属使得土壤贫瘠；② 在生物体内富集，进而通过食物链对人畜构成潜在的危险。污泥在作为肥料施用时，其所含有的重金属毒害性轻重程度与重金属的种类及其含量、土壤性质、作物种类有关。据报道，施用含重金属污泥的农田或林地，重金属大部分存在于耕作层中，对深层土壤和地下水危害较小。其中水溶性的重金属将随水进入作物的细胞和器官中，并直接危害作物。重金属对水稻的毒害作用次序为：Cd>Cu>Ni>Mn>Fe。同一种重金属依据其化学价态的不同毒性也不相同，六价铬毒性比三价铬强，两价锰毒性比四价锰强，亚砷酸盐毒性比砷酸盐毒性强。

土壤中的腐殖质等有机物对重金属具有螯合和吸附作用。所以当污泥施用于黏性土壤或腐殖质含量多的土壤时，其中的重金属则不易被作物吸收。另外，土壤的 pH 值情况也直接影响重金属的溶解性能，从而影响其毒害性大小，如锰、镉、铬、铅和锌等在酸性土壤中溶解度较大，因而对作物的毒害性也大。在碱性土壤中的情况正好相反。

作为饲料添加剂应用时，因富集放大效应，污泥中重金属含量必须从严控制，如 Pb 最高允许含量为 10 mg/kg，Hg^{2+} 为 1 mg/kg，As^{3+} 为 2 mg/kg，Cr^{6+} 为 1 mg/kg。

5.7.2 污泥的建材利用

1）污泥制砖

当电镀污泥与黏土的重量比为 1∶10 时可用于制砖，其强度与普通红砖相当。

2）制生化纤维板

国内的研究经验表明利用活性污泥制作的纤维板硬度可达到国家三级硬质纤维板标准。

活性污泥中的有机成分粗蛋白（约占 30%～40%）与酶属于球蛋白，能溶解于水及稀酸、稀碱中。在碱性条件下，加热、干燥、加压后会发生一系列的物理化学变化——球蛋白的变性作用。利用这种变性作用能制成活性污泥树脂（又称蛋白胶），使得纤维胶合起来，可压制成板材。其加工过程包括如下步骤：将活性污泥脱水到 85%～90%；调制活性污泥树脂（在新鲜活性污泥中加入碱液、甲醛和铁盐混凝剂调和）；废纤维的预处理（洗净、去油等）；树脂与纤维混合搅拌；预压成型；热压；裁边。

5.7.3 污泥的最终处置

1）污泥的焚烧

污泥经过焚烧后其含水率可降低为零，对有害物的处置彻底。在焚烧前要求对污泥进行有效的脱水或干燥。焚烧所需的热量依靠污泥本身含有的有机物热值或补充燃料(煤气、沼气或重油等),焚烧可委托危险废弃物中心指定机构解决,也可以在厂内锅炉自行解决。危害性较低的污泥一般采用厂内焚烧,可以省去一部分处置费用,但处置效果应由环保部门监控。污泥的焚烧炉常用的有如下形式:流化床焚烧炉、固定床焚烧炉、回转窑焚烧炉等。

流化床焚烧炉(见图 5-10)高温砂粒传热速度快,污泥和砂粒共同沸腾,热效率高,处置彻底,停车后砂粒保持有巨大的热容量,便于重新启动,占地少。主要缺点是粉尘排放量大,需要配套相应的净化设备。

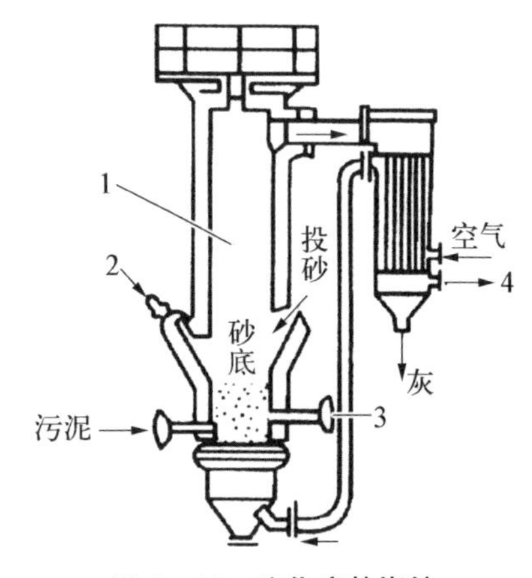

图 5-10 流化床焚烧炉

1—炉腔;2—辅助燃烧器;
3—点火器;4—废气出口

固定床焚烧炉适用于长时间运转,维护简单,污泥不易黏结,对不同性状污泥的适应性较强,密封性好,废气经多次燃烧后净化效率高,二次污染小。

回转窑焚烧炉结构简单,运转方式便于调节,适应性广。但投资和维护费用较高,热效率较低,不适用于处理塑料和树脂等黏结性强的物质。

二噁英(dioxin)污染一直是困扰垃圾和污泥焚烧的主要问题之一。二噁英是毒性很强的三环芳香族有机化合物,其中毒性最强的是 2,3,7,8-四氯二苯二噁英,发达国家对垃圾或污泥焚烧产生的尾气中的二噁英含量制定了十分严格的排放标准,如欧洲为 0.1 ng/m^3,美国为 0.14～0.21 ng/m^3,日本为 0.1～0.5 ng/m^3。运行数据表明:点火和熄火时产生的二噁英比焚烧炉正常运转时要多,温度较低(<800℃)时产生的二噁英较多。因此,除采取必要净化措施外,保证焚烧炉运转率和提高焚烧温度(>900℃)也是重要途径。

2) 卫生填埋

污泥的卫生填埋始于 20 世纪 60 年代,是在传统填埋的基础上从保护环境出发,经科学选址和必要的场地防护处理,管理严格的一种先进填埋方法。其优点是投资少,容量大,见效快。

经过充分处理的污泥可以单独或混合到其他固体废弃物中送到专用的填埋场填埋处置。污泥的卫生填埋场的基本改造类似于城市垃圾填埋场,应采取可靠措施以防止填埋过程中对周围环境(水、大气和土壤)和生态的潜在影响。由于填埋场需要大量的场地和运输费用,近年来污泥填埋处置的比例可能越来越小。

思 考 题

(1) 生化污泥性质的表征指标有哪些?

(2) 生化污泥有哪些脱水和稳定化方法,各有什么特点?

(3) 污泥的资源化利用应注意的问题有哪些?

第6章　废水生化处理运行管理及异常问题对策

废水生化处理是由活性污泥中的微生物在有氧存在的条件下，将废水中的有机污染物氧化，分解，转化成 CO_2、NH_4^+-N、NO_3^--N、PO_4^{3-}、SO_4^{2-} 等无机物后随出水排放的过程。微生物同时可利用上述分解代谢中释放的能量将分解代谢过程中的中间代谢产物合成为微生物细胞，并以剩余污泥的形式排放出处理系统。与天然遭受污染后自净的水体相比，为了要加快这一净化有机污染物的过程，可以人工在系统中维持比天然水体中高得多的微生物数量。这些以活性污泥形式存在的微生物絮体又有很强的氧化分解有机物的能力和良好的沉降凝聚性能，它们在进入二沉池后能很快地进行泥水分离，使上清液作为处理后出水排放，沉淀的泥回流入曝气池前端或以剩余污泥的方式排放以维持曝气池中合适的微生物数量。为了在氧化分解废水有机物速率极快的处理系统中维持好氧并使污泥在系统中维持悬浮状态，必须人工向污泥微生物提供足够的氧气（曝气）。此外，在废水的水质、水量变化以及在工业废水处理中营养不足时，应该采取适当的措施，使污泥微生物能获得充足的营养，以保持良好分解有机物的能力和沉降凝聚的性状。总之，可通过对系统中“气、水、泥”三要素的调节，采用排泥和回流方法维持系统中合适的微生物数量，改善污泥的沉降凝聚性能；通过人工曝气控制曝气池中合适的溶解氧；使废水均衡地进入系统并具有合适的营养比例，以使系统长期稳定地达标运行。

6.1　废水生化处理运行管理

6.1.1　维持曝气池合适的溶解氧——气

根据活性污泥法废水生物处理的原理，活性污泥中的微生物在人工供氧的好氧条件下，可将废水中的有机污染物彻底降解氧化成 H_2O、CO_2、PO_4^{3-}、NH_3-N（或 NO_2^--N、NO_3^--N）、H_2S（或 SO_4^{2-}）等无机物。

1）供氧的目的

污水进入天然水体，通过物理、化学和生物作用逐渐得到净化。在净化初期，由于生物在氧化分解有机物时的耗氧作用，水体中溶解氧水平不断下降。但水中的藻类可利用有机物分解后生成的N、P等无机盐进行光合作用，放出氧气；加上水面的复氧作用，水体溶解氧水平逐渐恢复。若有机物污染负荷过高、数量过多，微生物分解有机物的耗氧作用会使水体溶氧量降至零，这时自净作用即行中断。水中的有机污染物在厌氧条件下只能被厌氧细菌发酵，转化成低分子的有机物及CO_2、NH_3、H_2S等，使水体发黑发臭，因此水体的自净作用是受水体溶解氧水平制约的。

废水生物处理就是根据水体自净作用的原理，在曝气池中设置供氧设施，以保证处理装置的活性污泥中比天然水体中多成千上万倍的微生物，能在好氧条件下将污水中的有机物氧化、分解，转化成无机物，从而达到稳定化，并提高净化作用的速率。

溶解氧水平的高低会直接影响到好氧微生物的代谢活性。为了在尽可能小的曝气池中以最短的时间净化更多的有机污染物，提高处理系统的效率，必须向处理系统提供足够的溶解氧。充氧时曝气池内产生的湍流还可使废水与污泥充分混合，并使污泥在到达二沉池前不会沉淀下来。经处理后排放的出水中带有一定的溶解氧还具有后处理作用，使残存的有机物在天然水体中继续氧化分解。

2）活性污泥系统中合适的溶解氧水平

就好氧微生物而言，环境溶氧量大于0.3 mg/L时，对其正常代谢活动即已足够。活性污泥以絮体(floc)形式存在于曝气池中。经测定，直径为500 μm的活性污泥絮粒，当周围的悬浮液溶氧量为2.0 mg/L时，絮粒中心的溶氧量已降至0.1 mg/L，处于微氧和缺氧的状况。因此，溶氧量过低必然会影响曝气池进水端或絮粒内部细菌的代谢速率。例如，美国亚特兰大的一个污水处理厂日处理45万吨城市污水，因充氧装置损坏，曝气池在溶氧量低于1 mg/L的条件下运行了9个月，出水悬浮固体*ESS*为40～60 mg/L，出水*BOD*值亦高于30 mg/L。当充氧设备修复后，曝气池溶氧量为2～3 mg/L，其他运行条件不变，*ESS*值即降至15～30 mg/L，出水*BOD*值亦相应降至30 mg/L以下。

然而溶氧量过高除了能耗增加外，曝气翼轮高速转动还会打碎絮粒，并易使污泥老化，这些也会使*ESS*值增高而影响出水水质。一般认为，曝气池出口处溶解氧水平以控制在2 mg/L左右为宜，基本上可满足污泥中绝大多数好氧微生物对溶解氧的需要。在推流式活性污泥法曝气池中，沿曝气池纵长方向溶解氧水平是不同的，在进水端，由于废水中有机污染物浓度高，污泥的负荷及耗氧量均相当高，故溶解氧水平低；在曝气池末端有机物大多被降解，有机物浓度和污泥耗氧量降低，故溶解氧水平上升。因此当出水端*DO*维持在2 mg/L时，曝气池前端尚不足

2 mg/L。其次，曝气池末端 DO 为 2 mg/L 的曝气池泥水混合液在进入二沉池后，溶氧量虽有下降，但在出水中还有残存的溶解氧，有利于外排水的后氧化作用。

3）生物处理系统中溶解氧水平的调节

在鼓风曝气系统中，可控制进气量的大小来调节溶氧量的高低。以曝气翼轮作为充氧的处理系统，通过改变翼轮的转速或它的浸没深度来调节溶氧量的高低，翼轮浸深超过它的最佳充氧浸没深度后，充氧能力减少，搅拌（使泥水混合）能力增加，在培菌初期或污泥负荷过低时即可采用这种方式运行。

曝气池溶氧量长期偏低可能有两种原因。其一是活性污泥负荷过高，此时若检测活性污泥的耗氧速率，其往往大于 20 $mgO_2/gMLSS \cdot h$，这时须增大曝气池中活性污泥的浓度或增加曝气池的容积，以适当降低污泥负荷。其二是供氧设施功率过小或效率过低，这时应设法改善之。由于氧的转移效率是气、液间接触表面及接触时间的函数，故喷气口应使释放的气泡尽量地小，如采用氧转移高的微孔曝气器等；有时还可加机械搅拌来打碎气泡，以增加气体的转移效率。

6.1.2　保持匀质匀量的进水及合适的营养——水

1）进水水质与数量的调节

从原则上讲，工业生产或生活中排放多少废水，受纳系统即要处理多少废水，但我们可在一定程度予以调整。首先可设置调节池，使废水更均衡地进入处理系统，从而避免冲击负荷对后续构筑物的影响。

从避免水力冲击负荷对后续构筑物影响的角度讲，调节池体积的大小至少应能协调好进水与出水的平衡：在调节池出水量（即后续处理构筑物处理水量）恒定的情况下，调节池水位应始终保持在设计满水位以下。在有完备的废水水量资料的情况下，可以很方便地得出所需调节池的有效调蓄体积；当水量资料缺乏时，可以按照相关废水类型参照已建废水处理厂来确定。

就生活污水而言，因其水质相对比较稳定，所以主要是考虑调节水量的作用。当处理水量较大时，水量变化系数相对较小，此时后续构筑物可以承担进水水量波动的影响，故可以不设置调节池；当处理水量较小时，水量变化系数相对较大，此时应考虑设置调节池。

工业废水因种类复杂多变，水量、水质情况千差万别，故设置调节池时，应协同考虑水量、水质的调蓄作用。一般来讲，工业废水水量不均衡，水质也不均衡，但调节池的主要功能是调蓄水质。在化工、农药等工业废水处理中，常有残液或浓废水事故性排放。为此应设置事故池，加强对废水的检测，在有毒成分含量超过额定值时将其导入事故池暂时贮存，在生产恢复正常时再将它掺加到进水中逐步处理，添加量应以不影响活性污泥的活性为前提。

2）工业废水处理的营养问题

人类的生存离不开食物，生化处理系统中的微生物同样需要营养。在处理城市生活污水时，水内营养成分全面而且均衡，因此对污泥微生物不存在任何问题。在处理工业废水时，某些工厂废水成分较单纯，如制糖废水、造纸废水、甲醛废水中只含有碳，如不注意，活性污泥微生物会生长不良，或因碳氮比过高而引起丝状菌膨胀。另一些工厂如氮肥厂等排放的废水含氮量极高，会影响污泥菌体胞外多聚物的形成，使污泥结构松散甚至解絮化。上述废水营养比例失调最终会影响生化处理单元的效果，为此，须对活性污泥所需外加营养及其合理比例进行研究。

(1) 污泥微生物所需营养的合理比例　在处理营养不足的工业废水时，某些工厂往往投加营养过量，这样一方面增加了处理成本，过剩的营养又会随出水排放造成受纳水体的富营养化。

对缺 N、P 的工业废水投加营养的数量最初是根据生活污水处理中污泥微生物对营养所需的比例而得出：

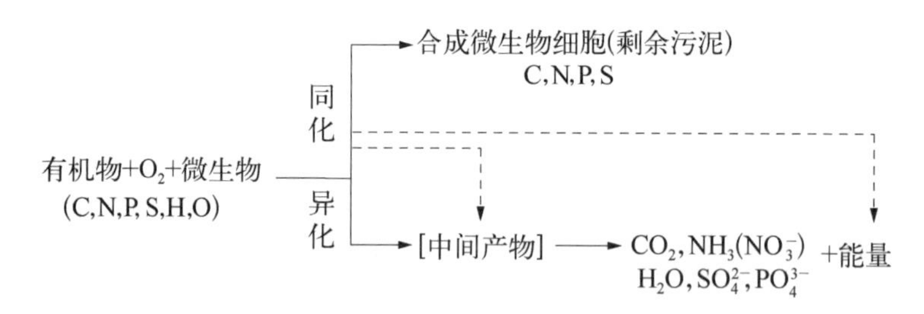

在常规活性污泥系统中，若废水中 BOD_5 为 100，大体上 3/4 的 C 经异化作用后彻底氧化为 CO_2，1/4(即 25)的 C 经同化作用合成为微生物细胞。从菌体中元素比例得知，N 为 C 的 1/5，P 又为 N 的 1/5，故在合成菌体时，25 份 C 同时需 5 份 N，1 份 P。因此去除 100 份 BOD_5 所需的营养配比为 $BOD_5 : N : P = 100 : 5 : 1$。

Sawyer 和 Lawrence 等在研究生化处理动力学时发现泥龄与废水的 $BOD_5 : N : P$ 的范围呈近似的线性关系(见图 6－1 和图 6－2)。

从图 6－1 和图 6－2 中可以看到：① 同好氧处理相比，废水厌氧处理时，污泥所需的 N、P 比例极低；② 污泥泥龄越长，污泥所需 N、P 的比例越低；③ 在泥龄相同时，污泥产率 Y 越低，污泥所需 N、P 的比例越低。总之，污泥对废水营养比例的要求并非是常数，对低速率的处理系统如延时曝气法等，污泥产率低，泥龄长，污泥所需 N、P 的比例较低，宜于用来处理 N、P 营养不足的废水，但这类处理设施占地较大，处理时间较长，在选用时应予以注意。

(2) 营养需求量的测定方法　使系统在一定的泥龄条件下运行一段时期后，测定污泥中 N、P 含量，即可根据进出水物料平衡原理估算出所需营养的数量。

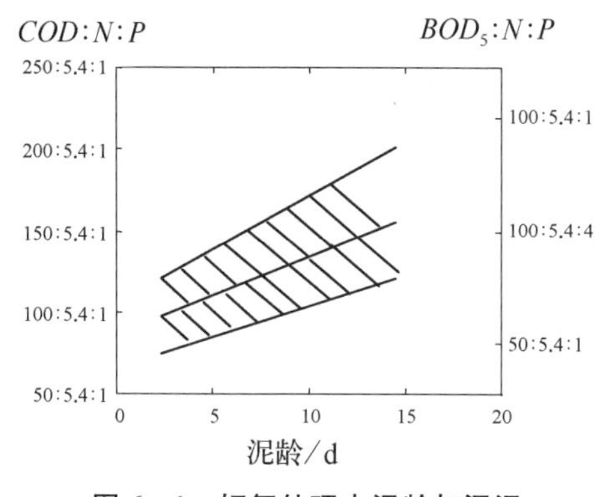

图 6-1 好氧处理中泥龄与污泥所需营养的比例

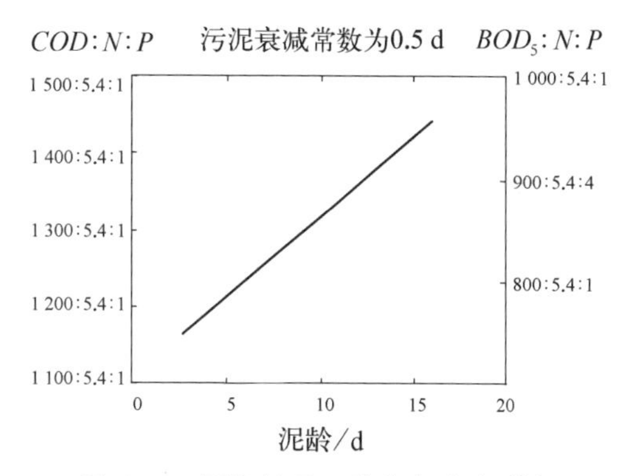

图 6-2 厌氧处理乙酸废水时，泥龄与污泥所需营养的比例

例如，某厂废水流量 Q 为 100 t/d，泥龄 θ_c 为 10 d，废水总氮 TN（进）为 10 mg/L，废水 BOD_5 为 420 mg/L，求外加营养 N 的数量。首先，我们可根据废水水质分析，废水大体缺 N。我们可按略高于常规量添加 N 源，在稳定运行一段时期后测得：BOD_5（出）为 20 mg/L，污泥产率 Y 为 0.5 gMLVSS/gBOD_5，污泥中 N 占污泥干重的 10%。则

每天去除 BOD_5 =（420－20）mg/L×100 000L/d＝40 000 gBOD_5/d

每天需 N 量＝Y×去除 BOD_5 量×污泥中 N 含量＝0.5×40 000×10%＝2 000 gN/d；

每天缺 N 量＝2 000－1 000＝1 000 gN/d。

从以上物料平衡推算可知，处理该废水每天需投加 1 千克 N 源。P 的投加量计算方法同上，但必须测得污泥含 P 量进水及 P 浓度。

（3）外加营养的种类　表 6-1 归纳了常用的外加营养种类。

表 6-1　常用的外加营养种类

种　类	规　格
液氨	工业用，含量 99.8%
氨水	工业用，含氨量 25%
尿素	工业用，含氮量 46%
NH_4NO_3	工业用，含量 99.5%
$(NH_4)_2SO_4$	工业用，含氮量 20.8%
$NaNO_3$	工业用（一级品）含量 99.3%
Na_3PO_4	工业用
Na_2HPO_4	工业用

为了降低处理成本，建议N、P源可分别选用液氨、尿素及磷酸氢二钠，此外还可因地制宜选用邻近地区含N、P量高的工业废水，在N源不足时还可投加腐化污泥及其上清液。从整体考虑，我们还应根据系统工程原理，提倡区域治理，以使营养成分各不相同的工业废水互相取长补短，相得益彰。

6.1.3 改善污泥的质量，维持系统中污泥合适的数量——泥

出水中悬浮固体(ESS)的多少会极大地影响处理的效果，据对美国城市污水资料的回归统计，*ESS* 每增加 10 mg/L，出水的下列水质指标将会平均上升：*BOD* 6.1 mg/L、*COD* 14.2 mg/L、*TOC* 5.3 mg/L、*TN* 1.2 mg/L、*TP* 0.2 mg/L左右。由于进水中SS大部分已通过格栅、沉砂、初沉等预处理工艺而被去除，残留的少量SS在进入曝气池后被活性污泥所吸附并构成了污泥的组成部分，因此ESS实际上系由外漂的污泥所组成，ESS的多寡与活性污泥的沉降凝聚性能以及二沉池的运行工况有关。对正常的处理系统，*ESS* 应小于 30 mg/L 或仅占活性污泥度的0.5%以下，即曝气池中污泥浓度为 2～4 g/L 时，*ESS* 应小于 10～20 mg/L。若超过这一限度，即说明污泥性状不良，其往往是由大块或小颗粒污泥上浮及污泥膨胀所致。

1）大块污泥上浮

若沉淀池断续见有拳头大小污泥上浮，则引起大块污泥上浮有如下两种情况。

(1) 反硝化污泥　上浮污泥色泽较淡，有时带铁锈色。造成原因是曝气池内硝化程度较高，含氮化合物经氨化作用及硝化作用转化成硝酸盐，NO_3^--N浓度较高，此时若沉淀池因回流比过小或回流不畅等原因使泥面升高，污泥长期得不到更新，沉淀池底部污泥可因缺氧而使硝酸盐反硝化，产生的氮气呈小气泡集结于污泥上，最终使污泥大块上浮。

改进办法是加大回流比，使沉淀池污泥更新并减少沉淀池泥层；减少泥龄，多排泥以降低污泥浓度；还可适当降低曝气池的 *DO* 水平。上述措施可降低硝化作用，以减少硝酸盐的来源。

(2) 腐化污泥　腐化污泥与反硝化污泥不同之处在于污泥色黑，并有强烈恶臭。产生原因为二沉池有死角造成积泥，时间长后即厌氧腐化，产生H_2S、CO_2、H_2等气体，最终使污泥向上浮。

解决办法为消除死角区的积泥，例如经常用压缩空气在死角区充气，增加污泥回流等。对容易积泥的区域，应在设计中设法予以改进。

2）小颗粒污泥上浮

小颗粒污泥不断随出水带出，俗称飘泥。

引起飘泥的原因大致可有如下几种：① 进水水质，如pH值、毒物等突变，使

污泥无法适应或中毒，造成解絮；② 污泥因缺乏营养或充气过度造成老化；③ 进水氨氮过高、C/N 过低，使污泥胶体基质解体而解絮；④ 池温过高，往往超过 40℃；⑤ 合建式曝气沉淀池回流比过大，造成沉淀区不稳定，曝气池内气泡带入沉淀区；⑥ 机械曝气翼轮转速过高，使絮粒破碎。

解决办法为弄清原因，分别对待。在污泥中毒时应停止有毒废水的进入；对缺乏营养、污泥老化和解絮污泥须适当投加营养，采取复壮措施。

3）污泥膨胀

在活性污泥系统中，有时污泥的沉降性能转差、比重减轻、污泥体积指数(sludge volume index, SVI)上升，污泥在二沉池沉降困难、泥面上升，严重时污泥外溢、流失，处理效果急剧下降，这一现象称为污泥膨胀。它是活性污泥法工艺中最为棘手的问题，至今尚未彻底解决。有关污泥膨胀的原因和解决对策将在后面一节详述。

6.2　生化处理运行评价指标体系

活性污泥中的微生物在凝聚、吸附和氧化分解废水中有机物中充当重要角色，提高处理系统的效益都与改善污泥性状、提高污泥微生物的活性有关。因此，必须经常检查与观察活性污泥中微生物的组成与活动状况，如污泥的沉降性能差将影响二沉池中泥水分离的效率。而运行中的异常情况(如工业废水中有毒成分的突增、进水 pH 值突变、污泥负荷实变、溶解氧异常等)也首先会影响到污泥中微生物的种类、数量和活性。

与常规的化学测定一样，对活性污泥的观察可得知曝气系统的运行状况。在发现异常现象时，可及时追查进水或管理中的问题，清除隐患，保证处理设施的正常高效运行。我们可定期巡视生物处理系统，考察曝气池、沉淀池运行的情况；运用各种手段和方法了解活性污泥和生物膜的性能；借助显微镜观察活性污泥的结构和生物种群的组成；此外还可通过对水质的化学测定来了解废水生物处理系统的运行状况。在系统正常运行时应保持合适的运行参数和操作管理条件，使之长期达标运行；在发现异常现象时应找出症结所在，及时加以调整，使之早日恢复。

废水生化处理系统的评价指标体系可由如下几个方面组成。

6.2.1　巡视

操作管理人员每班须数次定时登上处理装置观察，了解系统运行的状况，此即为巡视，其主要观察内容如下。

1）色、嗅

正常运行的城市污水厂及无发色物质的工业废水处理系统，活性污泥一般呈黄褐色。在曝气池溶解氧不足时，厌氧微生物会相应滋生，含硫有机物在厌氧时分解释放出 H_2S，污泥发黑、发臭。当曝气池溶解氧过高或进水负荷过低时，污泥中微生物可因缺乏营养而自身氧化，污泥色泽转淡。良好的新鲜活性污泥略带有泥土味。

2）二沉池观察与污泥性状

活性污泥性状的好坏可从二沉池及后面述及的曝气池的运行状况中显示出来，因此管理中应加强对现场的巡视，定时对活性污泥处理系统的“脸色”进行观察。二沉池的液面状态与整个系统的运行正常与否有密切关系，在巡视二沉池时，应注意观察二沉池泥面的高低、上清液透明程度及漂泥的有无、漂泥泥粒的大小等。

（1）上清液清澈透明。说明运行正常，污泥性状良好。

（2）上清液浑浊。说明负荷过高，污泥对有机物氧化、分解不彻底。

（3）泥面上升、*SVI* 高。说明污泥膨胀，污泥沉降性差。

（4）污泥成层上浮。说明污泥中毒。

（5）大块污泥上浮。说明因沉淀池局部厌氧导致该处污泥腐败。

（6）细小污泥飘泥。说明因水温过高、*C*/*N* 不适、营养不足等原因导致污泥解絮。

3）曝气池观察与污泥性状

在巡视曝气池时，应注意观察曝气池液面翻腾情况，若见曝气池中间有成团气泡上升，即表示液面下曝气管道或气孔堵塞，应予以清洁或更换；若液面翻腾不均匀，说明有死角，尤其应注意四角有无积泥。此外还应注意气泡的性状。

（1）气泡量的多少　在污泥负荷适当、运行正常时，泡沫量较少，泡沫外观呈新鲜的乳白色泡沫。污泥负荷过高、水质变化时，泡沫量往往增多，如污泥泥龄过短或废水中含大量洗涤剂时即会出现大量泡沫。

（2）泡沫的色泽　泡沫呈白色且泡沫量增多，说明水中洗涤剂量较多；泡沫呈茶色、灰色，表示污泥泥龄太长或污泥被打碎、吸附在气泡上，这时应增加排泥量。气泡出现其他颜色时，则往往表示是吸附了废水中染料等类发色物质的结果。

（3）气泡的黏性　用手沾一些气泡，检查是否容易破碎。在负荷过高、有机物分解不完全时气泡较黏，不易破碎。

6.2.2　污泥性状

在废水生物处理中，我们除了要求活性污泥（及生物膜）有很强的“活性”，即除具有氧化分解有机物的能力外，还要求具有良好的沉降凝聚性能，以使它在二沉池中能很快和彻底地进行“泥”（污泥）、“水”（出水）分离。我们可通过下述方法来判断污泥的这一性状。

1）污泥沉降体积（SV_{30}）

SV_{30}是指曝气池混合液静止沉降30分钟后污泥所占的体积。它是测定污泥沉降性能最为简便的方法。SV_{30}值越小，表示污泥沉降性能越好。城市污水厂SV_{30}常为15%～30%。SV_{30}值应采用1 000 mL量筒来测定，也有的用100 mL量筒，因其直径较小，对污泥的沉降有阻滞效应，测出的SV_{30}值将偏高。

有的学者建议采用SV_5，即用5分钟的污泥沉降体积来判断污泥的沉降性能。因在5分钟时，沉降性能不同的污泥体积差异最大，且可节省测定时间。

有条件的还可测定污泥的成层沉降速率ZSV，污泥在每小时数转的缓慢搅拌下沉淀，然后测定污泥界面沉降的速率。这一测定能准确地反映污泥在二沉池中沉降的实际状况。

据Eikelboom、Tuntoolavest和Lawler等报道，SV_{30}值与污泥浓度、污泥絮体颗粒大小、污泥絮粒性状等因素有关。

对同一类污泥，其浓度越高，SV_{30}值也越大。有时我们发现二沉池污泥泥面偏高，又未见其他异常现象，这很可能是污泥增长速率较高，而排放剩余污泥量较少，造成污泥浓度过高所致。

絮体颗粒大小对污泥沉降体积的影响如图6-3所示。

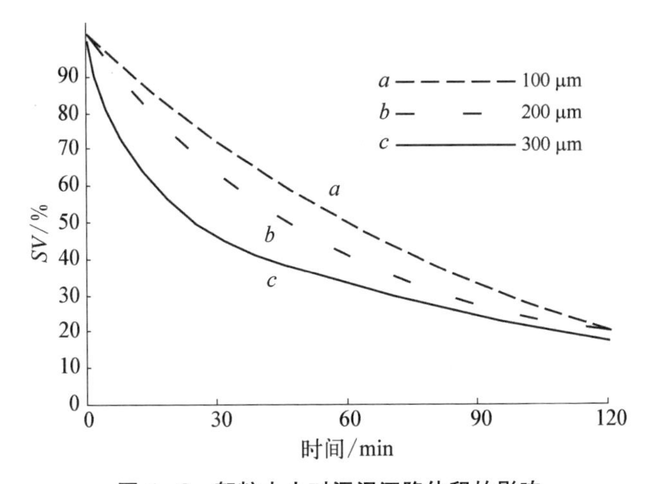

图6-3　絮粒大小对污泥沉降体积的影响

从图6-3中可见，絮粒大小不一的三种污泥，最初沉降速率差异较大，絮粒大的污泥c沉降较快，絮粒小的污泥a沉降慢，但三者最终的SV相似。这是因为在污泥沉降过程中絮粒不断地凝聚和压缩，小颗粒污泥互相碰撞，凝聚成大颗粒污泥，最终压缩相连成大的绒团、成层下降。因此，对其他性状及条件相同但絮粒大小不一的污泥，其最终沉降体积应趋于相同。

Eikelboom 按污泥絮粒平均直径的大小将污泥分成三个等级：① 大粒污泥，絮粒平均直径大于 500 μm；② 中粒污泥，絮粒平均直径为 150～500 μm；③ 小粒污泥，絮粒平均直径小于 150 μm。

在进行污泥沉降试验时，有时会发现污泥沉降界面不清的现象，这是因为污泥中絮粒大小差异悬殊，大絮粒迅速下降，细小絮粒沉降慢，形成一个非连续层。这种情况在污泥短期缺乏营养或由于污泥中毒而造成部分解絮时尤为明显。

污泥絮粒性状是指污泥絮粒的形状、结构、紧密度及污泥中丝状菌的数量。Eikelboom 把近似圆形的絮粒称为圆形絮粒，与圆形截然不同的称为不规则形状，无开放空隙的称为封闭结构。絮粒中的细菌排列致密，絮粒边缘与外部悬液界限清晰的称为紧密的絮粒，边缘界限不清的称为疏松的絮粒。在实践中大量观察到圆形、封闭、紧密的絮粒相互间易于凝聚和压缩，其沉降性能良好；反之则沉降性能差。

丝状细菌数量与污泥沉降性能的关系早为国内外学者所重视。大量研究证实，污泥中丝状菌数量越多，其沉降性能越差，这与丝状细菌比表面积大这一物理性状有关。存在少量丝状细菌的活性污泥，可在二沉池中形成一层致密的网状污泥层，黏附沉降速率较慢的细小泥粒，共同形成较大的絮粒一起下沉，故出水清澈，悬浮固体极少。当丝状菌达一定数量时，大量丝状菌从絮粒中到处伸展，往往组成“刺毛球”状的活性污泥骨架。这些伸向絮粒外部的无数“触手”阻碍了絮粒间的压缩，使污泥 SV 值升高，严重时 SV_{30} 接近 100%，最终导致污泥膨胀，使污泥在二沉池大量流失。

2) *污泥体积指数 SVI*

SVI 系指曝气池中活性污泥混合液经 30 min 沉降后，1 g 干污泥所占的污泥层体积(以 mL 计)。在 *SVI* 的概念中排除了污泥浓度对沉降体积的影响，反映了活性污泥的松散程度，是判断污泥沉降浓缩性能的一个常用参数。一般认为 *SVI* 小于 100 时，污泥沉降良好；*SVI* 大于 200 时，表明污泥膨胀，沉降性能差。

污泥絮粒的大小与污泥的性状能影响 *SVI* 值，其关系与 SV_{30} 相似。如图 6-4 所示为丝状菌数量对 *SVI* 值的影响。此外，污泥负荷(F/M)对 *SVI* 也往往有较大的影响，如图 6-5 所示。

活性污泥以絮状菌胶团形式存在是微生物在低营养条件下所表现的一种特性。图 6-5 中污泥负荷在 0.2～0.4 kgBOD/kgMLSS・d 的范围内正符合这一营养条件，此时所有样品的 *SVI* 均较低。在污泥负荷过高时，微生物营养丰富，使游离细菌生长良好，絮凝的菌胶团细菌也趋于解絮成单个游离菌，以增大与周围环境的接触表面，结果使污泥结构松散，絮粒变小，沉降性能差。图 6-5 中，$F/M>0.5$ 时，在有的处理系统中，*SVI* 值迅速上升。

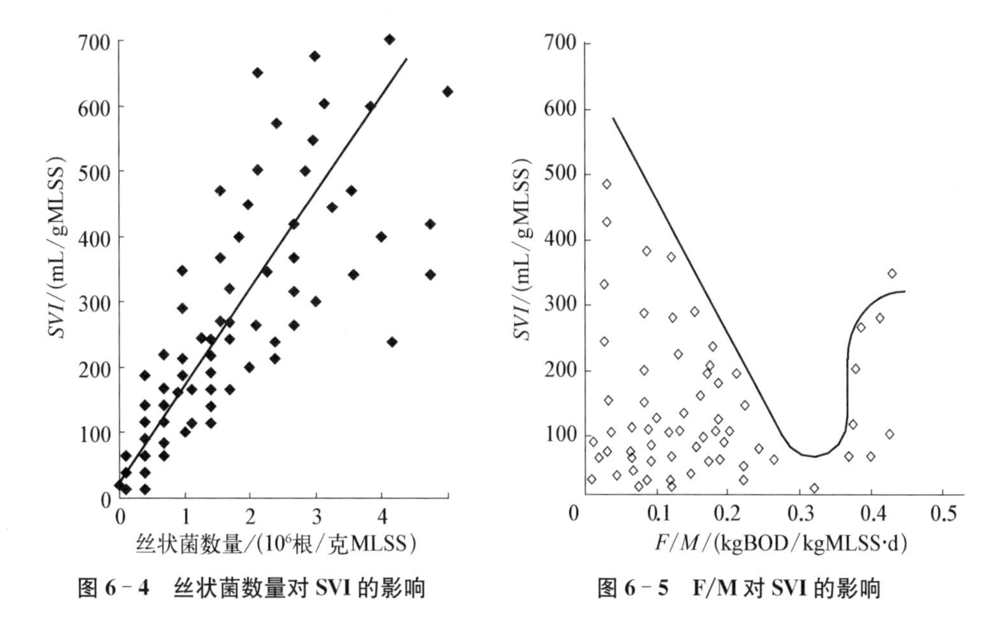

图6-4　丝状菌数量对SVI的影响　　**图6-5　F/M对SVI的影响**

在*F*/*M*过低时,微生物营养条件差,可出现两种情况。其一是丝状菌过多而造成污泥结构松散、沉降性能差。在污泥中两大类细菌的竞争过程中,比表面积大、耐低营养的丝状菌生长速率可高于菌胶团细菌,并在污泥中逐渐占优势,造成*SVI*值上升。其二是产生微小污泥,但与前者不会同时存在。根据菌胶团形成机理学说的解释,菌胶团细菌由菌体外大量荚膜类胶体基质或纤维素类纤维黏合在一起,在污泥*F*/*M*低时,菌胶团细菌体外的多糖类基质可被细菌作为营养利用,结果使絮体结构松散,絮粒变小,*SVI*值升高。

3) 混合液悬浮物浓度(*MLSS*)、混合液挥发性悬浮物浓度(*MLVSS*)

MLSS指曝气池中单位体积活性污泥混合液中悬浮物的质量,有时也称之为污泥浓度。*MLSS*的大小间接反映了混合液中所含微生物的量。除*MLSS*外,有时也以混合液中挥发性悬浮物(*MLVSS*)来表示污泥浓度,这样可避免污泥中惰性物质的影响,更能反映污泥的活性。对某一特定的废水和处理系统,活性污泥中微生物在悬浮物中所占的比例相对稳定,因此可认为用*MLSS*浓度的方法与用*MLVSS*浓度的方法具有同样的价值。

目前,不少污水处理厂根据曝气池中混合液的污泥浓度来控制系统的运行,若*MLSS*或*MLVSS*不断增高,表明污泥增长过快,排泥量过少。在生产实践中,适当维持高的污泥浓度可减少曝气时间,有利于提高净化效率,尤其在处理有毒、难以生物降解或负荷变化大的废水时,可使系统耐受高的毒物浓度或冲击负荷,保证系统正常而稳定地运行。

但污泥浓度过高时,混合液的黏滞度会改变,由于扩散阻力的原因,氧的吸收率会下降。试验表明,污泥浓度每增加 1 g/L,污泥氧吸收率下降 3%~4%,结果使污泥需氧量增加、能耗上升。污泥浓度高还会增加二沉池的负担,如不能适应将会造成跑泥现象。对浓度低的废水,污泥浓度高会造成负荷过低,使微生物生长不良,处理效果反而受到影响。

4) 污泥灰分

污泥中的各种无机物质属污泥灰分,即 *MLSS* 与 *MLVSS* 的差值,其量可占污泥干重的 10%~50%。如曝气池进水中悬浮杂质较多,盐度较高或污泥泥龄较长,污泥中灰分所占比例亦较大。成形的无机颗粒折光性较强,借助显微镜很易找到它的踪迹。运行中发现污泥灰分在短期内显著上升时,须检查沉砂池及初沉池运行是否正常。

污泥中灰分的存在有利于改善污泥的沉降性能。但它无活性作用,数量偏多不利于处理效果的提高,且增加了无效的提升、回流等能耗。

5) 出水悬浮物(ESS)

ESS 指单位体积出水中悬浮物的重量。*ESS* 值是活性污泥系统运行状况及污泥性状的一个重要指标。

每 1 mg/L *ESS* 表现出的 *BOD* 为 0.54~0.69 mg/L,平均为 0.61 mg/L BOD(见图 6-6)。可见出水 *ESS* 越高,出水 *BOD* 值也越高。絮凝良好的活性污泥,通过二沉池污泥的流失率约为 5‰,当曝气池的 *MLSS* 为 2 000~4 000 mg/L 时,*ESS* 为 10~20 mg/L。

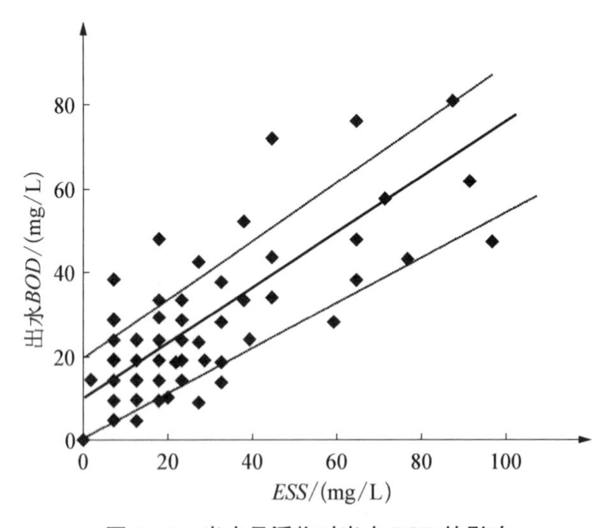

图 6-6 出水悬浮物对出水 BOD 的影响

ESS 的多少与污泥絮粒大小、丝状菌数量等有关。此外还与管理上的不善导致污泥性状恶化有关,如溶解氧不足、进水 pH 值及有毒物质超标、回流污泥过量

等。当 $ESS>30$ mg/L 时，表明悬浮物流失过多，这时应采取对策加以纠正。

6）污泥的可滤性

可滤性是指污泥混合液在滤纸上的过滤性能。凡结构紧密、沉降性能好的污泥，滤速快；凡解絮的、老化的污泥，滤速慢。

7）污泥的耗氧速率（OUR）

OUR 指单位重量的活性污泥在单位时间内的耗氧量，其单位为 mgO_2/gMLSS·h 或 mgO_2/gMLVSS·h。*OUR* 是衡量污泥活性的重要参数。OUR 的数值与污泥的泥龄及基质的生物氧化难易程度有关。活性污泥 *OUR* 值的测定在废水生物处理中有以下用途。

（1）控制排放污泥的数量　在正常运行时，只要废水水量和浓度，亦即污泥的负荷无大的变动，*OUR* 值应稳定。若排泥数量过多可导致泥龄过短，结果 *OUR* 上升，可据此来控制剩余污泥的合理排放量。

（2）防止污泥中毒　当活性污泥系统中毒物浓度突然增加时，污泥的微生物即受抑制，*OUR* 迅速下降（见图6-7），可据此用于系统的自动报警装置。

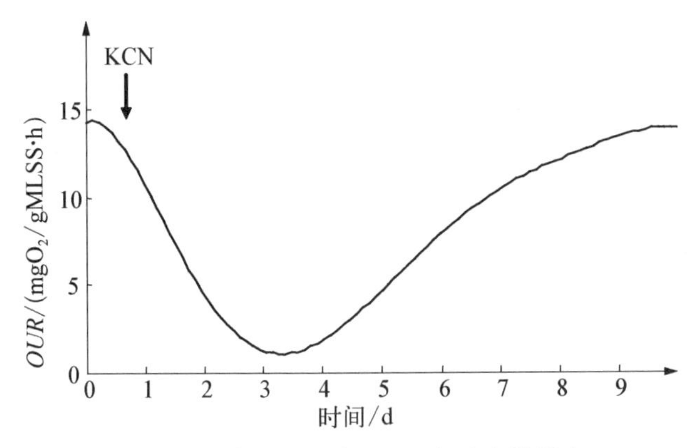

图6-7　毒物对活性污泥耗氧速率的影响

活性污泥的 *OUR* 一般为 8～20mgO_2/gMLVSS·h。当 $OUR>20$ mgO_2/gMLVSS·h 时，往往是污泥的 F/M 过高或排泥量过多；当 $OUR<8$ mgO_2/gMLVSS·h 时为 F/M 过低或污泥中毒。

6.2.3　活性污泥生物相的观察及其对运行状况的指标作用

生物相是指活性污泥中微生物的种类、数量、优势度及其代谢活力等状况的概貌。生物相能在一定程度上反映曝气系统的处理质量及运行状况。当环境条件（如进水浓度及营养、pH 值、有毒物质、溶解氧、温度等）变化时，在生物相上也会有所反映，可通过活性污泥中微生物的这些变化及时发现异常现象或存在的问题，并以此来指导运行管理。因此，对生物相的观察，已日益受到人们的重视。

一般在运行正常的城市污水处理厂的活性污泥中，污泥絮粒大、边缘清晰、结构紧密，具有良好的吸附及沉降性能。絮粒以菌胶团细菌为骨架，穿插生长着一些丝状细菌，但其数量远少于菌胶团细菌。微型动物中以固着类纤毛虫为主，如钟虫、盖纤虫、累枝虫等；还可见到部分盾纤虫在絮粒上爬动，偶尔还可看到少量的游动纤毛虫等，在出水水质良好时轮虫生长活跃。根据我们多年的实践工作，对生物相的观察应注重如下几个方面。

1）活性污泥的结构

先取曝气池新鲜活性污泥，盛放到 100 mL 量筒中，静置 5～15 分钟后观察在静置条件下污泥的沉降速率，沉降后泥水界面是否分明，上清液是否清澈透明。凡沉降速率快、泥界面清晰、上清液中未见细小污泥絮粒悬浮于其中的污泥样品性能较好。然后取活性污泥制成压片标本，置于显微镜载物台上，先用低倍镜观察污泥絮体的大小、形状、结构紧密程度，然后再转换至高倍镜观察污泥絮粒中菌胶团细菌与丝状细菌的比例、絮粒外游离细菌的多寡，凡絮粒大、圆形、封闭状、絮粒胶体厚实、结构紧密、丝状菌数量较少、未见游离细菌的污泥沉降及凝聚性能较好。

2）生物活动的状态

以钟虫为例，可观察其纤毛摆动的快慢，体内是否积累有较多的食物胞，伸缩泡的大小与收缩以及繁殖的情况等。微型动物对溶解氧的适应有一定的极限范围，当水中溶解氧过高或过低时，能见钟虫“头”端突出一个空泡，俗称“头顶气泡”。进水中难以分解或抑制性物质过多以及温度过低时，可见钟虫体内积累有未消化颗粒并呈不活跃状态，长期下去会引起虫体中毒死亡。进水 pH 值突变时，能见钟虫呈不活跃状态，纤毛环停止摆动，虫体缩入被甲内。此外，当环境条件不利于污泥中原生动物生存时，一般都能形成胞囊，这时原生质浓缩，虫体变圆收缩，体外包以很厚的被囊，以度过不良条件。在出现上述现象时，即应查明原因，及时采取适当措施。

活性污泥中经常出现的丝状硫细菌，如发硫细菌、贝氏硫细菌等，对溶解氧水平的反应非常敏感。它们在水中溶解氧不足时，能将水中的 H_2S 氧化为硫，并以硫粒的形式积存于体内（可用低倍显微镜看到），而当溶解氧大于 1 mg/L 时，体内硫粒可被氧化而消失：

$$2H_2S+O_2 \longrightarrow 2S+2H_2O+\text{能量}$$

$$2S+2H_2O+3O_2 \longrightarrow 2SO_4^{2-}+4H^+ +\text{能量}$$

因此，通过对硫细菌体内硫粒的观察，可以间接地推测水中溶解氧的状况。

3）同一种生物数量增减的情况

污泥膨胀往往与丝状细菌和菌胶团细菌的动态变化密切相关，我们可根据丝状细菌增长的趋势，及时采取必要措施，同时观察这些措施的效果。

在培菌阶段，固着型纤毛虫的出现即标志着活性污泥已开始形成，出水已显示效果。轮虫及瓢体虫在培菌后期出现时，处理效果往往良好。但当污泥老化、结构松散解絮时，细小絮粒能为轮虫提供食料而促使其恶性繁殖，数量急剧上升，最后污泥被大量吞噬或流失，轮虫可因缺乏营养而大量死亡。

4）生物种类的变化

培菌阶段，随着活性污泥的逐渐生成，出水由浊变清，污泥中生物的种类发生有规律的演替，这是培菌过程的正常进程。在正常运行阶段，若污泥中生物的种类突然发生变化，可以推测运行状况亦在发生变化。如污泥结构松散转差时，常可发现游动纤毛虫大量增加。出水浑浊、处理效果较差时，变形虫及鞭毛虫类原生动物的数量会大大增加。

应当指出，工业废水因种类繁多，成分各异，各厂生物相可有很大差异。生产中应通过长期观察，找出本厂废水水质变化同生物相变化之间的相应关系，用以指导运行管理。如据对石化废水活性污泥系统的多年观察发现，当活性污泥中累枝虫、钟虫、盾纤虫、裂口虫的数量呈增长趋势时，出水水质明显变好，出水 BOD_5 值下降，出水悬浮物浓度也随之下降。而当鞭毛虫出现并逐渐增长时，出水中的 BOD_5 与悬浮物浓度均上升。运行资料表明，当主要的原生动物部分或全部消失的前一天，或在消失的过程中，进水中的硫化物、氰化物、甲醛、丙烯腈、乙醛及异丙醇等有毒有害物质有一种或数种的浓度超过该毒物平均浓度的数倍、甚至数十倍，同时 BOD_5 的去除率也明显下降。因此，当从生物相观察中发现这几类生物数量下降或消失时，应及时从水质中查找原因，以采取相应措施，避免处理系统的恶化。

6.2.4　水质的化学测定及其对运行的指导意义

1）进、出水的 BOD/COD 值

从水质的 BOD、COD 含义中我们可知，BOD 代表了废水中可被污泥微生物所氧化分解的有机物的含量；而 COD 则近似地代表了废水中全部有机物的含量。废水的 BOD/COD 值（简称 B/C 比）可告诉我们废水中可生物降解的有机物占全部有机物的份额，亦即该废水的可生物降解性程度。一般讲，只有 B/C 比较高的废水（$B/C \geqslant 0.25$）才采用生物法处理；反之可采用物理或化学法加以处理。废水经生物法处理后，废水中可生物降解的组分（即 BOD 组分）在活性污泥或生物膜微生物的作用下得以彻底氧化分解，转化成 CO_2、H_2O 等无机物，因此废水 BOD 的去除效果往往大于 90%。就可生物降解性而言，废水中的 COD 组分可分成两部分：可生物降解 COD 组分（COD_B）和不可生物降解 COD 组分（COD_{NB}）。

如上所述，废水经生物法处理后，COD_B 组分大都得以去除，而 COD_{NB} 除有少量被活性污泥或生物膜吸附以外，大多数未能去除，因此在废水生物法处理中，COD的去除率总是低于BOD的去除率，结果使出水的 B/C 值有较大幅度的下降，B/C 值往往小于0.10(视废水中 COD_B 组分在COD中所占比例而定)。

因此，我们可通过测定进、出水的 BOD 和 COD 来判断生物处理系统运行的状况，若进、出水的 B/C 值变化不大，出水的 BOD 值亦较高，表明该系统运行不正常；反之，出水的 B/C 值与进水 B/C 值相比下降较快，说明系统运行正常。

2) 出水的悬浮固体(ESS)

在废水中悬浮固体(SS)主要是由砂、石等无机成分所组成的非挥发性悬浮固体(FSS)和由纸、纤维、菜皮等有机成分组成的挥发性悬浮固体(VSS)两部分所组成。在生物处理中，经沉砂、格栅截留、初沉等预处理工艺，进水中的SS被去除大半，剩下的SS进入曝气池后亦大部分被活性污泥所吸附，只有极少一部分进水中的SS随出水带走，成为出水悬浮固体(ESS)中的一部分。那么ESS组分主要是从何而来呢？经研究，ESS主要来自活性污泥或生物膜中沉降性能较差、结构较松散、颗粒较小的这部分活性污泥(或生物膜)，它们在流经二沉池时，未能随其他沉降凝聚性能较好的污泥一起下沉，而随出水上浮外飘。因此，测定 ESS 值对判断污泥性能的好坏有极其重要的指标意义。污泥性能好的处理系统，其 ESS 一般小于30 mg/L。

3) 进、出水氮的形态与处理深度

在城市生活污水及大部分工业废水中，氮以有机氮和氨氮(NH_3-N)的形式存在于废水中。以新鲜的生活污水为例，有机氮和氨氮分别占总氮(TN)的60%和40%，硝态氮($NO_x^- - N$，其由 $NO_2^- - N$ 和 $NO_3^- - N$ 组成)含量为0。只有极少部分工业废水，如硝基炸药、化肥等工业废水中才含有硝态氮。

上述废水经生物处理后，其中的有机氮可在好氧或厌氧环境中被活性污泥或生物膜中的氨化细菌转化为氨氮，此即为氨化作用。在处理深度较差的高速率生物滤池，污水停留时间短、负荷高的高速率活性污泥法或厌氧生物处理系统中，氨氮除被同化合成为污泥微生物而耗用一小部分外，余者皆以氨氮的形式随出水外排，并造成水体的黑臭(水体的黑臭指数与氨氮的浓度直接相关)。然而在处理深度较好、负荷较低、水力停留时间较长的延时曝气活性污泥法或其他各种好氧生物处理系统中，氨氮可在污泥中硝化细菌的作用下，进一步氧化为亚硝氮和硝氮。为此，我们可根据出水中氮的形态(有机氮、氨氮及硝态氮)及其所占的比例来判断污水处理的深度。

目前开发的各种生物脱氮处理系统经设置不充氧的厌氧区段(或称缺氧段)，可将硝态氮经反硝化作用还原成分子氮气而除去。对这类生物脱氮系统我们一定要通过测定进、出水的总氮浓度、总氮去除率及氮形态在各区段的转化状况来评价系统的运行状况，并借此对系统实行调控。

4）进、出二沉池混合液、上清液的 *BOD*（或 *COD*）

在废水生物处理的工艺流程中，曝气池主要的功能是氧化分解有机物。活性污泥或生物膜中的微生物借助人工曝气获得足够的氧气，将废水中的有机物彻底氧化分解成 CO_2、H_2O 等无机物，使废水净化（或称稳定化）。因此流出曝气池的泥水混合液的上清液中 *BOD*（或 *COD*）均已降至排放标准所要求的浓度以下。二沉池的功能是使上述流出曝气池的活性污泥混合液泥水相分离，分离后上清液即作为出水外排，污泥则通过回流重新进入曝气池与新鲜废水相混并继续氧化分解废水中的有机物（部分作为剩余污泥进入后续的污泥处置工艺）。因此在正常的情况下，进、出二沉池的泥水混合液上清液中的 *BOD*（或 *COD*）浓度不会有太大的变化。

当处理系统负荷过高，或废水在曝气池内停留时间过短，混合液内的有机物尚未完全降解（即未完全被稳定化）即被送入二沉池，这时污泥微生物可利用残留的溶解氧继续氧化分解残留的有机物，造成进、出二沉池上清液中 *BOD*（或 *COD*）有较大的下降，可借此来判断曝气池中的生化作用进行得是否完全和彻底。如发现进入二沉池的混合液尚不稳定，可通过减小进水流量、延长曝气时间、增加污泥浓度、减小污泥负荷等措施加以调整。

5）进、出二沉池混合液中的溶解氧（*DO*）

与上一节中所述相仿，进出二沉池混合液的 *DO* 在正常情况不应有太大的变化，当发现 *DO* 有较大的下降时，说明是活性污泥混合液进入二沉池后的后继生物降解作用耗氧所致，是系统负荷过高尚未达到稳定化的标志，可采取上述相同的方法予以调整。

6）曝气池中溶解氧（*DO*）的变化

在推流式活性污泥法工艺中，监测曝气池各点的 *DO* 状况有助于我们对整个系统的调节控制。如图 6－8 所示，其中图（a）为沿曝气池纵长向 *DO* 的轮廓图，曝气池进水端因有机物浓度高，污泥耗氧量高，故 *DO* 水平低，到曝气池末端有机物浓度降低、耗氧量降低，故 *DO* 上升。图（b）和（c）代表水力负荷和污泥负荷增加对 *DO* 的影响，可见 *DO* 上升点均向后推移。图（d）表示系统反应速率增加时，在曝气池前半部 *DO* 下降、后半部 *DO* 上升。图（e）表示系统中硝化作用对曝气池 *DO* 的影响，在延时曝气池中常可见之。图（f）表示不同的污泥负荷对 *DO* 的影响，可见污泥负荷越高，曝气池 *DO* 水平越低。图（g）表示充氧效率对 *DO* 的影响，图中充氧速率较低的 K_{La} 为 6 时，整个曝气池呈缺氧状态，不能进行硝化作用。因此，我们从监测曝气池各点 *DO* 的轮廓中可以了解整个系统的运行状况，并可根据给定的处理要求和目标进行适当的调整。

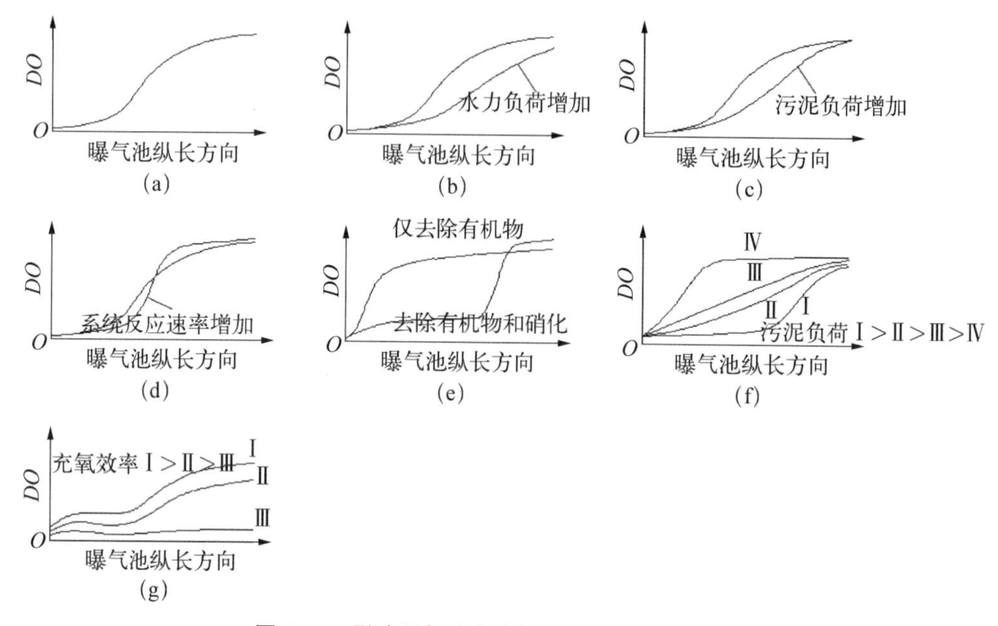

图 6-8　影响曝气池内溶解氧的各种因素示意图

(a) 沿推流式曝气池纵长方向的 *DO* 典型轮廓图；(b) 水力负荷增加对 *DO* 的影响；(c) 基质负荷增加对 *DO* 的影响；(d) 反应速率增加时对 *DO* 的影响；(e) 硝化作用对 *DO* 的影响；(f) 污泥负荷对 *DO* 的影响，负荷单位为 $kgBOD_5/kgMLSS \cdot d$；(g) 充氧效率对 *DO* 的影响

当翼轮转速或供气量不变，而曝气池 *DO* 有较大的波动时，除了及时调整 *DO* 水平外，尚需查明其原因。当进水 pH 值突变或毒物浓度突然增加时，可使污泥耗氧速率(*OUR*)急剧下降，从而使 *DO* 增高，这是污泥中毒最早的症状。若曝气池 *DO* 长期偏低，同时污泥的 *OUR* 偏高，则可能为泥龄过短或污泥负荷过高，应根据实际情况予以调整。

6.3　废水生化处理系统的运行调节和控制

活性污泥系统往往是根据某一设定的水质水量参数及处理目标设计而建造的。但在实际运行中，废水的水质水量均在不断地变化，环境条件也在发生变化，这需要我们利用系统的弹性及特点，按照活性污泥中微生物的代谢规律进行调节控制，使系统处于最佳的运行状态，以发挥其最大的效益，提高出水水质。下面介绍几种通过排泥控制活性污泥系统的方法。

6.3.1　SV 法

城市污水处理厂操作者早先往往凭污泥沉降体积 *SV* 来控制系统的运行，目前仍为部分工厂所沿用。操作工人在做 SV 试验后，按近阶段达到优质出水的 SV 值来掌握排泥量 WAS(waste activated sludge)。本法简便，容易掌握，在进水水量水质相对恒定，并且废水成分容易被降解的处理系统中也能有效地控制运行，并取得良好的效果。缺点是在活性污泥沉降性能发生变化时不能使用。

6.3.2　MLSS/MLVSS 法

逐日测定活性污泥曝气混合液悬浮物 $MLSS$ 或 $MLVSS$ 浓度，根据其增减情况掌握排泥量 WAS。与 SV 法一样，MLSS/MLVSS 法要求废水的水量水质相对恒定。具体使用时，我们应注意观察本厂废水水质受季节变化的规律，找出在不同季节与不同水质条件下能维持最佳运行状况的 $MLSS/MLVSS$ 值，并维持之。

一般对难以生物降解及有毒的废水宜采用高浓度活性污泥法，以提高耐冲击的能力及减少污泥对毒物的负荷。但这时须同时提高供氧量，加强对二沉池的管理和回流污泥量的调节。

在测定 $MLSS/MLVSS$ 时，应注意取样要有代表性，由于进水成分的早晚波动，$MLSS/MLVSS$ 值在一天中也会有所变化。此外，样品应取自曝气池中多个不同位置的混合液体。

6.3.3　F/M 法

F/M 是指污泥负荷，即单位质量的污泥微生物在一定的时间内所得基质的量。

形成活性污泥絮体的微生物的营养需求往往有一定的范围。基质过多时，微生物生长繁殖速率加快，絮凝状的菌胶团细菌趋于游离生长，导致污泥絮体解絮，此外剩余污泥量也会增多；相反基质少时，微生物因营养不良使得絮体瘦弱，结构松散。

在活性污泥系统中，当 F/M 过高或泥龄过短时，污泥的耗氧速率及呼吸速率可大大高于正常值，曝气池中溶解氧提不高，某些废水的曝气池中可见泡沫增多，泡沫黏性大且不易破碎，二沉池中出水浑浊，出水 BOD 值升高(见图 6－9)，生物相中可见游动型纤毛虫增多，并出现鞭毛虫和变形虫；当 F/M 过低时，活性污泥因缺乏营养而使耗氧速率及呼吸速率下降(见图 6－10)，曝气池中很易维持 DO 的最小值，污泥沉降快，但上清液中有细小颗粒状物质，故出水悬浮物浓度上升，生物相中可见轮虫大量出现。

为了达到预定的出水水质，并使污泥具有良好的沉降性能，应根据进水水量 Q 和进水浓度(BOD 或 COD)来确定 WAS 量，使系统维持在合适的 F/M 范围内。它们之间的关系为

$$F/M=\frac{BOD(\text{或 } COD)\times Q}{\text{曝气池中活性污泥总含量}} \tag{6-1}$$

在进水流量、浓度变化较少的阶段，即曝气池在单位时间受纳基质较恒定时，

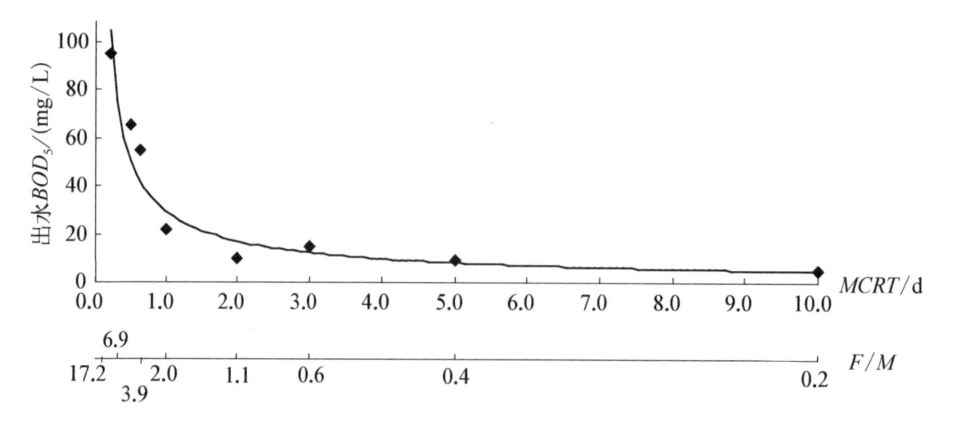

图 6-9 污泥负荷 *F/M* 和泥龄 *MCRT* 对出水 *BOD* 的影响

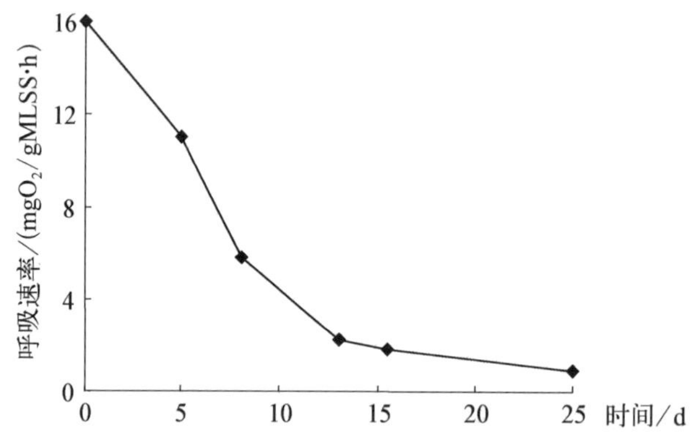

图 6-10 污泥缺乏营养对呼吸速率的影响(依 N. J. Horan)

可计算出适合本废水的最佳 *F/M* 值。在进水水质变化时，即可通过增减 *WAS* 量来控制曝气池中活性污泥总含量，以使污泥的 *F/M* 达到上述最佳值范围内。

6.3.4 MCRT 法

MCRT 指污泥微生物细胞平均停留时间(mean cell retention time)，亦即泥龄。

1970 年劳伦斯和麦卡蒂根据生化动力学原理和物质平衡关系提出以 MCRT 法来控制生化处理厂的运行。根据 Stensl 和 Shell 的工作，*MCRT* 与系统出水 BOD_5和污泥的 *F/M* 之间的关系如图 6-9 所示。

MCRT 的公式是：

$$MCRT = \frac{Q_{WAS} + Q_e}{\text{曝气池中活性污泥总量}} \tag{6-2}$$

式中，Q_{WAS}为排放污泥的 *VSS*(或 *SS*)量；Q_e为出水中的 *VSS*(或 *SS*)量。

当出水 *VSS* 极低时，Q_e 可忽略不计，公式即为

$$Q_{WAS}=\frac{1}{MCRT} \qquad (6-3)$$

即每天只需将系统中的活性污泥排出 $1/MCRT$。

找出系统最佳 $MCRT$ 值的一种方法是使系统在不同的 $MCRT$ 下运行，然后根据各项出水指标从运行的统计数据中找出适合于本厂废水的最佳 $MCRT$ 值。常规好氧处理工艺一般为5～15天。冬季水温较低，微生物生长速率较慢，$MCRT$ 应长些。此外，对脱氮的A/O系统，由于自养性硝化细菌世代时间较长，为了使它不致在系统中被淘汰，$MCRT$ 也应长些。如图6-9所示，$MCRT$ 长时的最大缺点是 F/M 低，即在处理同样数量的有机物时，处理构筑物要增大。当然，在 $MCRT$ 短时，会使 Q_{WAS} 增多，增加了剩余污泥的处理负担，同时出水 BOD 也相应升高。

根据生化动力学方程，可以得到如下关系式：

$$\frac{1}{\theta_C}=Y(F/M)-b \qquad (6-4)$$

式中，b 为内源呼吸衰减系数；Y 为污泥产率系数；θ_C 为泥龄，亦即 $MCRT$。

由公式可知，θ_C 与 F/M 互为倒数关系。因此对于给定的处理系统而言，以 θ_C 作为控制参数还是以 F/M 作为控制参数实质上是完全一样的。MCRT法较F/M法优越之处在于：

(1) 测定简单，只需测定曝气池中污泥浓度和出水的 VSS 值；F/M法尚需测定进水基质浓度(BOD 或 COD)及流量 Q；

(2) 当忽略出水带走的VSS时，排泥步骤更为简便，只需排占曝气池总体积 $1/MCRT$ 的污泥即可。

6.3.5　调节回流污泥量

污泥需要回流有两个理由：首先回流可将污泥送出沉淀池，否则它会越积越多而随出水外溢；然而主要的作用是要保证有足够的微生物与进水相混，使曝气池中有足够的MLSS，维持合适的污泥负荷。污泥回流是活性污泥工艺中必不可少的一步。回流污泥量(RAS)的调节可用三种方法估算。

(1) 根据二沉池泥层的厚度进行调节　沉淀池泥层过高过低都会使 ESS 增加，从而降低出水水质。我们可定时测定二沉池泥层的厚度，通过改变 RAS 的大小，使泥层保持在距沉淀池底部1/4高处。

(2) 用固体平衡公式测算　测算公式如下：

$$RAS=Q\times\frac{MLVSS}{VSS_R-MLVSS} \qquad (6-5)$$

式中，Q 为进水流量；VSS_R 为回流污泥中混合液挥发性悬浮物浓度；$MLVSS$ 为活性污泥混合液挥发性悬浮物浓度。

从公式中可知，进水流量 Q 越大，RAS 也应加大；VSS_R 小，即污泥密实性差或 SVI 大时，RAS 也应加大。RAS 加大后会使沉淀池负荷加大，使沉淀池更不稳定，ESS 增高。

(3) 根据污泥沉降体积估算　估算公式如下：

$$RAS = Q \times \frac{SV}{100 - SV} \tag{6-6}$$

式中，SV 为污泥 30 min 的沉降体积(mg/L)。

从公式中可知，污泥 SV 越大，RAS 也须相应增大。

6.3.6　根据污泥体积指数估算污泥回流比 r

顾夏声等(1985)提出 SVI 同 r 的关系为

$$MLVSS = \frac{1}{SVI} \times \frac{1.2r}{1+r} \tag{6-7}$$

测得 SVI 和 $MLVSS$ 值后，即可求得污泥回流比 r。

6.4　废水生化处理运行异常问题及解决对策

6.4.1　丝状细菌引发污泥膨胀和泡沫问题

丝状细菌引起的污泥膨胀和泡沫(bulking and foaming)问题是国内外生化处理厂经常碰到的运行管理问题，当其爆发时，活性污泥的沉淀性能下降，污泥在生化反应池形成黏稠、稳定的巧克力色的泡沫(见图 6-11)，使得生化池的充氧效率降低；由于活性污泥在二沉池中不易沉降，造成污泥流失和出水水质恶化；在大风的季节泡沫随风飘逸影响环境并散发出气味，危害很大，给运行和管理带来诸多麻烦。

图 6-11　氧化沟表面生物泡沫

6.4.1.1　污泥膨胀和泡沫的原因

绝大多数学者认为，污泥膨胀和泡沫是由污泥中丝状微生物的过量繁殖所引起的，活性污泥中丝状细菌大量生长并从絮粒中向外伸展，极大地阻碍了絮粒之间的凝聚与压缩，导致污泥 *SVI* 高，引起污泥的膨胀。污泥膨胀的出现频率及程度同丝状菌数量呈正相关，因此也称为丝状菌膨胀。丝状细菌大多含有脂类物质，使得这类微生物比重比水轻，易漂浮到水面。而且丝状微生物大多呈丝状或枝状，易形成网，能捕扫微粒和气泡浮到水面形成泡沫。当水中存在油、脂类物质和含脂微生物时则更容易产生表面泡沫现象。一旦泡沫形成，泡沫层的生物停留时间就独立于曝气池内的污泥停留时间，易形成稳定持久的泡沫。如图 6－12 所示为引起污泥膨胀和泡沫的微丝菌 *M. parvicella*。

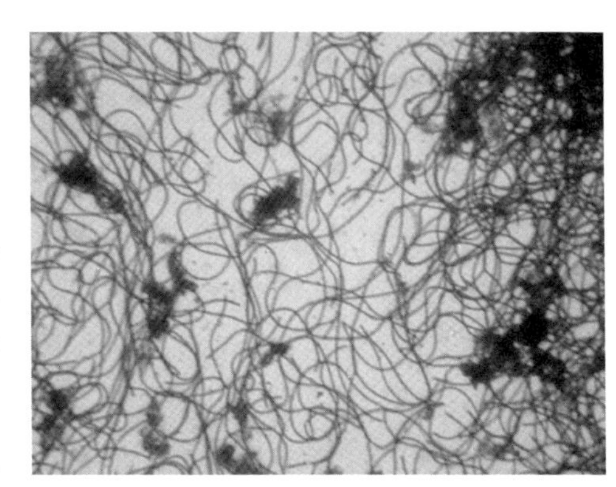

图 6－12　引起生物泡沫的丝状细菌 *M. parvicella*

影响污泥丝状膨胀的主要因素大致有以下四个。

1）废水水质

研究结果表明，废水水质是造成污泥膨胀的最主要因素。含溶解性碳水化合物高的废水往往发生由浮游球衣细菌引起的丝状膨胀，含硫化物高的废水往往发生由硫细菌引起的丝状膨胀。

有研究认为，废水中碳、氮、磷的比例对发生丝状膨胀影响很大，氮和磷不足都易发生丝状膨胀。但有的研究结果表明，恰恰是含氮太高促使了污泥膨胀。在实验室的研究也表明，如以葡萄糖和牛肉膏为主配制人工废水进行试验，则不论碳、氮、磷的比例是高或低，都会发生极其严重的污泥膨胀。

2）废水的水温和 pH 值

废水的水温和 pH 值也对污泥膨胀有明显的影响。水温低于 15℃时，一般不会膨胀。pH 值低时，容易产生膨胀。真菌在低 pH 值下，与其他菌属相比有较强的竞争力。在污水处理过程中，低的 pH 条件能导致真菌繁殖而造成污泥膨胀。而在较高的 pH 条件下 *SVI* 一直保持较低的数值。曝气池的 pH 值最好能保持在 6.5～8.5。

3）运行条件

曝气池的负荷和溶解氧浓度都会影响污泥膨胀。污泥负荷是影响污泥膨胀最重要的因素之一，合适的污泥负荷在 0.25～0.45 kgBOD/kgMLSS · d 范围内，低于或高于这个范围会导致高的 *SVI* 值。污泥负荷与膨胀之间的关系是非常复杂的，原因是还有其他许多因素如污水性质、运行条件等同时影响污泥膨胀。低负荷导致污泥膨胀这一观点已得到了公认,并可从理论上得到解释;而高负荷污泥膨胀的原因往往是由于供氧不足与曝气池内 *DO* 浓度降低而引起丝状菌的大量繁殖。

多数资料表明,溶解氧浓度低容易发生由浮游球衣细菌和丝硫细菌引起的污泥膨胀。但也有资料表明,正是溶解氧浓度高促进了污泥的膨胀。我们的试验证实,对于含硫化物高的废水(例如已经陈腐的废水),不论曝气池中的溶解氧浓度低或高,都会产生由硫细菌过度繁殖引起的污泥膨胀。不过,在溶解氧浓度低时,污泥中占优势的是硫细菌;在溶解氧浓度高时,占优势的是亮发菌。Antonio 等(1984)测定了球衣菌与菌胶团细菌(以乳酸杆菌为代表)的生长动力学,发现球衣菌对 DO 的生长半饱和常数 K_{DO}为 0.01 mgO_2/L;而菌胶团细菌乳酸杆菌的 K_{DO}为 0.15 mgO_2/L。M. Richard 测得 Eikelboom 的 1701 型菌 K_{DO}为 0.014 mgO_2/L;球衣菌的 K_{DO}为 0.033 mgO_2/L,他发现在低 *DO* 条件下,1701 型菌的生长速度>球衣菌>菌胶团细菌。

4) 工艺方法

研究和调查表明,完全混合的工艺方法比传统的推流方式较易发生污泥膨胀,而间歇运行的曝气池最不容易发生污泥膨胀。

不设初沉淀池(设有沉砂池)的活性污泥法,*SVI* 值较低,不容易发生污泥膨胀。

叶轮式机械曝气与鼓风曝气相比,较易发生丝状菌性膨胀。射流曝气的供氧方式可以有效地克服浮游球衣细菌引起的污泥膨胀。

6.4.1.2 引起膨胀和泡沫的常见丝状微生物种类

膨胀中最为常见的丝状菌是球衣菌,国外学者在 1928 年将其从膨胀污泥中分得后,已有许多学者对它进行了深入的研究工作。常见的引起污泥膨胀的细菌如表 6-2 所示。

表 6-2 不同环境条件下膨胀污泥中优势的丝状菌类群

环境条件	丝状菌种类
F/M 低	*M. parvicella*, *Nocardia* sp., *H. hydrossis*, 0041 型菌,0675 型菌,0092 型菌,0581 型菌,0961 型菌,0803 型菌
DO 低	球衣菌,发硫细菌,1701 型菌,021 型菌
硫化物高	发硫细菌,贝氏硫细菌,021 型菌
营养不足(N 和 P)	发硫细菌,021 型菌
pH 值低	丝状真菌

对于生物泡沫丝状细菌的研究比污泥膨胀要晚,起初主要认为是 *Nocardia amarae* 引起,后来的研究揭示发生生物浮沫的丝状微生物类群较广,除 *Nocardia amarae* 外还有诺卡氏菌、*M. parvicella* 以及几类 Eikelboom 形态的菌。不同地区产生泡沫的微生物类群和数量有差别。通过对美国 114 座采用活性污泥法工艺的污水处理厂进行的调查发现其中泡沫问题主要是由于 *Nocardia amarae* 的过度生长。美国和中国香港的污水处理厂中起泡微生物由多到少的出现频率为 *Nocardia Pinensis*，*Nocardia amarae*，*M. parvicella* 及 *Nocardis amarae*。而在欧洲和澳大利亚许多城市污水处理厂中，*M. parvicella* 则是在对生物浮沫进行观察的过程中出现频率最高的微生物种类，其次是放线菌类丝状细菌(GALOs)、Eikelboom 0092 型、0675 型等。泡沫发生时同时都伴随有污泥膨胀现象。

6.4.1.3　丝状菌污泥膨胀和泡沫的控制方法

根据以上污泥膨胀原因的分析，要防止和克服活性污泥膨胀，可以从运行管理和在处理系统的设计中，根据废水水质等具体情况采取措施，并加以预防。在运行中如发生污泥膨胀，可针对膨胀的类型和丝状菌的特性，采取以下一些抑制的措施。

1) 添加多聚物

在曝气池出水中或在二沉池的配水井中添加化学多聚物如聚丙烯酰胺 PAM 以提高污泥的沉降性能，最常用的化学物质是人工合成的高分子阳离子多聚物，也可以与阴离子多聚物联合使用。投加多聚物对产泥量的影响很小，但是费用很高。

在一些情况下，投加无机絮凝剂(如石灰或三氯化铁)效果也不错，但会使产泥量大大增加，给后续的污泥处理带来一定的困难。投加铁盐、铝盐等混凝剂可以通过其凝聚作用提高污泥的压密性来增加污泥的比重。投加高岭土、碳酸钙、氢氧化钙等也可以通过提高污泥的压密性来改善污泥的沉降性能。

实践证明不设初淀池的污水厂一般具有较低的 *SVI* 值，因此设有初淀池的污水厂发生污泥膨胀时，将部分污水直接送到曝气池也是一种控制膨胀的办法。

2) 加氧化剂

由于丝状菌的比表面积要比絮状菌大得多，当微生物遇到有毒害作用的化学药剂时，遭受破坏的主要是丝状菌，因此投加某些化学药剂可以达到此目的。最常用的化学药剂是氯气，通常向回流污泥中投加，投加量一般为 2～10 $kgCl_2$/1 000 kg 干污泥。除此之外，投加臭氧、过氧化氢也能起到破坏丝状菌、改善污泥沉降性能的作用。

氯和过氧化氢已经在抑制丝状菌生长方面有了成功的应用。由于氯相对便宜且易于现场操作，因此应用得较为广泛，有超过 50%的污水处理厂利用氯来控制丝状菌引起的污泥膨胀。

加氯的目的是为了杀死附着在絮体微生物表面的丝状菌，但这两类细菌对氯的敏感性没有明显的差别，因此氯的投加量要控制到刚好能杀死丝状菌但不能伤害到絮体微生物，如果过量同样不利于改善污泥性能。

同时，加氯点的选择也是比较重要的，一般选在：① 回流活性污泥中湍流程度大的地方，如管道的转弯处、回流污泥泵的出口处等；② 二沉池的中央配水井或进水廊道；③ 曝气池的旁流管。在水力停留时间比较长的曝气池中(通常是工业废水处理系统)，由于每天的回流污泥量比较小，因此也可以考虑采取多点加氯的方式。

对于生活污水处理厂，氯含量的检测频率最好在 3 次/天以上。在采用加氯控制污泥膨胀的过程中，最好能同时对污泥进行镜检。加氯以后会对丝状菌的细胞结构产生影响，包括细胞内的硫颗粒损失(对含有硫颗粒的丝状菌而言)、细胞变形、细胞质收缩、丝状菌数量逐渐减少等。对于没有外鞘的丝状菌，在系统中加氯几天后 *SVI* 就会下降到正常水平。对于有外鞘的丝状菌，只有通过排泥，*SVI* 才会回到正常的状态，这大约需要 2～3 个污泥龄的周期。

投加液氯或漂白粉，使余氯为 1 mg/L 时球衣菌可在 30 分钟内死亡；余氯为 0.5 mg/L 时球衣菌可在 120 分钟内死亡。在生产中应用加氯法时，最好先通过小样试验以确定合适的投加剂量。由于微生物具有较强的变异能力，在多次使用同一药物后，丝状菌往往会产生适应性，并导致方法的失败。

当污泥膨胀发生时，采用上述方法能较快地降低 *SVI* 值，尤其是投加氯等化学药剂破坏丝状菌效果更快。但是这类方法并不是很理想，因为采用这些方法时并没有从根本上控制丝状菌的繁殖，一旦停止投加药剂，污泥膨胀会出现反复，长期投加药剂无疑也增加了运转费用。另外，药剂的投加也能引起微生物生长环境的改变，导致处理效果降低。因此这类方法仅作为临时应急之用为好。

3) 调整营养配比

对于丝状菌污泥膨胀的控制，首先分析其发生的原因，如果是在氮和磷不足的条件下发生丝状菌污泥膨胀，则需要另外加入营养，以达到 $BOD_5 : N : P = 100 : 5 : 1$。

4) 运行参数的调整

(1) 提高曝气池的有机负荷率　一般说来，增加进水的负荷或提高曝气池中有机物的负荷率可以使得菌胶团细菌竞争超过丝状细菌而优先生长，则增加污泥的负荷可有效地控制污泥膨胀的形成。

(2) 泥龄控制　根据导致污泥膨胀的微生物的性质，可以采取控制泥龄的方法来控制污泥膨胀。缩短泥龄能将系统中大部分生长缓慢的丝状细菌排出系统外，例如 *M. parvicella* 的生长周期为 6～10 天，就可以通过将泥龄调整到 5 天来抑制 *M. parvicella* 的生长繁殖。

(3) 控制曝气池的 *DO*　在推流式曝气池中通过设置厌氧区，使污泥交替通过厌氧、好氧区的A/O工艺(anoxic/oxic process)来防止污泥膨胀。Davidson(1952)在采用A/O工艺处理由于*C*/*N*高而经常出现污泥膨胀的酒厂废水，使污泥的*SVI*从数百降至34 mL/g。Heide等认为A/O工艺污泥的*SVI*值低是因为菌胶团细菌能在厌氧、好氧交替的条件下摄取、转化和贮藏基质，从而竞争性地排斥了在这一条件下该能力差的丝状菌。我们也在曝气池前端40%缺氧区的A/O系统脱氮试验中，观察到污泥的沉降性能及*SVI*值均优于对照的CMAS完全混合活性污泥表曝池，污泥中丝状菌数量也大大低于对照。

5) 改善工艺或工况调整

(1) 在工艺选择上宜采用推流式避免采用完全混合式　对容易膨胀的废水应避免采用完全混合活性污泥法(CMAS)，推荐选用流态为推流式(PFR)或批式(SBR)的活性污泥法。J. H. Rensink对上述三种进水方式及流态进行了平行对比试验，结果表明SBR、PFR中丝状菌数量少、污泥的*SVI*值低，而CMAS中丝状菌数量多、污泥的*SVI*值高，污泥呈严重的膨胀状态。

(2) 改变曝气池构型　对推流式反应器(PFR)的构型进行修改，使长宽比加大，长∶宽大于20∶1；亦可在曝气池中采用分隔。Donaldson在这方面进行了长期的研究，他发现因曝气池过短而产生的反向混合是污泥膨胀的起因，可通过加曝气池廊道(折叠式)或加横板来避免反向混合。捷克的chudoda引入了扩散系数*D*的概念，试验表明*D*值愈小，污泥的*SVI*值愈低，因此他建议在推流式曝气池中采用分隔，使$D<0.2$，以抑制丝状菌的过量生长。

(3) 在曝气池前部设置高负荷接触区即选择器以控制低负荷膨胀。选择器根据运行条件不同可分为好氧选择器、缺氧选择器和厌氧选择器等类型。

(4) 采用设置污泥再生池，在曝气池内增加填料、强化曝气、射流曝气等方法以控制高负荷条件下污泥膨胀。

(5) 曝气池的进气阀最好可调节，以便调整阀门的开启程度，减缓曝气池首端缺氧的情况。

如果处理废水量不是很大则可考虑采用间歇式活性污泥工艺，该工艺是最不容易发生污泥膨胀的处理工艺之一，而且对于小流量工业废水的处理也适用。

综上所述，在污泥发生膨胀时我们应及时改变曝气池中微生物所处的环境条件，在有两大类微生物——菌胶团细菌和丝状细菌共存并相互竞争的污泥体系中，创造适合于菌胶团细菌生长的环境条件，使丝状菌得不到优势生长，以达到改善污泥沉降压缩性能、控制或预防污泥膨胀的目的。

6.4.2 活性污泥异常问题及解决对策

活性污泥及生物膜是废水生物处理系统中降解污染物的主体，正常的活性污泥应以菌胶团细菌为主所组成，并含有以钟虫类为主的多种微型生物，它具有很强的吸附氧化分解有机物的能力，当进入二沉池后沉降凝聚性能良好，能很快进行泥水分离。当生物处理系统因进水水质、水量或运行参数的变化使微生物类群发生变化，并导致污泥性状和出水水质恶化时，应根据系统的评价指标体系，及时发现运行中的种种异常现象，迅速予以解决，使之长期达标运行。表 6－3 列出了生物处理系统运行时出现异常现象的症状、原因及解决对策。

表 6－3　污泥性状异常及其分析一览表

异常现象症状	分析及诊断	解决对策
曝气池有臭味	曝气池供氧不足，*DO* 值低，出水氨氮有时较高	增加供氧，使曝气池 DO 浓度高于 2 mg/L
污泥发黑	曝气池 *DO* 过低，有机物厌氧分解释放出 H_2S，其与 Fe^{2+} 作用生成 FeS	增加供氧或加大回流污泥量
污泥变白	丝状菌或固着型纤毛虫大量繁殖	如有污泥膨胀，其他症状参照膨胀对策
	进水 pH 值过低，曝气池 pH≤6，丝状霉菌大量生成	提高进水 pH 值
沉淀池有大块黑色污泥上浮	沉淀池局部积泥厌氧，产生 CH_4、CO_2，气泡附于泥粒使之上浮，出水氨氮往往较高	防止沉淀池有死角，排泥后在死角区用压缩空气冲或清洗
二沉池泥面升高，初期出水特别清澈，流量大时污泥成层外溢	$SV_{30}>90\%$，$SVI>200$ mL/g，污泥中丝状菌占优势，污泥膨胀	投加液氯、次氯酸钠，提高 pH 等化学法杀丝状菌；投加颗粒碳、黏土、消化污泥等活性污泥“重量剂”；提高 *DO*；间隙进水
二沉池泥面过高	丝状菌未过量生长，*MLSS* 值过高	增加排泥
二沉池表面积累一层解絮污泥	微型动物死亡，污泥解絮，出水水质恶化，*COD*、*BOD* 上升，*OUR* 远低于 8 mgO_2/gVSS·h，进水中有毒物浓度过高或 pH 异常	停止进水，排泥后投加营养，有可能引进生活污水使污泥复壮或引进新污泥菌种
二沉池有细小污泥不断外漂	污泥缺乏营养，使之瘦小，*OUR*＜8 mgO_2/gVSS·h；进水中氨氮浓度高，*C*/*N* 不合适；池温超过 40℃；翼轮转速过高使絮粒破碎	投加营养物质或引进高 *BOD* 的废水，使 $F/M>0.1$，停开一条曝气池
二沉池上清液浑浊，出水水质差	*OUR*＞20 mgO_2/gVSS·h，污泥负荷过高，有机物氧化不完全	减少进水流量，减少排泥
曝气池表面出现浮渣似厚粥覆盖于表面	浮渣中见诺卡氏菌或纤发菌过量生长，或进水中洗涤剂含量过高	清除浮渣，避免浮渣继续留在系统内循环，增加排泥

（续表）

异常现象症状	分析及诊断	解决对策
污泥未成熟，絮粒瘦小；出水浑浊，水质差；游动性小型鞭毛虫多	水质成分及浓度变化过大；废水中营养不平衡或不足；废水中含毒物或 pH 不合适	使废水的成分、浓度和营养均衡化并适当补充所缺营养
污泥过滤困难	污泥解絮	—
污泥脱水后泥饼松	有机物腐败	及时处置污泥
	凝聚剂加量不足	增加剂量
曝气池泡沫过多，色白	进水中洗涤剂过多	滴加消泡剂，水冲或拉网覆盖防止泡沫外逸
曝气池泡沫不易扩散、发黏	进水负荷过高，有机物分解不全，起泡沫微生物大量繁殖	降低负荷，将浮渣引流到曝气池外排除，投加化学药剂抑制起泡微生物的繁殖
曝气池泡沫呈茶色或灰色	污泥老化，泥龄过长，解絮污泥附着在泡沫上	增加排泥

6.4.3　日常监测中异常现象及解决对策

在平时的日常运行管理中，应定时对进出水的水质及活性污泥的性状进行测定，当发现异常现象时及时调整，使之尽快恢复正常运行。表 6－4 列举了化学测定时所发现的部分异常现象及其解决对策。

表 6－4　日常监测异常及其分析一览表

异常现象症状	分析及诊断	解决对策
出水 pH 值下降	厌氧处理中负荷过高，有机酸积累	降低负荷
	好氧处理中负荷过低，氨氮硝化	增加负荷
ESS 升高	二沉池池表面有一层浮泥，污泥中毒；污泥膨胀	污泥复壮
	排泥不足、*MLSS* 过高	见前述污泥膨胀对策
	二沉池积泥，发生反硝化或腐败	增加排泥量
出水浑浊	负荷过低，污泥凝聚性差，污泥解絮	增加营养
	污泥中毒	停止进水，污泥复壮
	后继快滤池过滤介质受污染，活性炭饱和负荷过高	增加反冲
	有机物分解不完全	降低负荷
出水色度上升	污泥解絮，进水色度高	改善污泥性状
SV_{30}上升	污泥膨胀或排泥不足	见膨胀对策

（续表）

异常现象症状	分析及诊断	解决对策
MLSS 下降	回流泵堵或翼轮堵塞，污泥膨胀或中毒	大量流失
污泥灰分高，大于50%	沉砂池、初沉池运行不佳；进水中泥沙过多，或盐分过高	改善沉砂池、初沉运行工况
曝气池 *DO* 低	进水过浓，负荷过高；进水中无机性还原物质过多	减少负荷
	曝气器堵塞	拆卸修复
出水*BOD*或*COD*升高	污泥中毒	污泥复壮
	进水过浓	提高 *MLSS*
	进水中无机还原物过高（$S_2O_3^{2-}$、H_2S 等）	
	COD 测定受 Cl^- 干扰	排除干扰
厌氧产气量下降	污泥中毒	引进新污泥菌种
	负荷过高，有机酸积累	减少负荷，加碱使 pH 值为 7.3～7.6
	传动装置失效	

思 考 题

（1）简述废水生化处理的运行管理基本要素。

（2）简述生化处理系统的运行评价指标体系。

（3）废水生化处理系统的调控方法有哪些？

第7章　废水生化处理设计初步

废水生化处理工程是废水处理技术方案的实施和实践，属于环境保护工程，也是建设项目中的一个重要组成部分，其设计应遵循工程设计的原则，即技术先进、安全可靠、质量第一和经济合理。具体来说在设计中要认真贯彻国家的经济建设方针和政策，考虑资源的充分利用，选用的技术要先进适用，工程设计要坚持安全可靠、质量第一的原则，坚持经济合理的原则；同时还要遵循国家有关环境保护法律、法规，合理开发和充分利用各种自然资源，严格控制环境污染，保护和改善生态环境；项目中需要配套建设的环境保护设施，必须与主体工程同时设计，同时施工，同时投产使用，遵守污染物排放的国家标准和地方标准；设计中应采用能耗小、污染产生少的清洁生产工艺。

7.1　废水生化处理工程设计程序

废水生化处理工程的设计程序一般来说分编制项目建议书、项目可行性研究、项目工程设计、工程和设备招投标、工程施工、竣工验收、运行调试和达标验收等几个步骤。这些建设步骤基本包括了项目建设的全过程，它们也可划分为三个阶段。

1）第一阶段——项目立项阶段

前期工作主要是可行性研究，以可行性研究报告（大型、重要的项目）或工程方案设计（小型、简单的项目）的文件形式表达，主要是论证废水治理项目的必要性、工业技术的先进性与可靠性、工程的经济合理性，为项目的建设提供科学依据。其内容包括项目所在地的自然环境条件（地理、气象、水文地质）、流域社会经济概况、污染源构成、环境质量现状、废水治理要求目标等；废水治理工艺方案比较（工艺技术、技术经济比较）等；工程投资估算及资金筹措（工程投资估算原则与依据、工程投资估算标准、资金筹措与使用计划）；工程进度安排；经济评价；存在问题及建议。本阶段以确定项目为中心，一般由政府有关单位编制项目建议书和项目可行性研究报告，通过国家计划部门和投资银行论证便可获得立项，对于某些小规模项目，只编制废水治理方案设计，并通过投资部门的论证便可立项。

2）第二阶段——工程建设阶段

包括工程设计、工程和设备招投标、工程施工、竣工验收等过程。

（1）工程设计　项目立项后，设计单位根据审批的可行性研究报告进行设计，其任务是将可行性研究报告确定的设计方案具体化，其设计深度应能满足施工要求。对大型工程还需进行扩大初步设计，进一步论证技术的可靠性、经济合理性和投资的准确性。工程设计的任务包括确定工程规模、建设目的、投资效益、设计原则和标准、主要工艺设计、工程概算。在上述工作基础上列出工程量、主要设备和材料；编制工程概算书；提供设计图纸。

（2）工程设备招投标　经过比较投标方的能力、技术水平、工程经验、报价等选定工程施工单位和设备供应单位，这是保证工程质量和节省工程投资的基础。

（3）工程施工　这是项目建设的实现阶段，包括土建施工和设备加工制造的全过程。施工单位要按设计图施工，施工人员发现问题或提出合理化建议，应经过一定手续才能变动，应及时解决施工中出现的技术问题，或根据具体情况对设计做必要的修改和调整，设计人员要有计划地配合参与施工，随时解决施工中存在的设计问题。按设计要求投加生物菌种、水生动植物等。

（4）竣工验收　这是全面检查设计和施工质量的过程，其核心是质量，不合格工程必须返工。

3）第三阶段——项目验收阶段

包括净化生物的培养、运行调试、达标验收等过程。检查设备及其安装的质量，以确保能正常投入使用，达到预期处理目标后即可组织验收。

7.2　废水生化处理厂厂址选择

污水处理厂是城市排水工程的一个重要组成部分，它与城市的总体规划，城市排水系统的走向、布置以及处理后污水的出路都密切相关。恰当地选择污水处理厂的位置，进行合理的总平面布局关系到城市环境保护的要求、污水利用的可能性、污水管网系统的布置以及污水处理厂本身的投资、经营管理费用等。所以必须慎重地选择厂址。

7.2.1　污水处理厂厂址选择原则

污水处理厂厂址选择时应遵循下列各项原则。

（1）应与选定的污水处理工艺相适应，如选定稳定塘或土地处理系统为处理工艺时，必须有适当的土地面积。

（2）无论采用什么处理工艺，都应尽量做到少占农田或不占良田。

(3) 厂址必须位于集中给水水源下游，并应设在城镇、工厂厂区及生活区的下游和夏季主风向的下风向。为保证卫生要求，厂址应与城镇、工厂厂区、生活区及农村居民点保持 300 m 以上的距离，但也不宜太远，以免增加管道长度，提高造价。

(4) 当处理后的污水或污泥用于农业、工业或市政时，厂址应考虑与用户靠近，或者便于运输；当处理水排放时，则应与受纳水体靠近。

(5) 厂址不宜设在雨季易受水淹的低洼处，靠近水体的处理厂要考虑不受洪水威胁。厂址尽量设在地质条件较好的地方，如无滑坡、塌方等特殊地质现象，土壤承载力较好(一般要求在 1.5 kg/cm^2 以上)；要求地下水位低，以方便施工，降低造价。

(6) 要充分利用地形，应选择有适当坡度的地区，以满足污水处理构筑物高程布置的需要，减少土方工程量；若有可能，宜采用污水不经水泵提升而自流入处理构筑物的方案，以节省动力费用，降低处理成本。

(7) 根据城市总体发展规划，污水处理厂厂址的选择应考虑远期发展的可能性，有扩建的余地。

以上条件，在厂址选择中，应尽可能予以满足，使污水处理厂能很好地发挥其功能及节省基建投资。

7.2.2　污水厂的用地要求

污水处理厂所需面积与污水量及处理方法有关，表 7－1 所列为各种污水量、不同处理方法的污水厂所需的面积，估算面积时可作为参考。同时还要考虑污水厂的发展用地。对于丘陵地区，地形复杂，可适当增加用地面积。

表 7－1　废水处理厂所需面积

处理水量/(m^3/d)	物理处理所需面积/$\times 10^4$ m^2	生物处理所需面积/$\times 10^4$ m^2	
		生物滤池	活性污泥法或高负荷生物滤池
5 000	0.5～0.7	2～3	1.0～1.25
10 000	0.8～1.2	4～6	1.5～2.0
20 000	1.2～1.8	8～12	2.2～3.0
30 000	1.6～2.5	12～18	3.0～4.5
40 000	2.0～3.2	16～24	4.0～6.0
50 000	2.5～3.8	20～30	5.0～7.5
75 000	3.75～5.0	30～45	7.5～10.0
100 000	5.0～6.5	40～60	10.0～12.5

当污水处理厂的厂址有多种方案可供选择时，应从管道系统、泵站、污水处理厂各处理单元考虑，进行综合的技术、经济比较与最优化分析，并通过有关专家的反复论证再行确定。

7.3 废水生物处理典型工艺及选择

在废水生化处理工程设计中，工艺流程的设计是最重要的环节，并贯穿设计过程的始终。工艺流程是否合理将直接影响到污染治理效果的好坏、操作管理的方便与否、投资的大小、运行费用的高低以及处理后得到的物料能否得到回收利用，甚至会影响到生产工艺的正常运行。

7.3.1 工艺路线选择原则

在选择处理的工艺路线时，应注意考虑如下基本原则：

(1) 先进性　先进性主要是指技术的先进性和经济上的合理可行，具体包括处理项目的总投资、处理系统的运行费用和管理等方面的内容，应该选择处理能耗小、效率高、管理方便和处理后得到的产物能直接利用的处理工艺路线。随着经济的发展和环境意识的提高，对于各种污染物的排放要求会越来越高，因此还要考虑处理的工艺路线是否有一定的前瞻性。

(2) 可靠性　可靠性是指所选择的处理工艺路线是否成熟可靠。工程设计中可能采用的技术有：成熟技术、成熟技术基础上延伸的技术、不成熟技术和新技术。如果采用了不成熟技术，就会影响处理的效果和环境的质量，甚至造成极大的浪费。对于尚在试验阶段的新处理技术、新处理工艺和新处理设备，应该慎重对待，防止只考虑和追求新的一面，而忽略可靠性和稳妥的一面。必须坚持一切经过试验的原则。在实际中，要处理的污染物种类很多，有的是新的从来没有处理过的污染物，这就需要慎重考虑处理的工艺路线，一种是进行类比选择，另一种是进行试验确定。设计中考虑可靠性是提高工程项目质量的重要途径。

(3) 安全性　水中的污染物大多是具有毒性的，选择对这些污染物的处理工艺路线时要特别注意，要防止处理过程中污染物的散发和外溢，要有较合理的补救措施。同时还要考虑劳动保护和消防的要求。

(4) 符合国情　我国正处于一个初级的发展阶段，经济能力、制造能力、自动化水平、环境保护意识和管理水平等各个方面都有一定缺陷，因此在选择处理工艺路线时就要考虑企业的承受能力、管理水平和操作水平等具体问题，也就是说具体问题要具体分析。

(5) 简洁和简单性　选择处理工艺路线时，要选择简洁和简单的处理工艺路线，往往简洁和简单的处理工艺路线是比较可靠的工艺路线。同时要考虑系统中某一个设备出问题时，不至于对整个系统有较大的影响。

上述五项原则必须在选择废水处理工艺路线时全面衡量，综合考虑。对于需要处理的污染物，任何一种处理技术既有其长处，也有其短处。设计人员必须从实际出发，采取全面对比的方法，并根据处理工程的具体要求选择其中不仅对现在有利而且对将来有利的处理工艺路线，尽量发挥有利的一面，设法减少不利的因素，以保证对污染物处理的效果好、能耗低、费用小，运行管理以及维修方便。

7.3.2　废水生化处理典型工艺

废水处理中，城市污水处理的趋势是以二级生化处理为主体，三级处理深度降解处理有机物、氮和磷等物质，是以污水的再利用为目的而进行的处理。对于某些工业有机废水的处理，生化处理要结合物理化学的方法才能满足排放要求，即采用“物化＋生化”或“生化＋物化”工艺。

1）污水生化处理典型工艺流程

城市污水生化处理常用的处理流程类型如图 7－1～图 7－6 所示。

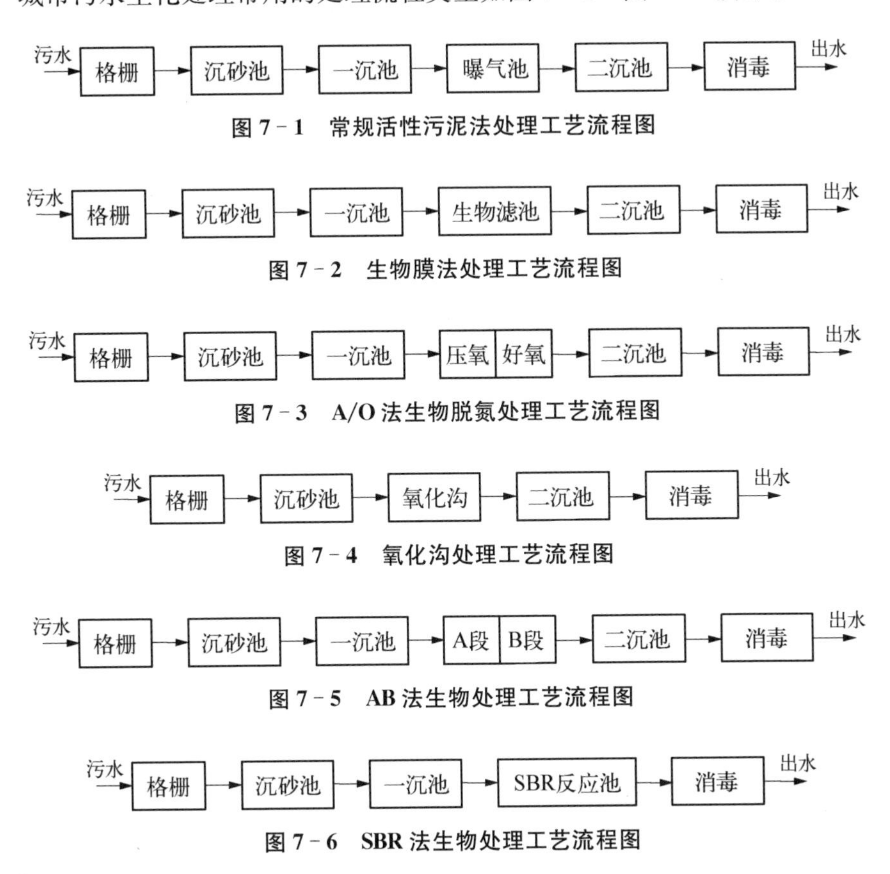

图 7－1　常规活性污泥法处理工艺流程图

图 7－2　生物膜法处理工艺流程图

图 7－3　A/O 法生物脱氮处理工艺流程图

图 7－4　氧化沟处理工艺流程图

图 7－5　AB 法生物处理工艺流程图

图 7－6　SBR 法生物处理工艺流程图

上述几种工艺均能达到处理要求，满足国家有关的污水排放标准。工业有机废水的处理要根据企业污水水质的实际情况，通过实验选择可行的处理工艺。

2）污泥处理典型工艺流程

污泥一般采用浓缩、消化、脱水等方法进行处理，最终处置的途径有用作肥料、建筑材料以及焚烧和填埋等。主要的工艺流程见图7-7～图7-9。

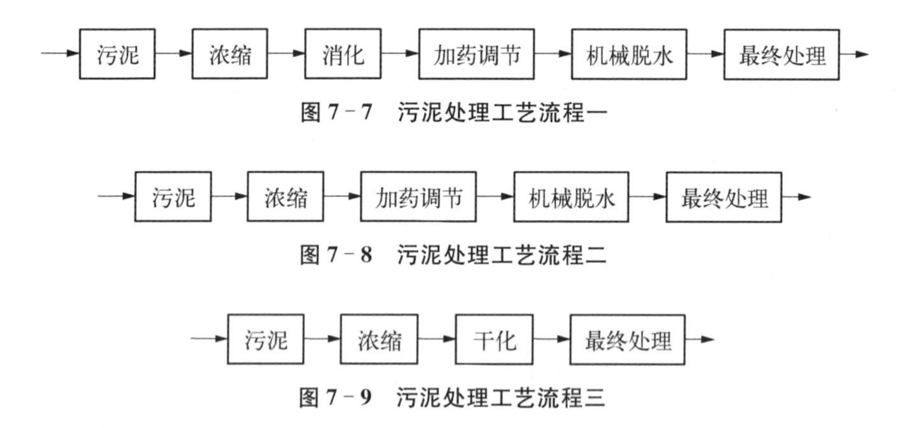

图7-7　污泥处理工艺流程一

图7-8　污泥处理工艺流程二

图7-9　污泥处理工艺流程三

目前，我国大部分城市污水处理厂采用流程一的污泥处理工艺；在一些小型污水处理厂和工业污水处理厂中，主要采用流程二和流程三的污泥处理工艺。

7.3.3　废水处理工艺选择

1）影响处理工艺选择的因素

（1）污水处理程度　根据处理水的出路和污水的水质，确定污水中各种污染物的处理程度。如果处理水排放入水体，依据GB 18918—2002《城镇污水处理厂污染物排放标准》确定处理水的各项水质指标。如果处理水回用，依据不同回用水的标准，确定处理水的各项水质指标；然后计算出各种污染物的处理程度；再根据处理程度选择相应的处理工艺流程。

（2）污水水质和水量的变化情况　污水水质和水量的变化幅度，对处理工艺流程的选择影响很大。根据水量的变化情况，可考虑采用连续流处理流程还是间歇式处理构筑物。对于水质水量变化较大的污水，宜采用抗冲击负荷能力较强的处理工艺；对于BOD浓度较低的污水，应首先考虑采用生物膜法如生物滤池进行处理；对于间歇性进水的污水厂，应考虑采用SBR法进行处理。

（3）工程造价和运行费用　对于城市污水，采用多种处理工艺流程都可以达到处理程度的情况下，工程造价和运行费用的高低就成为选择处理工艺的重要依据。在满足处理要求的前提下，工程造价少、运行费用低的方案将成为首选。

（4）自然条件　气候、受纳水体、地形等条件也会影响污水处理工艺的选择。受纳水体对排入污水的要求程度将直接影响污水的处理程度，对处理工艺流程的选择产生直接影响。当有池塘、旧河道、沼泽地和农业利用价值不大的荒地等可利用时，可考虑采用稳定塘或土地处理技术。在寒冷地区应采用耐低温的处理工艺。

(5) 运行管理　对于运行管理水平有限的小型污水处理厂或工业废水处理站，宜采用操作简单、运行可靠的处理工艺；对于运行管理水平较高的大型污水处理厂，应尽量采用处理效率高、净化效果好的新工艺。对于地质条件较差的地区，不宜采用池体较深、施工难度较大的处理构筑物。

2) 污水处理工艺选择

生物处理法的种类和构筑物较多，各种生物处理法的优缺点和使用条件如表7-2所示。

表7-2　生物处理方法的特点和适用条件

类　型	优　　点	缺　　点	适用条件
活性污泥法	(1) 处理程度高； (2) 负荷高； (3) 占地面积少； (4) 设备简单	(1) 能耗高； (2) 运行管理要求高； (3) 可能发生污泥膨胀； (4) 生物脱氮功能只能在低负荷下实现	城市污水处理； 有机工业废水处理； 适用于大、中、小型污水处理厂
生物膜法	(1) 运行稳定，操作简单； (2) 耐冲击负荷能力强； (3) 能耗较低； (4) 产生污泥量少，易分离； (5) 净化功能强，具有脱氮功能	(1) 负荷较低； (2) 处理程度较低； (3) 占地面积较大； (4) 造价较高	城市污水处理； 有机工业废水处理； 特别适用于低浓度有机污水处理； 适用于中、小型污水处理厂
厌氧法	(1) 运行费用低； (2) 可回收沼气； (3) 耐冲击负荷； (4) 对营养物要求低	(1) 处理程度低，出水达不到排放要求； (2) 负荷低，占地面积大； (3) 产生臭气； (4) 启动时间长	高浓度有机废水处理； 污泥处理
稳定塘	(1) 充分利用地形，工程简单，投资省； (2) 能耗少，维护方便，成本低； (3) 污水处理与利用相结合	(1) 占地面积大； (2) 污水处理效果受季节、气候影响； (3) 防渗处理不当，可能污染地下水； (4) 易散发臭气和孳生蚊蝇	作为二级处理的深度处理； 城市污水处理； 有机工业废水处理
土地处理法	(1) 能耗少，处理成本低； (2) 充分利用污水中的营养物质和水，使污水处理与利用有机地结合为一体； (3) 土地处理系统属于环境生态工程	(1) 占地面积大； (2) 污水处理效果受季节、气候影响； (3) 预处理不当，可能污染土壤和地下水； (4) 操作管理不当，有可能造成土壤堵塞	作为二级处理的深度处理； 城市污水处理； 有机工业废水处理

一般认为活性污泥法处理效果好，净化效率高，占地少，是首选的处理工艺，但动力费用较高；生物膜法净化功能强，动力费用省，具有脱氮功能，但占地面积大，造价较高；氧化塘和土地处理法受自然条件的限制，只能在有条件的地区采用；厌氧法动力费用省，可回收一定能源，但处理不完全，出水达不到排放标准，负荷低，占地面积大。生物滤池一般适用于中小水量，而曝气池适用性较广，但也有人认为，当水量大于 8 000～10 000 吨/天情况下，采用合建式曝气沉淀池不合适，宜采用曝气池与沉淀池分建或采用其他形式处理构筑物。从处理程度衡量，一般活性污泥法比生物过滤法处理效果好些，但负荷不同，处理效率不一样，低负荷去除效率高，处理效果较好。从占地面积衡量，生物滤池占地比曝气池大，各种构筑物中高负荷占地小，低负荷占地大。可根据用地条件，酌情选用处理方法。A/O 法处理效果好，具有生物脱氮功能，但容积负荷低，造价高，当对出水含氮量有明确要求或考虑将污水回用时采用；AB 法将城市排水系统与污水处理系统结合为一体，由于采用了厌氧（A 段）和好氧（B 段）两段工艺，可节省一定能耗，处理效果可满足污水排放要求；SBR 法运行稳定可靠，处理效果好，同时具有脱氮功能，特别适用于间歇式进水的污水处理厂，是一种具有很多特点的污水处理新工艺；氧化沟处理效果好，产泥量少，非常适用于小型污水处理厂。城市污水处理厂采用不同工艺时的处理效率如表 7－3 所示。

表 7－3　城市污水处理厂的处理效率

处理方法	BOD_5 去除率/%	悬浮固体去除率/%
一级处理沉淀法	25～40	40～70
生物过滤法：低负荷	80～90	70～92
高负荷	65～90	65～92
活性污泥法：正常负荷	80～95	85～95
高负荷	50～90	65～95

总之，正确选择处理工艺流程及处理构筑物对污水处理十分重要。在技术上，必须是有效的、先进的、合理的，必须保证处理后的污水排入水体后不造成污染危害，并应尽可能采用高效的设施。在经济上，尽量节约基建投资，节省运行中的能量消耗与处理费用，并节省用地。在工艺确定中，应做技术经济比较。

7.3.4　废水生化处理工艺流程设计

1）工艺流程设计的主要内容

（1）确定处理工艺流程中各个处理单元的具体内容、大小尺寸、顺序和排序方式，以达到有效处理污染物的目的。

（2）绘制工艺流程图，要求以图解的形式表示：处理过程中污染物经过处理单元被去除时物料和能量发生的变化及其去向；采用了哪些处理单元、设备和构筑物；可再进一步通过图解的形式表示管道布置和测量位置。

2）工艺流程图的绘制

工艺流程图是工艺设计关键的文件。各个处理单元按照一定的目的和要求，以规定的形象的图形、符号、文字表示工艺流程中选用设备、构筑物、管道、附件、仪表等，以及排列次序与连接方式，反映出物料流向与操作条件。

工艺流程图一般分为两类，一类称为工艺方案流程图，另一类是工艺安装流程图。

（1）工艺方案流程图　工艺方案流程图又名工艺流程示意图或工艺流程简图，它包括：① 定性地标出污染治理的路线；② 画出采用的各种过程及设备以及连接的管线。

工艺方案流程图的组成包括流程、图例、设备一览表三部分。流程中有设备示意图、流程管线及流向箭头、文字注解。图例中只需标出管线图例，而阀门、仪表等无须标出。其绘制的步骤如下：① 用细实线画出地平线；② 用细实线根据流程从左到右，依次画出各种设备示意图，近似反映设备外形尺寸、高低位置；各设备之间留有一定的距离用于布置管线；每个设备从左到右依次加上流程编号；③ 粗实线画出主要流程线，配上箭头。在流程开始和终了部位标注污染物名称、来源和去处；④ 中实线画出非主要流程线，如空气、水，配上箭头，开始和终了部位标注介质名称；⑤ 流程线的位置近似反映管线安装的位置高低；⑥ 流程线交叉时，细实线让粗实线；⑦ 在图的下方或标题中标明图例和设备编号及名称。

（2）工艺安装流程图或带控制点的工艺流程图　工艺安装流程图是指带编号、名称和管口的各种设备示意图；带编号、规格、阀门和控制点；表示管件、阀门和控制点的图例；标题栏注明图名、图号和设计阶段。

工艺流程图的比例一般为 1∶50 和 1∶200；图幅为 A1 或 A2。

图 7－10 所示为某地埋式生活污水处理中的工艺安装流程图。

7.4　废水处理厂的布置

7.4.1　废水处理厂的平面布置

污水处理厂总平面布置包括：处理构筑物布置、各种管渠布置、辅助建筑物布置、道路、绿化、电力、照明线路布置等，如图 7－11 所示。

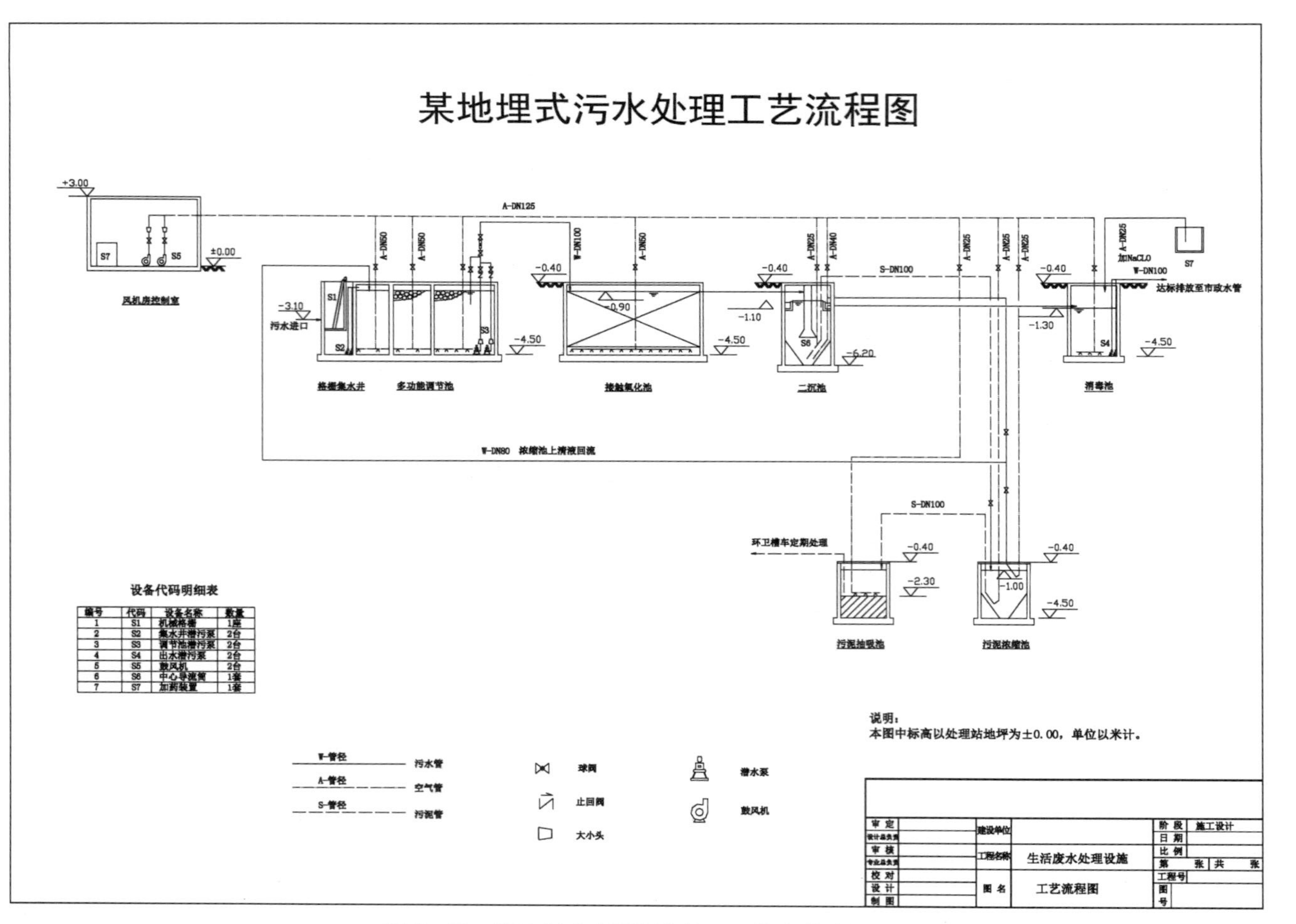

图 7-10　某地埋式生活污水处理工艺安装流程图

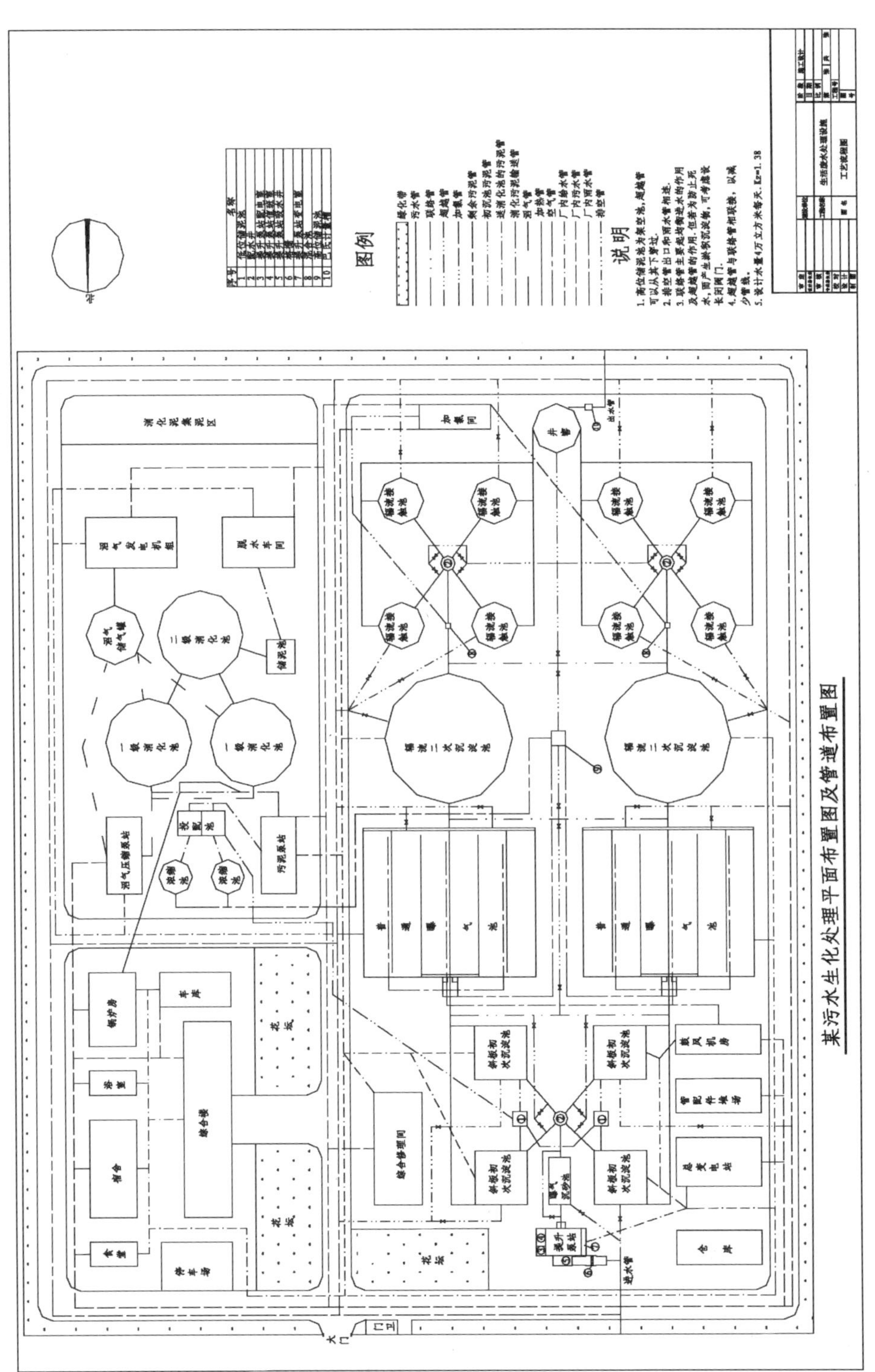

图 7-11　某生化法污水处理厂平面布置图

1) 平面布置的内容

(1) 生产性构筑物 用于生产的构筑物包括各种污水处理构筑物、污泥处理构筑物、配水井、泵房、鼓风机房、中心控制室、投药间、消毒间、污泥脱水间、变电站、沼气柜等。

(2) 各种管线 各处理构筑物之间的污水、污泥管道或管渠,空气管道、沼气管道、给水管道、雨水管道,输配电、控制与通信电线等。

(3) 辅助建筑物 污水处理厂的主要辅助构筑物有办公楼、化验室、运转值班室、机修车间、仓库、食堂等。

2) 平面布置原则

(1) 污水处理厂平面布置应按污水、污泥处理流程的要求,根据各处理构筑物的功能和性质,结合厂区地形、地质和气候等因素力求便于施工、操作和运行管理,尽量做到挖填土方平衡,通过技术经济比较确定。

(2) 在进行污水厂平面布置时,应考虑远期发展和扩建的可能性,留有适当的扩建余地。如有远期规划,应按远期规划布置,分期进行建设。

(3) 处理构筑物应尽量按流程顺序布置,避免管线迂回,充分利用地形,降低能耗,减少土方量。

(4) 处理构筑物应布置紧凑,缩短连接管渠,节省占地,便于管理。考虑到在构筑物之间敷设管渠、阀门等附属设备,根据施工和运行管理的要求,构筑物之间一般留有不小于 5～10 m 的间距。消化池应距离初沉池较近,以缩短污泥管线。消化池与其他构筑物之间的距离不小于 20 m。

(5) 经常有人工作、活动的建筑物,如办公楼、化验室、中心控制室等,应布置在夏季主导风向的上风向一方。

(6) 污泥构筑物应尽量集中布置,以利于安全和管理。污泥区应不只在夏季主导风向的下风向一方,还要远离办公楼和生活区。沼气柜、沼气管道、沼气加压和利用装置与其他危险品仓库的位置与设计应符合有关防火规范的要求。

(7) 各处理构筑物的连接管线应自成体系,保证其独立运行,在某个构筑物因故停止运行时,不至于影响其他构筑物的正常运行。并联运行的处理构筑物应设均匀配水装置,并设有连通管渠。

(8) 处理构筑物应合理设置超越管线,以便在事故或检修时污水能超越后续构筑物或直接排入水体。处理构筑物宜设防空管道,排出的污水应回流处理。

(9) 道路布置应考虑施工中及建成后的运输要求;厂内加强绿化以改善卫生条件。

总之,处理厂的平面布置除应满足工艺设计的要求外,还要服从施工和运行上的要求。对于大、中型厂,应做方案比较,以便找出较为经济合理的方案。

3）平面布置的占地面积

处理厂建筑的基本组成有二：一是生产性的处理构筑物和建筑物的泵站，鼓风机站、药剂间等；二是辅助建筑物，如化验室、修理间、仓库、办公室、值班室等。中小型废水处理厂的辅助建筑物面积可参照表7-4，根据工艺流程和它们的功能要求，结合本厂的地形和地质条件，进行平面布置。

表7-4　中小型废水处理厂辅助建筑物面积

建筑物名称	建筑物面积/m^3
化验室	25～35
器皿与药剂贮藏室	10～15
办公室	20～40
机修间	20～30
仓　库	20～30

7.4.2　废水处理厂的高程布置

在处理厂内，各处理构筑物之间，水流一般是依靠重力流动的，前面构筑物中的水位应高于后面构筑物中的水位，两构筑物之间的水面高度差即为流程中的水头损失（包括构筑物本身、连接管道、计量设备等的水头损失）。在废水处理厂中，如果进水沟道和最后排出水沟道之间的水位差大于整个处理厂需要的总水头，处理厂内就不需设置废水提升泵站；反之，就必须设置泵站。水头损失应通过计算确定，并留有余地。

处理构筑物中的水头损失与构筑物的形式和构造有关。废水处理构筑物需要的水头损失可参考表7-5。

表7-5　废水处理构筑物需要的水头损失

构筑物名称	水头损失/m
格栅	0.2～0.3
沉淀池	
竖流式	0.4～0.5
平流式	0.2～0.4
辐流式	0.5～0.6
生物滤池（滤床高2 m）	
回转布水器	2.7～2.8
固定喷嘴布水系统	4.5～4.8
曝气池	0.2～0.4
消毒接触池	0.2～0.5

在高程布置上,要充分利用地形,力求挖填土方平衡。

1) 布置原则

(1) 尽量使污水和污泥在各构筑物之间靠重力流动,避免不必要的跌水,减少提升次数。还应考虑污水厂扩建时预留的储备水头。

(2) 在进行高程布置时,应考虑土方平衡。

(3) 在浓缩池、消化池、污泥脱水机间的高程确定时,应注意污泥水能自流排入泵站集水池或其他污水处理构筑物。

(4) 污水厂出水管不受洪水顶托。

2) 计算方法

(1) 计算水头损失时,用最大流量作为设计流量,涉及远期流量的管渠与设备,按远期最大流量计算。还要考虑某一构筑物停止运行时,与其并联运行的其他构筑物与有关连接管渠能通过的全部流量。整个处理厂所需要的总水头损失除了上述流过各处理构筑物时需要的水头损失以外,还应包括流过构筑物之间的连接管道时的水头损失和流过量水设备时的水头损失。流过连接管道时的水头损失可根据选用的管中水流速度按水力学公式计算。

(2) 在进行水力计算时,应选择距离最长损失最大的流程;还需考虑因管内淤积导致阻力增加的可能;必须留有充分的余地,防止因水头不够发生涌水而影响构筑物正常运行。

(3) 在进行高程计算时,先计算出各构筑物和连接管渠的水头损失,确定构筑物之间的相对高程。在地势适宜的地区,以受纳水体的最高水位为基准点,逆污水处理流程向上倒推计算,确定各处理构筑物的标高和水面标高。在受纳水体最高水位较高、污水无法自流排入时,应在水体前设提升泵站和防潮井。水体水位高时,启动泵站抽升排放。在污水处理厂厂址远高于受纳水体最高水位时,应根据挖填方平衡先确定容积最大的构筑物的埋深和标高,以此为基准推算其他构筑物的高程。

废水处理厂的高程布置还要确定消化池、污泥脱水设备等和污泥有关的构筑物高程。在污泥流程中,一般需将污泥泵提升一次,也有需要提升两次的。

图 7-12 为某污水处理厂的污水及污泥高程布置。

7.5 废水生化处理设计实例

7.5.1 工程概况

某污水处理工程位于某省东南部,南与江南某县毗邻。所处的流域位于水库上游,是淮河流域水污染防治工作的重点之一。该污水厂的建设可以改变流域内

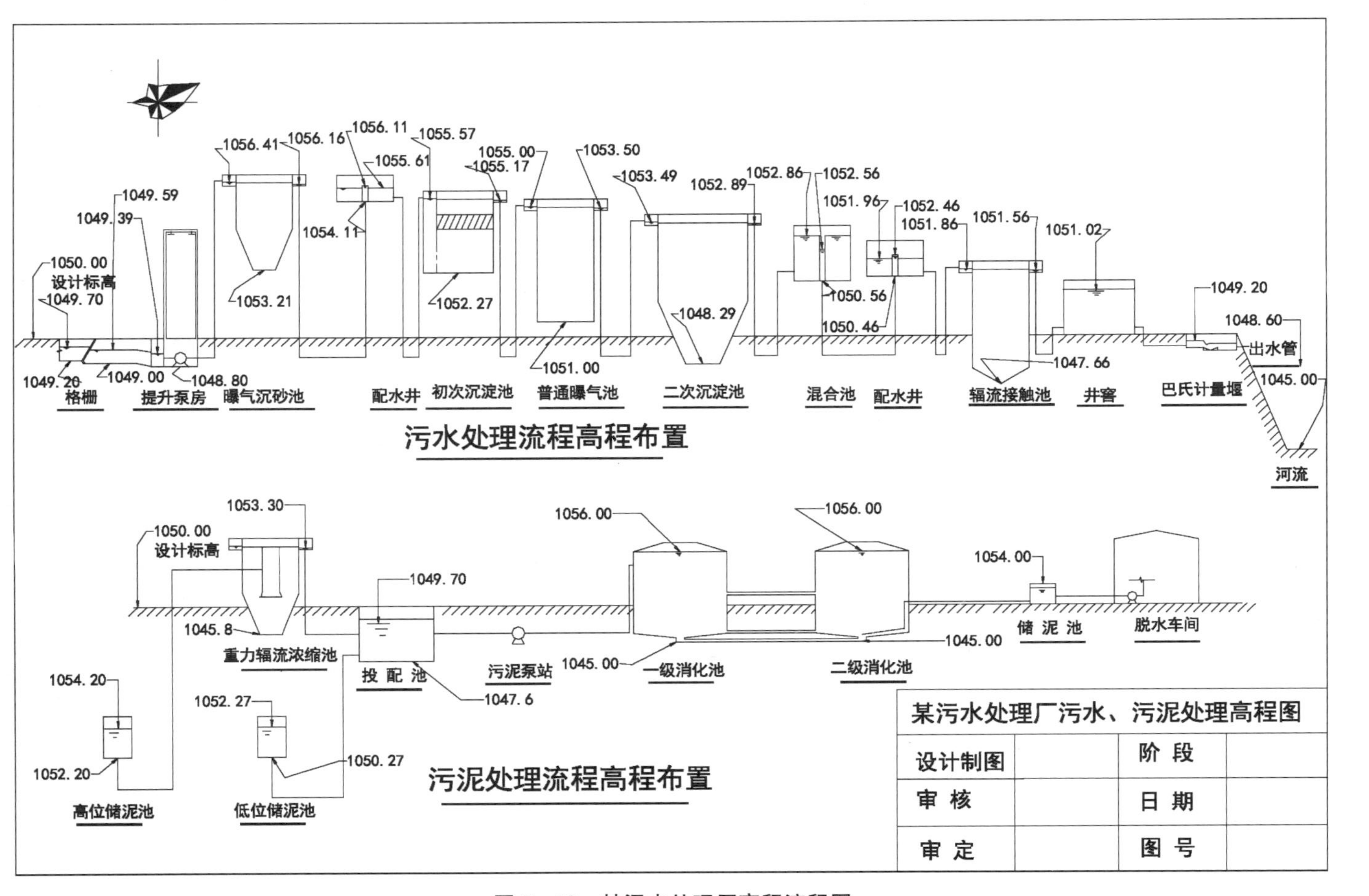

图 7－12　某污水处理厂高程流程图

水环境质量，减轻其对下游的污染，并可对水资源进行治理，综合利用。

该污水处理厂拟采用倒置 A^2/O 生物处理工艺。设计总规模为 30 000 m^3/d，设计概算总投资为 2 850 万元。

7.5.2 设计规模及设计进出水水质

1）设计规模

2005 年预测污水量为 28 000 m^3/d，根据区域污水资源化及流域综合整治实施规划、排水系统状况、预测污水量和经济发展状况，确定污水处理厂设计规模为 30 000 m^3/d。

2）设计进水水质

$COD_{Cr} \leqslant 400$ mg/L

$BOD_5 \leqslant 200$ mg/L

$SS \leqslant 200$ mg/L

$TN \leqslant 35$ mg/L

$TP \leqslant 4$ mg/L

NH_3-N 值 ≤25 mg/L

pH 值 6～9

3）设计出水水质

污水处理厂处理后的出水，经附近河流最终排入下游的水库，根据某水库功能水体分类，要求排入其内的出水必须满足现行的《城镇污水处理厂污染物排放标准》(GB 18918—2002)中的一级 B 排放标准。另外根据省、市环保局的要求以及该地区实际情况，污水处理厂出水也应满足该标准。由此确定污水处理厂最终出水水质如下：

$COD_{Cr} \leqslant 60$ mg/L

$BOD_5 \leqslant 20$ mg/L

$SS \leqslant 20$ mg/L

NH_3-N 值 ≤15 mg/L

$TP \leqslant 1.5$ mg/L

$TN \leqslant 20$ mg/L

粪大肠菌群数 $\leqslant 10^4$ 个/升

7.5.3 处理工艺方案的选择及特点

1）处理工艺确定原则

为了同时达到污水处理厂高效稳定运行和基建投资省、运行费用低的目的，依据下列原则进行污水处理工艺方案选择：① 技术成熟，处理效果稳定，保证出水水质达到排放标准；② 投资低，运行费用省，低投入高效益；③ 选定工艺的技术设备先进、可靠，国产化程度高，性能好。

2）处理工艺的确定

综合考虑本工程的建设规模、进水特性、处理要求、工程投资、运行费用和维护管理以及工程的资金筹措等情况，经过技术经济比较、分析，确定采用倒置 A^2/O

法生物处理工艺。

3) 工艺说明

(1) 工艺简介　倒置 A^2/O 法工艺即缺氧/厌氧/好氧活性污泥法，是对传统 A^2/O 法工艺的改进。其构造是在 A^2/O 工艺的基础上把厌氧区和缺氧区倒置，缺氧区移至厌氧区之前。该工艺除具备 A^2/O 法工艺的优点外，同时克服了 A^2/O 工艺的缺点：回流活性污泥（外回流）直接回流进入厌氧池，其中夹带的大量硝酸盐氮回流至厌氧池，破坏了厌氧池的厌氧状态，从而影响系统的除磷效果。污水在流经三个不同功能分区的过程中，在不同微生物菌群作用下，有机物、氮和磷得到去除，同时进行生物除磷和生物除氮。倒置 A^2/O 工艺流程如图 7-13 所示。

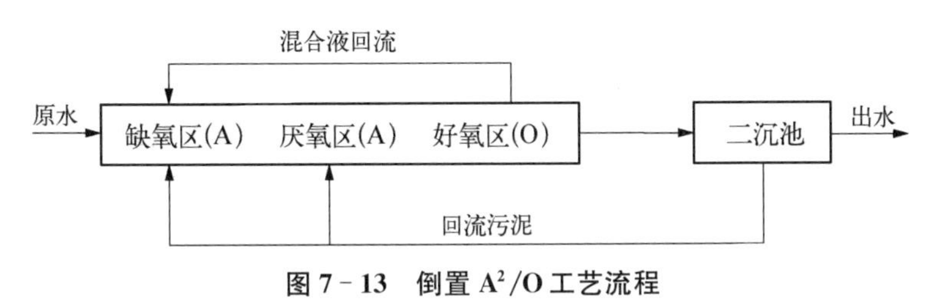

图 7-13　倒置 A^2/O 工艺流程

(2) 工艺的特点　该工艺是除磷脱氮工艺，同时在缺氧、厌氧、好氧交替运行的条件下，可抑制丝状菌的繁殖，克服污泥膨胀，有利于泥水分离，在厌氧和缺氧段内只设立式环形搅拌机。由于缺氧、厌氧和好氧三个区严格分开，有利于不同微生物菌群的繁殖生长，脱氮除磷效果好。

4) 处理工艺流程

污水和污泥的处理工艺流程如图 7-14 所示。

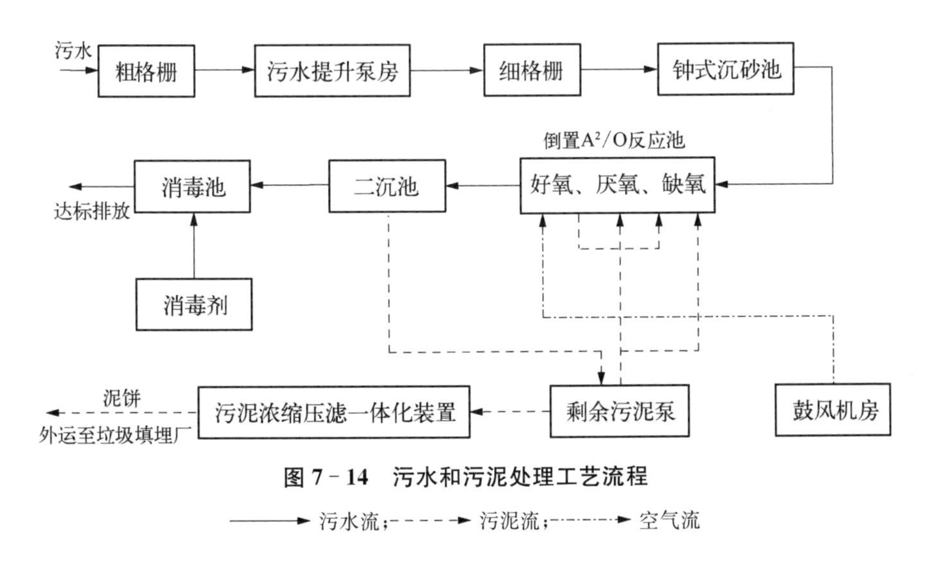

图 7-14　污水和污泥处理工艺流程

→ 污水流；- - - → 污泥流；-·-·-→ 空气流

7.5.4 工程设计

1) 总平面设计

(1) 厂址选择　根据总体规划、污水管网的布局、污水的走向、地形地貌及处理后的污水出路，确定污水处理厂厂址设在流域中下游，工业园区南面。选择此处具有以下特点：① 该厂址位于污水走向的下游方向，地势较平坦，污水排放畅通；② 该厂址位于常年主导风向的下风向，故对周围环境影响较小；③ 厂址离变电站不远，便于供电，节约供电线路，双电源供电有可靠保障；④ 可以利用附近河流，直接排放处理过的污水，污水厂以下无须再敷设排水管道，大大降低工程造价；⑤ 距农田较近，便于处理后的污水用于农业灌溉。

(2) 总平面布置　按照各构建筑物的功能和流程要求，结合厂址地形、气象和地质条件等因素，污水厂总平面布置分为几大功能区：预处理区(含格栅、泵站、沉砂池)、倒置 A^2/O 处理区、污泥处理区、生活管理区。污水厂总平面布置的特点如下：① 按构筑物功能和流程利用自然地形布置，减少土方工程并使其有机地连为一体；② 综合楼等办公生活设施集中布置在厂前区，使其与污水、污泥处理构筑物相对独立，厂前区位于处理构筑物的市主导风向的上风向，最大限度地避免了污水、污泥气味及机器设备噪声的影响；③ 污泥处理部分集中布置，从而有利于厂前办公生活区的环境；④ 将中控室、化验室等集中布置在综合楼，从而尽量节省占地。

另外，厂区的主干道宽按 6.0 m 设计，次干道宽按 4.0 m 设计，基本上成环状布置，并与主要构筑物相连。厂区平面设计尽量注意环境的美化，为职工营造一种良好的工作环境，厂区的绿化充分利用了道路两侧的空地，将污水处理区、污泥处理区及办公区之间用绿化带及道路隔开。

2) 主要构筑物设计

(1) 粗格栅　① 功能：去除污水中的较大漂浮杂物以保证污水提升泵的正常运行，采用机械格栅，正常情况下两条渠道同时运行，发生事故时只有一条运行。② 构筑物：地下钢筋混凝土平行渠道(两条)。③ 设计总流量：$Q=0.479\ m^3/s$。④ 主要设备：机械格栅除污机 LHG－800 型。⑤ 格栅台数：2 台。⑥ 栅条间隙：$b=20$ mm。⑦ 格栅宽度：$B=800$ mm。⑧ 格栅高度：$H=900$ mm。⑨ 格栅倾角：$\alpha=75°$。⑩ 过栅水头损失：$\Delta H=150$ mm。

(2) 进水泵房　① 功能：提升污水以满足后续污水处理流程竖向衔接的要求，实现重力流动顺序处理污水；② 构筑物：采用地下钢筋混凝土结构；③ 主要设备：采用可提升式无堵塞式潜水泵 4 台(3 用 1 备)，设计流量为 $0.479\ m^3/s$，扬程 $H=10$ m，选用 250QW550－10－30 型污水泵。

(3) 细格栅　功能为去除污水中较为细小的漂浮杂物，以保证后续处理流程的正常运行。采用两条钢筋混凝土平行渠道。设计总流量 $Q=0.639\ m^3/s$；主要设备采用机械细格栅 2 台（互为备用），格栅宽度 $B=1\ 300\ mm$，栅条间隙 $b=4\ mm$；过栅水头损失 $\Delta H=250\ mm$。

(4) 钟式沉砂池　功能为去除污水中粒径较大的无机砂粒，减少后续处理构筑物发生沉积，以保证后续处理流程的正常运行。采用 2 座钢筋混凝土池体，设计总流量 $Q=0.479\ m^3/s$。单池设计流量 $Q=0.24\ m^3/s$，直径为 3.65 m。主要设备选用浆板式水平旋流器 2 套、ZXS18 型空气提砂机 2 套、砂水分离器设备 1 套。

(5) 倒置 A^2/O 生物反应池　功能为去除污水中大部分污染物，特别是可生物降解的有机物质，是本工程的核心构筑物。最大设计流量为 $Q_{max}=0.479\ m^3/s$，平均设计流量 $Q=0.347\ m^3/s$。采用 2 组 4 条钢筋混凝土结构反应池，单组池池体尺寸 $L\times B\times H=95\ m\times23\ m\times6\ m$。① 缺氧区，单组池总有效容积为 $2\ 475\ m^3$，水力停留时间 $HRT=3.96\ h$；② 厌氧区，单组池总有效容积为 $1\ 650\ m^3$，水力停留时间 $HRT=2.64\ h$；③ 好氧区，单组池总有效容积为 $6\ 600\ m^3$，水力停留时间 $HRT=10.56\ h$。污泥龄 $SRT=20\ d$，混合液污泥浓度 $MLSS=4\ 000\ mg/L$ ($MLVSS=0.7\ MLSS$)，污泥负荷 $N_s=0.12\ kgBOD_5/(kgMLVSS\cdot d)$，单组池总需氧量为 $130\times2\ kgO_2\cdot h$。

主要设备：厌氧区与缺氧区每组池安装 6 台立式环流搅拌机；好氧区每组池安装 12 台立式复叶推流曝气搅拌两用机。

(6) 二沉池　功能为使活性污泥絮体与处理水经过沉淀池发生固液分离，使污水得到澄清。选用 2 台中心进水周边出水圆形辐流式沉淀池。单池设计流量 $Q_{max}=0.24\ m^3/s$，设计回流比 $R=50\%\sim100\%$，表面水力负荷为 $0.95\ m^3/(m^2\cdot h)$。进水混合液污泥浓度 X_1 为 4.0 g/L，回流污泥浓度 $X_2=8\ g/L$，水力停留时间 $HRT=3.68\ h$，单池直径为 34 m，池深为 4.0 m。主要设备为 BX-34 型周边传动吸泥机 2 台。

(7) 回流污泥及剩余污泥泵房　功能为使回流污泥通过污泥回流泵排至倒置 A^2/O 反应池缺氧区，使剩余污泥通过剩余污泥泵排至浓缩脱水机房。污泥泵房与剩余污泥泵房合建。平面尺寸为 12.4 m×6 m，污泥回流比为 50%～100%。

主要设备：回流污泥泵 3 台（2 用 1 备），设备型号 250QW630-6-22，单台设计流量 $Q=630\ m^3/h$，扬程 $H=6\ m$，单台功率 $N=22\ kW$；剩余污泥泵 3 台（2 用 1 备），设备型号 80QW26-20-5.5，单台设计流量 $Q=26\ m^3/h$，扬程 $H=20\ m$，单台功率 $N=5.5\ kW$。

(8) 污泥浓缩压滤机房　功能为对剩余污泥进行浓缩压滤脱水，使污泥含水率降低到尽可能低的程度，以减少污泥体积并便于装卸作业。构筑物为砖混结构

1座，平面尺寸为25.3 m×21 m。日排泥干重3 440 kg/d，剩余污泥混合液流量为430 m^3/d，进泥含水率为92%，出泥含水率为75%～80%。主要设备选用带宽为1.5 m的带式浓缩压滤机2套，单台处理能力为浓缩段25 m^3/h、压滤段9 m^3/h，设计工作时间为10 h。

7.5.5 主要设备

本工程所用主要设备如表7-6所示，主要包括粗细格栅、除砂机、搅拌机、污水污泥泵、污泥压滤机和自动加药装置等。

表7-6 主要设备一览表

序号	名　称	规格型号	单位	数量	备　注
1	机械粗格栅/mm	$B=800,b=20,H=900$	套	2	—
2	机械细格栅/mm	$B=1\,300,b=4,H=1\,250$	套	2	—
3	栅渣压滤机	SY-350	台	1	3千瓦/台
4	潜水排污泵	250QW550-10-30	台	4	3用1备
5	无轴螺旋输送机	WLS-300	台	2	2.2千瓦/台
6	旋流除砂机	YR-SFX-18	台	2	—
7	砂水分离器	SF-320	台	1	—
8	立式环流搅拌机	O_2BG-15	台	12	—
9	立式复叶推流曝气搅拌两用机	O_2LBG-15	台	24	4千瓦/台
10	回流污泥泵	250QW630-6-22	台	3	—
11	剩余污泥泵	80QW26-20-5.5	台	3	—
12	周边传动吸泥机	BX-34型	台	2	—
13	带式浓缩压滤机	DNY1500-N	套	2	—
14	自动加药装置	—	套	1	—
15	超声波流量计	DN800	台	1	—

7.5.6 工程投资及成本计算

1）工程总投资

污水厂工程设计概算总投资为2 850万元，其中固定资产投资为2 700万元，详细计算略。

2）成本计算

成本计算如表7-7所示，主要由动力费、维护检修费、药剂费和人工费等构成。

表 7-7　成本计算

序号	费用名称	单位	计算公式	费用价值
1	动力费	万元/年	E_1=[290×8 760×0.5 元/(千瓦·时)+1 250×60 元/(千瓦·年)]×10^{-4}	134.52
2	药剂费	万元/年	E_2=6.3 吨×50 000 元/吨×10^{-4}	31.5
3	工资福利费	万元/年	E_3=9 600 元/(人·年)×30×10^{-4}	28.8
4	固定资产折旧	万元/年	E_4=2 700×4.8%	129.60
5	大修费	万元/年	E_5=2 700×1.7%	15.90
6	检修维护费	万元/年	E_6=2 700×1.0%	27.00
7	管理费和其他费用	万元/年	$E_7=(E_1+E_2+\cdots+E_6)\times 10\%$	39.73
8	年经营成本	万元/年	$E_c = E_1+E_2+E_3+E_5+E_6+E_7$	307.45
9	年总成本	万元/年	$Y_c = E_c + E_4$	137.05
10	单位成本	元/立方米	$T_1 = \dfrac{Y_c}{365Q}$	0.40
11	单位经营成本	元/立方米	$T_2 = \dfrac{E_c}{365Q}$	0.28

7.5.7　工程效益分析

按污水处理规模 30 000 m^3/d 计，建成后每年将减少对水体的污染量 COD_{Cr} 3 723 t、BOD_5 1 971 t、SS 1 971 t。该地区流域的环境污染状况将得到较大的改善，周围环境得到美化。同时，流域环境状况的改善可增加区域农业收入，提高区域企业的经济效益。

思考题

(1) 废水生化处理厂工艺选择的原则是什么？

(2) 如何进行废水生化处理厂的平面和高程设计？

第8章 活性污泥微生物的研究方法

微生物在废水生物处理过程中起关键作用,水处理微生物学方面的深入研究对于深刻理解废水处理过程的本质、提高处理系统的性能以及进行工艺革新等具有重要的意义。本节将分别就传统微生物方法和现代生物学研究方法做一简要的介绍。

8.1 活性污泥微生物的传统研究方法

8.1.1 形态学研究方法

活性污泥菌胶团细菌个体微小,需借助显微镜观察,放大1 000倍左右才能比较清楚地分辨出不同细菌的形态及其排列特征。细菌形态学检查是微生物学研究的基本技术,一般包括制片、染色和镜检三个主要操作步骤;观察细菌的活动过程,可以不染色标本直接镜检。在多数情况下,对细菌标本进行染色有助于细菌形态和特殊结构的观察;并通过细菌染色反应鉴别不同细菌。

1) 显微镜技术

显微镜的发明对微生物学的奠基和发展起了不可估量的作用。在长期实践中,显微镜不断革新,已经成为重要的显微观察工具。借助于各种显微镜,可以观察各种微生物的形态大小、特殊结构和超微结构。

(1) 普通光学显微镜　普通光学显微镜简称光学显微镜(light microscope),以波长为0.5 μm左右的可见光为光源,可分辨出相距0.25 μm的两个微粒。一般活性污泥细菌的个体都大于0.25 μm,可在光学显微镜下观察。观察细菌经常使用油浸物镜(简称油镜),在镜头与标本之间加入香柏油,香柏油的折射率为1.515,与玻璃折射率相近,可以提高显微镜的分辨率。此外,使用油镜后,光线通过载玻片和香柏油进入物镜,可以减少光线折射,提高视野亮度。

(2) 相差显微镜　细菌未染色时,菌体的折光性与周围背景相近,明暗反差不大，不宜采用光学显微镜观察。相差显微镜(phase contrast microscope)是在光学显微镜的基础上，以特殊的相差目镜制成的显微镜。光线通过透明标本时，由于各部位的密度不同，可产生光程差即相位差，相差显微镜能把相位差转变为光强差，显示不同部位的差异。以相差显微镜观察标本也可使用油镜。

(3) 荧光显微镜　荧光显微镜(fluorescence microscope)是以紫外光或蓝紫光作为光源的显微镜，在紫外光和短波光的激发下，标本产生荧光，通过物镜和目镜系统的放大，可以观察到发出荧光的细胞结构和部位。荧光显微镜分透射式和落射式两种。透射式荧光显微镜的光源位于标本的下方，激发光本身不进入物镜，只有荧光进入物镜，视野较暗。落射式荧光显微镜的光源位于标本的上方，视野较亮，对透明和非透明样品都能观察。

(4) 电子显微镜　电子显微镜(electron microscope)简称电镜，是以高速电子束作为光源，利用电磁场改变电子运行轨道，使其产生偏转、聚焦、散射，从而形成电子放大图像的特种显微镜。在生物研究领域，最常用的电镜有透射电镜和扫描电镜两种。透射电镜(transmission electron microscope, TEM)是以电子束作为照明光源穿透样品，再经多级电磁透镜放大后成像于荧光屏上，其基本原理类似于光学显微镜。透射电镜的分辨率可高达 0.1～0.2 nm。扫描电镜(scanning electron microscope, SEM)是以电子束辐射样品，通过逐点收集样品产生的二次电子并同步逐点成像，从而反映出样品的表面形态。扫描电镜的分辨率大约为 6 nm。如图 8-1 所示是这两种电子显微镜。

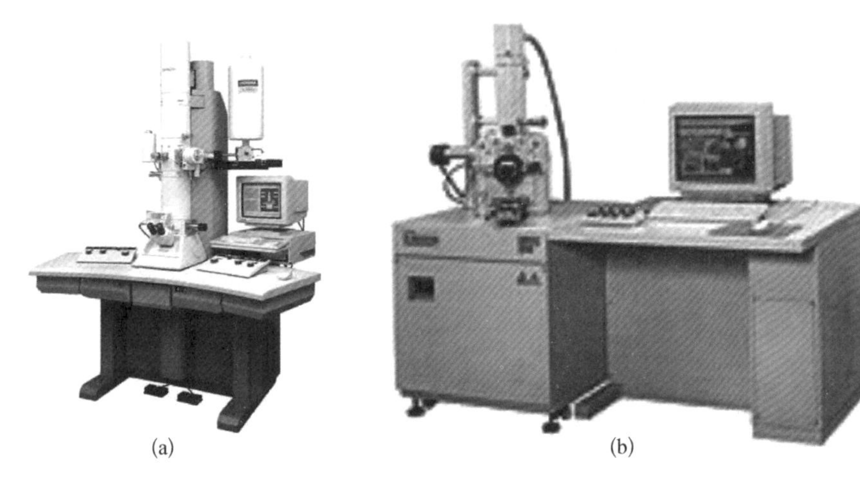

(a)　　(b)

图 8-1　电子显微镜

(a) TEM；(b) SEM

2) 细胞染色技术

(1) 简单染色　简单染色是只用一种染料使细菌着色以显示菌体形态的方

法。经过简单染色菌体与背景的反差增大，便于用显微镜观察。

用于细菌染色的染料主要有碱性染料、酸性染料和中性染料三大类。碱性染料带有正电荷，能够与带负电荷的物质结合。细菌蛋白质的等电点较低，当它们生长于中性、碱性或弱酸性溶液中时往往带有负电荷，所以通常采用碱性染料（如碱性复红和结晶紫）使其着色。

（2）革兰氏染色　革兰氏染色是1884年由丹麦病理学家 Christain Gram 创造的一种鉴别染色法，在细菌研究中广泛应用。根据革兰氏染色，可把细菌区别为革兰氏阳性（G^+）细菌和革兰氏阴性（G^-）细菌。

一般认为，革兰氏染色反应与细胞壁的结构和组成有关。在革兰氏染色中，经过结晶紫初染和碘液复染，菌体内形成深紫色的"结晶紫-碘"复合物。对于革兰氏阴性细菌，这种复合物可用酒精从细胞内浸出，经过番红复染呈红色；而对于革兰氏阳性菌则不容易浸出，呈现初染的紫色，这主要是由革兰氏阳性菌的细胞壁较厚而致。

（3）DAPI 荧光染色　观察不透明样品中的细菌可采用荧光染料染色菌体，使其发出荧光而易于辨认。DAPI（4，6 - diamido - 2 - phenylindole）是一种常用的荧光染料。经 DAPI 染色的细菌会发出蓝色荧光，很容易在荧光显微镜下观察和计数。

DAPI 荧光染色的原理是：DAPI 能够与细胞内的双链 DNA 结合，特别是与 DNA 中 A+T 丰富的区域结合。由于 DAPI 荧光染色是对细菌 DNA 的染色，可使样品中的所有细菌着色，但不能区分活细胞和死细胞。

（4）活性染色　活性染色也是一种荧光染色，能够区别活细胞和死细胞。它不但可用于样品的细菌计数，还能同时指出它们的活性。活性染色鉴别活细胞和死细胞的原理是：活细胞的细胞膜完整，对染料具有屏障作用；死细胞的细胞膜不完整，对染料没有屏障作用。如果选用透性不同的两种染料（绿色和红色）处理样品：绿色荧光染料能够透过所有细胞（不论死活），而红色荧光染料（含有碘化丙锭）只能透过细胞膜不完整的细胞（即死细胞）；呈绿色的细胞即为活细胞，呈红色的细胞则为死细胞，结果对比清晰。

这种染色已广泛应用于实验室中纯培养物的活性鉴别，但是，由于环境样品的背景染色很强，对于活性污泥样品中细菌的活性鉴别要慎重。

3）形态学研究技术的局限性

在研究细菌形态和细胞构造的过程中，形态学研究技术是必不可少的研究手段；在观察和计数自然样品中的细菌时，形态学研究技术也是十分重要的研究方法。但是，这类技术也有其固有的缺陷。如果样品中含有颗粒物质或含有个体较大的细菌，个体较小的细菌很容易被人们忽视。在显微镜下，很难区分细胞和非生命物质，也很难区分活细胞和死细胞。近年来发现，有时细胞形态学观察还会误导人们的思路。

8.1.2　常规分离纯化技术

通常，活性污泥是不同种类细菌的混合体。要研究某种细菌的特性或者要大量培养和使用某种细菌，必须从这些混杂的细菌群落中获得所需细菌的纯培养物。这种获得纯培养物的方法称为细菌的分离纯化技术。

富集培养研究的目的是达到纯培养。有许多方法可以达到纯培养，但最经常使用的方法有划线平板法、琼脂振荡法和液体稀释法。生物体在琼脂平板上生长得很好，所以划线平板法是普遍选择的方法。通过反复挑选和划线所分离的菌落通常可达到纯培养，然后把这些菌落转到液体培养基中。在适当的培养条件下，通过划线平板法可在琼脂平板上纯化需氧菌和厌氧菌。

1）富集培养

富集培养是获得纯培养物的一个重要步骤。通过富集培养可以了解营养物质和环境条件对菌群成员的不同影响，为目标菌的分离纯化打下技术基础。富集培养还可以促进目标菌的生长，使其在混合菌群中脱颖而出，为目标菌的分离纯化提供优质材料。经验表明，要分离某种细菌，首先，必须设法使这种细菌在混合菌群中占有足够的比例，如果接种物中所需细菌的数量很少，要使目标菌在富集培养物中占据优势就比较困难。其次，要控制好营养条件。从目标菌丰富的生境中取得接种物后，一般把它们直接投入高选择性的培养基中，使营养成分有利于目标菌的生长，限制非目标菌的生长。最后，还要控制好环境条件。根据目标菌的生理特性，设计出一套高选择性的培养条件，有效地淘汰非目标菌，简化接种污泥中的菌群组成。

富集培养的操作方式也有多种。在通常情况下，一般采用三角瓶或试管等封闭系统进行分批富集培养；有时也采用恒化器等开放系统进行连续富集培养；对于难培养的细菌，还可采用 Winogradsky 柱进行半连续富集培养。

(1) 批式富集培养　荷兰微生物学家 Martinus Beijerink 是富集培养技术的创始人。他对好氧固氮菌 *Azotobacter* 的分离工作可称为批式富集培养的典范。由于 *Azotobacter* 是固氮菌，能够以氮气作为氮源，Beijerink 就在培养基中剔除其他氮源，以氮气作为选择性营养条件，有效地淘汰了非固氮菌；再由于 *Azotobacter* 是好氧菌，他又以氧气作为选择性环境条件，有效地抑制了厌氧固氮菌。通过调节营养成分与控制培养条件双管齐下，在短期内就获得了优质的富集培养物，并分离了 *Azotobacter* spp.。

对于硝化细菌，可采用硝化污泥作为接种物，以氨或亚硝酸盐作为唯一能源，在 28℃和好氧条件下进行分批富集培养。一周后，检测亚硝酸细菌富集培养液中的氨和亚硝酸盐，若能检测到亚硝酸盐，说明氨氧化作用正常；若检测不到氨，说明氨已耗尽，应及时补加。与上同理可检测硝酸细菌富集培养液中的亚硝酸盐和硝酸盐，若能检测到硝酸盐，说明亚硝酸盐氧化作用正常；检测不到亚硝酸盐，说明亚硝酸盐已耗尽，应及时补加。硝化细菌生长缓慢，若培养基中含有有机物质，很容易被异养型细菌污染，因此在富集培养过程中应尽量避免。

对于反硝化细菌，可采用反硝化污泥作为接种物，以硝酸盐（或亚硝酸盐）作为唯一电子受体，在 30℃和无氧条件下进行分批富集培养。许多反硝化细菌是兼性厌氧细菌，保持缺氧（存在硝酸盐，不存在氧）条件对目标菌的富集至关重要。培养 2～3 天后，取富集培养液检测硝酸盐；如果检测不到硝酸盐，说明它已耗尽，应及时补加。

（2）Winogradsky 柱　它是以苏联著名微生物学家 Sergei Winogradsky 的名字命名的富集培养装置（见图 8－2）。它是一个柱形玻璃管，一半空间用于充填有机物丰富（最好含有硫化物）的淤泥；淤泥上面覆盖湖水、池塘水或沟渠水，柱口盖上铝箔以防蒸发。投加 $CaCO_3$ 和 $CaSO_4$ 作为缓冲剂和硫酸盐的来源。为了获得充足而适度的阳光，宜将柱子放在靠近窗户的地方。

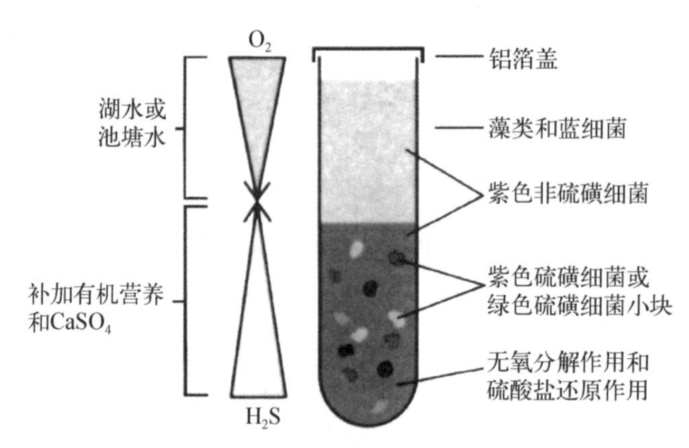

图 8－2　一个典型 Winogradsky 柱的示意图

图 8－2 中化能有机营养生物生长在整个柱形容器内，需氧菌和微需氧菌在上部，厌氧菌在含 H_2S 区域，无氧分解作用导致硫酸盐还原形成 H_2S 梯度，绿色和紫色硫磺细菌根据其对 H_2S 耐受力不同而分布在不同层。

在 Winogradsky 柱内可富集多种不同类型的微生物。水柱上层会生长藻类和蓝细菌，并通过释放氧气而成为富氧区。淤泥发酵产生有机酸、乙醇和 H_2，可用作硫酸盐还原细菌的基质。硫酸盐还原产生的硫化物则可促进紫色和绿色硫磺细菌的生长。在紫色和绿色光合细菌、硫酸盐还原细菌以及其他厌氧细菌的分离过程中，都可从 Winogradsky 柱内获得富集培养物。上层的紫色小块是由紫色硫磺细菌构成的，下层的绿色小块由绿色硫磺细菌构成（这是因为绿色和紫色硫磺细菌对硫化物耐受力不同）。通常在淤泥和水界面处的水十分浑浊，并且由于紫色硫磺细菌和紫色非硫磺细菌的生长而带有颜色。如果要想获得光合营养细菌，需在取样时把长的薄型吸管插入柱中，取出一些带颜色的淤泥或水，接种在富集培养基上。

(3) 富集培养的偏向性和局限　虽然富集培养物是目标菌的优质分离源，但值得注意的是，在富集培养过程中，接种物内原有的微生物种类并没有被同等扩增，由于所施加的营养物质和环境条件都有明显的偏向性，被富集的微生物通常是最适合在这些条件下生长的种类，而在自然环境中重要的微生物可能无法富集。在生态系统中，适合于实验室培养的微生物种类只占少数，它们也并非一定是微生物群落中的重要成员。如果以富集培养物作为出发点来研究微生物的种类和数量，并据此推断自然界或人工生态系统中的微生物作用，有时会产生巨大偏差。因此，富集培养在微生物生态研究中具有较大的局限性。

2) 分离培养

几种细菌分离技术如下。

(1) 平板划线法　对于能够在琼脂平板培养基上生长的细菌，平板划线法是一种简便的分离方法。通过在平板培养基上划线接种，培养后可以获得分离的单个菌落；挑取单菌落在另一平板培养基上划线接种，很快就能获得纯培养物。为了消除琼脂所含有机杂质的影响，有时也将平板划线培养获得的单个菌落转接到液体培养基中，再用液体培养物来进行平板划线接种，获得分离的单个菌落，并重复上述操作直至获得纯培养物。

(2) 琼脂混菌法　琼脂混菌法是分离厌氧细菌（如光合硫细菌和硫酸盐还原菌）的有效方法。琼脂混菌法采用对接种物进行系列稀释，用系列稀释液与融化的琼脂培养基混合，培养后菌落被包埋在琼脂内。

8.1.3　细菌计数技术

1) 显微直接计数法

直接计数法适用于各种单细胞菌体的计数，如果细菌悬浮液中含有杂菌或杂质，则难以直接测定。

采用本法需要配置细菌计数板。计数方法类似于活性污泥中微型动物计数。

2) 平板菌落计数法

平板菌落计数法的基本原理是：在高度稀释的条件下，样品中的细菌被分散，经过培养后，每个活细胞就可在平板培养基上形成一个单菌落（即菌落形成单位，colony forming unit，CFU），根据每皿上形成的 CFU 数乘上稀释度就可推算出样品的细菌含量。由于在平板计数法中，统计的菌数是培养基上活细胞长出的菌落数，故又称活菌计数。其方法如图 8-3 所示。

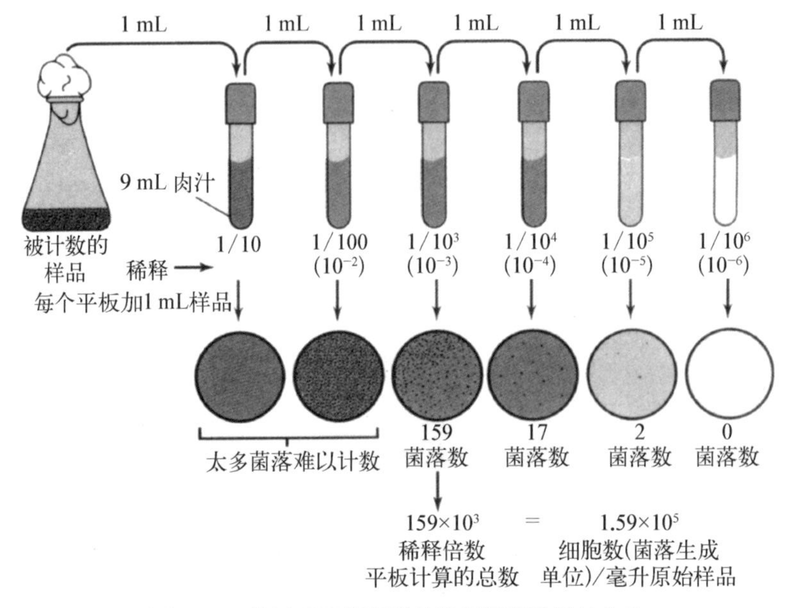

图 8-3　使用系列稀释样品进行活菌计数的方法

3）稀释培养测数法

稀释培养测数法又称最大可能数（most probable number，MPN），适用于测定在微生物群落中不占优势，但具有特殊生理功能的种群。其原理是利用待测细菌的特殊生理功能，有选择地摆脱其他菌群的干扰，并通过特殊生理功能的表现来判断该群细菌的存在和丰度。

MPN 计数法的测定是将待测样品进行系列稀释，直至将少量（1 mL）样品接种到新鲜培养基中时，极少生长或不生长。根据没有生长的最低稀释度与出现生长的最高稀释度，采用"最大可能数"理论计算出样品中的细菌含量。

8.1.4　细菌活性测定法

测定细菌活性的方法很多，可以测定其中主要酶如脱氢酶的活性的方法来检测，也可以检测单位时间内的基质消耗量和产物生成量。在一般情况下，检测基质和产物的改变量是一致的，不过检测产物的增加要比检测基质的减少更方便。这是因为在反应体系中，添加的基质往往过量，反应时间通常较短，基质减少量占总量的比例很小，因此不易测准。反之，产物从无到有，只要测定方法灵敏，准确率可以很高。

生物活性测定要在零级反应时期进行，零级反应的特征是：基质的消耗或产物的生成与反应时间成正比；反应速度与细胞数量呈线性关系。常用的测定方法如下。

1）定时法

通过测定生物反应开始后某一时间内（t_1到t_2）产物或基质浓度的总变化量来求取生物反应初速度的方法，称为定时法。因为t_1和t_2是整个反应历程中的两个点，故又称为两点法。其中，t_1一般取反应开始的时间，在反应进行一定时间（t_2）后终止反应，然后测定基质或产物的变化。

这种方法的优点是简单方便。缺点是无法了解测试期间的生物反应是否都是零级反应，很难保证测定结果的真实性。因此，如果选用定时法测定生物活性，应做预备试验确定零级反应的持续时间，并在这段时间内进行测定。

2）连续监测法

每隔一定时间，通过测定生物反应过程中某一产物浓度或基质浓度随时间的变化来求取生物反应初速度的方法，称为连续监测法。定时法只测定两个时间点，而连续监测法需要多点连续测定。这种方法的优点是可将多点的测定结果连成线，很容易找到成直线的区段，从而判断生物反应是否偏离零级反应。

3）平衡法

通过测定生物反应开始至反应达到平衡时产物或基质的总变化量来求取生物反应速度的方法，称为平衡法或终点法。在平衡期内，基质和产物都不变化。用平衡法测定时，因为产物的增加或基质的减少与反应时间不成线性关系，故不能把产物或基质的总变化量除以时间来代表产物或基质的变化速度。另外，平衡法会受到产物抑制、可逆反应等因素的影响。对于零级反应期很短的生物反应，用连续监测法和定时法很难测出初速度，只能采用平衡法。

8.2　活性污泥微生物的现代生物学研究方法

8.2.1　概述

在废水生物处理过程中微生物起关键作用，传统微生物分离培养方法虽然能够分析研究一些微生物。然而，人们对水处理过程的微生物学仍然有许多问题没有搞清楚，尤其是对脱氮除磷过程的微生物学认识还很不够，主要是由于受到传统分析手段的限制。传统的基于微生物培养和纯种分离的技术在研究微生物生态、描述微生物群落的结构和多样性时存在诸多局限性，表现为：① 对微生物类群进行描述之前必须首先进行培养，然而自然环境中的大部分微生物是不可培养的（unculturable microorganisms，UCM），可培养微生物数量只占实际微生物数量的不到10%；② 由于微生物的遗传特点，使得现有微生物分类标准和分类系统还不十分完善。即使某些新发现的微生物种可以培养，但往往与现行的分类标准体系不相符，而已有的对各种微生物表型的描述也常常不能满足区分各种类群的需要。现代分子生物学的发展为解决这些问题提供了新方法。以核酸杂交、PCR 技术为主要内容的分子生物学技术，为研究生物多样性提供了新的强有力的方法和手段，开拓了分子生物学与生态学的交叉领域。

分子生态学是一门新兴学科，它应用分子生物学方法来研究生态学和种群生物学。遗传标记或生物特征化合物等分子遗传技术在各个水平的生物多样性研究中具有许多优点，可以通过检测生物自然种群 DNA 序列多态性鉴定个体的基因型，在基因水平上评价种群的遗传分化，并在分子水平上阐述分子适应等生态问题的机制，更好地揭示生物与环境之间的生态学意义，为污染治理提供理论依据。大量的研究表明，微生物分子生态学的研究可以分析确定环境样品微生物的量、群体结构和活性，对于保护和改善生态环境，构建人工生态系统，提高废水生物处理的效率有着重要的科学意义和实用价值。

废水生化处理中微生物的研究采用的现代生物学的研究方法主要包括核酸分子杂交技术、PCR 技术、同源性分析法、梯度凝胶电泳方法、生物醌谱图法、基因组学和蛋白组学等。图 8－4 所示为采用分子生态学方法研究环境样品的工作流程图。后面将分别介绍这些技术。

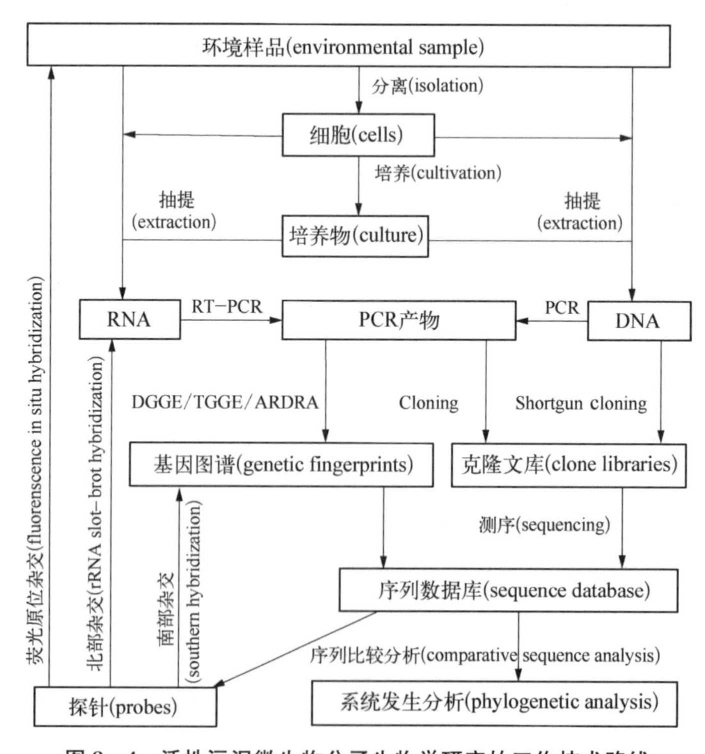

图 8－4　活性污泥微生物分子生物学研究的工作技术路线

8.2.2　核酸分子杂交技术

核酸分子杂交技术是 20 世纪 70 年代发展起来的一种崭新的分子生物学技术，它是基于 DNA 分子碱基互补配对的原理，用特异性的 DNA(cDNA)探针与待测样品的 DNA 或 RNA 形成杂交分子的过程。探针是能与特定核苷酸序列发生特异性结合的已知碱基序列的核酸片段。探针可长(100～1 000 bp)、可短(50～100 bp)。探针既可用放射性核苷酸标记，也可用非放射性分子标记。被标记的核苷酸探针可以原位杂交、Southern 印迹杂交、斑点印迹等不同的方法直接用来探测溶液中、细胞组织内或固定在膜上的同源核酸序列。核酸分子杂交的高度特异性以及检测方法的高度灵敏性使核酸分子杂交技术广泛应用于检测环境中的微生物，并对它们的存在、分布、丰度和适应性等进行定性和定量分析。根据所用的探针和靶核酸的不同，杂交可分为 DNA - DNA 杂交、DNA - RNA 杂交、RNA - RNA 杂交三类。如图 8 - 5 所示为分子杂交示意图。

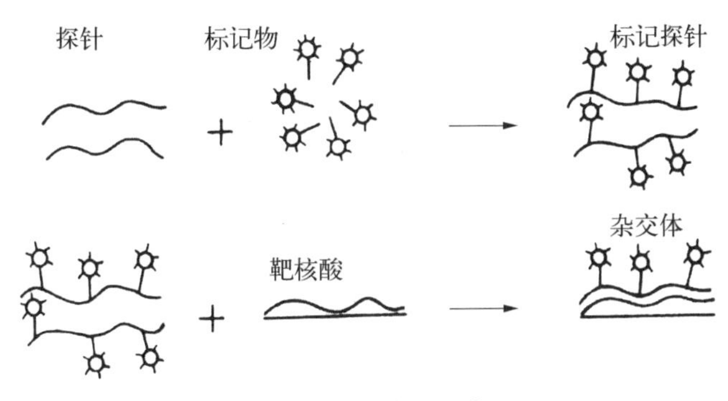

图 8 - 5　分子杂交示意图

从理论上讲，不同微生物种群各自携带着某些特殊的遗传信息，既可以从某个微生物的基因组中检测到特定的基因，当然也能从许多微生物的基因组混合物(如从环境样品中提取到的整个微生物群体的总 DNA)中检测到同样的基因，从而检测到携带有该特定基因的微生物的存在。基于这一原理，核酸探针技术已广泛应用于环境微生物样品的分析，以及用于对释放到环境中的基因工程微生物的跟踪和监测等。由于 DNA 探针的检测是基于基因型而不是其表型，因此可以直接在环境中检测到基因工程微生物或重组 DNA 的存在，而无须分析有关微生物的生长或重组 DNA 所表达的蛋白质。

核酸杂交技术可以快速检测出环境微生物中独特的核酸序列，可对有关微生物在特定环境中的存在与否、分布模式和丰度等情况进行研究。如果用光密度测定法可直接对杂交得到的阳性结果进行测量并定量。如需对活性污泥中的特定微生物的生长速率进行测定，可将放射性标记的胸腺嘧啶投加到活性污泥系统中，使细菌在分裂时带上标记，用活性污泥总DNA与固定在杂交膜上的特定细菌的核苷酸探针进行杂交，根据放射性强度可以定量分析特定细菌的DNA量。

目前在活性污泥微生物研究中应用较多的是原位杂交技术(in situ hybridization)。在核酸原位杂交技术中，荧光原位杂交技术(fluorescent in situ hybridization, FISH)是应用较为广泛的技术之一，FISH技术利用带有荧光标记的探针与固定在玻片或纤维膜上的组织或细胞中特定的核苷酸序列进行杂交，无须单独分离出DNA或RNA，探测其中所具有的同源核酸序列，结果可直接在荧光显微镜下观察(见图8-6)。探测的灵敏度可达到10～20个mRNA拷贝/细胞。对于污水厂活性污泥、反应器系统或实验室富集培养基中的样品，可直接与带有荧光标记的寡聚核苷酸探针杂交，可在科、属、种等水平上获得未知菌的多样性信息，如微生物的形态特征和丰度以及在样品上的空间分布和动态等，并能有效对样品中特定的微生物进行定量测定。特别是在对生长缓慢、培养困难的硝化细菌的研究中，FISH技术的应用取得了大量的研究成果。Gulnur Coskuner利用FISH技术对活性污泥中的硝化细菌进行鉴定和计数，避免了传统的、用培养方法计数带来的偏差。他们认为FISH技术能揭示更多硝化细菌在微生物学方面的信息及它们种群的大小，更有利于提高、改进生物脱氮系统的工艺。不同的研究者利用不同的专一性探针对活性污泥、生物滤床等环境中的 *Nitrosomonas*, *Nitrosospira*, *Nitrosolobus*, *Nitrosovibrio* 以及 *Nitrobacter* 进行了研究。结果发现，在某些样品中硝化反应与所期望检测到的微生物没有关系。特别是在一些有硝化反应发生的环境(如活性污泥中)没有检测到亚硝酸盐氧化种属(*Nitrobacter*)的存在。Schramm等利用基于硝化流化床反应器的16S rDNA克隆基因库进行了进一步研究，结果表明16S rDNA的序列在分类学上与 *Nitrospira moscoviensia* 有关，而不是与反应器中存在的 *Nitrobacter* 有关。他们认为，在淡水系统中对硝化过程起主要作用的是与 *Nitrospira moscoviensia* 相关的微生物，而不是 *Nitrobacter*。

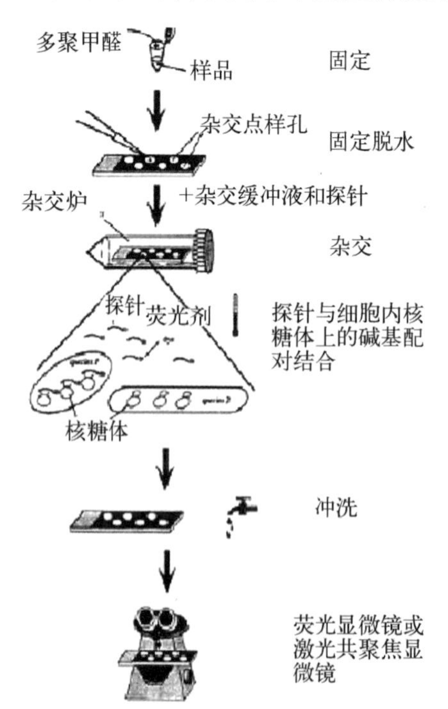

图8-6 荧光原位杂交流程图

在废水处理的活性污泥工艺过程中，微生物絮体(活性污泥)的形成是获得良好处理效果的前提条件。如果发生污泥膨胀或出现泡沫,则会降低泥水分离效果,甚至影响工艺的稳定运行和处理性能。因此,研究并确定引起污泥膨胀或出现泡沫的微生物是采取有效控制或预防对策的前提。但是大部分丝状细菌难以纯培养,如在污泥膨胀和泡沫中常见的微丝菌 *Microthrix parvicella*,这会给研究带来困难。采用FISH技术却可以方便地原位研究这类微生物的生理特性,解释为什么 *M. Parvicella* 在不同的厌氧/好氧条件下都能处于竞争优势。现在,针对某些丝状菌(如 *M. Parvicella*)的专一性探针已经设计并合成出来,供研究人员使用。这些技术使得人们可以及时准确了解和把握丝状细菌在发生生物浮沫的活性污泥系统中的动态,为采取及时有效的工艺调控手段进行控制提供重要的参数和依据。

8.2.3 基于PCR技术的分子研究方法

PCR是1985年由Mullis发明的一种在体外快速扩增特定基因或DNA序列的方法,其目的是将极微量的DNA大量扩增。此技术的原理是将DNA片段经过若干次解链和复性循环,大量扩增,甚至可扩增到十几亿倍,以便于对已知DNA片段进行分析,如基因分析、序列分析、系统发育和分子进化关系分析等。使用PCR技术将待扩增引物放大几个数量级,再结合其他技术如RAPD,RFLP,AFLP等对被扩增序列做定性或定量研究,分析微生物群体结构。

PCR-RAPD(randomly amplified polymorphic DNA)是采用那些对某一特定基因的非特异性的引物来扩增某些片段,操作简便,引物实用性广,对于结果准确性要求不太高以及亲缘关系近的种属有较高的可信度;广泛应用于微生物分类、基因鉴别、系统发育等方面,适用于分析混合微生物的各种生物反应器中微生物多样性,通过比较得到基因组指纹图谱,可以发现不同时间段或不同工艺条件下微生物种群的变化,但此方法还不能分析群落的生物多样性。

限制性酶切片段多态性(restriction fragment length polymorphism, RFLP)方法是利用限制性内切酶特性及其电泳技术,对特定的DNA片段的限制性内切酶产物进行分析,能检测酶切位点因DNA插入、重排或缺失造成的长度差异,通过电泳检测分离,具有很高的分辨率,结果的重复性和准确度高,在群体遗传和系统演化领域具有重要的应用价值,对微生物遗传多样性尤其是微生物的种下分类具有重要意义。末端限制性片段长度多态性(terminal restriction fragment length polymorphism, T-RFLP)是在确定了合适的目的序列后,根据序列的保守区设计引物,然后在其中一个引物的5′端用荧光物质标记,所得到的PCR产物一端就带有这种荧光标记。将PCR产物用合适的四碱基的限制性内切酶消化,由于在不同菌的扩增片段内存在核苷酸序列的差异,酶切位点会存在差异,酶切后就产生许多不同长度的限制性片段。用DNA自动测序仪进行检测获得峰值图,末端带荧光标记的片段(terminal restriction fragment, T-RF)或者称作操纵分类单元(operational taxonomic unit, OTU)被检测到,而其他没带荧光标记的片段则检测不到(见图 8-7)。因为一种菌的 T-RFLP 长度是唯一的,所以峰值图上的每一个峰至少代表了一种菌。

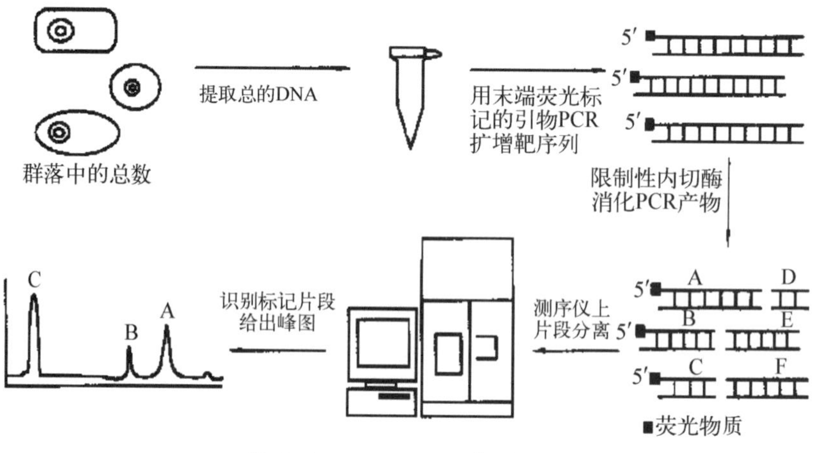

图 8-7　T-RFLP 工作原理图

引物对样品中 DNA 进行特异扩增,然后进行限制性内切酶酶切,检测末端限制片段的多样性,主要应用于微生物群落组成和结构、微生物系统发育及其菌种鉴定等研究,是一种应用比较广泛的微生物生态学研究方法。不足之处是操作步骤烦琐,有较高的技术要求。

PCR-AFLP(amplfied fragments length polymorphism)通过 DNA 多聚酶链式反应扩增基因组 DNA 模板产生多态性的 DNA 片段。不同的物种基因组 DNA 差异很大,复制特定 DNA 序列所需的引物的核苷酸序列也不同。同一引物可能诱导复制某一品种的 DNA 片段,而对另一品种无法诱导。将此引物所诱导的特定 DNA 片段采用 PCR 技术进行扩增,然后电泳分离,就可使某物种特定的 DNA 出现,而其他物种无此谱带产生。AFLP 集 RFLP 和 RAPD 的优势为一体,既具有高的分辨力、准确性和重复性,又克服了 RFLP 的烦琐操作,成为遗传多样性检测和系统分类、基因定位的主要分子标记技术。不足之处是得到的主要是显性,而非共显性标记。

扩增性 rDNA 限制性酶切片段多态性分析方法(amplified ribosomal DNA restriction analysis, ARDRA)是由 16S rDNA-PCR 技术与 RFLP 技术相结合而发展起来的分子微生物生态学研究技术。由于该方法分析样品不受是否可培养的影响,在植物共生微生物、寄生微生物多样性及其系统学研究方面具有独特的优越性,得到广泛的应用。

单链构象多态性(single-stranded conformation polymorphism, PCR－SSCP)对于碱基置换突变(点突变)具有极高的灵敏度。单链DNA片段呈复杂的空间折叠构象,这种立体结构主要是由其内部碱基配对等分子内相互作用力来维持的。当有一个碱基发生改变时,或多或少地会影响其空间构象,使构象发生改变。空间构象有差异的单链DNA分子在聚丙烯酰胺凝胶中受排阻大小不同。因此,通过非变性聚丙烯酰胺凝胶电泳(PAGE),可以非常敏锐地将构象上有差异的分子分离开。DNA银染方法与PCR－SSCP结合,尤其是直接溴化乙啶染色方法的应用,使得该方法大大简化。与传统的培养方法相比,PCR－SSCP方法避免了传统培养的费时费力以及误差大的干扰,适合对微生物群落结构和演替的分析。由于设备配置简单,具有一定的推广价值。

PCR－变性梯度凝胶电泳(denaturing gradient gel electrophoresis, DGGE)或温度梯度凝胶电泳(temperature gradient gel electrophoresis, TGGE)与PCR－SSCP法一样,一开始也是在医学上用来检测基因突变的,后来广泛应用于微生物生态的研究。同样大小的DNA序列由于含有的碱基不同,各片段的解链温度T_m也就不同。甚至一个碱基对的不同都会引起T_m很大的差异。DGGE或TGGE就是利用这种差异来区分不同的基因序列。这种电泳方法在聚丙烯酰胺中加入甲酰胺,从正极到负极梯度递加(浓度可随试验要求改变),或是形成温度梯度(TGGE)。电泳中的DNA到达它的变性甲酰胺浓度或温度时,双链部分解开,造成泳动速度发生变化,从而达到分离效果,形成具有指纹作用的DNA谱带(见图8－8)。而且染色后的凝胶用成像系统分析还可以半定量地测定样品DNA浓度的大小,反映微生

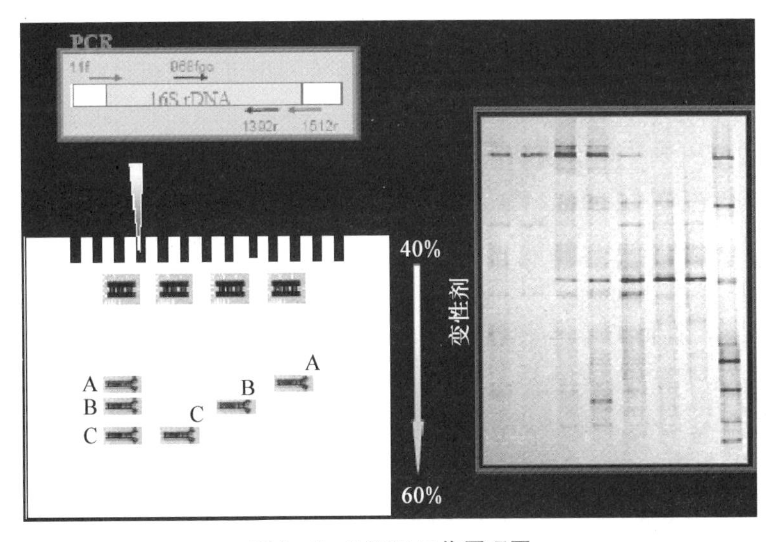

图8－8　DGGE工作原理图

物群落组成的变化。该方法扩增环境样品的 16S rRNA 的部分基因序列(100～400 bp),通过对 DGGE 或 TGGE 割胶分离,收集不同的条带并进行 DNA 测序,得到序列后与基因库中的现有序列比较,即可确定微生物的种类和系统发育信息。该方法的要点在于 PCR 引物的选择。由于扩增的环境样品成分复杂,所以研究人员都选择了核糖体小亚基的 DNA 的保守序列作为引物。由于电泳的限制,待分析的片段不能大于 400 bp。为了便于电泳的分析,提高分辨率,引物的 5′端有一个 40 bp 左右的发夹结构。

以 PCR 原理为基础发展起来的定量 PCR 应用于环境样品中特定微生物物种、种群的定量分析,能更精确地研究自然环境中特异微生物组成特征和变化规律,使微生物生态学对微生物区系的组成研究更定量化和更加精确。结果较为可靠的是竞争性 PCR 和荧光定量 PCR(fluorescent quantitative PCR, FQ - PCR)。

反转录 PCR(reverse transcription PCR, RT - PCR)技术是利用反转录酶使样品中 mRNA 反转录为 DNA,然后利用 DNA 分析方法进行研究。虽然在活的微生物细胞中 mRNA 的含量较高,但当细胞死亡和裂解以后,释放到环境中的 mRNA 迅速降解。因此,RT - PCR 技术常用来分析环境样品中活体微生物的生存状况和活性。

8.2.4 16S rRNA 基因同源分析方法

rRNA 基因同源分析方法是目前研究的热点,它是多种分子生物学技术的组合,通过对微生物 rRNA 进行分析揭示微生物的多样性,是分子微生物生态学的重要方法,目前取得了大量的成果。16S rDNA PCR 扩增片段核苷酸序列分析(16S rDNA - PCR - sequencing)技术是分子微生物生态学研究最早的方法之一,并在分子微生物系统学、微生物的分类鉴定等研究方面作出过重要贡献,在环境微生物生态学研究中占有重要的地位。

不同的微生物,其 rRNA 基因序列在某些位点会以不同的概率发生突变,但是它们本身又具有高度的保守性,它们可以作为生物进化史的计时器,其序列的相似程度可以反映出它们在系统发育上的关系。当前的热点是利用高度特异的寡聚核苷酸探针直接与细胞内的或从细胞中提取出来的 rRNA 以及从 rRNA 经反转录而来的 rDNA 杂交,从而检测混合样品中特定微生物的存在。研究中选用 16S rRNA 的主要原因是: ① 16S rRNA 普遍存在于原核生物和真核生物细胞中,所以可用来比较它们在进化上的相互联系;② 16S rRNA 有重要且稳定的生理功能;③ 在细胞中含有大量的易于提取的 rRNA;④ rRNA 的基因在细胞中不像质粒 DNA 那样会转移,而是稳定的;⑤ 16S rRNA 分子中的某些碱基序列非常保守,以致在 30 多亿年的进化中仍保持着原始的状态;⑥ 16S rRNA 的分子质量比较适中，在核糖体所含的 3 种 rRNA(23S、16S 和 5S)中，其核苷酸数分别约为 2 900、1 540 和 120 个，其中的 16S rRNA 不但核苷酸数目适中，而且信息量较大且易于分析，所以是理想的研究材料(见图 8－9)。16S rRNA 分子含有的 1 540 个核苷酸，当分析其全序列或大部分序列(至少 1 000 个核苷酸以上)时，就可得到有关微生物在系统发育方面的足够信息，并因此知道它们在系统发育上的位置，从而鉴定微生物。利用基于这些信息而设计的寡核苷酸探针，既可以直接在环境样品上进行原位杂交，或与浓缩富集的样品进行全细胞杂交，也可以与从环境样品中提取出的 DNA 或 rRNA 进行定量点渍杂交，或与 rDNA 的扩增产物或 rRNA 的反转录产物(cDNA)进行点渍或 Southern 杂交，从而可以得到特定微生物在环境中的存在、分布和丰度以及整个微生物群落的组成、结构及其多样性等全面信息。到目前为止，利用此项技术已对众多的环境生态样品进行了分析，并且发现了许多新的微生物种。

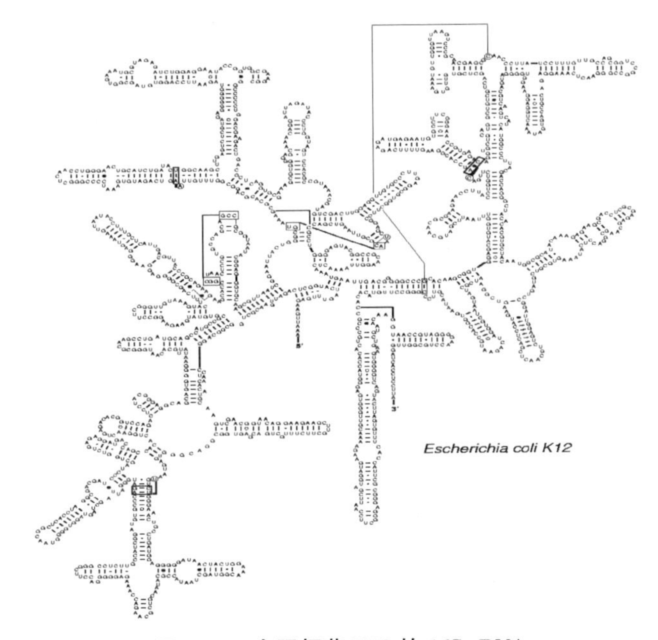

图 8－9　大肠杆菌 K12 的 16S rRNA

Woese 等利用生物细胞中 SSU rRNA 序列同源性分析结果，将生物系统分成了 3 个部分，即古生菌(archaea)、细菌(bacteria)和真细菌(eukaryota)，建立了以 rRNA 为标准的生命系统发育树，即著名的生物“三域学说”。如图 8－10 所示，这个谱系树是由 16S 或 18S rRNA 序列比较得出，分为三个主要的生物区域：细菌、古生菌和真核生物。在这个进化树中，可培养细菌构成了 12 个主要的进化分支。但是，在近 10 年的发展过程中，利用分子生物学技术对所有可培养和难培养微生物的 16S rRNA 进行分析后，推测细菌域中有大约 36 个进化分支，其中许多分支微生物仍为不能培养的种群。这是分子生物学技术在微生物系统学研究领域最突出的贡献之一。这一成果是对传统的以形态特征和生理生化特性等多种指标为依据所建立的系统进化关系和分类体系的突破和创新。

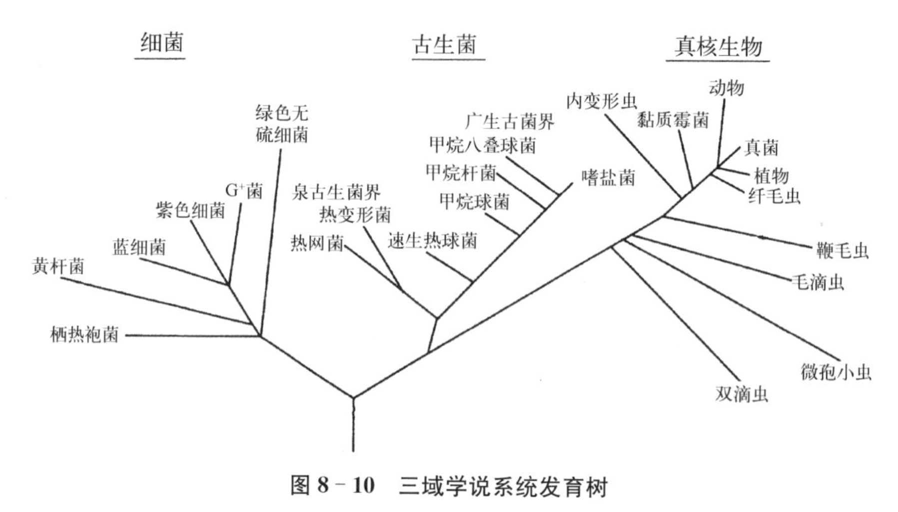

图 8-10　三域学说系统发育树

说明：图中两个生物类群的进化间距与分枝末端的积累量和两个类群接合处的交点是成比例的。

在废水生物除磷系统中，由于除磷菌（*Acinetobacter*）经常可以分离得到，因此早期的研究认为 *Acinetobacter* 在生物除磷过程中起主要作用。Wagner 等利用对 *Acinetobacter* 专一的寡核苷酸探针对其进行了定量研究，结果表明，检测到的 *Acinetobacter* 数目与反应器的除磷活性没有关系。他们认为人们过高地估计了 *Acinetobacter* 在除磷过程中所起的作用。到目前为止，人们对活性污泥系统中何种微生物对除磷起主要作用仍不清楚。但基于 16S rRNA 核酸探针的分子生物学检测技术为回答这个问题提供了一个有力的工具。人们利用特殊的分子探针，对从活性污泥中分离出的新的聚磷菌（如 *Microlunatus phosphorous*）进行了原位定量分析。Kawaharasaki 等通过比较探针标记的细胞数目和含聚磷酸盐的细胞数目后认为，在 EBPR 除磷工艺中 *Microlunatus phosphorous* 占整个含聚磷酸盐的细胞数目的 1/3。利用基于除磷活性污泥样品的 16S rDNA 克隆基因库构建的专一性探针，结合细胞内聚磷酸盐颗粒的特殊染色技术，人们可以利用显微镜对除磷微生物进行原位观察和鉴定。

8.2.5　生物醌技术

微生物醌是能量代谢的电子传递体，不同的微生物含有不同种类和分子结构的醌。根据在能量代谢过程中的作用不同可将微生物醌分为呼吸型醌和光合型醌两大类。呼吸型醌主要有泛醌（ubiquinone，UQ），即辅酶 Q 和甲基萘醌（menaquinone，

MK)。泛醌广泛存在于真核微生物线粒体内膜和革兰氏阴性细菌的细胞膜上,它一般用于微生物的好氧呼吸和硝酸盐呼吸;而甲基萘醌存在于革兰氏阳性细菌和个别革兰氏阴性细菌的细胞膜上,它一般用于微生物的厌氧呼吸。光合型醌主要有质体醌(plastoquinone, PQ)和维生素 K_1(vitamin K1, VK_1),它们是光反应电子传递链即光合链的电子传递体,主要存在于能进行光合作用的藻类和植物中。

不同的微生物所含醌的种类和分子结构不同。因此,环境中的微生物醌组成(一般以醌的摩尔比来表示),即"生物醌谱图(quinone profiles)"可以反映微生物的群体组成,因此混合培养的微生物群体组成的变化可以利用醌指纹来解析。该法已经成为分析微生物群落的简单有效的方法,并成功地应用于确定生活污水和工业废水生物处理过程中微生物群体的组成。泛醌与甲基萘醌摩尔比(UQ/MK)可以反映好氧呼吸细菌与厌氧呼吸细菌或革兰氏阴性与革兰氏阳性细菌之比,呼吸型醌与光合型醌的摩尔比即$(UQ+MK)/(PQ-9+VK_1)$可以在一定程度上反映环境中细菌与藻类的比例。另外,由于在一定条件下微生物醌的含量变化不大,利用微生物醌也可以测定环境中的活性微生物浓度。

通过对某活性污泥处理厂曝气池活性污泥一年的分析,Hu 得到活性污泥中微生物的生物醌谱图,所有的活性污泥均含有 UQ-8,UQ-9 和 UQ-10 这 3 种泛醌,同时活性污泥含有 MK-6、MK-7、MK-8 等 10～12 种甲基萘醌。几乎所有的活性污泥中都含有维生素 K_1,但不含质体醌。含有 UQ-8 的细菌有 *Cornamonas* sp. 和 *Psedomonas* sp. 等,含有 MK-7 的细菌有 *Flavobacterium* sp.,*Cytophaga* sp. 和 *Bacillus* sp.,含有 UQ-10 的细菌有 *Paracoccus* sp. 和 *Protomonas* sp. 等,含有 MK-6 或 MK-7 的细菌有 *Flavobacteium* sp. 和 *Cytophaga* sp. 等。因此,从微生物醌的组成可以推断以上所提到的细菌是活性污泥中的主要细菌。据此推测污泥中的主要微生物种类和组成比例,并计算出活性污泥微生物的多样性和分布均匀性指标。

生物醌谱图法通过分析微生物醌的组成,可以定量评价环境中微生物的群体结构、多样性等,具有灵敏度高和可信度高的特点,为微生物种类分析以及环境微生物生态学的研究提供了新的可靠的研究手段。但醌指纹法也存在一定的局限性。它不能反映具体哪个属或哪个种的变化,因此如需对活性污泥中的微生物生态系统进行更详细的分析,还应结合其他方法进行深入研究。

8.2.6　环境微生物基因组分析

1) 微生物基因组计划进展

近几年来,随着人类基因组计划的研究发展,微生物基因组计划(microbial genome projects,MGP)也如火如荼地开展起来。目前,微生物基因组计划已经涉及 160 多种细菌,测序工作量已达到 5 亿多碱基对。由于微生物种类的多样性,微生物基因组计划的研究也正在以惊人的速度扩展。微生物基因组学研究方面所取得的理论和技术进展,成为人类基因组计划的研究内容和手段。反之,人类基因组计划的巨大资金投入和在人类基因组计划中发展和完善起来的生物信息技术又极大地促进了微生物基因组计划的飞速发展,环境微生物基因组学的研究也随之发展起来。目前,与环境密切相关的微生物基因组全序列测定工作得到了深入的研究,例如嗜盐古细菌和产甲烷菌基因组测序等。

据专家预测,不出十年,微生物基因组计划的总投入和测序工作量都将超过人类基因组计划。同时,它对人类和科学界产生的深远影响也将是难以估计的。

2) 环境群体微生物基因组的比较分析

目前,大多数对微生物鉴定的研究都是在实验室中采用纯培养技术进行的。这种研究对于微生物学科的发展有重要意义,它给我们提供了解微生物的基础。然而,在最近环境群体微生物研究文献中涉及的有关微生物种群及其内部联系的内容中并没有提到纯培养技术。事实上,大多数存在于复杂群落中的野生型细菌,从前都没有在实验室中培养和驯化过,根据这些情况,我们该如何获得一个更准确的对细菌及其培养过程的描述呢?

一些最早提出通过研究自然菌群来进行独立培养的学者,他们的实验构想涉及对核酸水平上的克隆和测序技术的应用,以期获得野生型菌的多样性。这些具有巨大影响的构想引出当今普遍使用的、从混合微生物聚集体中克隆 rRNA 的实验,从而达到确定群体组成的系统发育地位。在过去十年中,这种非培养的分子系统发育调查得到了一个令人吃惊的新的系统发育体系,从纯培养研究的角度讲述完全出人意料的生态优势细菌和古细菌。

过去十年,我们看到基因组测序在飞速发展。自第一株完整的细菌基因组序列被测定后,在短短几年里得到成百上千的细菌基因组全序列是完全有希望的。其中有些序列会很快确定下来。绝大部分已测序的基因组序列(大约 75%)都来源于重要的临床微生物。到目前为止,全部的原核基因组序列约有 90%都来自细菌域。大多数基因组的全序列的获得都归结于纯培养,尽管有一些是从共生或寄生微生物中分离出来的。

(1) 环境微生物聚集体中的基因组　当今,合理扩大可知基因组序列的长度,其目的在于从基因水平上更好地描述野生型菌类。可以用从野生微生物群落中发现的大量基因组来取代来自环境样本中的 rRNA 内容。对于这种新的手段,有很多不同的研究途径,比如生物监测、对未培养过的细菌的驯化以及微生物群体基因组的应用。目前克隆自然群落中的 DNA 大片段的常规方案最初是由 Pace 及他的同事找出来的,这个方案是把 λ 噬菌体作为储存天然群体中 DNA 的载体,早期用于证明这种方法有效性的研究是“鸟枪法”文库系统发育的多样性。在20世纪90年代早期,有两项技术的发展都对这个领域产生了重要影响。为了达到技术操作上的简便,耐热性DNA聚合酶和PCR的应用已成为研究单一基因位点系统发育多样性的主要工具,尤其对于rRNA基因。与此同时,受Fl复制起始位点控制的BAC(细菌人工染色体)载体也不断地发展。因为BAC的低拷贝数的优点,它被用于稳定繁殖DNA大片段,而用其他手段都不能繁殖。一种BAC载体就是通过噬菌体转入到大肠杆菌中,然后利用λ噬菌体精确包装重组子片段,这种λ噬菌体具有极好的转导效果。它减少了在具单一酶切位点的40 bp片段里构建BAC文库的困难。另外一个构建BAC文库的手段是利用电融合把BAC重组子导入大肠杆菌。这能够在靶DNA上合成超过300 bp长度的重组子。简而言之,自从这种BAC载体的构建,“鸟枪法”的发展就把目标锁定在野生型菌的基因组研究上。

(2) 多变性——微生物群体基因组 微生物基因组的信息在不断深化微生物群体基因组的研究,并把它们定位于生态学的范畴中。这些研究既采用分离培养的方法又采用特异寄居表型,同时也有环境中大片段DNA直接的发现。微生物群体生物学中,一个混合竞争性基因组的例子是来源于两株密切相关的*Prochlorococcus*菌株的对比。*Prochlorococcus*是一种含有叶绿素的海洋蓝细菌,在一个开放的海洋中,它可占光合生物的50%。无论高光层还是低光层的*Prochlorococcus*,其区别只在于它们的叶绿素a与叶绿素b的比率,以及它们相对的分布范围,然而,它们的小亚基rRNA序列只有3%的不同。最近,已测得两株完整的基因组序列。一些对照分析显示出与一些*Prochlorococcus*“生态型”生理生化紧密相关的原位基因组。低光适应型有着比高光适应型更长的基因组。相反,高光适应型连同UV-修复损伤基因在高光诱导蛋白质种类中有更多基因。这些相关的*Prochlorococcus*菌中固氮基因的不同也决定它们在水域中的分布。

在过去,大多数有关微生物群体的信息都集中在多位点酶电泳或多位点序列类型划分的类病毒上。这些研究主要涉及培养菌株的对照,很少有天然菌株群体的对照。目前,利用基因组学建立微生物群体的真实生存体系是有可能实现的。例如,最近的一项研究表明,基因组变异可能存在于某个微生物群体中。这可通过rRNA序列区分出来。这暗示了巨大的等位基因变异的生物学类型现在还有可能未被检测到。这种研究激励着新理论的发展,当这种发展发生在不同生物有机体、生态和群体组成时便大大提高了人类对微生物进化的认识。

8.2.7 环境微生物蛋白质组学研究

蛋白质组的研究远比基因组的研究复杂。一方面,蛋白质的数目远大于基因的数目，这是由基因的拼接和翻译后的修饰造成的。另一方面，基因是相对静态的，一种生物体仅有一个基因组，而蛋白质是动态的，随时间、空间的变化而变化。一个细胞中的蛋白质可多达上万种，而它们的拷贝数可能相差几百倍到几十万倍。组成蛋白质的氨基酸有20种，加上修饰的氨基酸就更多，而DNA仅由4种核苷酸组成。从技术手段上讲，人们无法采用在基因研究中所普遍采用的PCR技术来使微量的蛋白质得到扩增，至今尚没有一种蛋白质的测序技术可与在基因组研究中起关键作用的自动化的DNA测序技术相比。DNA微阵列技术的发展与应用使得基因的筛选实现了高通量，而目前的蛋白质分析技术离工业规模的高通量还有较大差距。

O'Farrel等人在1975年建立的二维电泳技术（two dimensional electrophoresis，2-DE）可同时分离数千种蛋白质。20世纪80年代固相化pH梯度凝胶的引进使得二维电泳的重复性和加样量得到巨大的改善，从而使今天的蛋白质组研究得以实施。以计算机技术为基础的多种图像分析与大规模数据处理软件的问世帮助科学家们处理复杂的蛋白质图谱并建立相应的数据库。20世纪80年代后期出现的两种软电离质谱技术——基质辅助激光解吸电离飞行时间质谱（MALDI-TOF-MS）与电喷雾电离质谱（ESI-MS），可精确测定生物大分子的分子质量及多肽序列，使得微量快速的蛋白质鉴定得以实现。十年以前，一个蛋白质化学家一年鉴定2～3个蛋白质，而现在，蛋白质组研究技术加上基因组提供的信息使得一个科学家一个星期可以鉴定几百个蛋白质。

二维电泳图谱的计算机分析与大规模数据处理技术以及质谱技术可称为蛋白质组研究的三大基本支撑技术。从细胞、体液或环境样品中提取的蛋白质经2-DE分离、染色，得到蛋白质表达谱。采用计算机图像分析技术对图谱上的蛋白质点进行定位、定量、图谱比较、差异点寻找等。对胶上蛋白质点的鉴定可以采用两种不同的技术路线。一种是采用膜转印技术，将电泳胶上的蛋白质转印到膜上（硝酸纤维素膜或PVDF膜），然后采用Edman降解或氨基酸组成分析等传统生物化学的方法进行分析，将分析结果输入特定的程序并进行数据库检索，从而实现对蛋白质的鉴定。另一种是以质谱为基本技术的蛋白质鉴定技术路线，将胶上蛋白质点直接进行蛋白酶切，回收酶切肽段，采用MAL-DI-TOF-MS测定肽质量指纹图（peptide mapping fingerprint，PMF），或者采用电喷雾串联质谱（ESI-MS-MS）测定肽序列，分别进行数据库检索，实现蛋白质的鉴定。如果是蛋白质数据库中不存在的蛋白质，还可以通过特定的检索程序进行基因数据库的分析检索。以质谱技术为基础的蛋白质鉴定技术，由于其灵敏度高（可以达到 10^{-15}～10^{-12}），速度快，易实现自动化，已经成为蛋白质组研究中主要的蛋白质鉴定技术。对已鉴定的蛋白质，还要采用生物学或生物化学的方法进行进一步的功能验证。除了上述蛋白质组研究的基本技术外，新的蛋白质组研究技术也不断出现，如用于定量蛋白质组学研究的放射性同位素编码亲和标签技术、双色荧光技术等；用于蛋白质-蛋白质相互作用研究的酵母双杂交技术、蛋白质复合物免疫分离与质谱鉴定技术等。

活性污泥微生物蛋白质组学的研究已经起步，采用二维电泳技术揭示和分离污染环境中的高效降解菌的蛋白质表达，研究结果表明该技术能够有效分离复杂的蛋白质混合物，而且重现性高。如图 8－11 所示为膜生物反应器中膜上污泥和悬浮活性污泥微生物群落蛋白质图谱，框内表示两者相似的蛋白质。根据该图显示的结果可以发现膜上污泥和悬浮污泥微生物产生蛋白质不同，从而导致活性污泥絮体表面性状的差异和膜污染的产生。

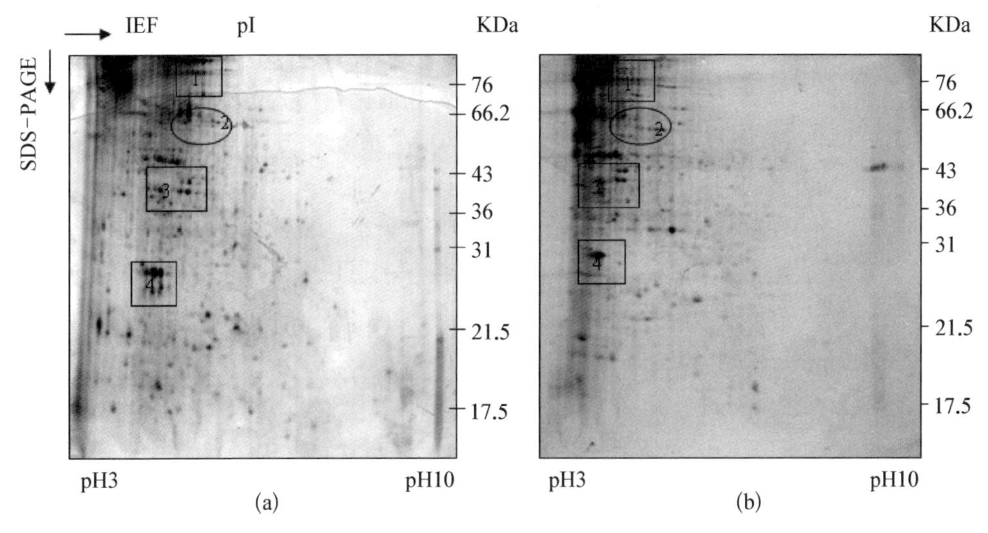

图 8－11　膜生物反应器膜上污泥和悬浮污泥微生物的 2－DE 蛋白质图谱

(a) 生物膜污泥；(b) 悬浮污泥

8.2.8　环境微生物群落高通量测序方法

1）高通量测序简介

随着测序技术在生物学领域的广泛应用，传统测序方法已经远远不能满足生物物种的深度测序和重测序等大规模基因组测序的需要，这就促使了高通量测序技术的诞生。该测序技术最显著的特点是通量高，单碱基测序成本低，一次测序运行可以对几十万至数亿条 DNA 模板进行测序。

高通量测序方法以 Illumina 公司的 Solexa、Roche 公司的 454 和 ABI 公司的 SOLiD 为主。较传统的测序方法，高通量测序技术具有三大优点：一是它利用芯片进行测序，可以在数百万个点上同时阅读测序，把平行处理的思想用到极致，因此也称为大规模平行测序(massively parallel signature sequencing)；二是高通量测序技术有完美的定量功能，这是因为样品中某种 DNA 被测序的次数反映了样品中这种 DNA 的丰度；三是成本低廉，利用传统测序法完成的人类基因组计划总耗资 27 亿美元，而利用高通量测序技术进行人类基因组测序的耗资不到 2 700 万美元。

高通量测序技术的发展初期，得到的测序读长相比传统测序数据(0.8～1 kb)较短。在 2009 年前后，454 测序读长是 400～500 bp，与之相比，Illumina GA 和 SOLiD 当时的读长是 35～50 bp。之后数年，Illumina 推出了 HiSeq 系列和 MiSeq 测序平台，逐渐把读长加长到双端 150 bp(HiSeq)和双端 300 bp(MiSeq)。

2) *高通量测序技术原理*

高通量测序是基于边合成(或连接)边测序(SBS&SBL)设想，即在生成新 DNA 互补链时，加入的 dNTP 通过酶促级联反应催化底物激发出荧光或直接加入荧光标记的 dNTP 或半简并引物，在合成或连接生成互补链时，释放荧光信号，将捕获光信号转化为测序峰值，获得互补链序列信息。

(1) 罗氏公司的 454 测序仪　454 测序原理是在 DNA 聚合酶、ATP 硫酸化酶、荧光素酶和双磷酸酶的协同作用下，将每一个 dNTP 聚合与荧光信号释放相偶联，通过检测荧光的释放和强度，达到实时测定 DNA 序列的目的。

(2) Illumina 公司的 Solexa 测序仪　Illumina 公司第二代测序仪 Genome Analyzer 最早由 Solexa 公司研发，故又称 Solexa 测序仪。Solexa 公司于 2007 年被 Illumina 公司以 6 亿美元收购。在微生物多样性分析中最具潜力的平台为 Solexa 法的 Miseq。

Illumina 是一种基于边合成边测序技术(sequencing-by-synthesis，SBS)的新型测序方法。通过利用单分子阵列实现在小型芯片(flow cell)上进行桥式 PCR 反应。由于新的可逆阻断技术可以实现每次只合成一个碱基，并标记荧光基团，再利用相应的激光激发荧光基团捕获激发光，从而读取碱基信息。该测序技术的核心是“桥式扩增”和“可逆终止子”技术。

(3) ABI 公司的 SOLiD 测序仪　2007 年 10 月，ABI 公司的 SOLiD 测序仪正式投入商业使用，它是基于连接酶的测序技术，即利用 DNA 连接酶在连接过程中进行测序。该技术的基本原理是利用 DNA 连接酶在连接过程中读取序列。每一轮测序反应中，加入通用引物和半简并引物，通过连接酶将半简并引物连接到新合成的 DNA 互补链上，通过鉴别加入的半简并引物来确定互补链上某一位置的 DNA 序列。

3）高通量测序技术在水处理微生物分析中的应用

微生物在水处理中发挥着核心的作用，但能够被传统分离手段培养生长的微生物在大部分生态系统中比例不到1%，因此极大地限制了人们对水处理过程中微生物的组成、功能及其潜在应用的认识。分子生物学方法，尤其是高通量测序技术应用到水处理微生物生态学研究中，为认识水处理微生物多样性、群落结构组成及其生态功能提供了有力手段。

（1）水处理微生物物种和结构多样性的研究　通过高通量测序技术检测水体中原核微生物16S rDNA/rRNA和真核微生物18S rDNA/rRNA或rDNA。由于这些基因序列的保守性和存在的普遍性，以及基因序列本身的稳定性，且在保守序列之间存在由于进化造成的物种序列差异的可变区域。因此，通过对该序列可变区域的测定和比对，可揭示水处理中微生物物种和群落结构的多样性。

如利用Illumina测序技术在制革废水处理厂的活性污泥中提取DNA进而得到相应降解作用的关键基因，并对能处理污水中金属铜离子和镉离子的功能微生物进行分析，可为后续提高这些离子的生物处理效率提供有效的途径。在研究制革废水处理的厌氧氨氧化和反硝化作用时，利用高通量测序技术发现反应器中微生物群落丰富的多样性，细菌、古生菌和真菌含量分别为87.9%、6.3%和5.3%。高通量测序技术也在饮用水氯消毒的微生物种群研究中得到了应用，微生物群落结构受到氯消毒的影响，其抗性微生物和抗性基因都得到富集，其中变形菌是最为优势的细菌门。

（2）水处理微生物功能多样性的研究　mRNA作为产生蛋白质和活性酶的中间产物，具有与相对应DNA互补配对的序列。通过对水处理微生物转录组mRNA的高通量测序，可以了解水处理微生物活性以及水体微生物间的调控作用，探究水体中微生物功能多样性。

Ye等基于Illumina高通量测序的研究表明，实验室规模和现场实际反应器中微生物整体新陈代谢途径相似，但在特定代谢途径中的基因序列是存在差异的，指明了在不同的污水处理反应器和不同时间下，微生物的降解污染物的基因丰度和多样性有明显差异。课题组对16S rRNA进行高通量测序，研究老龄渗滤液反硝化和厌氧氨氧化联合脱氮过程的微生物多样性，通过以细菌亚硝酸还原酶基因*nirK*和*nirS*、氨氧化古菌（AOA）的亚硝酸还原酶基因*nirK*、氧化亚氮还原酶基因*nozS*和厌氧氨氧化基因*hzsA*为分子标记，对这5个反硝化功能基因进行高通量测序，揭示了厌氧氨氧化协同反硝化脱氮机理。

高通量测序技术的发展在水处理微生物研究中有两大应用意义：第一，极大地降低了基因测序成本，实现了大规模土壤微生物基因直接测序；第二，极大地提高了测序通量，丰富了实验研究的信息量，使得研究者更为深入地研究水处理微生物种类和功能。因此，高通量测序技术促进了水处理中微生物物种多样性、结构多样性、功能多样性研究的迅猛发展。但也存在一些问题，如海量数据分析难、数据去伪存真难等问题。

思考题

(1) 活性污泥微生物的研究方法有哪些，各有什么特点？

(2) 现代分子生物技术在污泥微生物分析中的优势是什么？

第 9 章　废水生化处理相关实验

废水生化处理中微生物及运行参数相关指标的监测对于判断废水处理的效果及稳定运行情况至关重要。本章将从活性污泥微生物的显微镜观察入手，介绍常用的活性污泥微生物活性指标的测定方法、废水生化处理模型试验以及微生物菌群的分子检测技术等。

9.1　活性污泥或生物膜生物相的观察

9.1.1　活性污泥或生物膜微生物的显微镜观察及微型动物的计数

活性污泥和生物膜是生物法处理废水的主体，污泥中微生物的生长、繁殖、代谢活动以及微生物之间的演替情况往往直接反映了处理状况。

1）目的和原理

我们在操作管理中除了利用物理、化学的手段来测定活性污泥的性质，还可借助于显微镜观察微生物的状况来判断废水处理的运行状况，以便及早发现异常状况，及时采取适当的对策，保证稳定运行，提高处理效果。为了监测微型动物演替变化状况还需要定时进行计数。

2）材料与器皿

活性污泥或生物膜微生物的显微镜观察所需材料与器皿包括显微镜、载玻片、盖玻片、微型动物计数板、目镜测微尺、台镜测微尺以及活性污泥（或生物膜）样品。

3）方法与步骤

（1）压片标本的制备：

① 取活性污泥曝气池混合液一小滴，放在洁净的载玻片中央（如混合液中污泥较少可待其沉淀后，取沉淀的活性污泥一小滴加到载玻片上，如混合液中污泥较多，则应稀释后进行观察）。

② 盖上盖玻片，即制成活性污泥压片标本。在加盖玻片时，要先使盖玻片的一边接触水滴，然后轻轻盖下，否则易形成气泡，影响观察。

③ 在制作生物膜标本时，可用镊子从填料上刮取一小块生物膜，用蒸馏水稀释，制成菌液，以下步骤与活性污泥标本的制备方法相同。

(2) 显微镜观察：

① 低倍镜观察　观察生物相的全貌，要注意污泥絮粒的大小，污泥结构的松紧程度，菌胶团和丝状菌的比例及其生长状况，并加以记录和做出必要的描述。观察微型动物的种类、活动状况，对主要种类进行计数。

污泥絮粒大小对污泥初始沉降速率影响较大，絮粒大的污泥沉降快。污泥絮粒大小按平均直径可分成三等：

大粒污泥，絮粒平均直径>500 μm；

中粒污泥，絮粒平均直径为 150～500 μm；

细小污泥，絮粒平均直径<150 μm。

污泥絮粒性状是指污泥絮粒的形状、结构、紧密度及污泥中丝状菌的数量。镜检时可把近似圆形的絮粒称为圆形絮粒，与圆形截然不同的称为不规则形状絮粒。絮粒中网状空隙与絮粒外面悬液相连的称为开放结构；无开放空隙的称为封闭结构。絮粒中菌胶团细菌排列致密，絮粒边缘与外部悬液界限清晰的称为紧密的絮粒；边缘界限不清的称为疏松的絮粒。实践证明，圆形、封闭、紧密的絮粒相互间易于凝聚，浓缩、沉降性能良好，反之则沉降性能差。

活性污泥中丝状细菌数量是影响污泥沉降性能最重要的因素，当污泥中丝状菌占优势时，可以从絮粒中向外伸展，阻碍了絮粒间的凝聚，使污泥 *SV* 值和 *SVI* 值升高，造成活性污泥膨胀。根据活性污泥中丝状菌与菌胶团细菌的比例，可将丝状菌分成六个等级：

0 级，污泥中几乎无丝状菌存在；

1 级，有菌丝存在，但只偶然在某个絮体中发现；

2 级，菌丝普遍存在，但不是在所有絮体中都存在；

3 级，所有絮体中都有菌丝存在，但密度低(1～5 个菌丝/个絮体)；

4 级，所有絮体中都有菌丝存在，密度中等(5～20 个菌丝/个絮体)；

5 级，在所有絮体中菌丝都大量存在(>20 个菌丝/个絮体)。

② 高倍镜观察　用高倍镜观察可进一步看清微型动物的结构特征，观察时注意微型动物的外形和内部结构，例如钟虫体内是否存在食物胞，纤毛环的摆动情况等。观察菌胶团时，应注意胶质的厚薄和色泽，以及新生菌胶团出现的比例。观察丝状菌时，注意菌体内是否有类脂物质和硫粒积累，以及丝状菌生长情况，丝体内细胞的排列、形态和运动特征，以便判断丝状菌的种类，并进行记录。

③ 油镜观察　鉴别丝状菌的种类时，需要使用油镜。这时可将活性污泥样品先制成涂片后再染色，应注意观察丝状菌是否存在假分支和衣鞘，菌体在衣鞘内的

空缺情况，菌体内有无贮藏物质的积累以及贮藏物质的种类，还可借助鉴别染色观察其对该染色的反应，具体方法与步骤可参见本书关于丝状微生物鉴别的内容。

(3) 微型动物的计数：

① 取活性污泥曝气池混合液于烧杯内，用玻璃棒轻轻搅匀，如混合液较浓，可稀释一倍后观察。

② 取洁净滴管(滴管每滴水的体积应预先测定，一般可选用一滴水的体积为1/20 mL的滴管)，吸取搅匀的混合液，加一滴(1/20 mL)到计数板中央的方格内，然后加上一块洁净的大号盖玻片，使其四周正好搁在计数板四周凸起的边框上(见图9-1)。

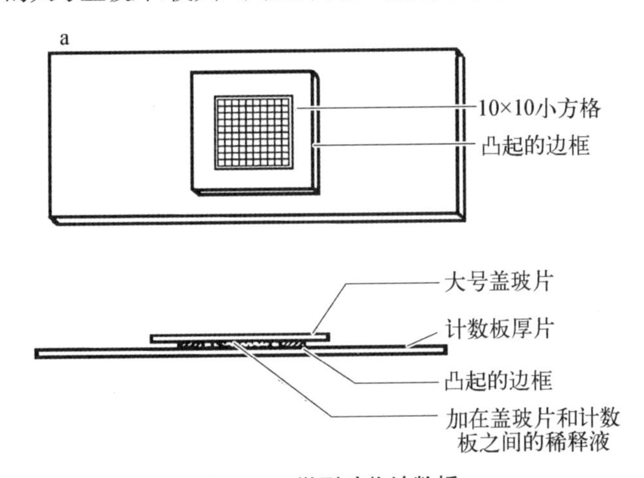

图9-1　微型动物计数板

③ 用低倍镜进行计数。注意所滴加的液体不一定要求布满全部100个小方格。计数时只要把充有污泥混合液的小方格挨着次序依次计数即可。观察时同时注意各种微型动物的活动能力、状态等。若是群体，则需将群体上的个体分别逐个计数。

④ 计算　假定在稀释一倍的一滴样品水样中测得钟虫50只，则每毫升活性污泥混合液中含钟虫数应为：50只×20×2=2 000只。

4) 结果与分析

将观察结果填入表9-1，选择与结果相符者打"√"表示。

表9-1　活性污泥镜检记录表

絮体大小	大，中，小，平均　μm
絮体形态	圆形；不规则形
絮体结构	开放；封闭
絮体紧密度	紧密；疏松
丝状菌数量	0，1，2，3，4，5

（续表）

游离细菌		几乎不见；少；多
微型动物	优势种（数量及形态）	
	其他种（种类、数量及状态）	

9.1.2 活性污泥中丝状微生物的鉴别

丝状微生物是一大类菌体细胞相连且形成丝状的微生物的统称，其包括丝状细菌、丝状真菌、丝状藻类（蓝细菌）等。

丝状微生物，特别是丝状细菌之所以引起人们的高度重视，是由于它们与菌胶团细菌一起，构成了活性污泥絮体的主要成分，并具有很强的氧化分解有机物的能力，当它们超过菌胶团细菌而占优势生长时，由于它的比表面积大，会影响絮体的沉降性能，造成污泥膨胀，以致严重影响处理效果。

1）目的和原理

通过对丝状细菌特征的观察：① 是否存在衣鞘；② 是否有滑行运动；③ 真分支或假分支；④ 丝状体的长短、形状和性质；⑤ 细胞的直径、长短和形状；⑥ 革兰氏染色反应；⑦ 纳氏染色反应；⑧ 有无内含物（PHB、硫粒和异染粒等），可对活性污泥中的丝状微生物做一鉴别。

2）材料和器皿

（1）显微镜、载玻片、盖玻片、目微尺、台微尺。

（2）染色液：革兰氏染液、纳氏染液。

（3）Na_2S 溶液、酒精溶液。

3）方法与步骤

（1）形状特征观察：

借助显微镜，观察丝状微生物的长度、直径、分支的有无、横隔和运动状态等。

① 长度、直径：用目微尺度量。

② 分支：某些丝状微生物的丝体有时有分支，分支有真假之分，细胞是分支的，称真分支。有鞘细胞可产生假分支，它的游离细胞若附着在鞘上，可生长成新的丝体。有时稍有损伤，外侧形成开口，开口附近的细胞则进一步生长而形成分支，这即为假分支。

③ 运动性：只有少数滑行细菌能做蛇样的滑行运动，游离于污泥絮粒之间。

④ 内含物：某些丝状细菌细胞内可含有贮藏物质，因折光性与细胞中其他部分不同，很易察见，常见的有聚-β-羟基丁酸（PHB）及硫粒。两者的区别是滴加酒精后硫粒溶于酒精，而 PHB 依然完整。

⑤ 横隔：相邻两个细胞间的壁。

⑥ 丝体的形状：一般分下列三种，笔直丝体（在丝体较长时亦可略有弯曲）、弯曲丝体以及扭曲成卷曲的丝体。

⑦ 附着生长物：丝状菌表面通常很“光滑”，如在丝体表面附有细菌或小絮体，称为“附着生长物”。

⑧ 缩缢：某些具有连续外壁的丝状菌在横隔处因外壁收缩而形成的凹缢。

⑨ 细胞的形状：可分成球状、杆状、圆盘状或椭圆状。有时丝体外壁无缩缢，这类细胞也可称为方形或长方形细胞。

⑩ 鞘：具鞘的丝状细胞体外圆柱形的管状结构，染色片中往往可明显地看到鞘。

（2）染色技术：

不同的丝状微生物对某些特定的染色反应各不相同，据此可很容易地将它们区分开来。

① 革兰氏染色　这是鉴别细菌的一个重要方法。步骤如下：

a. 制备涂片；

b. 染色：将经固定后的涂片用草酸铵结晶紫染液染 1 分钟，水冲，使其干燥；

c. 媒染：用碘液媒染 1 分钟，水冲，使其干燥；

d. 脱色：连续滴加 95%乙醇使其脱色，直至滴下的乙醇无色为止（0.5～1 分钟），水冲，使其干燥；

e. 复染：用藏花红复染 1 分钟，水洗，使其干燥；

f. 镜检：用高倍镜及油镜观察染色结果，革兰氏阳性（G^+）呈紫色；革兰氏阴性（G^-）呈红色。

② 纳氏染色：

a. 制备涂片；

b. 取两份纳氏染色 A 液，一份纳氏染色 B 液相混，染色 10～15 秒，水冲，使其干燥；

c. 取纳氏染色 C 液染色 15 秒；

d. 水冲，干燥后镜检。

纳氏染色阴性的丝状菌菌体呈浅棕色至微黄色，阳性菌丝状体内含有深色颗粒或整个丝状体完全染成蓝灰色。

③ 积硫试验　某些丝状菌能将还原性硫化物转化成元素硫并在细胞中以硫粒形式贮存。

步骤：取少量活性污泥与等体积 Na_2S 溶液混合，放置 15 分钟，不时摇动，使污泥保持悬浮。制成压片标本，镜检观察细胞中是否有黑色的硫粒。

（3）查检索表：

将活性污泥样品经上述步骤观察后，记录其特征，查检索表（见表 9－2），即可

表 9-2　活性污泥中丝状微生物的检索表

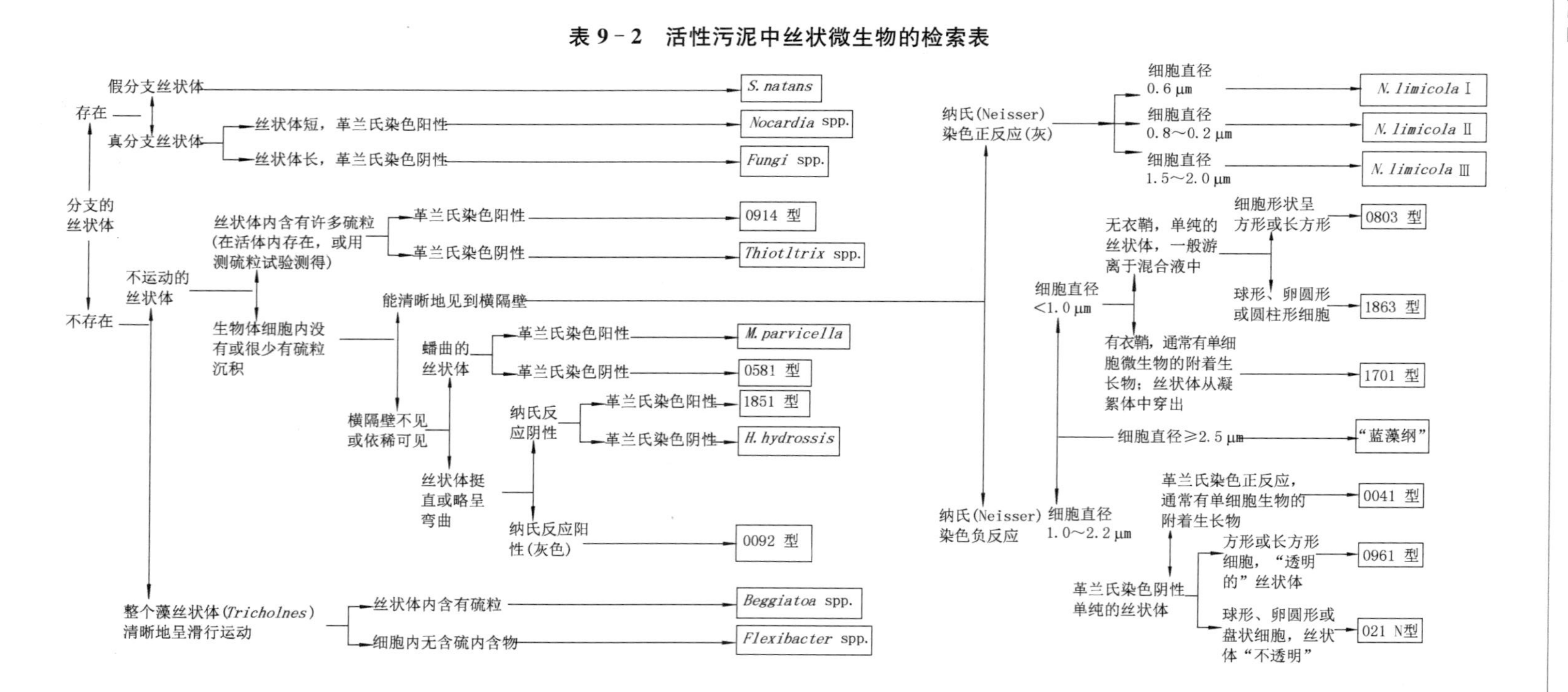

将其分别归类。

4）结果与分析

（1）将活性污泥样品中不同丝状微生物的特征记录于表 9-3。

表 9-3　丝状微生物特征观察记录表

观察项目	特　征	丝状微生物编号					备注
		1	2	3	4	5	
分支	不分支;假分支;真分支						
滑行运动	是(+);否(−)						
硫粒	可见(+);无(−)						
横隔	可见(+);不可见(−)						
丝状体形态	笔直;弯曲;盘旋状或螺旋状						
纳氏染色	颗粒或细胞蓝灰色(阳性,+); 浅棕色至微黄色(阴性,−)						
革兰氏染色	阳性,(+);阴性(−)						
丝状体直径	$<1.0\ \mu m$;$1.0\sim2.2\ \mu m$; $>2.2\ \mu m$						
附着生长物	有(+);没有或很少(−)						
细胞相接处下陷	可见(+);无(−)						
细胞形态	盘状; 球形或椭圆形; 杆形; 正方形; 长方形						
衣鞘	有(+);无(−)						

说明：特征观察多项选择的以“√”表示，两项选择的以“+”或“−”表示。

（2）查检索表 9-2，将种名填入表 9-4，并注明它们在活性污泥中的优势度。

表 9-4　丝状微生物鉴定结果

丝状微生物编号	种　名	优 势 种		
		优势种	中　等	偶　见
1				
2				
3				
4				
5				

(3) 比较不同工业废水处理系统中的丝状微生物种类和数量的差别。

5) 试剂配制(使用时配制)

(1) 纳氏染色液。

① A液:

亚甲基蓝	0.1 g
冰醋酸	5 mL
酒精(95%)	5 mL
蒸馏水	1 000 mL

② B液:

结晶紫(取0.33 g结晶紫溶于3.3 mL96%的酒精中)	3.3 g
酒精(96%)	5 mL
蒸馏水	100 mL

③ C液:

1%碱性菊橙水溶液(chrysoidine Y,2,4-二氨基偶氮苯)	33.3 mL
蒸馏水	66.7 mL

(2) Na_2S溶液。

$Na_2S \cdot 7H_2O$	0.2 g
蒸馏水	1 000 mL

(3) 革兰氏染色液。

① 草酸铵结晶紫染色液:

甲:结晶紫	3 g
乙醇(95%)	20 mL
乙:草酸铵	0.8 g
蒸馏水	80 mL

将甲、乙两液混合后稀释10倍使用。

② 碘液:

碘	1.0 g
碘化钾	2.0 g
蒸馏水	300 mL

配制时,先将碘化钾溶于5~10 mL蒸馏水中,再加入1 g碘,使其溶解后,加蒸馏水至300 mL。

③ 藏花红染色液:

藏花红	0.25 g
乙醇(95%)	10 mL

蒸馏水　　100 mL

9.2　活性污泥耗氧速率及脱氢酶活性的测定

9.2.1　活性污泥耗氧速率的测定及废水可生化性的评价

活性污泥的耗氧速率(OUR)是评价污泥微生物代谢活性的一个重要指标，在日常运行中，污泥 *OUR* 值的大小及其变化趋势可指示处理系统负荷的变化情况，并可以此来控制剩余污泥的排放。

1）目的和原理

活性污泥的 *OUR* 值若大大高于正常值，往往提示污泥负荷过高，这时出水水质较差，残留有机物较多，处理效果亦差。污泥 *OUR* 值长期低于正常值，这种情况往往在活性污泥负荷低下的延时曝气处理系统中可见，这时出水中残存有机物数量较少，处理完全，但若长期运行，也会使污泥因缺乏营养而解絮。处理系统在遭受毒物冲击而导致污泥中毒时，污泥 *OUR* 的突然下降常是最为灵敏的早期警报。此外，还可通过测定污泥在不同工业废水中的 *OUR* 值的高低来判断该废水的可生化性及污泥承受废水毒性的极限程度。

2）材料与器皿

(1) 电极式溶解氧测定仪。

(2) 电磁搅拌器、充气泵、离心机。

(3) 恒温室或恒温水浴。

(4) BOD 测定瓶、烧杯、滴管。

(5) 0.025 M、pH=7 的磷酸盐缓冲液。

3）方法与步骤

(1) 测定活性污泥的耗氧速率：

① 取曝气池活性污泥混合液，迅速置于烧杯中，由于曝气池不同部位的活性污泥浓度和活性有所不同，取样时可取不同部位的混合样。调节温度至 20℃并充氧至饱和。

② 将已充氧至饱和的 20℃的污泥混合液倒满内装搅拌棒的 BOD 测定瓶中，并塞上安有溶氧量仪电极探头的橡皮塞，注意瓶内不应存在气泡。

③ 在 20℃的恒温室(或将 BOD 测定瓶置于 20℃恒温水浴中)，开动电磁搅拌器，待稳定后即可读数并记录溶氧量值，整个装置如图 9-2 所示，一般每隔 1 分钟读数一次。

④ 待 *DO* 降至 1 mg/L 时即停止整个试验，注意整个试验过程以控制在 10～

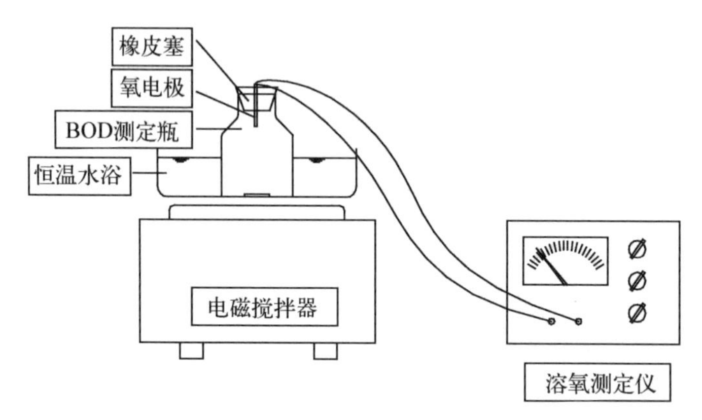

图 9-2　耗氧速率测定装置

30 分钟为宜，亦即尽量使每升污泥每小时耗氧量在 5～40 mg 较宜，若 *DO* 值下降过快，可将污泥适当稀释后测定。

⑤ 测定反应瓶内挥发性活性污泥浓度(*MLVSS*)。

(2) 工业废水可生化性及毒性的测定：

① 对活性污泥进行驯化，方法如下：取城市污水厂活性污泥、停止曝气半小时后，弃去少量上清液，再以待测工业废水补足，然后继续曝气，每天以此方法换水 3 次，持续 15～60 天，对难降解废水或有毒工业废水，驯化时间往往取上限。驯化时应注意勿使活性污泥浓度有明显下降，若出现此现象，应减少换水量，必要时可适当增补些 N、P 营养。

② 取驯化后的活性污泥放入离心管中，置于离心机中以 3 000 r/min 转速离心 10 分钟，弃去上清液。

③ 在离心管中加入预先冷却至 4℃的 0.025 mol/L、pH=7 的磷酸盐缓冲液，用移液管反复搅拌并抽吸污泥，使污泥洗涤后再离心，并弃去上清液。

④ 重复步骤③洗涤污泥 2 次。

⑤ 将洗涤后的污泥移入 BOD 测定瓶中，再以 0.025 mol/L、pH=7、溶氧量饱和的磷酸盐缓冲液充满之，按以上耗氧速率测定法测定污泥的耗氧速率，此即为该污泥的内源呼吸耗氧速率。

⑥ 按步骤①～④，将洗涤后污泥以充氧至饱和的待测废水为基质，按步骤⑤测定污泥对废水的耗氧速率。将污泥对废水的耗氧速率同污泥的内源呼吸耗氧速率相比较，数值越高，该废水的可生化性越好。

⑦ 对有毒废水(或有毒物质)可稀释成不同浓度，按步骤①～⑥测定污泥在不同废水浓度下的耗氧速率，并按图 9-3 分析废水的毒性情况及其极限浓度。

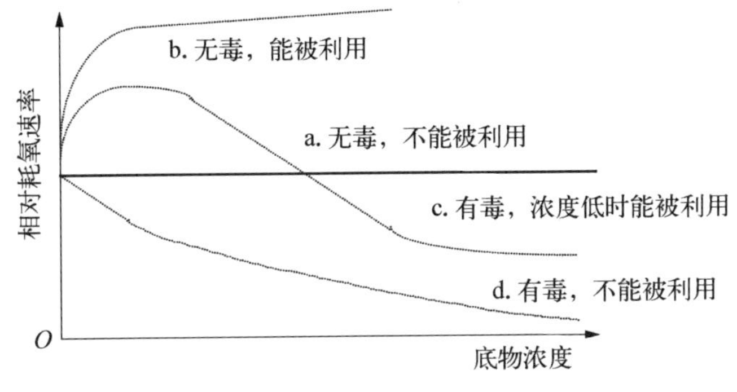

图9-3　相对耗氧速率曲线

图9-3中：

$$相对耗氧速率 = R_S / R_0 \times 100\% \tag{9-1}$$

式中，R_S为污泥对被测废水的耗氧速率；R_0为污泥的内源呼吸耗氧速率。

4）结果与分析

（1）活性污泥耗氧速率的测定　根据污泥的浓度（$MLVSS$）、反应时间t和反应瓶内溶解氧变化率求得污泥的耗氧速率OUR：

$$OUR(mgO_2/gMLVSS \cdot h) = (DO_0 - DO_t)mg/L \div t(h) \div MLVSS(g/L) \tag{9-2}$$

式中，DO_0为初始时DO值；DO_t为测定结束时的DO值。

（2）工业废水可生化性和毒性的评价　根据污泥的内源呼吸耗氧速率以及污泥对工业废水的耗氧速率和对不同浓度有毒废水的耗氧速率算得相对耗氧速率，然后根据图9-3评价该废水的可生化性或毒性，以供制订该废水处理方法和工艺时参考。

5）缓冲液的配制

称取KH_2PO_4 2.65 g、Na_2HPO_4 9.59 g溶于1 L蒸馏水中即制成0.5 mol/L、pH=7的磷酸盐缓冲液，备用。

使用前将上述0.5 mol/L的缓冲液以蒸馏水稀释20倍，即成0.025 mol/L、pH=7的磷酸盐缓冲液。

9.2.2　活性污泥脱氢酶活性的测定

有机物在生物处理构筑物中的分解是在酶的参与下实现的，在这些酶中，脱氢酶占有重要的地位，因为有机物在生物体内的氧化往往是通过脱氢来进行的。

1）目的和原理

由于活性污泥中脱氢酶的活性与水中营养物浓度成正比，在污水处理过程中，活性污泥脱氢酶活性的降低直接说明了污水中可利用营养物质浓度的降低。此外,由于酶是一类蛋白质,对毒物的作用非常敏感,当污水中有毒物存在时会使酶失活,造成污泥活性下降。在生产实践中,我们常常设置对照组,在消除营养物浓度变化影响因素的条件下,通过测定活性污泥在不同工业废水中脱氢酶活性的变化情况来评价工业废水成分的毒性,以及评价不同工业废水的生物可降解性。

脱氢酶是一类氧化还原酶,它的作用是催化氢从被氧化的物体(基质 AH)中转移到另一个物体(受氢体 B)上:

$$AH+B \rightleftharpoons A+BH$$

为了定量地测定脱氢酶的活性,常通过指示剂的还原变色速度来确定脱氢过程的强度。常用的指示剂有 2,3,5-三苯基四氮唑氯化物(TTC)或亚甲蓝,它们在氧化状态接受经脱氢酶活化的氢而被还原时具有稳定的颜色,我们即可通过比色的方法,通过测量反应后颜色深浅来推测脱氢酶的活性。

$$C_6H_5-C\begin{matrix}=N-N-C_6H_5\\ \quad\quad\quad\quad| \\ -N=\underset{\underset{Cl}{|}}{N}-C_6H_5\end{matrix} \xrightarrow[+2H^+]{+2e^-} C_6H_5-C\begin{matrix}=N-\overset{\overset{H}{|}}{N}-C_6H_5\\ -N=N-C_6H_5\end{matrix} + HCl$$

TTC(无色)　　　　　　　　TF(红色)

2) 材料与器皿

(1) 紫外分光光度计、超级恒温器、离心机(4 000 r/min)、15 mL 离心管、移液管、黑布罩。

(2) 试剂:

① Tris-HCl 缓冲液(0.05 mol/L):称取三羟甲基氨基甲烷 6.037 g,加 1.0 mol/L HCl 20 mL,溶于 1 L 蒸馏水中,pH 值为 8.4。

② 氯化三苯基四氮唑(TTC)(0.2%~0.4%):称取 0.2 或 0.4 g TTC 溶于 100 mL 蒸馏水中,即成 0.2%~0.4%的 TTC 溶液(每周新配)。

③ 亚硫酸钠(0.36%):称取 0.365 7 g 亚硫酸钠溶于 100 mL 蒸馏水中。

④ 丙酮(或正丁醇及甲醇)(分析纯)。

⑤ 连二亚硫酸钠、浓硫酸。

⑥ 生理盐水(0.85%):称取 0.85 gNaCl,溶于 100 mL 蒸馏水中。

3) 方法与步骤

(1) 标准曲线的制备:

① 配制 1 mg/mL TTC 溶液:称取 50.0 mg TTC,置于 50 mL 容量瓶中,以

蒸馏水定容至刻度。

② 配制不同浓度 TTC 液：从 1 mg/mL TTC 液中分别吸取 1、2、3、4、5、6、7 mL 放入每个容积为 50 mL 的一组容量瓶中，以蒸馏水定容至 50 mL，则各瓶中 TTC 浓度分别为 20、40、60、80、100、120、140 μg/mL。

③ 在每只带塞离心管内加入 2 mLTris－HCl 缓冲液、2 mL 蒸馏水、1 mL TTC 液(从低到高浓度依次加入)；在对照管中加入 2 mL Tris－HCl 缓冲液和 3 mL 蒸馏水，不加入 TTC，所得每只离心管 TTC 含量分别为 20、40、60、80、100、120、140 μg。

④ 每管各加入连二亚硫酸钠 10 g，混和，使 TTC 全部还原生成红色的 TF。

⑤ 在各管中加入 5 mL 丙酮(或正丁醇和甲醇)，抽提 TF。

⑥ 在紫外分光光度计上，于 485 nm 波长下测光密度。

⑦ 测绘标准曲线。

(2) 活性污泥脱氢酶活性的测定：

① 活性污泥悬浮液的制备：取活性污泥混合液 50 mL，离心后弃去上清液，再用 0.85%生理盐水(或磷酸盐缓冲液)补足，充分搅拌洗涤后，再次离心弃去上清液；如此反复洗涤三次后再以生理盐水稀释至原来体积备用。以上步骤有条件时可在低温(4℃)下进行，生理盐水亦预先冷至 4℃。

② 在三组(每组三支)带有塞的离心管内分别加入以下材料与试剂，如表 9－5 所示。

表 9－5　脱氢酶活性测定中各组试剂加量

组别	活性污泥悬浮液/mL	Tris－HCl 缓冲液/mL	Na_2SO_3 液/mL	基质(或污水)/mL	TTC 液/mL	蒸馏水/mL
①	2	1.5	0.5	0.5	0.5	—
②	2	1.5	0.5	—	0.5	0.5
③	2	1.5	0.5	—	—	1.0

③ 样品试管摇匀后置于黑布袋内，立即放入 37℃恒温水浴锅内轻轻摇动，记下时间。反应时间依显色情况而定(一般采用 10 min)。

④ 对照组试管，在加完试剂后立即加入一滴浓硫酸。另两组试管在反应结束后各加一滴浓硫酸终止反应。

⑤ 在对照管与样品管中各加入丙酮(或正丁醇和甲醇)5 mL，充分摇匀，放入 90℃恒温水浴锅中抽提 6～10 min。

⑥ 在 4 000 r/min 下，离心 10 min。

⑦ 取上清夜在 485 nm 波长下比色，光密度 *OD* 读数应在 0.8 以下，如色度过浓应以丙酮稀释后再比色。

⑧ 在标准曲线上查 TF 的产生值，并算得脱氢酶的活性。

4）结果与分析

（1）标准曲线的制备：

① 将标准曲线测定时的数值填入表 9-6 中。

表 9-6　标准曲线 *OD* 实测值

TTC/μg	*OD* 值			
	1	2	3	4
20				
40				
60				
80				
100				
120				
140				

② 根据上表数据以 *TTC* 为横坐标，*OD* 值为纵坐标绘制标准曲线。

（2）活性污泥脱氢酶活性的测定：

① 将样品组的 *OD* 值（平均值）减去对照组 *OD* 值后，在标准曲线上查 TF 的产生值。

② 算得样品组（加基质与不加基质）的脱氢酶活性 *X*（以产生微克/毫升活性污泥・小时表示）：

$$X(\text{TF 微克 / 毫升活性污泥・小时}) = A \times B \times C \tag{9-3}$$

式中，X 为脱氢酶活性；A 为标准曲线上读数；B 为反应时间校正＝60 分钟/实际反应时间；C 为比色时稀释倍数。

9.3　废水生化处理的模型试验

废水生化处理是利用活性污泥或生物膜中微生物群体的代谢活动，把废水中的污染物质（有机物质）进行降解的过程，目前已广泛运用到工业废水的处理中。我们知道，不同的有机物质，其生物的可降解性是不同的，有的较易分解，有的不易分解，分解的速率也有所不同。各工厂的废水也各有特点。因此，在考虑采用生化法处理废水以前，必须先进行模型试验，以便为以后的生产性设施提供合理的设计参数，亦可为运行管理提供合理的数据。在废水生化处理的科研中，大量的工作也是在模型试验设备上进行的。本实验将介绍利用表面加速曝气池（或生物转盘）模型，进行培菌、驯化及正常运转管理等一系列试验方法，以掌握生化处理模型试验的常规方法，为生产、科研试验提供运行参数。

1）设备材料

本试验需要的设备材料有：① 表面加速曝气池（或生物转盘）模型及附属设备；② 测定污泥性质和废水水质所需要的仪器设备和化学试剂。

2）试验方法

（1）活性污泥的培养　先在曝气池中加入生活污水、工业污水（其比例视工业废水处理难易程度而不同，一般开始时工业污水比例较小）。还可投加排放工业废水的下水道中的污泥或沉渣少量作为接种菌，占整个混合液的 0.5%～1.0%。配好后调整 pH 值至中性偏碱，即开始闷曝（即不进水，转动翼轮充氧），半天后即可开始进水，进水量由少到多，应以生活污水为主，可少量掺加工业废水。经过一段时期后，活性污泥即慢慢形成，并在数量上不断增长。在培菌过程中，注意控制微生物生长繁殖的合适条件。出水要维持一定数量的氨态氮，为了加快污泥增长的速度还可间隔投加米泔水等碳素营养，进水水温低于 10℃时需加温。进水 pH 值应调节至中性或微碱性。曝气池溶解氧应控制在 1～4 mg/L 的范围内。

（2）活性污泥的驯化　污泥的驯化过程是生活污水、营养物质投加量逐渐减少，工业废水投加量逐渐增加的过程。在这一过程中，不适应该废水的微生物逐渐被淘汰而死亡，适应的微生物逐渐增长。与此同时，适应的微生物在废水中特定有机物的诱发下，能在体内产生诱导酶，以对这些有机物进行分解、氧化。待最后全部进入工业废水且活性污泥生长正常时，污泥驯化过程即告结束。

在驯化过程中，改变进水中生活污水和工业废水的配比后应稳定 1～2 天，定时测定曝气池中溶解氧和进出水 *COD*、*BOD*、氨态氮以及测定活性污泥沉降体积、浓度、挥发性物质含量，并运用显微镜经常观察污泥中微生物种类、数量、活动能力的变化情况，以判断污泥的增长情况和污泥对该工业水的适应情况，以决定驯化的进程及采取的措施。采取边培菌、边驯化的方法，使污泥一边增长，一边增加工业废水的投配比，往往可缩短培菌、驯化周期。

（3）正常运转管理　这时污泥已增长至足够的数量，若全部进工业废水，处理也已达到预期效果，培菌工作即告一段落，进入正常运转管理期。我们可利用该模型进行各种试验。

（4）生物转盘的挂膜　生物转盘生物膜的培养及驯化方法与加速曝气池相同。也可将驯化过的表面加速曝气池中的活性污泥移入转盘氧化槽内，开动转盘，经过一段时期，微生物即会黏附在盘片上，继而连续进水，盘片上的生物膜会不断增长，在此过程中，进水量可由小至大，逐渐增加。

3）结果与分析

将活性污泥培菌及驯化试验中进出水水质及污泥性状测定结果填入表9-7。

表9-7 活性污泥培菌及驯化记录表

日期	进水流量	进水配比	曝气池 DO/(mg/L)	COD_{Cr}/(mg/L)		BOD_5/(mg/L)		NH_4-N值(mg/L)		$MLSS$/(g/L)	SV_{30}	SVI/(mL/g)
				进	出	进	出	进	出			

活性污泥生物相观察可用另表记录，具体方法参见9.1.1节，对特定的工业废水还须另加测试项目，如含油废水增加油含量测试，印染废水增加色度测试，含酚废水增加酚含量测试等。

9.4 生化处理曝气设备充氧实验

1）实验目的

了解曝气设备充氧能力的实验方法，加深对曝气充氧机理的认识。测定曝气充氧设备氧的总转移系数 K_{La} 和其他评价指标的计算方法。

2）测定原理

以自来水非稳态曝气来确定氧的总转移系数 K_{La}，即将一定容积的自来水在不含氧的状态下，强制充氧到接近饱和值。当空气中的氧向水中转移的时候，气水接触面两侧分别存在着气膜和液膜，氧的转移就是在气液双膜内进行分子扩散，在膜外进行对流扩散的过程。由于对流扩散的阻力比分子扩散的阻力小得多，所以氧的转移阻力基本上在双膜上，这就是双膜理论。根据这一理论，氧的转移速率方程为

$$\frac{dc}{dt}=K_{La}(C_s-C_t) \tag{9-4}$$

将上述方程积分得到氧的总转移系数 K_{La}，

$$K_{La}=\frac{2.303\lg\left(\frac{C_s-C_0}{C_s-C_t}\right)}{(t-t_0)} \tag{9-5}$$

式中：K_{La} 为氧的总转移系数，单位取决于时间 $(t-t_0)$ 的单位；C_s 为氧的饱和浓度(mg/L)；C_t 为氧的实际浓度(mg/L)。

如令 $D_a=C_s-C_0$，$D_t=C_s-C_t$，时间 t 以min为单位，K_{La} 以 h^{-1} 为单位，则

$$K_{La}=\frac{138.2}{\Delta t}\cdot\lg\left(\frac{D_a}{D_t}\right) 或 \lg\left(\frac{D_a}{D_t}\right)=\frac{K_{La}\cdot\Delta t}{138.2} \tag{9-6}$$

如果把自来水脱氧至溶解氧为零后进行曝气，以液体的充氧浓度 C_s 作为充氧时间的函数，每隔一定的时间测定水中的溶解氧浓度，以 $\lg\left(\frac{D_a}{D_t}\right)$ 为纵坐标，时间 t 为横坐标，可以得到一条直线，直线的斜率为 $\frac{K_{La}}{138.2}$，可求出 K_{La}。

3）实验装置和器材

本实验需要的装置和器材有：① 曝气槽；② 空气泵、曝气设备；③ 溶解氧测定仪；④ 消氧剂：亚硫酸钠、氯化钴；⑤ 计时器。

4）实验步骤

先在曝气槽内注入自来水，曝气直到溶解氧达到饱和，测定在实验条件下温度和溶解氧的饱和值，计算曝气槽的氧的总量 $G=C_s\cdot V$(mg)。

(1) 计算投药量　根据反应 $2Na_2SO_3+O_2\longrightarrow 2Na_2SO_4$，还原 1 mg 的氧需要 7.9 mg 的亚硫酸钠。水温为 20℃时，氧的饱和浓度为 9 mg/L，需要消耗亚硫酸钠 71 mg/L，实际应过量 50%，为 100 mg/L。

(2) 催化剂氧化钴 $CoCl_2$ 的用量　投加浓度为 0.1 mg/L，所以投加量为 0.1 V。将所称的药剂用温水溶解，倒入曝气槽内，轻微搅拌使其混和，测定溶解氧浓度。

当脱氧至零时，开始供气，同时记录时间，开始时每 5 分钟测定溶解氧浓度一次，共 4 次；然后每 7 分钟测定溶解氧浓度一次，共 3 次；之后可适当加长时间间隔，直到溶解氧达到饱和为止。同时测试水温、气压和水中氧的饱和值。

重复上述测试 3 次以上。由于水中的亚硫酸钠和氯化钴不影响测试的结果，可以无须换水。

5）实验数据整理

(1) 用图解法求 K_{La} 值　在半对数坐标上，以 t 为横坐标，$\lg\left(\frac{D_a}{D_t}\right)$ 为纵坐标作图，直线的斜率为 $\frac{K_{La}}{138.2}$，则 K_{La} 值可求出，即 $K_{La}=138.2\times$ 直线斜率。计算当温度为 20℃时氧的总转移系数。

(2) 计算曝气设备的充氧能力：

$$OC=K_{La}(20)\cdot C_s(20)\cdot V\cdot 10^{-3}(\text{kg/h}) \tag{9-7}$$

6）结果与讨论

根据实验结果讨论：① 曝气充氧原理及其在生化处理中的应用；② 氧的总转移系数 K_{La} 的影响因素及其意义。

9.5 活性污泥法中的细菌学检测

9.5.1 活性污泥中异养细菌总数的检测

1) 目的和原理

本试验采用标准平皿法对活性污泥中可培养细菌进行计数，这是一种测定水中好氧的和兼性厌氧的异养细菌密度的方法，由于细菌在污泥中是以成簇或成团的形式存在，此外没有单独的一种培养基或某一环境条件能满足一个水样中所有细菌的生理要求，所以由此法所得的菌落数实际上要低于被测水样中真正存在的活细菌的数目。细菌总数是指 1 mL 水样在营养琼脂培养基中，在 37℃培养 24 小时后所生长的菌落数。

2) 材料和器皿

(1) 培养基。

① 营养琼脂培养基；

② 2216E 培养基：

蛋白胨	5.0 g
酵母膏	1.0 g
$FePO_4$	0.01 g
琼脂	18.0 g
陈海水	1 000 mL
pH	7.6～7.8

(2) 无菌采样瓶、灭菌移液管、灭菌培养皿，盛有 90 mL 及 9 mL 灭菌蒸馏水的锥形瓶和试管。

3) 方法和步骤

(1) 取活性污泥样品用玻璃珠反复振打，使其充分分散。

(2) 吸取 10 mL 上述活性污泥，注入盛有 90 mL 无菌水的三角瓶中，混匀成 10^{-1}稀释液，稀释液应彻底搅动均匀。

(3) 按 10 倍稀释法将水样稀释成 10^{-4}、10^{-5}、10^{-6}、10^{7}。

(4) 稀释度的选择是本试验精确度的关键，根据活性污泥样品的浓度选择合适的稀释度，每个稀释液分别注入两个培养皿，每皿 1 mL。平皿上菌落总数介于 30～300 个。

(5) 培养皿，倒置于 37℃培养 24 小时。

(6) 计数。

4）结果与分析

取同一稀释度的平板培养物，依菌落计算原则进行计算。

（1）菌落计算原则：

平皿菌落的计算可用肉眼观察，必要时用放大镜检查，以防止遗漏，也可借助于菌落计数器计数。对长得相当接近，但不相接触的菌落，应予以一一计数。对链状菌落应当作为一个菌落来计算。平皿中若有较大片状菌落时则不宜采用。若片状菌落少于平皿的一半时，而另一半中菌落分布又均匀，则可将其菌落数的2倍作为全皿的数目。算出同一稀释度的平均菌数，供下一步计算时用。

（2）计算方法：

① 首先选择平均菌落数为30～300者进行计算。当只有一个稀释度的平均菌落数符合此范围时，即可用它作为平均值乘其稀释倍数（见表9-8的例1）。

② 若有两个稀释度的平均菌落数都在30～300，则应按两者的比值来决定。若其比例小于2，应报告两者的平均数；若大于2，则报告其中较小的数字（见表9-8的例2和例3）。

③ 如果所有稀释度的平均菌落数均大于300，则应按稀释度最高的平均菌落数乘以稀释倍数报告之（见表9-8的例4）。

④ 若所有稀释度的平均菌落数均小于30，则应按稀释度最低的平均菌落数乘以稀释倍数报告之（见表9-8的例5）。

⑤ 如果全部稀释度的平均菌落数均不在30～300，则以最接近300或30的平均菌落数乘以稀释倍数报告之（见表9-8的例6）。

⑥ 菌落计数的报告，菌落在100以内时，按实有数报告；大于100时，采用两位有效数字，在两位有效数字后面的数值，以四舍五入方法计算，为了缩短数字后面的零数也可用10的指数来表示（见表9-8的“报告方式”栏）。

表9-8　稀释度选择及菌落报告方式

例次	不同稀释度的平均菌落数			两个稀释度菌落数之比	菌落总数/（个/毫升）	报告方式/（个/毫升）
	10^{-1}	10^{-2}	10^{-3}			
1	1 360	164	20	—	16 400	16 000或1.6×10^4
2	2 760	295	46	1.6	37 750	38 000或3.8×10^4
3	2 890	271	60	2.2	27 100	27 000或2.7×10^4
4	无法计数	4 651	513	—	513 000	510 000或5.1×10^5
5	27	11	5	—	270	270或2.7×10^2
6	无法计数	305	12	—	30 500	31 000或3.1×10^4

9.5.2 生化处理出水中大肠菌群细菌的检测

1）目的和原理

大肠菌群细菌是指一类好氧或兼性厌氧的杆菌，能发酵乳糖，在乳糖培养基中经 37℃、24 小时培养能产酸产气，呈革兰氏阴性，无芽孢。

本试验采用多管发酵法，以最近似数的方式来记载，此数字是根据概率公式来估算的，有大于实际数字的倾向，在增加每种稀释度的试管重复数后可减少偏差。本法除了用于检测水样（淡水或海水）外，尚可用于泥浆、沉积物、污泥等的检测。测定时先将这类固体或半固体样品预先称重，再加水稀释，可取 50 g 样品置于盛有 450 mL 灭菌磷酸盐缓冲液并装有玻璃珠、石英砂的锥形瓶中，振荡 1～2 分钟，便稀释成 10^{-1}，以用于检验。

2）材料与器皿

（1）本实验所需培养基包括二倍浓度的乳糖胆汁液体培养基、一倍浓度的乳糖胆汁液体培养基、伊红-美蓝琼脂（EMB）培养基、亮绿乳糖胆汁（BGB）液体培养基和营养琼脂培养基。

（2）灭菌移液管、灭菌稀释水、试管、杜汉氏小管、革兰氏染液、灭菌培养皿。

3）方法与步骤

（1）假定试验：

① 用 10 mL 水样，接种到 2 倍浓度的乳精胆汁管中去，重复接 3 支。

② 用 1 mL 水样，接种到 1 倍浓度的乳精胆汁管中去，重复接种 3 支。

③ 制备水样 10^{-1}和 10^{-2}的稀释液。

④ 分别接种 1 mL 的 10^{-1}和 10^{-2}稀释液到 1 倍浓度的乳糖胆汁管中，每个稀释液接种 3 支。

⑤ 在 37℃的培养管中培养 48 小时，观察有无气体和酸产生。

⑥ 在 48 小时以内，若培养管内倒置的杜汉氏管中有任何量的气体积累，便可断定为阳性假定试验。若培养管内液体清晰而杜氏管中有气泡时，可能为放置不当而残存的空气泡，不可与产气的阳性反应相混同。无气泡则为阴性。产酸者呈黄色。

（2）确信试验：

① 取呈阳性和阳性可疑的初步发酵试管，轻轻振荡或转动，然后以无菌的金属接种环转移一环培养物至亮绿乳糖胆汁管中，于 37℃的培养管中培养 48 小时。若在倒置的杜汉氏管中产气，不论其量多寡，皆为阳性确信试验。

② 凡初步发酵试验管在 24 小时之前就显示活跃发酵（产气量占杜汉氏管 10％以上）的试管，应及时转移至确信试验的培养基。

（3）完成试验：

① 取上述阳性确信试验管，在伊红-美蓝平板上划线分离，为了确保获得分离的单菌落，须注意以下事项：a. 划线间距至少相隔 0.5 cm；b. 接种针尖端要稍弯曲；c. 先对发酵管轻击，并使之倾斜，以免接种针挑取到任何膜状物或浮渣；d. 划线时要用针尖的弯曲部分接触琼脂培养基平面，以免刮伤或戳破培养基。划线后培养皿倒置，于 37℃的培养管中培养 24 小时。

② 24 小时后，观察在 EMB 平板上出现的单个菌落，具核心及深绿色金属光泽者为较典型的大肠菌群菌落。尽可能挑取典型的或接近典型的大肠菌群菌落，在营养琼脂斜面上划线，置 37℃温度下培养 24 小时。挑取斜面培养物制成涂片，进行革兰氏染色，凡属革兰氏阴性杆菌，即确认了大肠菌群细菌的存在。

③ 在 EMB 平板上呈较典型的大肠菌群细菌还可再次转接至乳糖胆汁发酵管中，在 37℃发酵管中培养 48 小时，产生气体者即确认了大肠菌群细菌的存在。

④ 根据证实有大肠菌群细菌存在的阳性管数查表 9－9，以确定大肠菌群数。整个试验的步骤如图 9－4 所示。

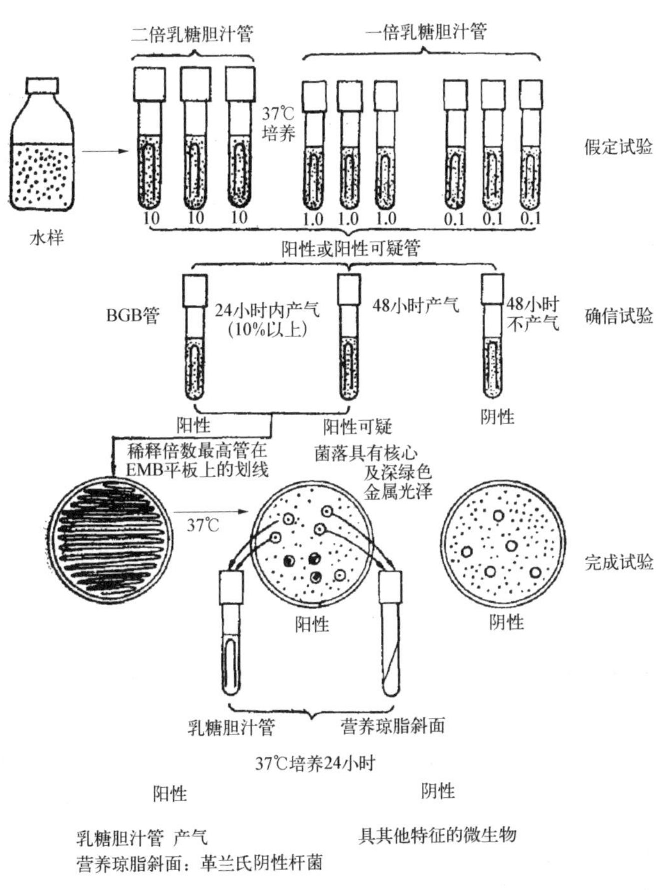

图 9－4　大肠菌群细菌的检测

4）结果及分析

将上述各个试验阶段的结果列表记录，并最后算出水中所含大肠菌群的最大可能值(见表 9－9)。

表 9－9　最近似数(MPN)指数和 95%置信度检索表

出现阳性反应的试管数			每 100 mL 中的 MPN 指数	95%置信度	
在 3 支 10 mL 试管中	在 3 支 1 mL 试管中	在 3 支 0.1 mL 试管中		下限	上限
0	0	1	3	<0.5	9
0	1	0	3	<0.5	13
1	0	0	4	<0.5	20
1	0	1	7	1	21
1	1	0	7	1	23
1	1	1	11	3	36
1	2	0	11	3	36
2	0	0	9	1	36
2	0	1	14	3	37
2	1	0	15	3	44
2	1	1	20	7	89
2	2	0	21	4	47
2	2	1	28	10	150
3	0	0	23	4	120
3	0	1	39	7	130
3	0	2	64	15	380
3	1	0	43	7	210
3	1	1	75	14	230
3	1	2	120	30	380
3	2	0	93	15	380
3	2	1	150	30	440
3	2	2	210	35	470
3	3	0	240	36	1 300
3	3	1	460	71	2 400
3	3	2	1 100	150	4 800

本试验所用的培养基系选择培养基，许多细菌都不能利用培养基中的乳糖来发酵产气产酸，而大肠菌群细菌及少数其他种类的细菌可发酵乳糖产气产酸。培养基中的胆汁(牛、羊或猪的胆酸盐)是表面活性剂，它不会抑制大肠菌群细菌的生长，但能抑制其他革兰氏阳性细菌，如芽孢形成菌的生长。在胆汁缺乏时可用 0.1 g 的十二烷基磺酸钠替代。溴甲酚紫(或亮绿)是 pH 值的指示剂，大肠菌群在

发酵乳糖产气外还同时产酸，该指示剂有助于我们判断发酵的进程。

在假定试验的初步发酵管中，可能有极少数能发酵乳糖产气的非大肠菌群细菌混在阳性可疑反应管中。通过确信试验和完成试验，对初步发酵中的阳性可疑管进行复发酵试验，并进行革兰氏染色和细菌形态观察，即可将那些少量的非大肠菌群细菌（“假阳性管”）删除，在记录时须把三步试验都呈阳性的试管数计入阳性反应管。

5）培养基配制

（1）配制乳糖胆汁液体培养基：

蛋白胨	20.0 g
乳糖	5.0 g
胆酸钠	5.0 g
1.6%溴甲酚紫乙醇溶液	1 mL
蒸馏水	1 000 mL

将蛋白胨、乳糖、胆盐加热溶解于1 000 mL蒸馏水中，调pH值至7.2～7.4；加入1.6%溴甲酚紫乙醇溶液1 mL，充分混匀，分装于有倒置杜汉氏小管的试管中，注意小管中不得有气泡；在115℃灭菌20分钟。

（2）配制伊红-美蓝琼脂（EMB）培养基：

蛋白胨琼脂培养基（其成分为蛋白胨10.0 g；琼脂18.0 g；蒸馏水1 000 mL；pH值为7.6）

20%乳糖	2 mL
2%伊红溶液	2 mL
0.5%美蓝溶液	1 mL

将已灭菌的蛋白胨琼脂培养基加热融化，冷却至60℃左右时，将已灭菌的乳糖溶液、伊红溶液及美蓝溶液按上述量以无菌操作加入，摇匀后即倒平板。乳糖在高温灭菌时易被破坏，故必须严格控制灭菌温度，一般为115℃、20分钟。

（3）配制亮绿乳糖胆汁（B. G. B.）液体培养基：

蛋白胨	10.0 g
乳糖	10.0 g
胆酸钠	20.0 g
亮绿	0.013 3 g
蒸馏水	1 000 mL
pH值	7.4

分装试管后，加入杜汉氏小管，在115℃灭菌20分钟。

9.5.3 硝化细菌的分离培养和计数

在活性污泥污水处理中，有机氮化合物经氨化细菌作用分解成氨，硝化细菌又将氨氧化成硝酸盐，此过程称为硝化作用。它包括两个连续的阶段：首先，氨经亚硝酸细菌作用氧化为亚硝酸；亚硝酸又经硝酸细菌作用氧化为硝酸。亚硝酸细菌与硝酸细菌合称为硝化细菌，它们都为好氧化能自养菌。此外，还有一些异养细菌和放线菌、真菌中的某些种类也能将氨转化成亚硝酸或硝酸。硝化细菌的分离纯化比较困难，主要是因为硝化细菌生长缓慢，而伴生的异养细菌生长迅速；在选择性较强的硅胶平板上长出的菌落很小，直径仅有 100 μm，分离难度很大。

1）亚硝酸细菌的分离培养

（1）样品采集：

作为亚硝酸细菌的分离源，可采取湖泊中的表层淤泥、沟渠软泥或城市污水厂的活性污泥。

（2）配制亚硝酸细菌富集培养基：

$(NH_4)_2SO_4$	2 g	K_2HPO_4	1 g
$MgSO_4 \cdot 7H_2O$	0.5 g	$CaCO_3$	5 g
$FeSO_4 \cdot 7H_2O$	0.4 g	H_2O	1 000 mL
NaCl	2 g	pH	7.2

除 $CaCO_3$ 外，其余成分溶解于水中，装瓶后按 0.5%的比例加入 $CaCO_3$，在 121℃条件下灭菌 20 分钟。

若培养硝酸细菌，则以 2 g KNO_2 代替 $(NH_4)_2S0_4$。

（3）亚硝酸细菌富集培养：

目的是大量淘汰异养细菌，增加亚硝酸细菌的菌数。具体方法如下。

① 取泥样 0.5～1 g，投加于富集培养液中，混匀，置于 28℃下培养 2～3 天后，开始检测 NO_2^- 盐的生成，通常在 7 天左右 NO_2^- 盐大量出现。

② 当检出 NO_2^- 盐后，取 0.1 mL 富集培养液接种到新鲜的富集培养基中，继续培养并检测 NO_2^- 盐。

③ 经 7 次重复富集培养后，开始连续供给能源，即每隔 3～5 天，添加 5%硫酸铵溶液 2～3 mL，并加入适量碳酸钙。

（4）硅胶平板培养基的制备：

将硅酸钾或硅酸钠配制成比重为 1.10 的溶液，过滤澄清。取比重为 1.09 的盐酸，与等体积的上述溶液混和。操作时将硅酸钠缓慢加入盐酸内，搅拌均匀，倒入培养皿内。每皿为 20～25 mL，静置 24 小时，待凝固成平板后用缓流水冲洗 2～3 天，以除去 Cl^-，直至 Cl^- 完全消失为止。滴加 1%硝酸银溶液测试，如呈白色，表

明有 Cl^- 需继续冲洗。冲洗后的平板用煮沸的蒸馏水冲洗三次以灭菌，或用紫外线照射灭菌。操作时将培养皿置于距紫外灯 20 cm 处，照射 30 分钟，皿盖置于一边同时灭菌。然后，在每个硅胶平板上加亚硝酸菌富集培养液 2 mL 和 5%$(NH_4)_2SO_4$ 溶液 1 mL。轻轻转动培养皿，使培养液分布均匀。打开皿盖在 50℃烘箱内烘至平板无水流动为止。

(5) 亚硝酸细菌的分离纯化：

用无菌吸管吸取 0.1～0.2 mL 富集培养液，接种到上述制成的硅胶平板上。用无菌玻璃棒将菌液均匀涂布在平板上。然后置于底部盛水的干燥器内(防水分蒸发，免使平板干裂)，在 28～30℃下培养 15～30 天。当硅胶平板出现亚硝酸细菌菌落后，挑起菌落再接种到液体培养基中，通过测定 NO_2^- 的生成来确定亚硝酸细菌的增殖情况。同时，取少量培养物接种到肉汤蛋白胨培养基中，如观察到培养液中有异养细菌生长，则必须重复以上的纯化分离操作。也可用接种环挑取富集培养液，点种于硅胶平板分离培养基表面。在皿盖上放一张湿滤纸或如前法培养。由于硅胶平板有高度的选择性，在点样周围的菌落均是亚硝酸细菌。

2) 硝酸细菌的分离培养

(1) 取污泥少量，分别接种于硝酸细菌富集培养液中，混匀，在 30℃温度下培养。富集培养时要连续供给 5%亚硝酸铵溶液数毫升以代替硫酸铵，也有利于抑制其他菌的繁殖。

(2) 硝酸细菌的分离纯化方法原则上与亚硝酸细菌相同，可采用硅胶平板法。但在硅胶平板上要加 5%亚硝酸铵溶液 1 mL 以替代硫酸铵溶液，还要投加硝酸细菌富集培养液 2 mL。培养后，在硅胶平板深层形成针头状菌落。也可在硝酸细菌富集培养基中投加 1.5%～2%琼脂，制成固体平板，用此平板进行分离纯化。

3) 亚硝酸细菌的计数(试管稀释法)

(1) 培养基和器材：

$(NH_4)_2SO_4$	2 g	K_2HPO_4	1 g
$MgSO_4 \cdot 7H_2O$	0.5 g	$CaCO_3$	5 g
$FeSO_4 \cdot 7H_2O$	0.4 g	H_2O	1 000 mL
NaCl	2 g	pH	7.2

除 $CaCO_3$ 外，其余成分溶解于水中，装瓶后按 0.5%的比例加入 $CaCO_3$，在 121℃灭菌 20 分钟。

所需器材有：灭菌移液管，盛有 90 mL 及 9 mL 灭菌并装有玻璃珠、石英砂、蒸馏水的锥形瓶和试管。

(2) 方法与步骤：

① 取 10 ml 活性污泥于 90 mL 灭菌并装有玻璃珠、石英砂、蒸馏水的锥形瓶

中，振荡1～2分钟，便稀释成10^{-1}。

② 根据污泥浓度决定不同稀释度，每个稀释度重复3管，每管接种1 mL。另取3管不接种作为对照。

③ 接种结束后，置于28～30℃培养箱中培养4星期。

(3) 结果及计数：

培养后在每只试管中滴入Griess-Ilosvay试剂1～2滴。如出现红色乃至褐色，则说明由于亚硝酸细菌的生长繁殖而积蓄了NO_2^-，记为"＋"(阳性)。在2～3分钟后未现色的试管里用小药匙加入锌粉少许，静置，观察是否现红色。如果加入锌粉后现红色，则说明生成的NO_2^-已由与亚硝酸细菌共同存在的硝酸细菌氧化生成NO_3^-了，记为"＋"(阳性)；否则记为"－"(阴性)。

根据记录结果，可按表9-9得出菌的近似数。

4) 硝酸细菌的计数(试管稀释法)

(1) 培养基和器材：

KNO_2	0.006 g	$FeSO_4 \cdot 7H_2O$	0.03 g
K_2HPO_4	1.0 g	$CaCl_2$	0.3 g
NaCl	0.3 g	$CaCO_3$	1.0 g
$MgSO_4 \cdot 7H_2O$	0.1 g	蒸馏水	1 000 mL

在121℃条件下灭菌20分钟。

分装试管，每管3 mL，再进行灭菌。

所需器材有：灭菌移液管、盛有90 mL及9 mL灭菌并装有玻璃珠、石英砂、蒸馏水的锥形瓶和试管。

(2) 方法与步骤：

① 取10 mL活性污泥于90 mL灭菌并装有玻璃珠、石英砂、蒸馏水的锥形瓶中，振荡1～2分钟，便稀释成10^{-1}。

② 根据污泥浓度决定不同稀释度，每个稀释度重复3管，每管接种1 mL。另取3管不接种作为对照。

③ 接种结束后，置于28～30℃培养箱中培养4星期。

(3) 结果及计数：

培养后每只试管中滴入Griess-Ilosvay试剂1～2滴。如不显色，则说明由于硝酸细菌的生长繁殖，消耗了NO_2^-，记为"＋"(阳性)；否则为"－"(阴性)。

根据记录结果，可按表9-9得出菌的近似数。

附：Griess-Ilosvay试剂的配制

溶液Ⅰ：称取磺胺酸(sulphanilic acid)0.5 g溶于150 mL醋酸溶液(30%)中，保存在棕色瓶中。

溶液Ⅱ：称取 a-萘胺(alpha-naphthylamine)0.5 g 溶于 50 mL 蒸馏水中，煮沸，缓缓加入 30%的醋酸溶液 150 mL，保存于棕色瓶内。

在一星期内使用。临使用前，将溶液Ⅰ和溶液Ⅱ两试剂等量混和。

9.6　活性污泥微生物群落结构分析

9.6.1　PCR-DGGE 实验

1）目的和原理

变性梯度凝胶电泳(denatured gradient gel electrophoresis，DGGE)最初是在 20 世纪 80 年代初期发明的，主要用来检测 DNA 片段中的点突变。Muyzer 等人在 1993 年首次将其应用于环境中微生物群落结构研究。其基于的原理是不同的双链 DNA 片段因为其序列组成不一样，所以其解链区域以及各解链区域的解链温度也是不一样的。当它们进行 DGGE 时，同样长度但序列不同的 DNA 片段会在聚丙烯酰胺的凝胶中的不同位置被区分开来。

当用 DGGE 技术来研究微生物群落结构时，要结合 PCR 扩增技术，用 PCR 扩增的 16S rRNA 产物来反映微生物群落结构组成。通常根据 16S rRNA 基因中比较保守的碱基序列设计通用引物，其中一个引物的 5′端含有一段 GC 夹子，用来扩增微生物群落结构基因组总 DNA，扩增产物用于 DGGE 分析。

2）试剂材料及仪器

试剂材料：TE 缓冲液(10 mmol/L Tris-HCl，pH=8.0；1 mmol/L EDTA，pH=8.0)、10% SDS(十二烷基硫酸钠)、20 mg/mL 蛋白酶 K、5 mol/L 的 NaCl、CTAB/NaCl 溶液(0.7 mol/lNaCl；10% CTAB)、酚：氯仿：异戊醇(25：24：1)、氯仿：异戊醇(24：1)、3 mol/L NaAc、异丙醇、70%的冷乙醇、引物 F338(5′-ACT CCT ACG GGA GGC AGC AG-3′)和 R518(5′-ATT ACC GCG GCT GCT GG-3′)。

仪器：离心机、超声波细胞破碎仪、电泳仪、PCR 扩增仪、变性凝胶电泳系统、凝胶成像分析系统、JMP™统计软件(Version5.0.1，SAS，BIO-RAD，USA)。

3）实验步骤

(1) 活性污泥 DNA 的提取：

① 取 1.5 mL 的活性污泥样品于 1.5 mL 的离心管中，12 000 r/min 高速离心 5 min，根据需要重复 1～2 次。

② 在离心管中加入 567 mL TE 缓冲液(10 mmol/L Tris-HCl，pH=8.0；1 mmol/L EDTA，pH=8.0)，用吸管反复吹打使之垂悬。加入 30 μL 10%的 SDS(十二烷基硫酸钠)和 3 μL 20 mg/mL 的蛋白酶 K，混匀，置于 37℃水浴中，温浴

1 h,每十分钟轻轻摇动,摇匀泥浆。

③ 拿出离心管,加入 100 μL、5 mol/L 的 NaCl 充分混匀,再加入 80 μL 的 CTAB/NaCl 溶液(0.7 mol/L NaCl;10% CTAB),混匀,置于 65℃水浴中,温浴 0.5 h,每十分钟轻轻摇动,摇匀泥浆。

④ 加入等体积的酚∶氯仿∶异戊醇(25∶24∶1),抽提一次(翻转混匀),在 4℃放置 10 min,接着以 10 000 r/min 离心 10 min。

⑤ 将含有 DNA 样品的水相用扩口枪头移至新的离心管中。然后,在水相中加入等体积的氯仿∶异戊醇(24∶1),在 4℃放置 10 min,接着以 10 000 r/min 离心 10 min。

⑥ 视抽提情况可重复步骤④和⑤。用扩口枪头吸出上层含 DNA 的水相并置于新的离心管中,在其中加入 10%体积的 NaAc,充分混匀。再向每一管中加入 0.6 倍体积的异丙醇,置于−20℃,过夜。

⑦ 取出离心管,以 12 000 r/min 离心 15 min,弃去上清液,再用 70%的冷乙醇洗涤一次,以 12 000 r/min 离心 2 min(洗后离心去除上清液)。在室温干燥 10 min 后加入 50 μL TE 溶解,置于 4℃保存过夜,充分溶解 DNA。

⑧ 提取后的 DNA 溶液保存在−20℃。

(2) 基因组总 DNA 的定量测定:

组成核酸分子的碱基对紫外线都有一定的吸收能力,最大吸收峰值在 250~270 nm的范围内。一般认为 DNA 的紫外吸收峰为 260 nm。在波长为 260 nm 的紫外线下,1 OD的光密度相当于双连 DNA 浓度为 50 μg/mL。在 500 μL 的石英比色皿中将提取的 DNA 样品稀释 100 倍后测定 A260 的数值,则 DNA 浓度 C(μg/mL)=A260×稀释倍数×50,DNA 产量 C′(μg/g)=A260×稀释倍数×缓冲溶液体积×50/污泥质量(g)。

(3) 16S rRNA 基因扩增:

PCR 扩增采用针对 16S rRNA 基因 V3 区的通用引物 F338(5′- ACT CCT ACG GGA GGC AGC AG - 3′)和 R518(5′- ATT ACC GCG GCT GCT GG - 3′),其中正向引物 F338 的 5′末端连接一个含 40 个 bp 的 GC 锁。50 μl PCR 反应体系如表 9 - 10 所示。

表 9 - 10　PCR 扩增反应体系

反应混合液	用　量
DNA 模板	15 ng
引物 F338(25 μmol/L)	1 μL
引物 R518(25 μmol/L)	1 μL

（续表）

反应混合液	用　量
dNTPS(25 μmol/L)	4 μL
10×PCR 反应缓冲液	5 μL
MgCl2 溶液(25 μmol/L)	6 μL
Taq DNA 聚合酶 1 U	1 U

反应条件：94℃，4 min；92℃，30 s；55℃，30 s；72℃，30 s；35 个循环；72℃ 延伸 10 min。用 1.5％琼脂糖凝胶电泳检测 PCR 扩增产物。

(4) DGGE 实验：

DGGE 分析采用 Bio－Rad 电泳凝胶系统。

电泳条件：8％丙烯酰胺凝胶，35％～55％变性剂梯度，0.75 mm 胶厚度，1×TAE 电泳缓冲液，150 V 稳压，在 60℃恒温下电泳 5 h。电泳后的凝胶用 SYBRTM Green Ⅰ染色 25 min，然后利用凝胶成像系统进行紫外成像分析。

(5) DGGE 凝胶图谱分析：

DGGE 凝胶图谱上的谱带由 Quantity One 软件（Quantity One 4.0.1，Bio－Rad，USA）自动识别、调整谱带相应位置，并计算每个处理所含谱带数目、各谱带的 R_f 值和相对峰面积。最后以处理间谱带的 R_f 值和相对峰面积为主因子，利用 JMP™统计软件（Version5.0.1，SAS，USA）进行 DGGE 凝胶指纹图谱的主成分分析（PCA）和聚类比较。

9.6.2　荧光原位杂交实验

1) 目的及原理

荧光原位杂交（fluorescent in situ hybridization，FISH）是直接法杂交的一种，其原理是 dsDNA 的变性和与带有互补顺序的同源单链退火配对形成双链结构。带有荧光标记的探针与固定在玻片或纤维膜上活性污泥微生物细胞中特定的核苷酸序列进行杂交，而无须单独分离出微生物 DNA 或 RNA，探测其中所具有的同源核酸序列，结果直接在荧光显微镜下观察。FISH 技术可以直接用来探测活性污泥中已知核苷酸序列的功能微生物，如硝化细菌和产甲烷细菌等，其灵敏度可达到 10～20 个 mRNA 拷贝/细胞。

2) 试剂与材料

(1) 药品和试剂　1％ HCl 乙醇溶液（70％）、4％的多聚甲醛溶液（新配制的）、PBS（130 mmol/L NaCl，7 mmol/L Na_2HPO_4，3 mmol/L NaH_2PO_4，pH＝7.4）、NaCl（5 mol/L）、Tris/HCl（1 mol/L，pH＝7.4）、10％ SDS、0.5 mol/L EDTA、寡

核苷酸探针溶液(50～100 ng/μL)、去离子甲酰胺、抑退光试剂、指甲油等。

① 4%的多聚甲醛溶液的配制：200 mL PBS 加热至 60～65℃；边搅拌边加入 8 g 多聚甲醛；缓缓滴加 10 mol/L NaOH 至多聚甲醛全部溶解；20℃调节 pH 至 7.2～7.4；0.45 μm 滤膜过滤；装入 15 mL 的离心管中；用前储存于－20℃。

② 杂交液(HB)及清洗液(WB)的配制：以 *Arch* - *FITC* 和 *EUB* - *Cy3* 探针为例，配方见表 9 - 11。

表 9 - 11　杂交液(HB)及清洗液(WB)的配制

	NaCl (5 mol/L)	Tris - HCl (pH=7.4)	甲酰胺	水	SDS (10%)	EDTA (0.5 mol/L)
HB/μL	360	40	600	1 200	4	0
WB/μL	1 020	1 000	—	50 000	50	500

说明：如果 HB 中甲酰胺的浓度是 30%，WB 中 5 mol/L NaCl 为 1 020 μL；若为 35%，WB 中 5 mol/L NaCl 为 700 μL；若为 40%，WB 中 5 mol/L NaCl 为 460 μL；若为 45%，300 μL；若为 50%，180 μL；若为 55%，100 μL；若为 60%，40 μL；若为 65%，10 μL。

(2) 材料：

① 科普林缸；

② 含 10 个或 8 个加样点的玻片；

③ 15 mL 的离心管；

④ 50 mL 的离心管；

⑤ 1.5 mL 的 Eppendorf 管；

⑥ 46℃和 48℃的杂交炉；

⑦ 盖玻片。

3) *方法及步骤*

(1) 玻片的预处理：

① 在 1% HCl 乙醇溶液(70%)中清洗玻片；

② 将多 L-赖氨酸(0.01%)稀释，并使其达到室温(置于科普林缸中)；

③ 将玻片放入科普林缸 5 min；

④ 将玻片放置在 60℃、1 h 或室温下过夜。

(2) 样品的固定：

① 将微生物样品与三倍体积新配制的多聚甲醛相混和，固定；

② 固定至少 3 h 或 4℃过夜；

③ 将样品离心(4 000 r/min，5 min)，倒掉多聚甲醛，加入相同体积的 PBS；

④ 4 000 r/min 离心 5 min，倒掉 PBS，替换相同体积的乙醇/PBS 混合液(w/w 为 1∶1)；

⑤ 将样品储存在−20℃。

(3) 脱水:

① 在载玻片上滴加2～3 μL的样品;

② 在46℃温度下干燥10 min;

③ 将玻片浸在50%的乙醇中3 min;

④ 将玻片浸在80%的乙醇中3 min;

⑤ 将玻片浸在96%的乙醇中3 min;

⑥ 风干。

(4) 杂交:

① 滴加10 μL杂交液HB覆盖玻片上的细胞;

② 在每个加样点滴加1 μL的寡核苷酸探针;

③ 将湿绵纸置于50 mL的离心管中,做成一个湿盒;

④ 将玻片置于密封的湿盒中,在46℃温度下放置1.5 h;

⑤ 将冲洗液WB预热至48℃。

(5) 清洗:

① 将玻片迅速放入预热好的WB中;

② 在48℃放置30 min以去除未杂交的探针;

③ 用0.45 μm过滤的双蒸水冲洗玻片;

④ 使玻片迅速风干。

(6) 显微镜观察:

① 滴加抑退光试剂;

② 盖上盖玻片,并用指甲油封边,在荧光显微镜下进行镜检。

9.6.3 高通量Illumination测序实验

1) 目的及原理

高通量测序是运用非培养的分子生物学技术,其原理是扩增微生物菌群小亚基核糖体RNA基因或16S rRNA基因的可变区域,利用Bar-code引物,与反应体系中的酶、底物荧光素和5′-磷酸硫酸腺苷共同孵育。配对成功后释放的焦磷酸转变成光信号后经CCD检测产生荧光信号,能够实时记录模板,快速确定待测模板的核苷酸序列。焦磷酸测序实现了对PCR产物的直接测序,在文库制备、模板制备和测序三大方面取得巨大的突破。高通量测序技术代表性的方法有几种,其中Illumina测序技术是最为主流的技术之一。

2) 试剂与材料

End Repair Mix核酸外切酶和聚合酶、DNA提取试剂盒、微量紫外分光光度计、超净工作台、万分之一天平、高速离心机、低温冷冻干燥机、漩涡震荡仪、移液器(10 微升、200 微升和 1 000 微升)、高压氮气、PCR 仪、Illumination 测序平台。

3) 方法及步骤

(1) 微生物组总 DNA 提取：

① 将取回的活性污泥样品(每组样品约 10 g)放入低温冷冻干燥机中冷冻 30 个小时,达到干燥目的。

② 在万分之一天平上称取 0.1 g 冻干后污泥样品于 Mo Bio/Qiangen 公司的 Power Soil 提取试剂盒的 PowerBead Tubes 中,用涡旋振荡仪进行破碎。

③ 根据 DNA 提取试剂盒提取步骤进行提取。

④ 对抽提的 DNA 进行检测。采用微量紫外分光光度计,在 260 nm 和 280 nm处分别测定 DNA 的吸光值,检测 DNA 的浓度。

⑤ 将提取好的 DNA 保存于−20℃冰箱中。

(2) 建库测序流程　采用标准的 Illumina TruSeq DNA 文库制备实验流程(Illumina TruSeq DNA Sample Preparation Guide)构建所需的基因组上机文库。

实验主要流程如下：

① DNA 片段化：利用高压氮气或者 Covaris 机器打断 DNA,使其片段化。

② DNA 双末端修复：利用 End Repair Mix 中 3′- 5′核酸外切酶和聚合酶的共同作用,修复带有突出末端的 DNA 片段。

③ 3′端引入“A”碱基：在修复平整的 DNA 片段 3′端引入单碱基“A”。而在接头的 3′末端含有单碱基“T”,从而保证 DNA 片段和接头能够通过“A”“T”互补配对连接,并防止接头连接 DNA 片段的过程中,DNA 插入片段彼此相连。

④ 接头连接：在连接酶的作用下,孵育含有标签的接头与 DNA 片段,使其相连。

⑤ 纯化连接产物：凝胶纯化连接产物,去除游离的及发生自连的接头序列,同时选择大小合适的 DNA 片段进行纯化,用于后续的簇生成反应。

⑥ 富集 DNA 片段：利用 PCR 选择性地富集两端连有接头的 DNA 片段,同时扩增 DNA 文库。PCR 应尽量使用较少的循环数,避免 PCR 扩增中文库出现错误。

⑦ 验证文库：利用 Pico green 和荧光分光光度计方法定量文库;并对 PCR 富集片段进行质量控制,验证 DNA 文库的片段大小及分布。

⑧ 均一化并混和文库：多样品 DNA 文库(multiplexed DNA libraries)均一化至 10 nmol/L 后等体积混和。

⑨ 上机测序：将混和好的文库(10 nmol/L)逐步稀释定量至 4～5 pmol/L 后进行上机测序。

4）数据分析及软件

（1）高通量测序下机数据分析软件包含：

① 测序数据质量检测软件 FastQC；

② FASTX - Toolkit；

③ SOAPdenovo 软件。

（2）测序下机数据的初步处理步骤：

① CASAVA 的运行和参数设置 在 Illumina 数据下机后的输出文件中，并不直接存在后续分析所需要的 Fastq 文件，需要通过 bcl2fastq Conversion Software 来实现。

② 下机数据的质控处理 由于实验操作和测序仪器等原因，会导致测序数据中部分短序列（reads）尾部质量下降或接头（adapter）自连，这些序列会对后期的数据分析造成困扰，因此得到原始的 Fastq 文件后要对数据进行质量控制，去掉一些低质量的序列。

（3）DNA 测序数据分析：

① 基因组从头测序数据分析 基因组从头（de novo）测序是指在没有参考基因组的情况下，对物种的基因组进行测序、拼接和组装，进而获得物种的基因组序列图谱。物种基因组测序图谱的完成是进一步研究该物种的遗传信息与进化的基础。

② 重测序数据分析流程 对于完成从头测序的物种，已经获得了基因组的完整序列信息，利用全基因组重测序技术对其个体或群体的基因组进行测序及差异分析，可获得 SNP、InDel、SV、CNV 等大量的遗传变异信息，进而可以对该物种的基因功能挖掘和群体进化进行深入分析。

③ 群体测序的关联分析过程 在群体分析中，通过高通量测序获得群体基因组变异数据后，可以与表型数据结合进行基因定位工作，还可以通过野生品种和现有品种比较进行驯化与进化分析。

参 考 文 献

[1] 陈浩峰.新一代基因组测序技术[M].北京：科学出版社，2016.
[2] 陈禹保，黄劲松.高通量测序与高性能计算理论和实践[M].北京：北京科学技术出版社，2017.
[3] 戴友芝，肖利平，唐受印，等.废水处理工程(第三版)[M].北京：化学工业出版社，2017.
[4] 邓晔，冯凯，魏子艳，等.宏基因组学在环境工程领域的应用及研究进展[J].环境工程学报，2016，10(07)：3373-3382.
[5] 高廷耀，顾国维，周琪.水污染控制工程(第四版　下册)[M].北京：高等教育出版社，2015.
[6] 顾国维，何义亮.膜生物反应器——在污水处理中的研究和应用[M].北京：化学工业出版社，2002.
[7] 顾夏声，胡洪营，文湘华，等.水处理生物学(第六版)[M].北京：中国建筑工业出版社，2018.
[8] 贺延龄.废水的厌氧生物处理[M].北京：中国轻工业出版社，1998.
[9] 季兵，张明旭，孙从军，等.上海梦清园生态净化工艺设计与研究[J].中国环保产业，2005，9：28-31.
[10] 蒋展鹏，杨宏伟.环境工程学(第三版)[M].北京：高等教育出版社，2013.
[11] 金儒森.污泥处置[M].北京：中国建筑工业出版社，2017.
[12] 金毓峑，李坚，孙治荣.环境工程设计基础(第二版)[M].北京：化学工业出版社，2008.
[13] 李亚峰，尹士君.给水排水工程专业毕业设计指南[M].北京：化学工业出版社，2003.
[14] 林静，谢冰，徐亚同.复合微生物制剂对芦苇人工湿地去除污染物的影响[J].水处理技术，2007，33(2)：38-41.
[15] 刘俊良，石心刚.给水排水工程技术经济实例分析与应用[M].北京：化学工业出版社，2004.
[16] 刘倩，胡冲，谢冰，等.芦苇人工湿地对垃圾渗滤液总氮去除能力的研究[J].水处理技术，2010，36(12)：39-41.
[17] 吕宝一，谢冰，邵春利，等.两段 A/O 生物接触氧化法处理高盐有机废水研究[J].中国给水排水，2011，27(1)：102-104.
[18] 伦世仪.环境生物工程[M].北京：化学工业出版社，2002.
[19] 马溪平，徐成斌，付保荣.厌氧微生物学与污水处理(第二版)[M].北京：化学工业出版社，2017.
[20] 秦麟源.新编废水生物处理[M].上海：同济大学出版社，2011.
[21] 邱文芳，罗志腾，徐亚同，等.环境微生物学技术手册[M].北京：学苑出版社，1990.

[22] 沈怡雯，黄智婷，谢冰.抗生素及其抗性基因在环境中的污染、降解和去除研究进展[J].应用与环境生物学报，2015，21(2)：181－187.
[23] 史惠祥.实用环境工程手册——污水处理设备[M].北京：化学工业出版社，2002.
[24] 孙金昭，李明杰，林恒兆，等.湿地植物作为低 C/N 比生活污水反硝化碳源的研究[J].环境污染与防治，2016，38(10)：28－32.
[25] 陶俊杰，于军亭，陈振选.城市污水处理技术及工程实例(第二版)[M].北京：化学工业出版社，2005.
[26] 万松，李永峰，殷天名.废水厌氧生物处理工程[M].哈尔滨：哈尔滨工业大学出版社，2013.
[27] 王爱杰，任南琪.环境中的分子生物学诊断技术[M].北京：化学工业出版社，2004.
[28] 王凯军，贾立敏.城市污水生物处理新技术开发与应用[M].北京：化学工业出版社，2001.
[29] 王绍祥，杨洲祥，孙真，等.高通量测序技术在水环境微生物群落多样性中的应用[J].化学通报，2014，77(03)：196－203.
[30] 谢冰，戴兴春，徐亚同，等.沸石强化活性污泥系统的除污效能研究[J].中国给水排水，2004，20(7)：16－20.
[31] 谢冰，姜京顺.铜离子冲击下活性污泥微生物多样性的分子生态学分析[J].环境科学学报，2002，22(6)：721－725.
[32] 谢冰，史家樑，徐亚同.复合光合细菌法处理化工高浓度有机废水研究[J].上海环境科学，1999，18(10)，463－465.
[33] 谢冰，徐华，徐亚同.荧光原位杂交法在活性污泥硝化细菌检测中的应用[J].上海环境科学，2003，22(5)：363－365.
[34] 谢冰，徐亚同.废水生物处理原理和方法[M].北京：中国轻工业出版社，2007.
[35] 谢冰，徐亚同.含 PVA 退浆废水的处理实践[J].环境工程，2002，20(5)：7－9.
[36] 谢冰，徐亚同.活性污泥污水处理厂生物泡沫产生机理及控制[J].净水技术，2006，25(1)：1－6.
[37] 谢冰，徐亚同.锌离子对活性污泥微生物 DNA 序列多样性的影响[J].环境科学研究，2003，16(4)：18－24.
[38] 徐亚同.废水中氮磷的处理[M].上海：华东师范大学出版社，1996.
[39] 徐亚同，谢冰.废水生物处理的运行与管理[M].北京：中国轻工业出版社，2009.
[40] 徐志毅.环境保护技术和设备[M].上海：上海交通大学出版社，1999.
[41] 杨小文，杜英豪.国外污泥干化技术进展[J].给水排水，2002，28(2)：35－36.
[42] 杨盈盈，陈奕，李明杰，等.进水渗滤液总氮和 BOD_5/TN 对填埋场反应器反硝化和厌氧氨氧化协同脱氮的影响[J].环境科学，2015，36(4)：1412－1416.
[43] 俞毓馨，吴国庆，孟宪庭.环境工程微生物检验手册[M].北京：中国环境科学出版社，1990.
[44] 张胜华.水处理微生物学[M].北京：化学工业出版社，2005.
[45] 张自杰.排水工程下册(第五版)[M].北京：中国建筑工业出版社，2015.
[46] 郑俊，吴浩汀.曝气生物滤池工艺的理论与工程应用[M].北京：化学工业出版社，2005.
[47] 郑平，徐向阳，胡宝兰.新型生物脱氮理论与技术[M].北京：科学出版社，2004.
[48] 郑兴灿.城市污水处理技术决策与典型案例[M].北京：中国建筑工业出版社，2007.
[49] 周群英，王士芬.环境工程微生物学(第四版)[M].北京：高等教育出版社，2015.
[50] Barkay T, Liebert C, Gillman M. Hybridization of DNA probes with whole-community

genome for detection of genes that encode microbial responses to pollutions: mer genes and Hg^{2+} resistance[J]. Applied and Environmental Microbiology, 1989, 55(6): 1574 - 1577.

[51] Beun J J, Hendriks A, Van Loosdrecht M C M, et al. Aerobic granulation in a sequencing batch reactor[J]. Water Research, 1999, 33(10): 2283 - 2290.

[52] Christgen B, Yang Y, Ahammad S Z, et al. Metagenomics shows that low-energy anaerobic-aerobic treatment reactors reduce antibiotic resistance gene levels from domestic wastewater [J]. Environmental Science and Technology, 2015, 49(4): 2577 - 2584.

[53] De los Reyes III F L, Raskin L. Role of filamentous microorganisms in activated sludge foaming: relationship of mycolata levels to foaming initiation and stability[J]. Water Research, 2002, 36(2): 445 - 459.

[54] Dunbar J, Ticknor L O, Kuske C R. Phylogenetic specificity and reproducibility and new method for analysis of terminal restriction fragment profiles of 16S rRNA genes from bacterial communities[J]. Applied and Environmental Microbiology, 2001, 67(1): 190 - 197.

[55] Eichner C A, Erb R W, Timmis K N, et al. Thermal gradient gel electrophoresis analysis of bioprotection from pollutant shocks in the activated sludge microbial community[J]. Applied and Environmental Microbiology, 1999, 65(1): 102 - 109.

[56] Eikelboom D H, Andreadakis A, Andreasen K. Survey of filamentous populations in nutrient removal plants in four European countries[J]. Water Science and Technology, 1998, 37 (4 - 5): 281 - 289.

[57] Franks A H, Harmsen H J, Raangs G C, et al. Variations of bacterial populations in human feces measured by fluorescent in situ hybridization with group-specific 16S rRNA-targeted oligonucleotide probes[J]. Applied and Environmental Microbiology, 1998, 64(9): 3336 - 3345.

[58] Frolund B, Keiding K, Nielsen P. A comparative study of biopolymers from a conventional and an advanced activated sludge treatment plant[J]. Water Science and Technology, 1994, 29(7): 137 - 141.

[59] Gieseke A, Purkhold U, Wagner M, et al. Community structure and activity dynamics of nitrifying bacteria in a phosphate-removing biofilm [J]. Applied and Environmental Microbiology, 2001, 67(3): 1351 - 1362.

[60] Hassan M, Pous N, Xie B, et al. Influence of iron species on integrated microbial fuel cell and electro-Fenton process treating landfill leachate[J]. Chemical Engineering Journal, 2017, 328(15): 57 - 65.

[61] Hassan M, Sotres A, Isabel M, et al. Hydrogen evolution in microbial electrolysis cells treating landfill leachate: Dynamics of anodic biofilm[J]. International Journal of Hydrogen Energy, 2018, 43(29): 13051 - 13063.

[62] Hassan M, Wei H W, Qiu H J, et al. Power generation and pollutants removal from landfill leachate in microbial fuel cell: Variation and influence of anodic microbiomes[J]. Bioresource Technology, 2018, 247: 434 - 442.

[63] Hassan M, Xie B. Use of aged refuse-based bioreactor/biofilter for landfill leachate

treatment[J]. Applied Microbiology Biotechnology, 2014, 98(15): 6543 - 6553.

[64] Henne A, Daniel R, Schmitz R A, et al. Construction of environmental DNA libraries in *Escherichia coli* and screening for the presence of genes conferring utilization of 4 - hydroxybutyrate[J]. Applied and Environmental Microbiology, 1999, 65(9): 3901 - 3907.

[65] Huang Z T, Xie B, Yuan Q, et al. Microbial community study in newly established Qingcaosha Reservoir of Shanghai, China[J]. Applied Microbiology Biotechnology, 2014, 98(23): 9849 - 9858.

[66] Huber S, Minnebusch S, Wuertz S, et al. Impact of different substrates on biomass protein composition during wastewater treatment investigated by two-dimensional electrophoresis [J]. Water Science and Technology, 1998, 37(4 - 5): 363 - 366.

[67] Hu H Y, Fujie K, Nakagome H, et al. Quantitative analyses of the change in microbial diversity in a bioreactor for wastewater treatment based on respiratory quinones[J]. Water Research, 1999, 33(15): 3263 - 3270.

[68] Jenkins D, Richard M G, Daigger G T. Manual on the causes and control of activated sludge bulking, foaming, and other solids separation problems[M]. Florida: CRC Press LLC, 2004.

[69] Logan B E, Hamelers B, Rozendal R, et al. Microbial fuel cells: methodology and technology[J]. Environmental Science & Technology, 2006, 40(17): 5181 - 5192.

[70] Logan B E, Rabaey K. Conversion of wastes into bioelectricity and chemicals by using microbial electrochemical technologies[J].Science, 2012, 337(6095): 686 - 690.

[71] Lukow T, Dunfield P F, Liesack W. Use of the T - RFLP technique to assess spatial and temporal changes in the bacterial community structure within an agricultural soil planted with transgenic and non-transgenic potato plants[J]. FEMS Microbiology Ecology, 2000, 32(3): 241 - 247.

[72] Madigan M T, Martinko J M, Parker J. Brock Biology of Microorganisms (10th edition) [M]. Upper Saddle River of New Jersey: Prentice Hall, Pearson Education, Inc., 2002.

[73] Mardis E R. The impact of next-generation sequencing technology on genetics[J]. Trends in Genetics, 2008, 24(3): 133 - 141.

[74] Muyzer G. DGGE/TGGE a method for identifying genes from natural ecosystems[J]. Current Opinion in Microbiology, 1999, 2(3): 317 - 322.

[75] Quail M A, Kozarewa I, Smith F, et al. A large genome center's improvements to the Illumina sequencing system[J]. Nature Methods, 2008, 5(12): 1005 - 1010.

[76] Ram R J, Verberkmoes N C, Thelen M P, et al. Community proteomics of a natural microbial biofilm[J]. Science, 2005, 308(5730): 1915 - 1920.

[77] Rossetti S, Tomei M C, Nielsen P H, et al. "*Microthrix Parvicella*", a filamentous bacterium causing bulking and foaming in activated sludge systems: a review of current knowledge[J]. FEMS Microbiology Reviews, 2005, 29(1): 49 - 64.

[78] Shendure J, Ji H. Next-generation DNA sequencing[J]. Nature Biotechnology, 2008, 26(10): 1135 - 1145.

[79] Shi J H, Su Y L, Du C X, et al. Biofouling characteristics of reverse osmosis membranes

during dyeing wastewater desalination[J]. Desalination and Water Treatment, 2019, 147: 31 - 37.

[80] Shi J H, Zhang Z J, Su Y L, et al. How does zinc oxide and zero valent iron nanoparticles impact the occurrence of antibiotic resistance genes in landfill leachate[J]? Environment Science: Nano, 2019, 6(17): 2141 - 2151.

[81] Su Y L, Wu D, Xia H P, et al. Metallic nanoparticles induced antibiotic resistance genes attenuation of leachate culturable microbiota: The combined roles of growth inhibition, ion dissolution and oxidative stress[J]. Environment International, 2019, 128: 407 - 416.

[82] Su Y L, Zhang Z J, Wu D, et al. Occurrence of microplastics in landfill systems and their fate with landfill age[J]. Water Research, 2019, 164: 114968.

[83] Wang C, Zhao Y C, Xie B, et al. Nitrogen removal pathway of anaerobic ammonium oxidation in on-site aged refuse bioreactor[J]. Bioresource Technology, 2014, 159(5): 266 - 271.

[84] Wang J, Yuan Q, Xie B. Temporal dynamics of cyanobacterial community structure in Dianshan Lake of Shanghai, China[J]. Annals of Microbiology, 2015, 65(1): 105 - 113.

[85] Wang X Y, Xie B, Zhang C Q, et al. Quantitative impact of influent characteristics on nitrogen removal via anammox and denitrification in a landfill bioreactor case [J]. Bioresource Technology, 2017, 224: 130 - 139.

[86] Wei H W, Wang J, Hassan M, et al. Anaerobic ammonium oxidation-denitrification synergistic interaction of mature landfill leachate in aged refuse bioreactor: variations and effects of microbial community structures[J]. Bioresource Technology, 2017, 243: 1149 - 1158.

[87] Wei H W, Wang L H, Hassan M, et al. Succession of the functional microbial communities and the metabolic functions in maize straw composting process[J]. Bioresource Technology, 2018, 256: 333 - 341.

[88] Wei H W, Wang X Y, Hassan M, et al. Strategy of rapid start-up and the mechanism of de-nitrogen in landfill Bioreactor[J]. Journal of Environmental Management, 2019, 240: 126 - 135.

[89] Wilmes P, Bond P L. The application of two-dimensional polyacrylamide gel electrophoresis and downstream analyses to a mixed community of prokaryotic microorganisms [J]. Environmental Microbiology, 2004, 6(9): 911 - 920.

[90] Wilén B M, Jin B, Lant P. The influence of key chemical constituents in activated sludge on surface and flocculating properties[J]. Water Research, 2003, 37(9): 2127 - 2139.

[91] Wu D, Huang Z T, Yang K, et al. Relationships between antibiotics and antibiotic resistance gene levels in municipal solid waste leachates in Shanghai, China [J]. Environmental Science & Technology, 2015, 49(7): 4122 - 4128.

[92] Wu D, Ma R Q, Wei H W, et al. Simulated discharge of treated landfill leachates reveals a fueled development of antibiotic resistance in receiving tidal river [J]. Environment International, 2018, 114: 143 - 151.

[93] Wu D, Su Y L, Xi H, et al. Urban and agriculturally influenced water contribute

differently to the spread of antibiotic resistance genes in a mega-city river network[J]. Water Research, 2019, 158: 11-21.

[94] Wu D, Wang C, Dolfing J, et al. Short tests to couple N_2O emission mitigation and nitrogen removal strategies for landfill leachate recirculation[J]. Science of the Total Environment, 2015, 512-513: 19-25.

[95] Wu D, Wang T, Huang X H, et al. Perspective of harnessing energy from landfill leachate via microbial fuel cells: novel biofuels and electrogenic physiologies[J]. Applied Microbiology and Biotechnology, 2015, 99(16): 7827-7836.

[96] Wu D, Wang X H, Sun J Z, et al. Antibiotic resistance genes and associated microbial community conditions in aging landfill systems[J]. Environmental Science & Technology, 2017, 51(21): 12859-12867.

[97] Xie B, Cui Y X, Yuan Q, et al. Pollutants removal and distribution of microorganisms in a reed wetland of Shanghai Mengqing Park[J]. Environmental Progress & Sustainable Energy, 2009, 28(2): 240-248.

[98] Xie B, Dai X, Xu Y. Cause and pre-alarm control of bulking and foaming by *Microthrix parvicella* — a case study in triple oxidation ditch at a wastewater treatment plant[J]. Journal of Hazardous Materials, 2007, 143(1): 184-191.

[99] Xie B, Gu J D, Li X Y. Protein profiles of extracellular polymeric substances and activated sludge in a membrane biological reactor by 2-dimensional gelelectrophoresis[J]. Water Science and Technology, Water Supply, 2006, 6(6): 27-33.

[100] Xie B, Gu J D, Lu J. Surface properties of bacteria from activated sludge in relation to bioflocculation[J]. Journal of Environment Sciences, 2010, 22(12): 1840-1845.

[101] Xie B, Lv Z, Hu C, et al. Nitrogen removal through different pathways in an aged refuse bioreactor treating mature landfill leachate[J]. Applied Microbiology and Biotechnology, 2013, 97(20): 9225-9234.

[102] Xie B, Xiong S Z, Liang S B, et al. Performance and bacterial compositions of aged refuse reactors treating mature landfill leachate[J]. Bioresource Technology, 2012, 103(1): 71-77.

[103] Xie B, Yang S F. Analyses of bioflocculation and bacterial communities in sequencing batch reactors[J]. Environmental Engineering Science, 2009, 26(3): 481-487.

[104] Ye L, Zhang T, Wang T, et al. Microbial structures, functions, and metabolic pathways in wastewater treatment bioreactors revealed using high-throughput sequencing[J]. Environmental Science & Technology, 2012, 46(24): 13244-13252.